S7-300/400 PLC编程设计与应用

朱文杰　编　著

机　械　工　业　出　版　社

本书以西门子公司的S7-300/400 PLC为主要叙述对象，介绍了PLC的原理、应用及控制系统设计。本书的主要内容有PLC的基础知识，S7-300/400 PLC控制系统硬件特性与组态，S7-300/400 PLC的指令系统及编程，编程软件STEP 7的应用，以及S7-300/400 PLC的通信网络等。书中进行指令讲解时穿插给出了编程举例，并在最后一章介绍了5个S7-300/400 PLC工程应用案例，供读者参考。

本书遵循教学规律，内容阐述循序渐进、深入本质、切中要害，结构合理、严谨，概念准确，易读易懂。

本书可作为电气类相关专业高专、本科生的课程教材以及毕业设计教材，也可供相关工程技术人员、电气工程师参考。

图书在版编目（CIP）数据

S7-300/400 PLC编程设计与应用/朱文杰编著. —2版. —北京：机械工业出版社，2017.8

ISBN 978-7-111-57564-1

Ⅰ.①S… Ⅱ.①朱… Ⅲ.①PLC技术-程序设计 Ⅳ.①TM571.6

中国版本图书馆CIP数据核字（2017）第183125号

机械工业出版社（北京市百万庄大街22号 邮政编码100037）
策划编辑：任 鑫 责任编辑：任 鑫 责任校对：张 薇
责任印制：李 昂
河北鑫兆源印刷有限公司印刷
2017年10月第2版第1次印刷
184mm×260mm · 17.5印张 · 424千字
0001—3000册
标准书号：ISBN 978-7-111-57564-1
定价：49.00元

凡购本书，如有缺页、倒页、脱页，由本社发行部调换

电话服务
服务咨询热线：010-88361066
读者购书热线：010-68326294
010-88379203
封面无防伪标均为盗版

网络服务
机 工 官 网：www.cmpbook.com
机 工 官 博：weibo.com/cmp1952
金 书 网：www.golden-book.com
教育服务网：www.cmpedu.com

前 言

随着科学技术的进步和微电子技术的迅猛发展，可编程序控制器（PLC）技术已广泛应用于各种自动化控制领域，在现代工矿企业的生产、加工与制造过程中，起到了十分重要的作用。随着 PLC 功能的不断提升，以及其可靠性高、操作简便等特点，使其应用成了一种工业发展的趋势。特别是随着工业控制网络化进程的发展，使得 PLC 与现场总线技术获得了更加完美的结合，具有网络功能的 PLC 系统越发显示出了在先进工业控制中的作用与优势。目前，PLC、计算机辅助设计/计算机辅助制造（CAD/CAM）、机器人（Robot）和数控（NC）技术已发展成为工业自动化的支柱技术。因此熟悉和掌握先进的控制手段与方法，学习 PLC 技术已成为高等院校相关专业和工程自动化技术人员的一项迫切任务。本书以西门子公司的 S7-300/400 PLC 为主要叙述对象，在作者多年教学与科研工作的基础上，借鉴相关领域专家学者的研究成果最终撰写成稿。本书的主要内容有 PLC 的基础知识，S7-300/400 PLC 的硬件特性与组态、S7-300/400 PLC 的指令系统及编程，编程软件 STEP 7 的应用，以及 S7-300/400 PLC 的通信网络等。最后一章介绍了 5 个 S7-300/400 PLC 工程应用案例，供读者学习参考。

本书注重硬件特性和指令系统的叙述和讲解，注重编程基础，并配以应用性示例，使读者容易理解和掌握。

由于作者水平有限，书中错误和不妥之处在所难免，请广大读者批评指正。

朱文杰　于长沙

2017 年 4 月

目 录

第1章

PLC的基础知识

可编程序控制器（Programmable Logic Controller，PLC）是以传统的顺序控制器为基础，综合计算机技术、微电子技术、自控技术、数字技术和通信网络技术而形成的一代新型通用工业自动控制装置，用以取代继电器，完成逻辑、定时/计数等顺序控制功能，建立柔性程控系统。

1.1 概述

1.1.1 PLC 的产生和定义

1. PLC 的产生

1836 年开始用导线将继电器与开关器件巧妙地连接，构成用途各异的逻辑控制或顺序控制，成为 PLC 问世前工业控制领域中的主导。但其存在体积大、耗电多、可靠性差、寿命短、运行速度不高等缺点，尤其对多变生产工艺适应性差。

1968 年美国通用汽车（GM）公司提出研制新型工业控制装置来替代继电器控制装置，拟定十项招标技术要求。1969 年美国数字设备（DEG）公司研制出世界上第一台型号为 PDP-14 的 PLC 并试用成功，此程序化新型控制技术开创了工业控制的新纪元。1970 年美国 084 控制器、1971 年日本 DCS-8 PLC、1973～1974 年德法跟进，1977 年我国以 MC14500 为核心的 PLC 应用于工业。

2. PLC 的定义

早期 PLC 用于替代继电器控制，只有逻辑运算、定时/计数等开关量控制功能，后来增加了模拟量闭环控制、运动位置控制及网络通信等功能。1980 年美国电气制造商协会（NEMA）的定义为：PLC 是一种数字式的自动化控制装置，带有指令存储器、数字的或模拟的输入/输出接口，以位运算为主，能完成逻辑运算、顺序控制、定时/计数和算术运算等功能，用于控制机器或生产过程。

1.1.2 PLC 的主要功能与性能指标

1. PLC 的主要功能

（1）顺序逻辑控制功能

使用“与”“或”“非”等逻辑控制（或称位处理）替代继电器进行开关控制，完成触点串、并联，是 PLC 的基本功能。逻辑位状态可无限次使用，逻辑关系的修改、变更十分方便。

（2）定时/计数控制功能

PLC 提供若干定时器与计数器。定时器替代时间继电器，定时时间可编程设定、修改。计数器计数到编程设定、修改的设定值时产生状态变化，完成对某个工作过程的计数控制。高频率信号计数，可选择高速计数器。

（3）步进控制功能

步进电动机输出角位移或直线位移与输入脉冲数成正比，转速或线速度与脉冲频率成正比，通常作为定位控制和定速控制，广泛应用于数控机床、打印机等控制系统中。控制步进脉冲的个数或频率，可对电动机精确定位或调速。

（4）运动控制功能

运动控制是指对直线或圆周运动的控制，也称位置控制，世界上各主要 PLC 几乎都具有该功能，包括脉冲输出、模拟量输出等，广泛用于各种机械、机床、机器人、电梯等场合。

（5）过程控制功能

过程控制是指工业生产过程中对温度、压力、流量、液位等连续变化的物理量（即模拟量）的闭环控制。PLC 采用相应 A-D 和 D-A 转换模块及编制各种控制算法程序，处理模拟量，完成闭环控制。简单而优秀的 PID 调节，PID 模块、PID 子程序，在冶金、化工、热处理、锅炉等过程控制场合应用非常广泛。

（6）数据处理功能

现代 PLC 具有数学运算（含矩阵、函数、逻辑运算）、数据传送、移位、数制转换、排序、查表、位操作、编码和译码等功能，完成数据的采集、分析及处理。数据处理一般用于大型过程控制系统，如无人柔性制造系统。

（7）通信联网功能

PLC 具有通信联网的功能，使 PLC 间、PLC 与 PC 及其他智能设备间能够交换信息，形成一个统一整体，实现分散集中控制。

（8）其他功能

PLC 设置了较强的监控功能，为调试和维护提供极大的方便。此外，PLC 还有一个停电记忆功能。

2. PLC 的性能指标

（1）硬件指标

硬件指标包括一般指标、输入特性和输出特性。一般指标包括环境温度、环境湿度、使用环境、抗振、抗冲击、抗噪声、抗干扰和耐压等。输入特性包括输入电路的隔离程度、输入灵敏度、响应时间和所需电源等。输出特性包括回路构成（指继电器输出、晶体管输出或晶闸管输出）、回路隔离、最大负载、最小负载、响应时间和外部电源等。

（2）软件指标

软件指标包括程序容量、编程语言、通信功能、运行速度、指令类型、元件种类和数量等。

3. PLC 的分类

PLC 种类繁多，为有利于选型，可多方位对 PLC 进行分类。一是按控制规模大小；二是按性能高低；三是按结构特点。另外，还可按流派、产地、厂商分类。

1.2　PLC 的基本结构和各部分的作用

PLC 是微机技术和继电器控制概念相结合的产物，比计算机有更强的 I/O 接口、更简单的编程语言、更好的抗干扰性能，由硬件系统和软件系统两大部分组成。硬件系统包括 CPU、存储器、电源、I/O 单元、接口单元及外部设备等，如图 1-1 所示。

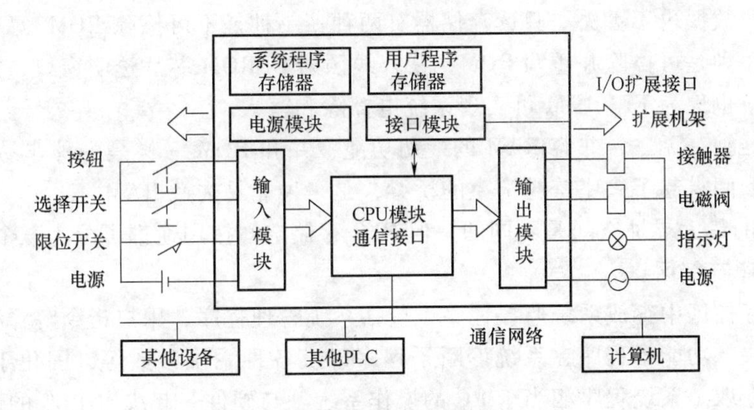

图 1-1　PLC 的组成

1.2.1　中央处理单元

与通用微机一样，中央处理单元（Central Processing Unit，CPU）又称为微处理机，是 PLC 的核心部分、控制中枢，按系统程序赋予的功能，指挥 PLC 有条不紊地进行工作。

CPU 由微处理器和控制接口电路组成，包括有三个部分：时序控制电路、算术逻辑运算器、记忆体。CPU 中的记忆体指的是暂存器（Register），而不是 RAM 或 ROM。CPU 接至外部的线路有控制、地址、数据三种，CPU 处理来自输入单元的资料，完毕后再交由输出单元。CPU 风扇用来散热，增加 CPU 的执行效率。

控制接口电路是微处理器与主机内部其他单元进行联系的部件，主要有数据缓冲、单元选择、信号匹配、中断管理等功能。微处理器通过它来实现与各个内部单元之间的可靠信息交换和最佳时序配合。

暂存器（Register）：设于 CPU 内部的记忆体，用来暂存资料的；累加器：用来存放运算的结果；程式计数器：用来存放下一个要执行指令的位置；指令暂存器：用来暂存由记忆体提取的运算码，以便送到解码器；旗标暂存器：用来显示 CPU 的状态或运算结果；记忆体位址暂存器：用以储存要存取的指令或资料的位置；记忆体资料暂存器：用以储存刚由主记忆体存入或取出的资料。

1.2.2　存储器单元

存储器（内存）一般采用半导体存储器单元（Memory Unit），参数有存储容量和存取时间，用于存放系统程序、用户程序及工作数据。按照物理性能分为随机存储器（Random Assess Memory，RAM）和只读存储器（Read Only Memory，ROM）。

随机存储器器（读/写）最为重要，存取速度最快，由一系列寄存器组成，每位寄存器代表一个二进制数。在刚开始工作时，它的状态是随机的，只有经过置“1”或清“0”的操作后，它的状态才确定；若关断电源，则状态丢失。这种存储器可进行读、写操作，主要用来存储 I/O 状态和计数器、定时器以及系统组态的参数。为防止断电后数据丢失，可由锂电池支持进行数据保护，一般可存储 5 年，电池电压降低时欠电压指示灯发光，提醒用户更换电池。

只读存储器是一种只能读取而不能写入资料的记忆体，一般永久存放基本程序和数据，即使机器掉电，数据也不丢失。只读存储器有两种：一种是不可擦除 ROM，只能写入一次、不能改写；另一种是可擦除并重写 ROM，紫外线照射 EPROM 芯片透明窗口，能擦除其全部内容，E^2PROM 也称为 EEPROM 可实现系统电擦除和写入。

铁电存储器独一无二，兼容 RAM 的一切功能，并和 ROM 一样是一种非易失性存储器，在两类存储类型间搭起了一座跨越沟壑的桥梁，是一种非易失性 RAM。

各种 PLC 的最大寻址空间是不同的，但 PLC 存储空间按用途都可分为三个区域。

1. 系统程序存储区

系统程序存储区中存放系统监控程序，包括系统管理程序、用户指令解释程序、可调用的标准程序模块、功能子程序、系统诊断子程序以及各种系统参数等，固化于 EPROM 中，用户不能直接存取。系统程序相当于 PC 的操作系统，与硬件一起决定 PLC 的性能。

2. 系统 RAM 存储区

系统 RAM 存储区包括 I/O 映像区、参数区以及系统各类软设备，如逻辑线圈、数据寄存器、定时器、计数器、变址寄存器、累加器等的存储区。

1）I/O 映像区：存储单元（RAM）中存放 I/O 状态和数据的区域称作 I/O 映像区，一个开关量或模拟量 I/O 分别占用存储单元中的一个位（bit）或一个字（16bit）。

2）参数区：存放 CPU 的组态数据，如果在编程软件或其他编程工具上未进行 CPU 的组态，则系统以默认值进行自动配置。

3）系统软设备存储区：PLC 内部各类软设备如逻辑线圈、数据寄存器、定时器、计数器、变址寄存器、累加器等的存储区，分为具有失电保持存储区和无失电保持存储区。

逻辑线圈与开关输出一样，每个逻辑线圈占用系统 RAM 存储区中的一个位，但不能直接驱动外设，只供用户在编程中使用，类似于继电控制中的中间继电器。数据寄存器与模拟量 I/O 一样，每个数据寄存器占用系统 RAM 存储区中的一个字（16bit）。

3. 用户程序存储区

用户程序存储区存放用户编写的应用程序。为调试、修改方便，程序先存放在随机存储器 RAM 中，经运行考核、修改完善，达到设计要求后，再固化到 EPROM 中。

1.2.3 电源单元

电源单元（Supply Unit）是 PLC 的电源供给部分，把外部供应的电源变换成系统内部各单元所需的电源。一般交流电压波动在+10%（+15%）范围内，可以不采取其他措施（如 UPS）而将 PLC 直接连接到交流电网上。电源的交流输入端一般都设有脉冲 RC 吸收电路或二极管吸收电路，交流输入电压范围一般比较宽，抗干扰能力比较强。

PLC 还需要直流电源。一般直流 5V 供 PLC 内部使用，直流 24V 供输入输出端和各种传感器使用，有的还向开关量输入单元连接的现场无源开关提供直流电源，设计选择时应注意保证直流电源不过载。

电源单元还应包括掉电保护电路（配有大容量电容）和后备电池电源，以保持 RAM 在外部电源断电后存储的内容还可保持 50h。

1.2.4　输入/输出单元

输入/输出单元（Input/Output Unit）由输入模块、输出模块和功能模块构成，是 PLC 的 CPU 与现场输入、输出装置或其他外部设备之间的连接接口部件。PLC 通过输入模块把工业设备或生产过程的状态或信息读入 CPU，通过用户程序的运算与操作，把结果通过输出模块输出给执行单元。PLC 提供了各种操作电平与驱动能力的 I/O 模块，以及各种用途的 I/O 组件：I/O 电平转换、电气隔离、串/并行转换、数据传送、A-D 转换、D-A 转换、误码校验等。I/O 模块可与 CPU 放在一起，也可远程放置，具有状态显示和 I/O 接线端子排。主要类型有数字量输入、数字量输出、模拟量输入、模拟量输出等。

输入模块将现场的输入信号，经滤波、光隔离、电平转换等，变换为 CPU 能接收和识别的低电压信号并信号锁存，送交 CPU 进行运算。输出模块则将 CPU 输出的低电压信号变换、光耦合、放大为能为控制器件接收的电压、电流信号，以驱动信号灯、电磁阀、电磁开关等。I/O 电压一般为 1.6~5V，低电压能解决耗电过大和发热过高的问题，是节能降耗的本质所在；光隔离能提高 PLC 的抗干扰能力。

通常 PLC 输入模块类型有直流、交流、交直流三种方式；PLC 输出模块类型有继电器、晶体管、双向晶闸管三种方式。继电器输出的价格便宜，既用于驱动交流负载，又用于直流负载，适用的电压大小范围较宽、导通电压降小，同时承受瞬时过电压和过电流的能力较强，但属于有触点元件，动作速度较慢（驱动感性负载时触点动作频率不得超过 1kHz）、寿命较短、可靠性较差，只能适用于不频繁通断的场合；对于频繁通断的负载，应选用晶闸管输出或晶体管输出，它们属于无触点元件，晶闸管输出只能用于交流负载，而晶体管输出只能用于直流负载。

此外，PLC 提供的功能模块实际上是一些智能型 I/O 模块，如温度检测、位置检测、位置控制、PID 控制、高速计数、运动控制、中断控制等模块，它们有自己独立的 CPU、系统程序、存储器，通过总线在 PLC 的协调管理下独立工作。CPU 与 I/O 模块的连接是由输入接口和输出接口完成的。

1.2.5　接口单元

接口单元包括扩展接口、存储器接口、编程与通信接口。

扩展接口是用于扩展 I/O 模块，使 PLC 系统配置得更加灵活。扩展接口实际上为总线形式，可配置开关量 I/O 模块，也可配置模拟量、高速计数等特殊 I/O 模块及通信适配器等。

存储器接口是为了扩展存储区而设置的，用于扩展用户程序存储区和用户数据参数存储区，它的内部也是接到总线上。

编程接口用于连接编程器或 PC，由于 PLC 本身不带编程器或编程软件，为实现编程、监控和通信，在 PLC 上专门设置了编程接口，有的还设置了与专用编程器连接的并行数据接口。

通信接口可使 PLC 与 PC，与另外的 PLC 或其他智能设备之间可以建立通信。外设 I/O 接口一般是 RS-232C 或 RS-422A 串行通信接口，可进行串行/并行数据的转换、通信格式的识别、数据传输的出错检验、信号电平的转换等。

1.2.6 外部设备

通过外设 I/O 接口，外部设备已发展成为 PLC 系统的不可缺少的部分。

1. 编程设备

编程器或 PC 可编辑、调试 PLC 用户程序，还可对系统作一些设定，以确定 PLC 控制方式或工作方式，同时还能监控 PLC 以及 PLC 控制系统的工作状况等。

简易编程器多为助记符编程，个别的也可图形编程（如东芝 EX 型 PLC 带的编程器）；复杂一点的图形编程器，可用梯形图编程；目前多采用编程软件在个人计算机上操作，可用其他高级语编程。

2. 监控设备

小的有数据监视器，可监视数据；大的有图形监视器，可通过画面监视数据。除了不能改变 PLC 的用户程序，编程器能做的它都能做，是使用 PLC 很好的界面。

3. 存储设备

它用于永久性地存储用户数据，使用户程序不丢失。这些设备有存储卡、存储磁带、软磁盘或只读存储器。为实现存储，相应有存卡器、磁带机、软驱或 ROM 写入器及接口部件。

4. 输入输出设备

用于接收信号或输出信号，便于与 PLC 进行人机对话。输入设备有条码读入器、输入模拟量的电位器等；输出设备有打印机、文本显示器等。

1.3 PLC 的工作原理

PLC 是一种专门用于工业控制的计算机，其工作原理与计算机控制系统基本相同。PLC 采用周期循环扫描的工作方式，CPU 连续执行用户程序、任务的循环序列称为扫描。

1.3.1 PLC 对继电器控制系统的仿真

1. 模拟继电器控制的编程方法

电气控制系统可明显划分出主电路和辅助电路。PLC 的出现不是要“消灭”继电器，而是用它替代辅助电路中的起控制、保护、信号作用的那些继电器（主电路部分基本保持不变），达到节能降耗的目的。

对于控制、保护、信号等辅助电路等构成的电气控制系统可以分解为图 1-2 所示的三个组成部分，即输入部分、逻辑控制部分和输出部分。

PLC 控制系统也大致分为图 1-3 所示的三部分，即输入部分、控制部分和输出部分。

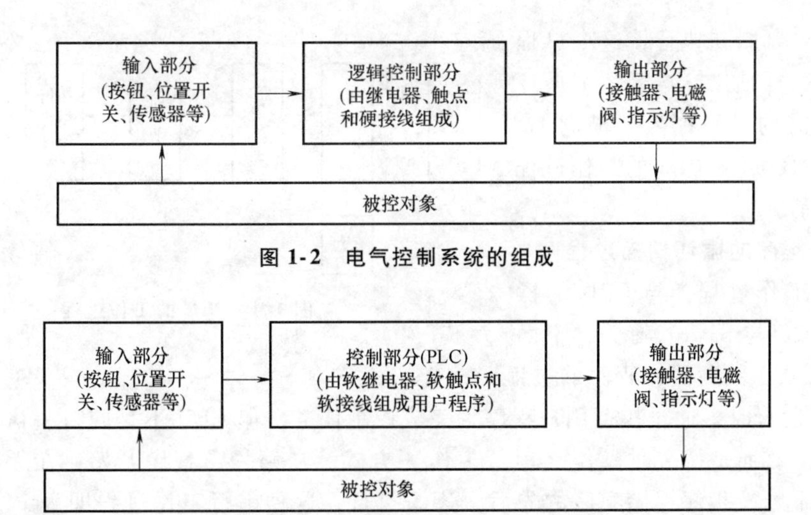

图 1-2　电气控制系统的组成

图 1-3　PLC 控制系统的组成

PLC 控制系统和电气控制系统的 I/O 部分基本相同，只是多了 I/O 模块，增加了光电耦合、电平转换、功率放大等功能。控制部分由微处理器、存储器组成，是“可编程”的控制器，而不是继电器网络，软件替代硬件，在控制方式、控制速度、延时控制等方面存在差异。PLC 以变更程序实现控制功能变化，从根本上解决了继电器控制难于改变的问题以及其他问题（如触点烧灼），另外还具有数值运算及过程控制等复杂功能，是对电气控制系统的崭新超越。

2. 接线程序控制、存储程序控制与建立 PLC 的 I/O 映像区

接线程序控制就是按电气控制电路接线的程序反复不断地依次检查各个输入开关的状态，根据接线的程序进行逻辑推算，把结果赋值给输出。1946 年“计算机之父”美籍匈牙利数学家冯·诺伊曼（John von Neumann，1903~1957 年）提出“存储程序控制”原理，奠定了现代电子计算机的基本结构和工作方式，开创了程序设计的新时代。

PLC 的工作原理与接线程序控制十分相近，不同的是 PLC 控制由与计算机一样的“存储程序”来实现。PLC 存储器内开辟有 I/O 映像区，大小与控制规模有关，系统每一个 I/O 点的编址号与 I/O 映像区的映像寄存器地址号（位）相对应。

PLC 工作时，将采集到的输入信号状态存放在输入映像区的对应位上，供用户程序执行时采用，不必直接与外部设备发生关系，而后将程序运算结果存放到输出映像区的对应位上，以作为输出。这种隔离方式不仅加速了程序的执行，而且提高了 PLC 控制的抗干扰能力。

1.3.2　PLC 的循环扫描工作方式

PLC 循环扫描工作方式有周期扫描方式、定时中断方式、输入中断方式、通信方式等，最主要的工作方式是周期扫描方式。PLC 采用“顺序扫描、不断循环”的方式进行工作，每次扫描过程还需对输入信号采样以及对输出状态刷新。

1. PLC 的工作过程

PLC 上电后，在 CPU 系统程序监控下，周而复始地按一定的顺序对系统内部的各种任务进行查询、判断和执行，这个过程就是按顺序循环扫描。执行一个循环扫描过程所需的时间称为扫描周期，一般为 0.1～100ms。PLC 的工作过程如图 1-4 所示。

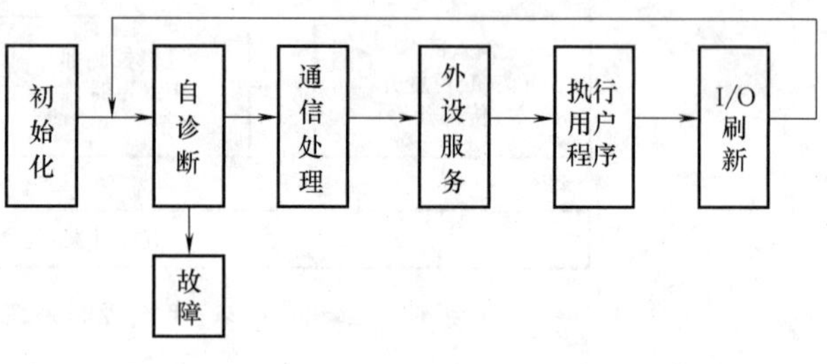

图 1-4　PLC 的工作过程

2. 用户程序的循环扫描过程

PLC 的工作过程，与 CPU 的操作方式（STOP 与 RUN）有关，下面讨论 RUN 方式下执行用户程序的过程。

当 PLC 运行时，通过执行用户程序来完成控制任务，但 CPU 不是同时去执行（不讨论多 CPU 并行），而是按分时操作（串行工作）方式，从第一条程序开始，在无中断或跳转控制的情况下，按程序存储顺序的先后，逐条执行，这种串行工作过程即为 PLC 的扫描工作方式。程序结束后又从头开始扫描执行，周而复始重复运行。由于 CPU 的运算处理速度很快，因而从宏观上来看，PLC 外部出现的结果似乎是同时（并行）完成的。

PLC 对用户程序进行循环扫描可划分为三个阶段，即输入采样阶段、程序执行阶段和输出刷新阶段，如图 1-5 所示。

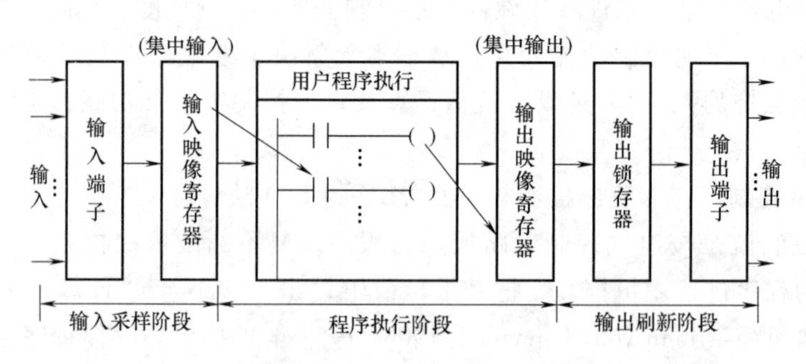

图 1-5　PLC 用户程序的工作过程

集中采样与集中输出的工作方式是 PLC 的又一特点，在采样期间，将所有输入信号（不论该信号当时是否要用）一起读入，此后在整个程序处理过程中 PLC 系统与外界隔离，直至输出控制信号。此时，外界输入信号状态的变化要到下一个工作周期的采样阶段才能被读入，这从根本上提高了系统的抗干扰能力，提高了系统的可靠性。

3. PLC 的 I/O 延迟响应问题

（1）I/O 延迟响应

由于 PLC 采用循环扫描的工作方式，即对信息的串行处理方式，导致了 I/O 延迟响应。当 PLC 的输入端有一个输入信号发生变化到 PLC 输出端对该输入变化做出反应，需要一段时间，这种现象称为 I/O 延迟响应或滞后现象，这段时间就称为响应时间或滞后时间。

因 PLC 循环扫描工作方式等因素会产生 I/O 延迟响应，在编程中，语句的安排也会影响响应时间。对于一般的工业控制，这种 PLC 的 I/O 响应滞后是完全允许的。但是对那些要求响应时间小于扫描周期的控制系统则不能满足，这时可以使用智能 I/O 单元（如快速响应 I/O 模块）或专门的指令（如立即 I/O 指令），通过与扫描周期脱离的方式来解决。

（2）响应时间

响应时间或滞后时间是设计 PLC 应用控制系统时应注意把握的一个重要参数，它与以下因素有关：①输入延迟时间（由 RC 输入滤波电路的时间常数决定，改变时间常数可调整输入延迟时间）；②输出延迟时间（由输出电路的输出方式决定，继电器输出方式的延迟时间约 10ms，双向晶闸管输出方式在接通负载时延迟时间约为 1ms、切断负载时延迟时间小于 10ms，晶体管输出方式的延迟时间小于 1ms）；③PLC 循环扫描的工作方式；④PLC 对输入采样、输出刷新的集中处理方式；⑤用户程序中的语句安排。

这些因素中有的目前不能改变，有的可以通过恰当选型、合理编程得到改善。例如选用晶闸管输出方式或晶体管输出方式，则可以加快响应速度等。

如果 PLC 在一个扫描周期刚结束之前收到一个输入信号，在下一个扫描周期进入输入采样阶段，这个输入信号就被采样，使输入更新，这时响应时间最短。

最短响应时间=输入延迟时间+1 个扫描周期+输出延迟时间（见图 1-6）

如果收到一个输入信号经输入延迟后，刚好错过 I/O 刷新时间，在该扫描周期内这个输入信号无效，要等下一个扫描周期输入采样阶段才被读入、使输入更新，这时响应时间最长。

最长响应时间=输入延迟时间+2 个扫描周期+输出延迟时间（见图 1-6）

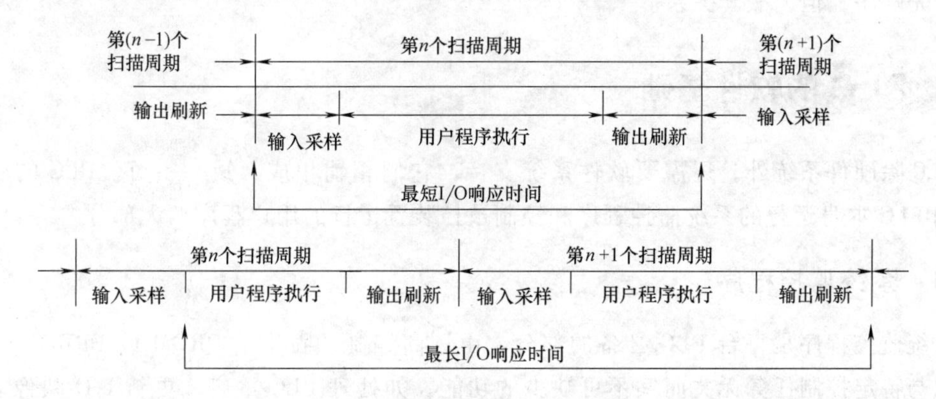

图 1-6 最短、最长 I/O 响应时间

输入信号如刚好错过 I/O 刷新时间，至少应持续一个扫描周期的时间或设置窄脉冲捕捉功能，才能保证被系统捕捉到。PLC 总的响应延迟时间一般不大，对一般系统无关紧要，而要求输入与输出信号间的滞后时间尽量短的系统，可选扫描速度快的 PLC 或采取其他措施。

（3）PLC 对 I/O 的处理规则

用户程序执行时，对 I/O 的处理遵循以下规则：输入映像寄存器的内容，由上一扫描周期输入端子状态决定；输出映像寄存器的状态，由程序执行期间输出指令执行结果决定；输出锁存器的状态，由上次输出刷新期间输出映像寄存器状态决定；输出端子板上各输出端的状态，由输出锁存器来确定；执行程序时所用 I/O 状态值，取用 I/O 映像寄存器状态。

尽管 PLC 采用周期性循环扫描的工作方式会产生 I/O 延迟响应的现象，但只要使一个扫描周期足够短，采样频率足够高，就足以保证输入变量条件不变，即如果在第一个扫描周期内对某一输入变量的状态没有捕捉到，保证在第二个扫描周期执行程序时使其存在。这样的工作状态，从宏观上讲，可以认为PLC恢复了系统对被控制变量控制的并行性。

扫描周期的长短和程序的长短有关，和每条指令执行时间长短有关。而后者又和指令的类型以及PLC的主频（CPU内核工作的时钟频率）有关。

4. PLC的中断处理过程

中断是对PLC外部事件或内部事件的一种响应和处理，包括中断事件、中断处理程序和中断控制指令三个部分。

（1）响应问题

一般微机系统的CPU，在每一条指令执行结束时都要查询有无中断申请。PLC对中断的响应则是在相关的程序块结束后查询有无中断申请，或者在执行用户程序时查询有无中断申请，如有中断申请，则转入执行中断服务程序。如果用户程序以块式结构组成，则在每块结束或执行块调用时处理中断。

（2）中断源先后顺序及中断嵌套问题

在PLC中，中断源的信息是通过输入点进入系统的，PLC扫描输入点是按输入点编号的先后顺序进行的，因此中断源的先后顺序只要按输入点编号的顺序排列即可。多中断源可以有优先顺序，但无嵌套关系。

1.4 PLC的软件基础

PLC除硬件系统外，还需要软件系统支持，它们相辅相成、缺一不可。PLC的软件分为控制PLC本身运行的系统监控程序和控制被控装置运行的用户程序两大部分。

1.4.1 系统监控程序

系统监控程序是每台PLC必备的部分，由厂商编制，固化于PROM或EPROM中，用来组织与特定控制任务无关而又不可缺少的功能，如处理PLC重启、更新I/O映像表、调用用户程序、采集和处理中断、识别错误并进行处理、管理存储区和处理通信等。系统监控程序分为系统管理程序、用户指令解释程序、标准程序模块和系统调用等。

1. 系统管理程序

系统管理程序是系统监控程序中最重要的部分，主管整个PLC有序运行。一是运行管理，控制PLC何时输入、输出、运算、自检、通信等，在时间上分配管理；二是存储空间的管理，即生成用户环境，规定各种参数和程序存放地址，将用户使用的数据参数，存储地址转化为实际的数据格式和物理存放地址，将有限资源变为用户可直接使用的诸多元件；三是系统自检程序，包括各种系统出错自检、用户程序语法检验、句法检验、警戒时钟运行等。

2. 用户指令解释程序

任何计算机都是根据机器语言来执行的，而编制机器语言非常麻烦。PLC中采用梯形图编程，通过CPU将人们易懂的梯形图程序逐条变为机器能识别的一串机器语言程序，就是用户指令解释程序的任务。事实上，为节省内存，提高解释速度，把用户程序变为内码形式存储起来，这一步由编辑程序实现，可插入、删除、检查、修改，方便程序的调试。

3. 标准程序模块和系统调用

这部分由许多独立程序块组成，各自完成不同的功能，有些完成输入、输出，有些完成特殊运算等，PLC 的各种具体工作都由这部分程序完成。

整个系统监控程序是一个整体，它的质量好坏很大程度上影响 PLC 的性能。因为通过改进系统监控程序就可在不增加任何硬件设备的条件下，改善 PLC 的性能。因此，各 PLC 生产厂商对系统监控程序非常重视，实际出售的产品中，系统监控程序一直在不断改善。

1.4.2　用户程序

用户程序是 PLC 使用者编制的针对具体工程的应用程序，下载到 CPU 中，处理特定自动化任务所需要的所有功能。它用 PLC 编程语言或助记符编制而成，编程语言可以是语句表、梯形图、系统流程图等，助记符随 PLC 型号的不同而略有不同。

PLC 编程和微机编程一样，用户程序需要一个编程环境、一个程序结构、一个编程方法。

1. 用户环境

用户环境也由系统监控程序生成，包括用户数据结构、用户元件区、用户程序区、用户存储区、用户参数、文件存储区等。

（1）用户数据结构

1）位数据，是一类逻辑量（1 位二进制），值为“1”或“0”，表示触点的通、断，接通状态为 ON、断开状态为 OFF。

2）字节数据，位长 8 位，数制形式有多种，一个字节可以表示 8 位二进制数、2 位十六进制数和 2 位十进制数。

3）字数据，数制、位长、形式都有多种，一个字可以表示 16 位二进制数、4 位十六进制数和 4 位十进制数。实际处理时还可以用八进制、ASCII 码，以及高精度的浮点数。

4）混合型数据，即同一个元件有位数据又有字数据。例如，T（定时器）和 C（计数器），输出触点只有 ON 和 OFF 两种状态，是位数据，而设定值和当前值又为字数据。

（2）用户数据存储区

用户使用的每个输入输出端，以及内部的每个存储单元都称为元件。各种元件都有固定的存储区（例如 I/O 映像区），即存储地址。给 PLC 中输入输出元件赋予地址的过程叫编址，不同 PLC 的输入输出编址方法不完全相同。

PLC 的内部资源，如内部继电器、定时器、计数器和数据区，不同 PLC 之间也有一些差异。这些内部资源都按一定的数据结构存放在用户数据存储区，正确使用用户数据存储区的资源才能编好用户程序。

2. 用户程序结构

用户程序结构大致分为三种。一是线性程序，把一个工程分成多个小的程序块，依次排放在一个主程序中；二是分块程序，把一个工程中的各个程序块独立于主程序之外，工作时由主程序一个个有序地去调用；三是结构化程序，把一个工程中具有相同功能的程序写成通用功能程序块，工程中的各个程序块都可以随时调用这些通用功能程序块。

用户程序结构化，易于程序的修改、查错和调试；块结构显著地增加了 PLC 程序的组织透明性、可理解性和易维护性。各种块的简要介绍见表 1-1。

表 1-1　用户程序中的块

块	功能简介
组织块(OB)	决定用户程序的结构,是系统程序与用户程序之间的接口由系统程序调用,用于控制循环和中断程序的执行以及 PLC 的启动和错误处理等。组织块根据系统程序调用的条件(如时间中断、报警中断等),可以分为不同的类型
系统功能块(SFB)和系统功能(SFC)	集成在 CPU 模块中,通过调用 SFB 或 SFC,可以访问一些重要的系统功能
功能块(FB)	是用户可以自行编程的具有自己的存储区域(背景数据块)的块,每次调用功能块时需要提供各种类型的数据给功能块,功能块也要返回变量给调用它的块。这些数据以静态变量(STAT)的形式存放在指定的背景数据块(D1)中,临时变量(TEMP)存储在局域数据堆栈中
功能(FC)	包含用户经常使用的功能的子程序,是用户编写的没有固定的存储区的块,其临时变量存储在局域数据堆栈中,功能执行结束后,这些数据就丢失了。利用共享数据区可以存储那些在功能执行结束后需要保存的数据,由于 FC 没有自己的数据存储区,所以不能为功能的局域数据分配初始值
背景数据块(DI)	调用 FB 和 SFB 时,背景数据块与块关联,并在编译过程中自动创建
共享数据块(DB)	用于存储全局数据的区域,供所有的块(功能块、功能或组织块统称为逻辑块)共享

1.4.3　PLC 的编程语言

1. 梯形图（LAD）

梯形图（Ladder Diagram，LAD）由原接触器、继电器构成的电气控制系统二次展开图演变而来，与电气控制系统的电路图相呼应，集逻辑操作、控制于一体，是面向对象的、实时的、图形化的编程语言，形象、直观和实用，为广大电气工程人员所熟知，特别适合于数字量逻辑控制，是使用得最多的 PLC 编程语言，但不适合于编写大型控制程序。

2. 语句表（STL）

语句表（Statement List，STL）类似于微机汇编语言的助记符编程表达式，是一种文本编程语言，由多条语句组成一个程序段。不同厂商的 PLC 往往采用不同的语句表符号集。

每个控制功能由一条或多条基础语句组成的用户程序来完成，每条语句是规定 CPU 如何动作的指令，作用和微机指令一样。PLC 语句和微机指令类似，即操作码+操作数。

3. 顺序功能流程图（SFC）

顺序功能图（Sequential Function Chart，SFC）是位于其他编程语言之上的真正的图形化编程语言，又称状态转移图，能满足顺序逻辑控制的编程。

SFC 主要由状态、转移、动作和有向线段等元素组成，用“流程”的方式来描述控制系统工作过程、功能和特性。以功能为主线，按照功能流程的顺序分配，条理清楚，便于对用户程序理解；同时大大缩短了用户程序扫描时间。

西门子 STEP 7 中的该编程语言是 S7 Graph。基于 GX Developer 可进行 FX 型 PLC 顺序功能图的开发。

4. 功能块图（FBD）

功能块图（Function Block Diagram，FBD）是一种类似于数字逻辑电路结构的编程语言、一种使用布尔代数的图形逻辑符号来表示的控制逻辑，一些复杂的功能用指令框表示，适合于有数字电路基础的编程人员使用。

有基本功能模块和特殊功能模块两类。基本功能模块有 AND、OR、XOR 等，特殊功能模块有 ON 延时、脉冲输出、计数器等。FBD 在大中型 PLC 和分散控制系统中应用广泛。

5. 结构化文本（ST）

结构化文本（Structured Text，ST）是用结构化的文本来描述程序的一种专用高级编程语言，编写的程序非常简洁和紧凑。采用计算机的方式来描述控制系统中各种变量之间的各种运算关系，实现复杂的数学运算，完成所需的功能或操作。

1.4.4　PLC 控制系统设计的一般步骤

可编程序控制器控制系统设计与调试的主要步骤，如图 1-7 所示。

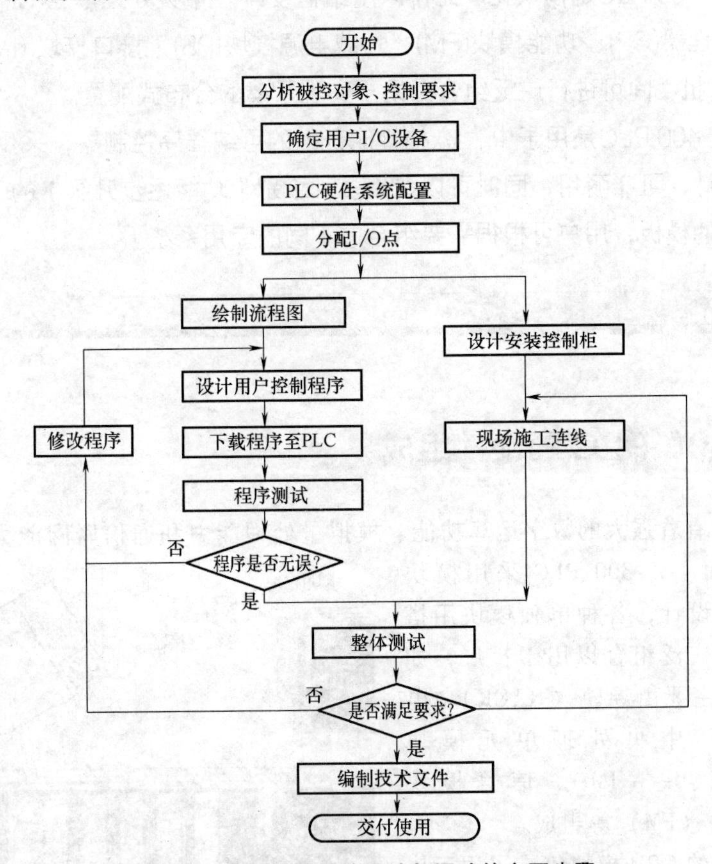

图 1-7　PLC 控制系统设计与调试的主要步骤

第2章

S7-300/400 PLC的硬件特性与组态

西门子S7-300 PLC是模块化、无排风扇结构设计，中央处理单元(CPU)、信号模块(SM)、通信处理器(CP)、功能模块(FM)、负载电源模块(PS)、接口模块 (IM)、SIMATIC M7自动化计算机之间可进行广泛组合，易于实现紧凑的分布式配置。

西门子S7-400 PLC是用于中、高档性能范围的可编程序控制器，采用模块化、无排风扇结构设计，可靠耐用，同时可以选用多种级别（功能逐步升级）的CPU，并配有多种通用功能的模板，用户可根据需要组合成不同的专用系统。

2.1 S7-300 PLC 的硬件组成

S7-300 PLC 有着强大的数字运算功能、模拟量处理能力和通信联网能力，能满足中等性能要求的应用。S7-300 PLC 采用模块化、无风扇结构设计，各种单独模块用搭积木的方式进行广泛组合以用于扩展，如图 2-1 所示。其主要由导轨（RACK）、电源模块（PS）、中央处理单元模块（CPU）、接口模块（IM）、信号模块（SM）、功能模块（FM）等组成。

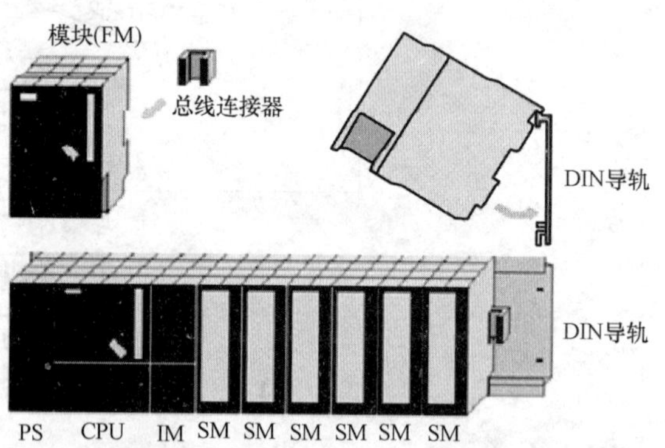

图 2-1 S7-300 PLC 的基本结构与安装

S7-300 PLC 的 CPU 模块集成了用于执行用户程序的过程控制功能，都有一个编程用 RS-485 接口，有的还集成有 PROFIBUS-DP 接口或 PtP 串行通信接口。S7-300 PLC 不需要附加任何硬件、软件和编程，能建立一个 MPI 网络，若有 PROFIBUS-DP 接口，能建立一个 DP 网络。

2.1.1 S7-300 PLC 概述

S7-300 PLC（见图 2-2）能满足中等性能要求的应用，模块化结构可进行广泛的模块组合以用于扩展。

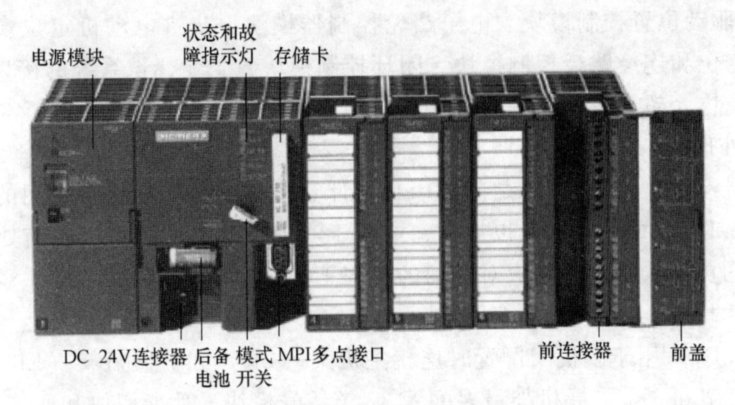

图 2-2 S7-300 PLC

1. S7-300 PLC 的组成部件

图 2-3 为模块化的 S7-300 PLC 系统构成，通过 MPI 网的接口直接与编程器 PG、操作员面板 OP 和其他 S7-PLC 相连，主要组成部分有导轨（RACK）、电源模块（PS）、中央处理单元模块（CPU）、接口模块（IM）、信号模块（SM）、功能模块（FM）等。

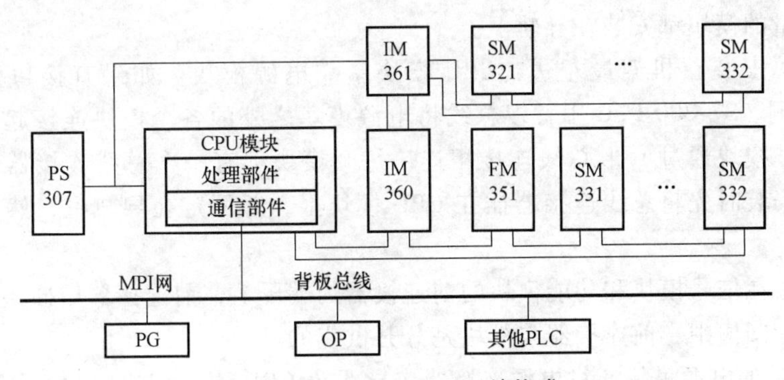

图 2-3 S7-300 PLC 系统构成

（1）中央处理单元

各种 CPU 有不同的性能，例如有的 CPU 集成有数字量和模拟量输入/输出点，有的 CPU 集成有 PROFIBUS-DP 等通信接口。CPU 前面板上有状态故障指示灯、模式开关、24V 电源端子、电池盒与存储器块盒（有的 CPU 没有）。

（2）负载电源模块

负载电源模块用于将 AC 220V 电源转换为 DC 24V 电源，供 CPU 和 I/O 模块使用，额定输出电流有 2A、5A 和 10A 三种，过载时模块上的 LED 灯闪烁。

（3）信号模块

信号模块（SM）是数字量、模拟量 I/O 模块的总称，使不同过程信号的电压或电流与 PLC 内部电平匹配。其包括 DI/DO 模块 EM 321/EM 322，AI/AO 模块 EM 331/EM 332。AI 模块可输入热电阻、热电偶、DC4 ~ 20mA 和 DC0 ~ 10V 等多种不同类型和不同量程的模拟信号。

（4）功能模块

功能模块（FM）主要用于对实时性和存储容量要求高的控制任务，例如计数器模块、快速/慢速进给驱动位置控制模块、电子凸轮控制器模块、步进电动机定位模块、伺服电动机定位模块、定位和连续路径控制模块、闭环控制模块、工业标识系统的接口模块、称重模块、位置输入模块、超声波位置解码器等。

（5）通信处理器

通信处理器（CP）用于 PLC 之间、PLC 与计算机和其他智能设备之间的通信，将 PLC 接入 PROFIBUS-DP、AS-i 和工业以太网，或用于实现点对点通信等。通信处理器可以减轻 CPU 处理通信的负担，并减少用户对通信的编程工作。

（6）接口模块

接口模块（IM）用于多机架配置时连接主机架（CR）和扩展机架（ER），S7-300 PLC 通过分布式主机架和 3 个扩展机架最多配置 32 个信号模块、功能模块和通信处理器。

（7）导轨

导轨是一种专用铝质机架，有多种长度规格，用来安装和钩锁 S7-300 PLC 的上述各种模块。

2. S7-300 PLC 的系统结构与扩展能力

S7-300 PLC 采用紧凑、无槽位限制的模块化组合结构，电源模块（PS）、中央处理器（CPU）、信号模块（SM）、功能模块（FM）、接口模块（IM）和通信处理器（CP）等不同型号和不同数量的模块都安装在导轨上。

电源模块总安装在机架最左边，CPU 模块紧靠电源模块。如果有接口模块，它放在 CPU 模块的右侧。S7-300 PLC 用背板总线将电源模块之外的各个模块连接起来。背板总线集成在模块上，模块通过 U 形总线连接相连，每个模块都有一个总线连接器，后者插在各模块的背后。安装时先将总线连接器插在 CPU 模块上，并固定在导轨上，然后依次装入各个模块。

外部接线接在信号模块和功能模块的前连接器的端子上，前连接器用插接的方式安装在模块前门后面的凹槽中，前连接器与模块是分开供应的。

S7-300 PLC 的电源模块通过电源连接器或导线与 CPU 模块相连，为 CPU 模块提供 DC 24V 电源。PS307 电源模块还有一些端子可以为信号模块提供 24V 电源。

更换模块时只需松开安装螺钉，拔下已经接线的前连接器，前连接器上的编码块用于防止将已接线的连接器插到其他模块上。

与 CPU 312 IFM 和 CPU 313 配套的模块只能安装在一个机架上，信号模块和通信处理器模块可以不受限制地插到任何一个槽上，系统可自动分配模块的地址。如果系统任务要求模块超过 8 块，则可增加扩展机架，但有的低端 CPU 没有扩展功能。除带 CPU 的中央机架（CR），CPU 314/315/315-2DP 最多增加 3 个扩展机架（ER），每个机架最多安装 8 个 I/O 模块（4~11 槽），4 个机架最多安装 32 个模块，接口模块 IM 360/IM 361 将 S7-300 PLC 背板总线从一个机架连接到下一个机架，如图 2-4 所示。

机架的最左边是 1 号槽，最右边是 11 号槽，1 号槽总是电源模块 PS，中央机架即 0 号机架的 2 号槽上是 CPU 模块，3 号槽是接口模块 IM，这 3 个槽号被固定占用，4~11 号槽为信号模块、功能模块或通信处理器模块。

因为模块是用总线连接器连接的，而不像其他模块式 PLC 那样，用焊在背板上的总线插座来安装，所以槽号是相对的，在机架导轨上并不存在物理槽位。

如果只需要扩展一个机架，可以使用较经济的 IM 365 接口模块对，两个接口模块用 1m

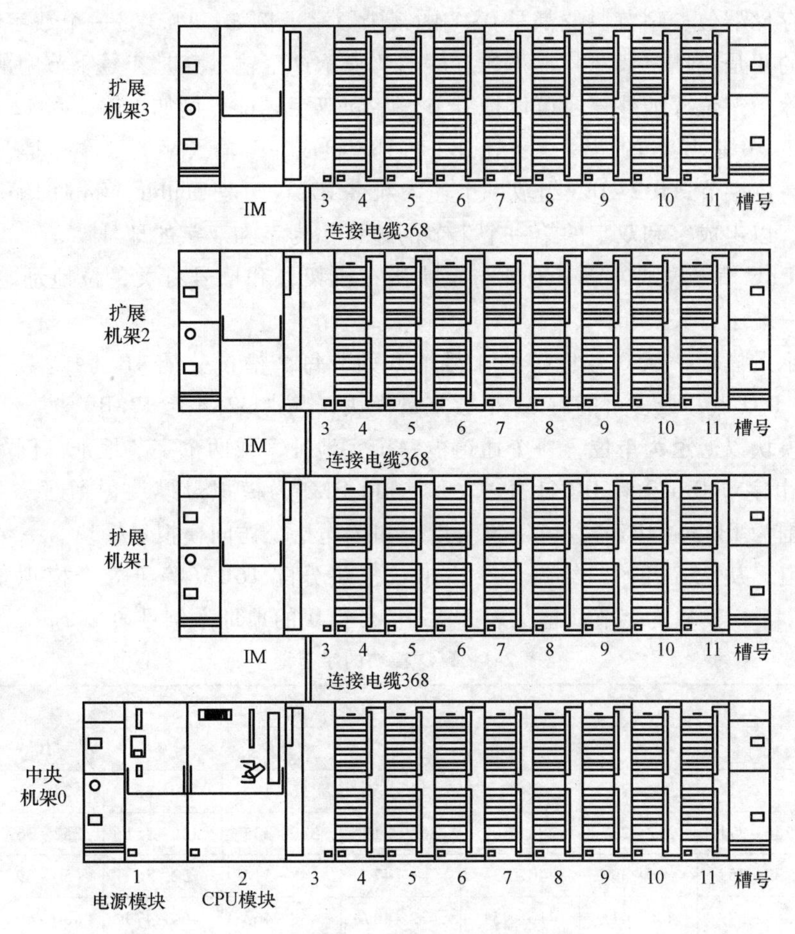

图 2-4　S7-300 PLC 系统机架与槽位图

长的固定电缆连接，由于 IM 365 不能给机架 1 提供通信总线，机架 1 上只能安装信号模块，不能安装通信模块和其他智能模块。扩展机架的电源由 IM 365 提供，两个机架的 DC 5V 电源的总电流应在允许值之内。

使用 IM 360/361 接口模块可以扩展 3 个机架，中央机架（CR）使用 IM 360，扩展机架（ER）使用 IM 361，各相邻机架之间的电缆最长为 10m。每个 IM 361 需要一个外部 DC 24V 电源，向扩展机架上的所有模块供电，可以通过电源连接器连接 PS307 负载电源，所有的 S7-300 PLC 模块可以安装在 ER 上。接口模块是自动组态的，无须进行地址分配。

每个机架上安装的 SM、FM 和 CP 除不能超过 8 块外，还受背板总线 DC 5V 供电电流限制。0 号机架的 DC 5V 电源由 CPU 模块产生，额定电流值与 CPU 型号有关。扩展机架背板总线的 DC 5V 电源由接口模块 IM 361 产生，SM 321 DI 16×24 VDC 从背板总线消耗电流最大 55mA、SM 322 DO 32×24 VDC/0.5A 从背板总线消耗电流最大 110mA、SM 331 AI 8×16 位从底板总线消耗电流最大 130mA、SM 332 AO 4×16 位从底板总线消耗电流最大 60mA、SM 334 AI 4/AO 2×8/8 位从底板总线消耗电流最大 55mA。

3. S7-300 PLC I/O 模块地址的确定

S7-300 PLC 的开关量地址由标识符、字节址和位址组成。标识符 I 表示输入、Q 表示输出、M 表示存储器位；字节、位都是 0~7 中某个数字。例如，I4.3 是一个数字量输入地址，小数点前面的 4 是地址字节部分，小数点后的 3 表示这个输入点是 4 号字节中的 3 号位。

开关量除了按位寻址外，还可以按字节、字和双字寻址。例如，输入量 I2.0~I2.7 组成输入字节 IB2，B 是 Byte 的缩写；字节 IB2 和 IB3 组成一个输入字 IW2，W 是 Word 的缩写，其中 IB2 为高位字节；IB2~IB5 组成一个输入双字 ID2，D 是 Double Word 的缩写，其中 IB2 为最高字节。以组成字和双字的第一个字节的地址作为字和双字的地址。

S7-300 PLC 信号模块的字节地址与模块所在机架号和槽号有关，位地址与信号线连接在模块的哪一端子有关。

对于数字量模块，从 0 号机架的 4 号槽开始，每个槽位分配 4B（4 个字节）的地址，相当于 32 个 I/O 点，最多可能有 32 个数字量模块，共占 32×4B=128B。

模拟量模块以通道为单位，一个通道占一个字地址，或两个字节地址。例如模拟量输入通道 IW640 由字节 IB640 和 IB641 组成。S7-300 PLC 为模拟量模块保留了专用地址区域，字节地址范围为 IB256~IB767，可用装载指令和传送指令访问模拟量模块。一个模拟量模块最多 8 个通道，从 256 开始，给每一个模拟量模块分配 16B（等于 8 个模拟量通道、8 个字）的地址。I/O 模块的字节地址见表 2-1，信号模块的地址举例见表 2-2。

表 2-1　I/O 模块的字节地址

机架号与模块	槽号							
	4	5	6	7	8	9	10	11
0、数字	0~3	4~7	8~11	12~15	16~19	20~23	24~27	28~31
0、模拟	256~271	272~287	288~303	304~319	320~335	336~351	352~367	368~383
1、数字	32~35	36~39	40~43	44~47	48~51	52~55	56~59	60~63
1、模拟	384~399	400~415	416~431	432~447	448~463	464~479	480~495	496~511
2、数字	64~67	68~71	72~75	76~79	80~83	84~87	88~91	92~95
2、模拟	512~527	528~543	544~559	560~575	576~591	592~607	608~623	624~639
3、数字	96~99	100~103	104~107	108~111	112~115	116~119	120~123	124~127
3、模拟	640~655	656~671	672~687	688~703	704~719	720~735	736~751	752~767

表 2-2　信号模块地址举例

机架模块	槽号					
	4	5	6	7	8	9
0、类	16 点 DI	16 点 DI	32 点 DI	32 点 DI	16 点 DO	16 点 DO
0、址	I0.0~I1.7	I4.0~I5.7	I8.0~I11.7	I12.0~I15.7	I16.0~I17.7	IW336~IW350
1、类	2 通道 AI	8 通道 AO	2 通道 AO	8 点 DO	32 点 DO	—
1、址	IW384,IW386	QW400~QW415	QW416,QW418	Q44.0~Q44.7	Q48.0~Q51.7	—

数字量 I/O 模块内最低的位地址（例 I0.0）对应的端子位置最高，最高的位地址（例如 16 点输入模块的 I1.7）对应的端子的位置最低。

4. 模块诊断与过程中断

（1）模块诊断功能

S7-300 PLC 有的信号模块具有对信号进行监视（诊断）和过程中断的功能。通过诊断可以确定数字量模块获取的信号是否正确，或模拟量模块的处理是否正确。

数字量输入/输出模块可以诊断出以下故障：无编码器电源、无外边辅助电压、无内部辅助电压、熔断器熔断、看门狗故障、EPROM 故障、RAM 故障、过程报警丢失。

模拟量输入模块可诊断出无外部电压、共模故障、组态/参数错误、断线、测量范围上溢出或下溢出；模拟量输出模块可诊断出无外部电压、组态/参数错误、断线和对地短路。

（2）过程中断

通过过程中断，可以对过程信号进行监视和响应。根据设置的参数，可以选择数字量输入模块每个通道组是否在信号上升沿、下降沿，或者两个边沿都产生中断。信号模块可以对每个通道的一个中断进行暂存。

模拟量输入模块通过上限值和下限值定义一个工作范围，模块将测量值与上、下限值进行比较。如果超限，则执行过程中断。

执行过程中断时，CPU 暂停执行用户程序，或暂停执行低优先级的中断程序，来处理相应的诊断中断功能块（OB 40）。

2.1.2 S7-300 PLC 的 CPU 模块

S7-300 PLC 大致有 6 种紧凑型、4 种 SIPLUS 紧凑型、7 种标准型、4 种 SIPLUS 标准型、4 种故障安全型、2 种 SIPLUS 故障安全型、2 种技术功能型等型号、带 DP 的具有现场总线扩展功能；含 SIPLUS 者有电子成分涂层，允许安装和运行于有害气体（例如氯和硫），环境温度范围为 -25～+70℃（允许冷凝）。CPU 以梯形图 LAD、功能块 FBD 或语句表 STL 进行编程。

1. CPU 模块的元件

S7-300 CPU 模块经过不断发展，有 30 余种不同型号，适应不同的控制要求。有的集成 DI/DO，有的同时集成 DI/DO 和 AI/AO。不同性能级别的 S7-300 CPU 范围如图 2-5 所示。

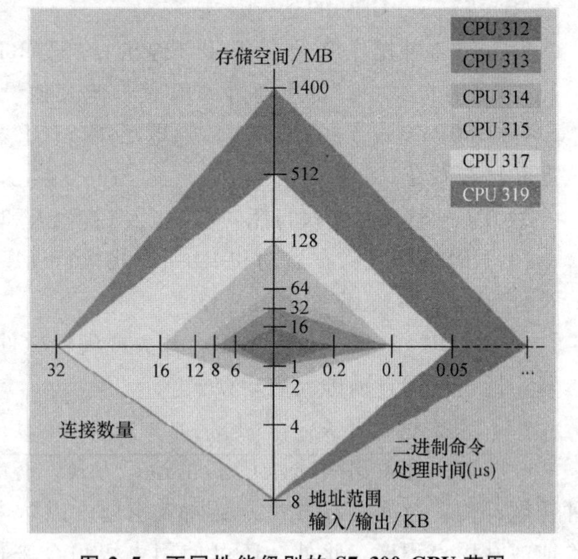

图 2-5 不同性能级别的 S7-300 CPU 范围

CPU 的元件封装在一个牢固而紧凑的塑料机壳内，面板上有状态和故障指示 LED、模式选择开关和通信接口。大多数 CPU 还有后备电池盒，存储器插槽可以插入多达数兆字节的 Flash EPROM 微存储器卡（MMC），用于掉电后程序和数据的保存。CPU 318-2 的面板如图 2-6 所示，其他如 CPU 313 的面板在多点接口（MPI）右侧少一个 PROFIBUS-DP 接口。

（1）状态与故障显示 LED

CPU 模块面板上的 LED（发光二极管）的意义如下：

1）SF（系统出错/故障显示，红色）：CPU 硬件故障或软件错误时亮。

2）BATF（电池故障，红色）：电池电压低或没有电池时亮。

3）DC 5V（+5V 电源指示，绿色）：CPU 和 S7-300 PLC 总线的 5V 电源正常时亮。

4）FRCE（强制，黄色）：至少有一个 I/O 被强制时亮。

5）RUN（运行方式，绿色）：CPU 处于 RUN 状态时亮；重新启动时以 2Hz 频率闪亮；HOLD（单步、断点）状态时以 0.5Hz 频率闪亮。

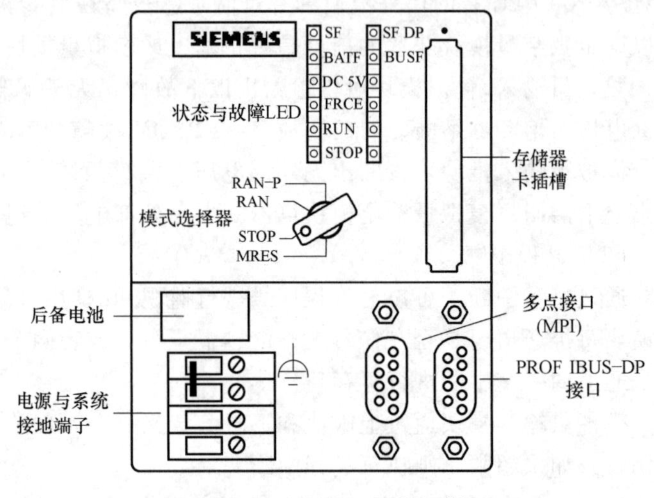

图 2-6　CPU 318-2 的面板

6）STOP（停止方式，黄色）：CPU 处于 STOP、HOLD 状态或重新启动时常亮；请求存储器复位时以 2Hz 频率闪亮。

7）BUSF（总线错误、红色）：PROFIBUS-DP 接口硬件或软件故障时亮，集成有 DP 接口的 CPU 才有此 LED；集成有两个 DP 接口的 CPU 有两个对应的 LED（BUSIF 和 BUS2F）。

（2）S7-300 CPU 的运行模式

CPU 有 4 种操作模式：STOP（停机）、STARTUP（启动）、RUN（运行）和 HOLD（保持）。在所有模式中，都可通过 MPI 接口与其他设备通信。

1）STOP 模式：在 CPU 模块通电后的 STOP 模式下，不执行用户程序，但可接收全部数据和检查系统。

2）RUN 模式：能执行用户程序、刷新输入和输出、处理中断和故障信息服务。

3）HOLD 模式：在启动和 RUN 模式执行程序时，如遇到调试用的断点，用户程序的执行被挂起（暂停），定时器被冻结。

4）STARTUP 模式：可用钥匙开关或编程软件启动 CPU，若钥匙开关在 RUN 或 RUN-P 位置，通电时即自动进入启动模式。

（3）模式选择开关

模式选择开关用来选择 CPU 的运行方式，有的 CPU 模式选择开关（模式选择器）是一种钥匙开关，改变运行方式需要插入钥匙，以防未经授权人员改变 CPU 运行方式、非法删除或改写用户程序。此外，还可使用多级口令来保护整个数据库，使用户有效保护技术机密，防止未经允许的复制和修改。模式选择开关（俗称钥匙开关）各位置的含义如下：

1）RUN-P（运行-编程）位置：运行时，CPU 不仅执行用户程序，还可通过编程软件在线读出和修改用户程序，以及改变运行方式。注意这个位置不能拔出钥匙。

2）RUN（运行）位置：CPU 能执行用户程序，通过编程软件可以读出用户程序，但不能修改用户程序。这个位置可以拔出钥匙。

3）STOP（停机）位置：CPU 不能执行用户程序，通过编程软件可以读出和修改用户程序。这个位置可以拔出钥匙。

4）MERS（清除存储器）位置：MERS 这个位置不能保持，松手时开关将自动返回

STOP 位置。将钥匙开关从 STOP 状态扳到 MRES 位置，可以复位存储器，使 CPU 回到初始状态。此时工作存储器、RAM 装载存储器中的用户程序和地址区被清除，全部存储器位、定时器、计数器和数据块均被删除，包括有保持功能的数据均复位为零。CPU 检测硬件、初始化硬件和系统程序参数、系统参数、CPU 和模块参数均恢复为默认设置，但 MPI（多点接口）参数被保留。如有快闪存储器卡，CPU 复位后将它里面的用户程序和系统参数复制到工作存储区。

复位存储器按下列顺序操作：PLC 通电后将钥匙开关从 STOP 位置扳到 MRES 位置，STOP LED 熄灭 1s、亮 1s、再熄灭 1s 后保持亮。放开开关，使它回到 STOP 位置，然后又回到 MRES，STOP LED 以 2Hz 频率至少闪动 3s，表示正在执行复位，最后 STOP LED 一直亮，这时可以松开模式开关。存储器卡被取掉或插入时，CPU 发出系统复位请求，STOP LED 以 0.5Hz 的频率闪动。此时应将模式选择开关扳到 MRES 位置，执行复位操作。

（4）微存储器卡

很多 S7-300 CPU 运行均需 Flash EPROM 微存储卡（MMC），用于断电时保存用户程序和某些数据，既可扩展 CPU 存储器容量，也可将有些 CPU 操作系统存于 MMC 中，而且对操作系统升级非常方便。MMC 的读写直接在 CPU 内进行，不需专用编程器。由于 CPU31xC 没有安装集成装载存储器，使用 S7-300 CPU 时必须插入 MMC，但 CPU 与 MMC 分开供货。

如果写访问过程中拆下 SIMATIC 微存储卡，卡中数据会被破坏。在这种情况下，必须将 MMC 存储器插入 CPU 中并删除它，或在 CPU 中格式化存储卡。只有在断电状态或 CPU 处于 STOP 状态时，才能取下存储卡。

（5）通信接口

所有 S7-300 CPU 模块都有一个多点接口 MPI，有的有一个 MPI 和一个 PROFIBUS-DP 接口，有的有一个 MPI/DP 接口和一个 DP 接口。

MPI 用于 PLC 与其他西门子 PLC、PG/PC、OP 之间的通信。CPU 通过 MPI 或 PROFIBUS-DP 接口在网络上自动广播设置的总线参数（即波特率），PLC 就自动地“挂到”MPI 网络上。

PROFIBUS-DP 的传输速率最高为 12Mbit/s，用于与其他西门子公司的带 DP 接口的 PLC、PG/PC、OP 和其他 DP 主站和从站的通信。

（6）电池盒

电池盒是安装锂电池的盒子，在 PLC 断电时，锂电池用来保证实时钟的正常运行，并可以在 RAM 中保存用户程序和更多的数据，保存的时间为 1 年。有的低端 CPU（例如 312IFM 与 313）因为没有实时钟，没有配备锂电池。

（7）电源接线端子

电源模块的 L1、N 端子接 AC 220V 电源，接地端子和 M 端子一般用短路片短接后接地，机架导轨也应接地。

电源模块上的 L+和 M 端子分别为 DC 24V 输出电压的正极和负极，采用专用电源连接器或导线连接电源模块和 CPU 模块的 L+和 M 端子。

（8）实时钟与运行时间计数器

CPU 312 IFM 与 CPU 313 因为没有锂电池，只有软件实时钟，PLC 断电时停止计时，恢复供电后从断电瞬间时刻开始计时。有后备锂电池的 CPU 有硬件实时钟，可以在 PLC 电源断电时继续运行，运行小时计数器的技术范围为0~32767h。

（9）CPU 模块上的集成 I/O

某些 CPU 模块例如 CPU 314C-2 PtP 是紧凑型的，集成有数字量和模拟量 I/O，并带有第2个串行接口，适用于具有较高要求的系统。

2. CPU 模块的技术规范

（1）存储器

存储器分为系统程序存储器和用户程序存储器。系统程序相当于 PC 的操作系统，它使 PLC 具有基本的功能，能够完成 PLC 设计者规定的各种工作。系统程序由 PLC 生产厂家设计并固化在 ROM 中，用户不能读取。用户程序由用户设计，使 PLC 能完成用户要求的特定功能。用户程序存储器的容量以字（16 位二进制数）为单位。

S7-300 PLC 使用以下几种物理存储器：随机存取存储器（RAM）、只读存储器（ROM）、快闪存储器和 EEPROM。

（2）S7-300 CPU 的分类

S7-300 PLC 的 CPU 模块大致可以分为以下几类：

1）6 种紧凑型 CPU，带有集成功能和 I/O，即 312C、313C、313C-2PtP、313C-2DP、314C-2PtP、314C-2DP。

2）7 种标准 CPU，即 312、314、315-2DP、315-2PN/DP、317-2DP、317-2PN/DP、319-3PN/DP。

3）技术功能型 CPU，即 315T-2DP、317T-2DP。

4）4 种户外型 CPU，即 312 IFM、314 IFM、314 户外型、315-2DP。

5）高端 CPU，即 317-2DP、318-2DP、319-3PN/DP。

6）故障安全型 CPU，即 315F-2DP、315F-2 PN/DP、317F-2DP、317F-2PN/DP。

（3）紧凑型 CPU

S7-31xC 有 6 种紧凑型 CPU，有的集成 DI/DO 和 AI/AO，见表 2-3 所示。

表 2-3　S7-31xC 型 CPU 的集成功能

型　号	定位通道数	计数通道数	最高可测频率	点对点通信协议	闭环控制
312C	—	2	10kHz	—	—
313C	—	3	30kHz	—	有
313C-2DP	—	3	30kHz	—	有
313C-2PtP	—	3	30kHz	ASCII,3964R	有
314C-2DP	1	4	60kHz	—	有
314C-2PtP	1	4	60kHz	ASCII,3964R,RK512	有

CPU 314-2DP 和 CPU 314-2PtP 有定位功能，带有模拟量输出和数字量输出。各 CPU 均有计数、频率测量和脉冲宽度调制功能，脉宽调制频率最高为 2. 5kHz。CPU 313C-2PtP 和 CPU 314C-2PtP 集成有点对点通信接口，ASCII 协议的通信速率为 19. 2kbit/s（全双工）、38. 4kbit/s（半双工），3964R 协议为 38. 4kbit/s，RK512 协议为 38. 4kbit/s。

S7-31xC 的 RAM 不能扩展，没有集成的装载存储器，运行时需要插入 MMC，通过 MMC 执行程序和保存数据，MMC 为免维护的 Flash EPROM（EEPROM），可以扩展至 4MB。各

CPU 均有实时种，CPU 312C 的时钟没有电池后备功能。CPU 有一个运行小时计数器，有日期时间同步功能。FB（功能块）、FC（功能）和 DB（数据块）的最大容量为 16KB。

CPU 312C 有集成的数字量 I/O，适用于有较高要求的小型系统。CPU 313C 有集成的数字量 I/O 和模拟量 I/O，适用于有较高要求的系统。CPU 313C-2DP 和 CPU 314C-2DP 有集成的数字 I/O 和两个 PROFIBUS-DP 主站、从站接口，通过 CP（通信处理器）各 CPU 可以扩展一个 DP 主站。CPU 314C-2DP 还有集成的模拟量 I/O，适用于有较高要求的系统。

4 路集成的模拟量输入信号的量程为±10V、0~10V、±20mA、4~20mA，积分时间可调为 2.5ms、16.6ms、20ms，单极性输入为 11 位+符号位，25℃时基本误差为 0.7%。

1 路集成的模拟量输入通道可测量 0~600Ω 的电阻，或连接 Pt100 热电阻。2 路集成的模拟量输出的输出范围为 10V，0~10V，±20mA，4~20mA 和 0~20mA。各通道的转换时间为 1ms，25℃时的基本误差为 0.7%。

CPU 模块的每一个通信接口有 PG/OP 通信和全局数据（GD）通信功能，发送方和接收方的 GD 环最大个数均为 4 个，GD 包最大 22B。有 S7 标准通信功能，每个作业的最大用户数据为 76B。S7 通信中可以作为服务器，每个作业的最大用户数据为 64B。MPI 电缆最大长度为 50m，最高传输速率为 187.5kbit/s。紧凑型 CPU 技术参数见表 2-4。

表 2-4 紧凑型 CPU 技术参数

CPU-	312C	313C	313C-2PtP	313C-2DP	314C-2PtP	314C-2DP
集成 RAM	16KB	32KB	32KB	32KB	48KB	48KB
MMC	最大 4MB	最大 4MB	最大 4MB	最大 4MB	最大 4MB	最大 4MB
位操作 μs 浮点数加法	0.2~0.4 30μs	0.1~0.2 15μs	0.1~0.2 15μs	0.1~0.2 15μs	0.1~0.2 15μs	0.1~0.2 15μs
集成 DI/DO 集成 AI/AO	10/6	24/16 4+1/2	16/16	16/16	24/16 4+1/2	24/16 4+1/2
FB 块数 FC 块数 DB 块数	64 64 63(DB0 保留)	128 128 127(DB0 保留)	128 128 127(DB0 保留)	128 128 127(DB0 保留)	128 128 127(DB0 保留)	128 128 127(DB0 保留)
位存储器	1024B	2048B	2048B	2048B	2048B	2048B
定时器/计数器	128/128	256/256	256/256	256/256	256/256	256/256
全部 I/O 地址 I/O 过程映像 数字 I/O 总数	1024B/1024B 128B/128B 256/256	1024B/1024B 128B/128B 992/992	1024B/1024B 128B/128B 992/992	1024B/1024B 128B/128B 992/992	1024B/1024B 128B/128B 992/992	1024B/1024B 128B/128B 992/992
模拟 I/O 总数	64/32	248/124	248/124	248/124	248/124	248/124
模块总数	8	31	31	31	31	31
通信连接总数 报文可定义站	6 3	8 5	8 5	8 5	12 7	12 7
最大机架/模块 通信接口	1/8 MPI 接口	4/31 MPI 接口	4/31 2 个 PtP 接口	4/31 2 个 DP 接口	4/31 2 个 PtP 接口	4/31 2 个 DP 接口

（4）标准型 CPU

CPU 312 适用于对处理速度有中等要求的小规模应用。

CPU 314 适用于对程序量有中等要求的应用，对二进制和浮点数有较高的处理性能。

CPU 315-2DP 具有大中规模的程序容量，对二进制和浮点数有较大的处理性能，有两个 RPOFIBUS-DP 主站/从站接口，可以用于建立分布式 I/O 结构和大规模的 I/O 配置。

CPU 319F-3 PN/DP 有 3 个板载接口（MPI/DP、DP、PN），RAM 存储器容量 1400KB，定时器/计数器各 2048 个，数字量最大 65536 点，模拟量最大 4096 个通道。由于使用 Flash EPROM，CPU 断电后无须后备电池也可长时间保持动态数据，使 S7-300 PLC 成为完全无维护的控制设备。CPU 用智能化诊断系统连续监控系统功能是否正常、记录错误和特殊系统事件（例如超时、模块更换等）。S7-300 PLC 有看门狗中断、过程报警、日期时间中断和定时中断功能。

各 CPU 的 RAM 不能扩展，CPU 312、CPU 314 和 CPU 315-2DP 运行时需要 MMC。CPU 312 有软件时钟，其余均有硬件实时钟。FB、FC 和 DB 的最大容量为 16KB。有 8 个时钟位存储器，有一个运行小时计数器，有时钟同步功能。

CPU 最多监视 30 个变量，强制 14 个 I/O 变量，包括位存储器、DB、定时器和计数器，有状态块和单步功能，可以设置两个断点。

CPU 模块的第一个通信接口是内置 RS-485 接口，没有隔离，有 MPI 的 PG/OP 通信和全局数据（GD）通信功能，有 S7 标准通信功能。

（5）户外型 CPU

户外型 CPU 可在恶劣环境下使用，CPU 312IFM 和 CPU 314IFM 是户外紧凑型，带有集成的 DI/DO。CPU 312 IFM 适用于小系统，具有特殊功能，无实时钟；CPU 314 IFM 适用于对响应时间和特殊功能有较高要求的系统。

CPU 314 户外型的处理速度高，具有中等规模的 I/O 配置，适用于要求中等规模的程序量和中等的指令执行速度的系统。

CPU 312IFM 和 CPU 314IFM 有一个计数器，最高计数频率为 10kHz，1 个通道可以测量频率，最高 10kHz；CPU 314IFM 有 1 个通道可用增量式编码器进行位置检测。

CPU 314IFM 集成 4 路模拟量输入，信号量程为±10V 和±20mA、11 位+符号位。1 路集成的模拟量输出的输出范围为±10V 和±20mA、11 位+符号位。

MPI 接口可连接 32 个站，可与 PG/PC、OP，其他 S7-300/400 通信，最多有 2 个动态连接和 4 个静态连接。最大传输速率为 187.5kbit/s，10 个中继器串联时最大距离为 9100m，通过光纤通信可达 23800m。

户外型 CPU 的全局数据（GD）通信功能与标准型的相同，CPU 315-2DP 可以用作路由器，有点对点通信功能。

（6）其他 CPU

CPU 317-2DP、CPU 318-2DP 和 CPU 319-3PN/DP 具有大容量程序存储器和 PROFIBUD-2DP 主站/从站接口，用于大规模 I/O 配置和建立分布式 I/O 结构。

CPU 315F 带有 PROFIBUD-2DP 主站/从站接口，可组态故障安全型自动化系统，满足安全运行的要求，不需要对故障 I/O 进行额外布线，使用 PROFIsave 协议 PROFIBUD-DP 实现与安全有关的通信。ET200M 和 ET200S 可以使用故障安全的数字模块量模块，也可在自动化系统中使用与安全无关的标准模块。

2.1.3 S7-300 PLC 的 I/O 模块及其他模块

I/O 模块统称信号模块（SM），包括数字量输入、数字量输出、数字量输入/输出、模拟量输入、模拟量输出、模拟量输入/输出等模块和其他模块。

S7-300 PLC I/O 模块的外部接线接在插入式的前连接器端子上，前连接器在前盖后面的凹槽内。不需断开前连接器上的外部连线，就能迅速更换模块。第一次插入连接器时，有一个编码元件与之齿合，这样该连接器就只能插入同样类型的模块中。

信号模块安装在 DIN 导轨上，通过总线连接器与相邻模块连接，面板上 LED 用来显示各数字量 I/O 点的信号状态。模块默认地址由模块所在位置决定，也可用 STEP 7 指定。信号模块和接口模块尺寸为 40mm（宽）×125mm（高）×120mm（深），部分模块宽度为 80mm。

1. S7-300 PLC 数字量输入模块

数字量输入模块用于连接外边的机械触点和电子数字式的传感器，例如二线式光电开关和接近开关等，将从现场传来的外边数字信号的电平转换为 PLC 内部信号的电平。S7-300 PLC 数字量输入模块端子连接如图 2-7 所示。

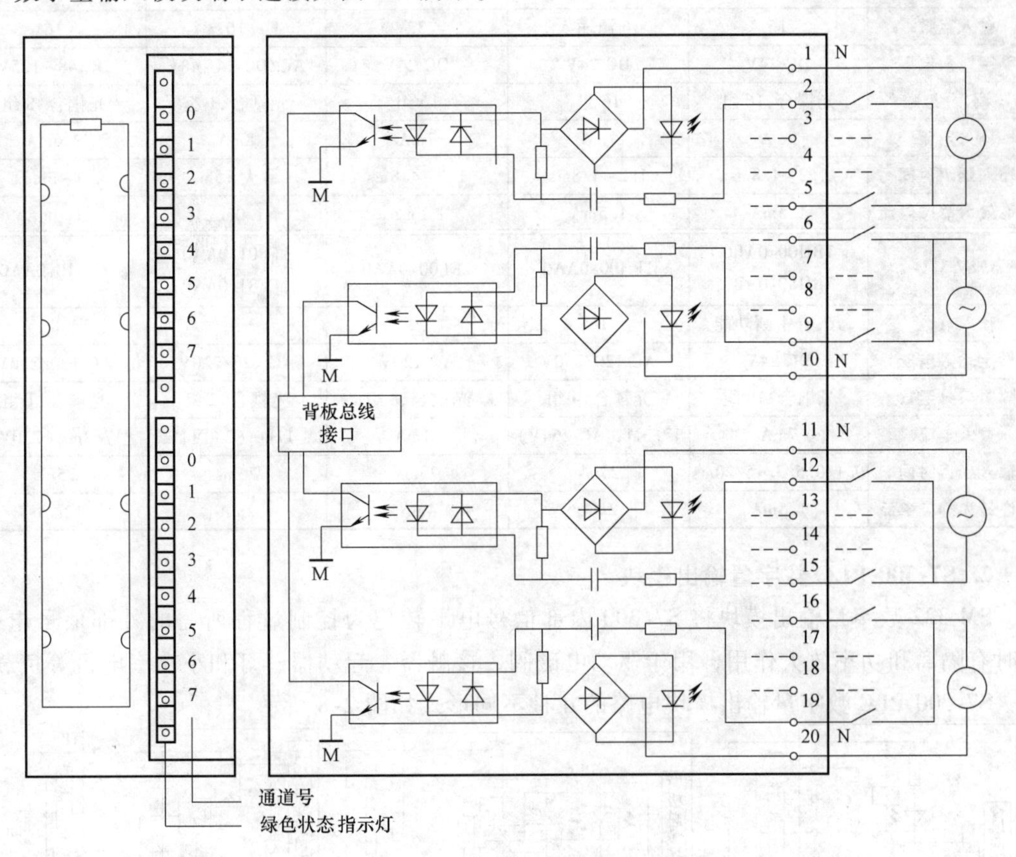

图 2-7 数字量输入模块端子连接图

输入电路中一般设有 RC 滤波电路，以防止由于输入触点抖动或外边干扰脉冲引起的错误输入信号，输入电流一般为数毫安。

直流输入电路的延迟时间较短，可直接与接近开关、光电开关等电子输入装置连接，DC 24V 是一种安全电压，如果信号线不是很长，PLC 所处的物理环境较好，电磁干扰较轻，应考虑优先选用 DC 24V 输入模块。交流输入方式适合于在有油雾、粉尘的恶劣环境下使用。

数字量输入模块可以直接连接两线式接近开关（BERO），两线式 BERO 的输出信号为 0 时，输出电流（漏电流）不为 0。选型时应保证两线式接近开关 BERO 的漏电流小于输入模块允许的静态电流，否则将会产生错误的输入信号。

根据输入电流的流向，可将输入电路分为源输入和漏输入，电流从 PLC 内由 I/O 端子向外流出是源输入，相反，电流由外向端子流入是漏输入。NPN 集电极开路输出的传感器应接源型数字量输入模块，PNP 集电极开路输出的传感器应接漏型数字量输入模块。

数字量模块的输入/输出电缆最大长度一般为 1000m（屏蔽电缆）或 600m（非屏蔽电缆）。SM 321 数字量输入模块技术参数见表 2-5。

表 2-5　SM 321 数字量输入模块技术参数

6ES7 321-	1BH02-0AA0 1BH82-0AA0	1BH50-0AA0	1BL00-0AA0 1BL80-0AA0	1CH00-0AA0	1CH80-0AA0
输入点数	16	16 源输入	32	16	16
额定输入电压	DC 24V	DC 24V	DC 24V	AC/DC 24~48V	DC 48~125V
隔离，分组数	光耦合，16 组	16 组	16 组	光耦合，1 组	光耦合，8 组
输入电流	9mA	7mA	7mA	8mA	2.6mA
输入延迟时间	1.2~4.8ms	1.2~4.8ms	1.2~4.8ms	最大 15ms	1~3ms
允许最大静态电流	1.5mA	1.5mA	1.5mA	1.0mA	1.0mA
6ES7 321-	7BH00-0AB0 7BH80-0AB0	1FH00-0AA0	1EL00-0AA0	1FF01-0AA0 1FF81-0AA0	1EF10-0AA0
输入点数	16，有中断功能	16	32	8	8
额定输入电压	DC 24V	AC 120/230V	AC 120V	AC 120/230V	AC 120/230V
隔离与分组数	光耦合，16 组	光耦合，4 组	光耦合，8 组	光耦合，2 组	光耦合，1 组
输入电流	7mA	17.3Ma(AC 264V)	21mA	11mA(230V)	17.3mA(230V)
输入延迟时间	0.1/0.5/3/15/20ms	25ms	25ms	25ms	25ms
允许最大静态电流	1.5mA	2mA	4mA	2mA	2mA

2. S7-300 PLC 数字量输出模块

SM 322 数字量输出模块将 S7-300 内部信号电平转化为控制过程所需的外部信号电平，同时有隔离和功率放大作用，用于驱动电磁阀、接触器、起动器、灯和小功率电机等负载。

S7-300 PLC 数字量输出模块电路的几种不同形式如图 2-8 所示。

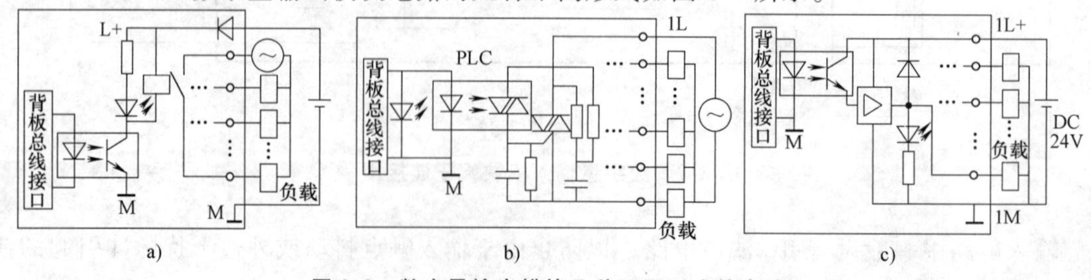

图 2-8　数字量输出模块几种不同形式的电路

输出模块的功率放大元件有驱动直流负载的大功率晶体管和场效应晶体管、驱动交流负载的双向晶闸管或固态继电器，以及既可以驱动交流负载又可以驱动直流负载的小型继电器。输出电流的典型值为0.5~2A，负载电源由外部现场提供。

SM 322数字量输出模块的技术参数见表2-6，SM 322继电器型数字量输出模块的技术参数见表2-7。

表2-6　SM 322数字量输出模块技术参数

6ES7 322-	1BH01-0AA0 1BH81-0AA0	1BL00-0AA0	8BF00-0AB0 8BF80-0AB0	5GH00-0AB0	1CF80-0AA0	1BF01-0AA0
输出点数	16	32	8,有中断	16	8	8
额定输入电压	DC 24V	DC 24V	DC 24V	DC 24/48V	DC 48~125V	DC 24V
分组数,隔离	8,光耦合	8,光耦合	8,光耦合	1,光耦合	4,光耦合	4,光耦合
最大输出电流 最大灯负载 最小电流	0.5A 5W 5mA	0.5A 5W 5mA	0.5A 5W 5mA	0.5A 5W	1.5A 40W/120V 10mA	2A 10W 5mA
感性 L 最大频率 阻性 L 最大频率 灯负载最大频率	100Hz 0.5Hz 100Hz	100Hz 0.5Hz 100Hz	100Hz 2Hz 100Hz	0.5Hz — —	20Hz 0.5Hz 10Hz	100Hz 0.5Hz 100Hz
短路保护	电子式	电子式	电子式	外部提供	电子式	电子式

6ES7 322-	1FF01-0AA0	5FF00-0AB0	1FH00-0AA0	1EL00-0AA0
输出点数	8	8	16	32
诊断	LED显示保险丝熔断或无负载电压	关断,上一次值/替代值	红色LED显示保险丝熔断	红色LED显示保险丝熔断
额定负载电压	AC 120/230V	AC 120/230V	AC 120/230V	AC 120V
分组数,隔离	4,光耦合	1,光耦合	8,光耦合	8,光耦合
输出最大电流/每组总电流最小电流	1A/2A 10mA	1A/1A 10mA	1A/2A 10mA	1A/3A 10mA
阻性 L 最大频率 感性 L 最大频率 灯负载最大 f,P	10Hz 0.5Hz 1Hz,50W	10Hz 0.5Hz 1Hz,50W	10Hz 0.5Hz 1Hz,25W	10Hz 0.5Hz 1Hz,25W
短路保护	熔断器	外部提供	组后备	熔断器

表2-7　SM 322继电器型数字量输出模块技术参数

6ES7 322-	1HF01-0AA0	1HF10-0AA0 1HF80-0AA0	5HF00-0AB0	1HH01-0AA0
输出点数	8继电器	8继电器	8继电器	8继电器
诊断	—	关断,上一次值/替代值	—	—
最高电压	DC 120V/AC 230V			
每组点数,隔离	2,光耦合	1,光耦合	1,光耦合	8,光耦合
每组总输出电流(60℃) 阻性 L 最大输出电流 感性 L 最大输出电流	4A AC 2A/230V DC 2A/24V AC 2A/230V DC 2A/24V	— AC 8A/230V DC 5A/24V AC 3A/230V DC 2A/24V	5A 5A 5A	8A AC 2A/230V DC 2A/24V AC 2A/230V DC 2A/24V

（续）

6ES7 322-	1HF01-0AA0	1HF10-0AA0 1HF80-0AA0	5HF00-0AB0	1HH01-0AA0
阻性 L 最大输出频率 感性 L 最大输出频率 灯 L 最大输出频率 机械 L 最大输出频率	2Hz 0.5Hz 2Hz 10Hz	2Hz 0.5Hz 2Hz 10Hz	2Hz 0.5Hz 2Hz 10Hz	1Hz 0.5Hz 1Hz 10Hz
触点寿命(AC 230V)	2A,100000	3A,100000	5A,100000	2A,100000
短路保护	外部提供			

根据继电器输出电路的原理，当某输出点为 1 状态时，梯形图线圈“通电”，通过背板总线接口和光耦合器，对应微型硬件继电器线圈通电，动合触点闭合，使外部负载工作；输出点为 0 状态时，梯形图线圈“断电”，输出模块中微型继电器线圈断开，动断触点也断开。

光敏晶闸管和双向晶闸管等组成的固态继电器（SSR）输出电路，梯形图中某一输出点为 1 状态时，线圈“通电”，光敏晶闸管中的发光二极管点亮，光敏双向晶闸管导通，外部负载得电工作。光敏双向晶闸管控制极上并联的 RC 电路用来抑制晶闸管的关断过电压和外部的浪涌电压，这类模块只能用于交流负载。双向晶闸管由关变为导通的延迟时间小于 1ms，由导通变为关断的最大延迟时间为 10ms（工频半周期），如果因晶闸管在负载电流过小晶闸管不能导通，可在负载两端并联电阻。

由晶体管或场效应晶体管构成的输出电路，只能驱动直流负载，输出信号经光耦合器送给输出元件，输出元件的饱和导通状态和截止状态相当于触点的接通和断开，这类输出电路的延迟时间小于 1ms。

继电器输出模块的负载电压范围宽，导通电压降小，承受瞬时过电压和过电流能力强，但动作速度较慢，寿命（动作次数）有一定限制，如果系统输出量的变化不是很频繁，建议优先选用继电器型的。固态继电器型输出模块只能用于交流负载，晶体管型、场效应晶体管型输出模块只能用于直流负载，它们的可靠性高，响应速度快，寿命长，但过载能力稍差。

3. 数字量 I/O 模块

数字量 I/O 模块能将来自过程的外部数字信号电平转换成 PLC 内部信号电平，也能将 PLC 的内部信号电平转换成过程所要求的外部信号电平，使用电压额定值为 24V、屏蔽电缆最长为 1000m、非屏蔽电缆最长为 600m、输出短路保护为电子式、阻/感性负载最大开关频率为 100/0.5/10Hz、光耦合隔离、宽 40mm×高 125mm×深 120mm。SM 323 有 8 点和 16 点之分，消耗背板 DC 5V 电流为 40/80mA、功耗为 3.5/6.5W、所需连接器为 20/40 针、灯负载最大开关频率为 10/100Hz、重约 220/260g；SM 327 输入输出 8 点，耗背板 DC 5V 电流为 60mA、功耗为 3W、所需连接器为 20 针、灯负载最大开关频率为 10Hz、重约 200g。

4. S7-300 PLC 的模拟量输入模块

模拟量模块的用途在图 2-9 中描述得很清楚，S7-300 模拟量 I/O 模块包括模拟量输入模块 SM 331、模拟量输出模块 SM 332 和模拟量输入/输出模块 SM 334/SM 335。

S7-300 PLC 的模拟量输入模块，具有优化配合、强大的模拟技术、结构紧凑、组装简

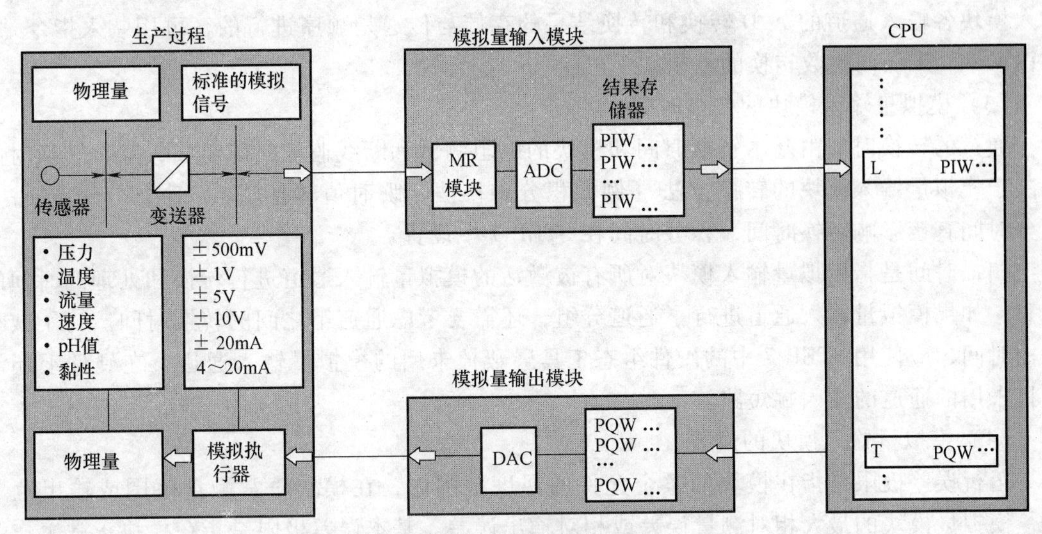

图 2-9　模拟量模块的用途

单、接线方便等优点。更换模块时，前连接器的接线状况无须改变就可用于同样类型的新模块。

（1）模拟量变送器

工业领域的生产过程中有大量连续变化的模拟量需要用 PLC 来测量或控制。有的是非电量，例如温度、压力、流量、液位、物理成分（如含氧量）和频率等；有的是电量，例如电流、电压、有功功率、无功功率、功率因数等。变送器用于将传感器提供的电量或非电量转换为标准的直流电流或直流电压信号，例如 DC 0~10V 和 4~20mA。

（2）SM 331 模拟量输入模块的基本结构

图 2-10 所示的模拟量输入模块用于将模拟量信号转换为 CPU 内部处理用的数字信号，主要组成部分是 A-D（Analog-Digit）转换器。模拟量输入模块的输入信号一般是模拟量变送器输出的标准直流电压、电流信号。SM 331 可直接连接不带附加放大器的温度传感器（热电耦或热电阻），这样可省去温度变送器，不但节约硬件成本，而且控制系统结构也更紧凑。

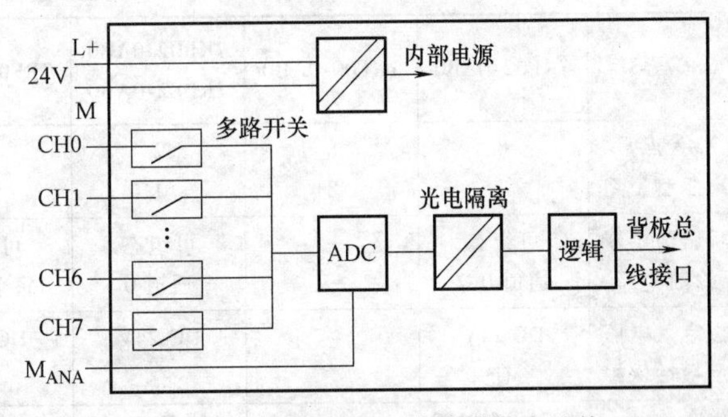

图 2-10　模拟量输入模块的基本结构

该模块塑料机壳面板上的红色 LED 用于显示故障和错误，前门后面是前连接器，前面板上有标签区。模块安装在 DIN 标准导轨上，并通过总线连接器与相邻模块连接，输入通道的地址由模块所在位置决定。

一块 SM 331 模块中的各个通道可以分别使用电流输入或电压输入、并选用不同的量程。有多种分辨率可供选择（9~15 位+符号位，与模块有关），分辨率不同转换时间也不同。

模拟量输入模块由多路开关、A-D 转换器（ADC）、光隔离元件、内部电源和逻辑电路组成，8 个模拟量输入通道共用一个 A-D 转换器，通过多路开关切换被转换的通道，模拟量输入模块各输入通道的 A-D 转换和转换结果的存储与传送是顺序进行的，可用装入指令“L PIW…”来访问模数转换的结果。

（3）模拟量输入模块的扫描时间

通道的转换时间由基本转换时间和模块的电阻测试和断线监控时间组成，基本转换时间取决于模拟量输入模块的转换方法（例如积分转换法、瞬时值转换法）。对于积分转换法，积分时间直接影响转换时间，积分时间在 STEP 7 中设置。

扫描时间是指模拟量输入模块对所有被激活的模拟量输入通道进行转换和处理的时间的总和。如果模拟量输入通道进行了通道分组，还需要考虑通道组之间的转换时间。为了减小扫描时间，应使用 STEP 7 中的硬件组态工具屏蔽掉未用的模拟量输入通道，在硬件上还需要将未用的通道的输入端短路。

（4）模拟量输入模块的误差

运行误差极限是指在模块的整个允许的温度范围内，在模块正常测量范围或输出范围内，模拟量模块的最大相对测量误差或相对输出误差。基本误差极限是指在模块正常工作范围内，25℃时模拟量模块的测量误差或输出误差。

【例 2-1】 某模拟量输出模块为 4 通道 12 位模拟量输出模块，假设输出范围为 0~10V，模块的环境工作温度为 30℃，模块电压输出运行极限为±0.5%，因此在整个模块的正常输出范围内，最大输出误差应为±0.05V（10V 的±0.5%）。

如果实际输出电压为 1V，模块的输出范围应为 0.95~1.05V，则此时的相对误差为（0.05V/1V）×100%=±5%。

（5）SM 331 模拟量输入模块的技术规范（见表 2-8）

表 2-8 SM 331 模拟量输入模块技术规范

6ES7 331-	7KF02-0AB0	1KF00-0AB0	7KB02-0AB0 7KB82-0AB0	7PF00-0AB0	7PF10-0AB0	7NF00-0AB0	7NF10-0AB0
输入点数 电阻测量用	8 4	8 8	2 1	8	8	8	8
极限值中断 诊断中断	可组态 通道 0,2	— —	可组态 通道 0	可组态 每个通道	可组态 每个通道	可组态 0, 2 可组态	所有通道 可组态
额定入电压 反极性保护	DC 24V 有		DC 24V 有	DC 24V 有	DC 24V 有		
电压输入量程/输入阻抗	±80mV/10MΩ ±250mV/10MΩ ±500mV/10MΩ ±1V/10kΩ ±2.5V/100kΩ ±5V/100kΩ 1~5V/100kΩ ±10V/100kΩ	±50mV/10MΩ ±500mV/10MΩ ±1V/10kΩ ±5V/100kΩ 1~5V/100kΩ ±10V/100kΩ 1~10V/100kΩ	±80mV/10MΩ ±250mV/10MΩ ±500mV/10MΩ ±1V/10kΩ ±2.5V/100kΩ ±5V/100kΩ 1~5V/100kΩ ±10V/100kΩ			±5V/2MΩ 1~5V/2MΩ ±10V/2MΩ	±5V/10MΩ 1~5V/10MΩ ±10V/10MΩ
电流输入量程/输入阻抗	±10mA/25Ω ±3.2mA/25Ω ±20mA/25Ω 0~20mA/25Ω 4~20mA/25Ω	±20mA/50Ω 0~20mA/50Ω 4~20mA/50Ω	±10mA/25Ω ±3.2mA/25Ω ±20mA/25Ω 0~20mA/25Ω 4~20mA/25Ω			±20mA/250Ω 0~20mA/250Ω 4~20mA/250Ω	±20mA/250Ω 0~20mA/250Ω 4~20mA/250Ω

（续）

6ES7 331-	7KF02-0AB0	1KF00-0AB0	7KB02-0AB0 7KB82-0AB0	7PF00-0AB0	7PF10-0AB0	7NF00-0AB0	7NF10-0AB0
电阻输入量程/输入阻抗	150/10MΩ 300/10MΩ 600/10MΩ	0~600/10MΩ 0~6000/10MΩ	150/10MΩ 300/10MΩ 600/10MΩ	150/10MΩ 300/10MΩ 600/10MΩ			
热电偶的型号	E,N,J, K/10MΩ	E,N,J, K/10MΩ	E,N,J, K/10MΩ		B,E,J,K,L, N,R,S,T,U		
热电阻型号/输入阻抗	Pt100/10MΩ 标准型 Ni100 标准型	Pt100/10MΩ 标准型 Ni100 气候型	Pt100/10MΩ 标准型 Ni100 标准型	Pt100,Pt200 Pt500,Pt1000 Ni100, Ni120 Ni200, Ni500 Ni1000,Cu10		B,E,J,K,L, N,R,S,T,U	
2线流变器 4线流变器	可以 可以	可以,外供电 可以	可以 可以			带外变送器 可以	带外变送器 可以
转换时间/通道	2.5/16.7/ 20/100ms	1.67/ 20ms	2.5/16.7/ 20/100ms			2.5/16.7/ 20/100ms	8 通道 23/72/ 83/95ms

除了1KF00-0AB0，其余模块均用红色LED指示故障，可以读取诊断信息。模块与背板总线之间有隔离，热电偶、热电阻输入时均有线性化处理。使用屏蔽电缆时最大距离为200m，输入信号为50mV或80mV时，最大距离为50m。

（6）模拟输入量转换后的模拟值表示方法

模拟量输入/输出模块中模拟量对应的数字称为模拟值，用16位二进制补码定点数来表示。最高位（第15位）为符号位，正数的符号位为0，负数的符号位为1。

模拟量模块的模拟值位数（即转换精度）可设置为9~15位（与模块型号有关，不含符号位），若模拟值精度小于15位，则模拟值左移，使符号位在16位字的最高位（第15位）。模拟值左移3位后未使用的低位（第0~2位）为0，相当于实际模拟值被乘以8。

表2-9给出了模拟量输入模块的模拟值与模拟量之间的对应关系，模拟量量程的上、下限（±100%）分别对应于十六进制模拟值6C00H和9400H（H表示十六进制数）。

表2-9 SM 331模拟量输入模块的模拟值

范围	双极性					
	百分比	十进制	十六进制	±5V	±10V	±20mA
上溢出	118.515%	32767	7FFFH	5.926V	11.851V	23.70mA
超出范围	117.589%	32511	7EFFH	5.879V	11.759V	23.52mA
正常范围	100.00%	27648	6C00H	5V	10V	20mA
	0%	0	0H	0V	0V	0mA
	-100.00%	-27648	9400H	-5V	-10V	-20mA
低于范围	-117.593%	-32512	8100H	-5.879V	-11.759V	-23.52mA
下溢出	-118.519%	-32768	8000H	-5.926V	-11.851V	-23.70mA

（续）

范围	单极性					
	百分比	十进制	十六进制	0~10V	0~20mA	4~20mA
上溢出	118.515%	32767	7FFFH	11.852V	23.70mA	22.96mA
超出范围	117.589%	32511	7EFFH	11.759V	23.52mA	22.81mA
正常范围	100.00%	27648	6C00H	10V	20mA	20mA
	0%	0	0H	0V	0mA	4mA
低于范围	-17.593%	-4864	ED00H		-3.52mA	1.185mA
下溢出						

模拟量输入模块在模块通电前或模块参数设置完成后第一次转换之前，上溢出时，其模拟值为 7FFFH，下溢出时模拟值为 8000H。上下溢出时 SF 指示灯闪烁，有诊断功能的模块可以产生诊断中断。

（7）模拟量输入模块测量范围的设置

如图 2-11 所示，模拟量输入模块的输入信号种类用安装在模块侧面的量程卡（量程模块）来设置，2 个通道 1 组，共用 1 个量程卡，8 个通道的模块需 4 个量程卡。量程卡插入输入模块后，如果量程卡上标记 C 与输入模块上标记相对，则量程卡被设置在 C 位置，模块出厂时，量程卡预设在 B 位置。不是所有模拟量输入模块都带量程卡，例如 331-1KF00-0AB0 和 331-1KF01-0AB0，设置输入类型在 S7 项目的硬件组态时可以完成。

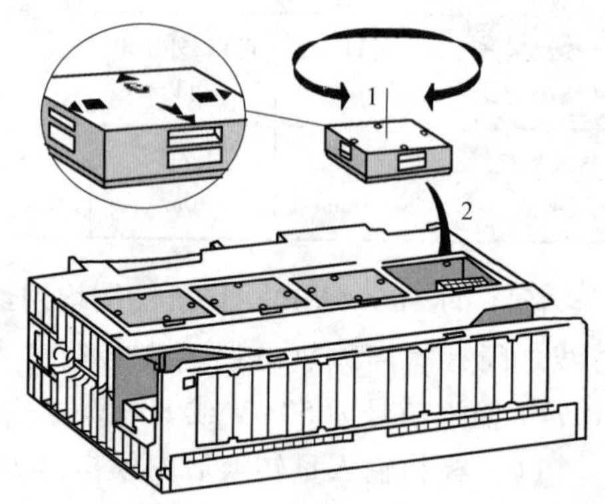

图 2-11　量程卡

以模拟量输入模块 6ES7 331-7KF02-0AB0 为例，量程卡 B 位置包括 4 种电压输入；C 位置包括 5 种电流输入；D 位置测量范围只有 4~20mA。其余 21 种温度传感器、电阻测量或电压测量均应选择位置 A，用 STEP 7 中硬件组态功能可进一步确定测量范围，见表 2-10。

表 2-10　模拟量输入模块的默认设置

量程卡设置	测量方法	量　程	量程卡设置	测量方法	量　程
A	电压	±1000mV	C	4 线送变器电流	4~20mA
B	电压	±10V	D	2 线送变器电流	4~20mA

重新设置量程卡，可更改测量方法和测量范围，各位置对应的测量方法和测量范围都印在模拟量模块上。设置量程卡时先用螺钉旋具将量程卡从模拟量输入模块中取出来，根据要设置的量程，确定量程卡的位置，再按新的设置将量程卡插入模拟量输入模块中。将传感器连接至模块之前，应确保量程卡在正确位置，若设置不正确，将损坏模拟量输入模块。没有量程卡的模拟量模块，可以通过不同的端子接线方式来设置测量的量程。

（8）传感器与模拟量输入模块的接线

在模拟模块输入接线中，要考虑所采用的传感器的引线根数，对于 2 芯传感器接线，采用如图 2-12 所示的接线方式；对于多数 4 芯传感器接线，则采用如图 2-13 所示的接线方式。

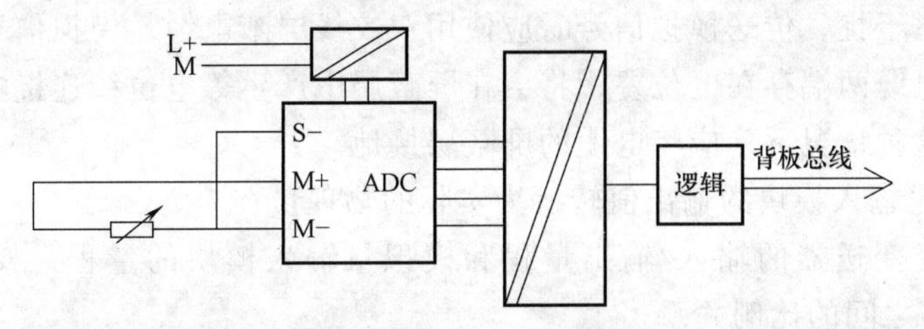

图 2-12　热电阻传感器（如 PT100）与模拟量输入模块的 2 线连接

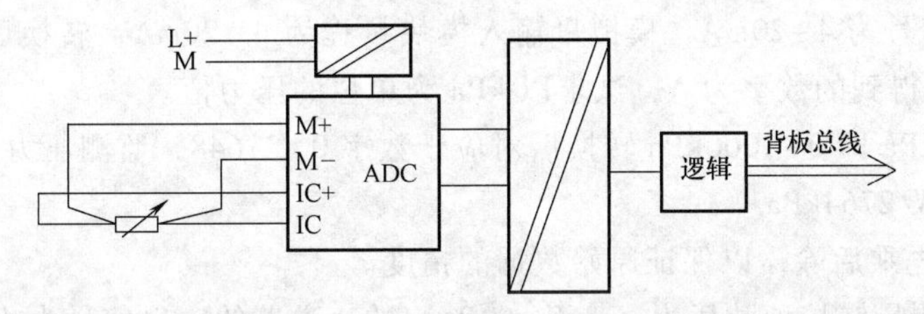

图 2-13　热电阻传感器（如 PT100）与模拟量输入模块的 4 线连接

SM 331 与电压型传感器的连接，如图 2-14 所示，SM 331 与 2 线电流变送器的连接如图 2-15 所示，与 4 线电流变送器的连接如图 2-16 所示（4 线电流变送器应有单独的电源）。

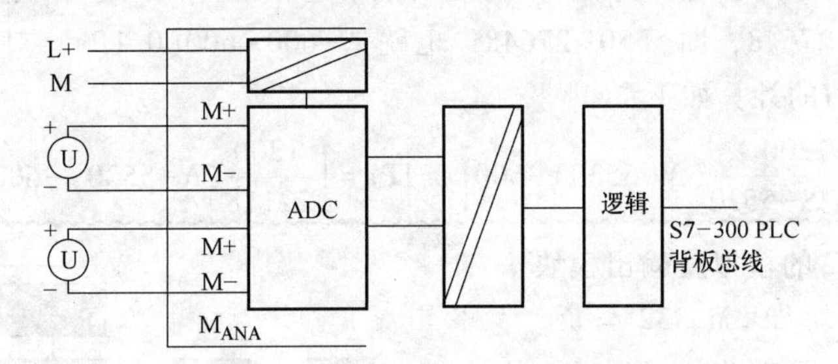

图 2-14　SM 331 与电压型传感器的连接

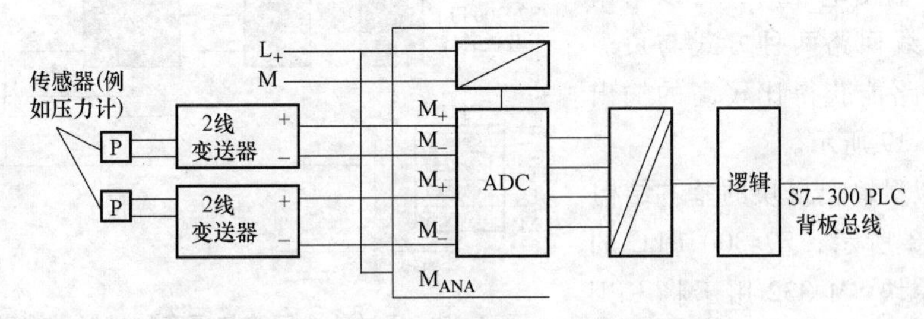

图 2-15　SM 331 与 2 线电流变送器的连接

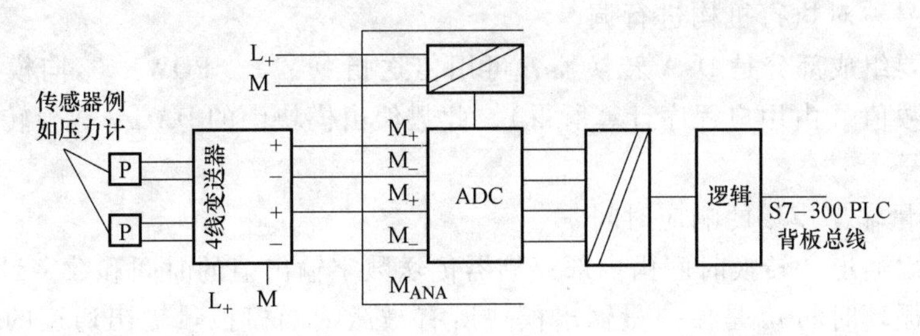

图 2-16　SM 331 与 4 线电流变送器的连接

为了减少电磁干扰，传送模拟信号时应使用双绞线屏蔽电缆，模拟信号电缆的屏蔽层应两端接地。如果电缆两端存在电位差，将会在屏蔽层中产生等电位线连接电流，造成对模拟信号的干扰。在这种情况下，应将电缆的屏蔽层接地。

（9）将模拟量输入模块的输出值转换为实际的物理量

转化时应考虑变送器的输入/输出量程和模拟量输入模块的量程，找出被测物理量与A-D转换后的数字之间的比例关系。

【例 2-2】 天生桥水力发电厂制动闸、围带充气采用 PTL-230 型压力变送器，量程为0~1MPa，输出信号为4~20mA，模拟量输入模块量程为4~20mA，转换后的数字量为0~27648，设转换后得到的数字为 N，试求以 kPa 为单位的压力值。

解答：0~1MPa 即 0~1000kPa 转换后对应于数字 0~27648，监测压力 P 与数字 N 的关系为 $P=1000\times N/2764\text{kPa}$

注意运算时先乘后除，以保证原始数据的精度。

【例 2-3】 测量锅炉炉膛压力（-60~60Pa）的变送器的输出信号为4~20mA，模拟量输入模块将0~20mA 转换为0~27648的数字，设转换后得到的数字为 N，试求以 0.1Pa 为单位的压力值。

解答：0~20mA 的模拟量对应 0~27648 的数字量，推得 4~20mA 的模拟量对应的数字量是4/20×27648~27648，即5530~27648，也就是-600~600(0.1Pa）对应于数字量5530~27648，故炉膛压力的计算如下：

$$P=\left[\frac{1200}{27648-5530}(N-5530)-600\right]0.1\text{Pa}=\left[\frac{1200}{22118}(N-5530)-600\right]0.1\text{Pa}$$

5. S7-300 PLC 的模拟量输出模块

模拟量输出模块如 SM 332 与负载/执行装置连接，可输出电压也可输出电流，在输出电压时，可以采用2线回路及4线回路两种方式与负载相连，4线回路能获得比较高的输出精度，如图 2-17 所示。

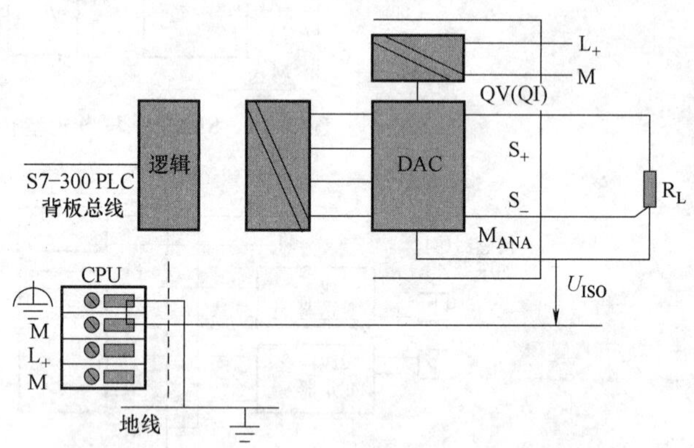

图 2-17 通过 4 线回路与隔离的模拟量输出模块相连

（1）模拟量输出模块的基本结构

如图 2-18 所示，S7-300 PLC 的模拟量输出模块 SM 332 用于将 CPU 送给它的数字信号转换成比例的电流信号或电压信号，对执行机构进行调节或控制。主要组成部分是 D-A 转换器，可用传送指令“T PQW…”向模拟量输出模块写入要转换的数值（由用户程序计算所得)，此数值由模块中的 DAC（数模转换器）变换为标准的模拟信号。

（2）模拟量输出模块的响应时间

模拟量输出通道的转换时间由内部存储器传送数字输出值的时间和数字量到模拟量的转换时间组成。循环时间 t_Z 是模拟量输出模块所有被激活的模拟量输出通道的转换时间的总和。应关闭没有使用的模拟量通道，以减小循环时间。

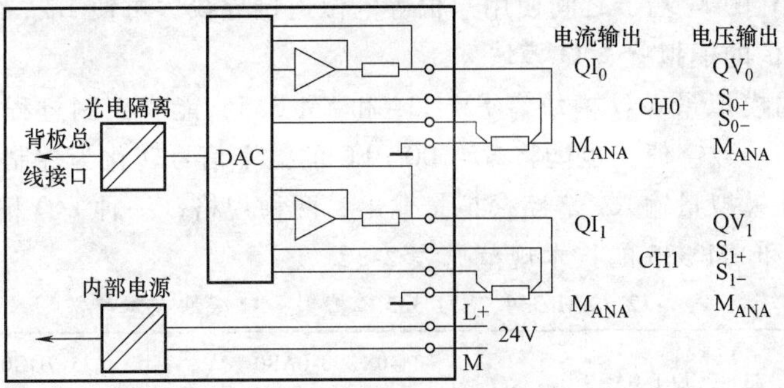

图 2-18　模拟量输出模块的基本结构

建立时间 t_E 是指从转换结束到模拟量输出到达指定值的时间，与负载性质（阻性、容性或感性）有关。模块技术规范给出了模拟量输出模块的建立时间与负载间的函数关系。

响应时间 t_A 是指内部存储器中得到数字量输出值到模拟量输出达到指定值的时间，最不利情况下，该时间为循环时间 t_Z 和建立时间 t_E 之和。

（3）SM 332 模拟量输出模块的技术参数

SM 332 的 4 种模拟量输出模块均有诊断中断功能，用红色 LED 指示组故障，可以读取诊断信息，额定负载电压均为 DC 24V，模块与背板总线有光隔离，使用屏蔽电缆时最大距离为 200m，都有短路保护。SM 322 模拟量输出模块技术参数见表 2-11。

表 2-11　SM 332 模拟量输出模块技术参数

6ES7 332-	5HB01-0AB0 5HB81-0AB0	5HD01-0AB0	5HF00-0AB0	7ND00-0AB0
输出点数	2	4	8	4
输出范围	0~10V,±10V,0~5V,4~20mA,0~20mA,±20mA			
最大负载阻抗	电压输出 1kΩ,电流输出 0.5kΩ,容性输出 1μF,感性 1mH			
最大转换时间/通道	0.8ms			1.5ms
建立时间	阻性负载 0.2ms,容性负载 3.3ms,感性负载 0.5ms			
分辨率	±10V,±20mA 时为 11 位+符号位,其余为 12 位			15 位+符号位
0~60℃工作极限，对应于输出范围	电压±0.5%,电流±0.6%			电压±0.12%,电流±0.18%
25℃时基本误差，对应于输出范围	电压±0.4%,电流±0.5%			电压电流均为±0.01%

（4）模拟量输出模块与负载或执行器的接线

如图 2-18 所示，模拟量输出模块为负载和执行器提供电流和电压，模拟信号使用屏蔽电缆或双绞线电缆传送。电缆线 QV 和 S_+，M_{ANA} 和 S 应分别绞接在一起，这样可减轻干扰，电缆两端的屏蔽层应接地。如果电缆两端有电位差，将会在屏蔽层中产生等电动势连接电流，干扰传输的模拟信号，在这种情况下应将电缆屏蔽层一点接地。

对于带隔离的模拟量输出模块，在 CPU 的 M 端和测量电路的参考点 M_{ANA} 之间没有电气连接，如果 M_{ANA} 点和 CPU 的 M 端子之间有电位差 E_{ISO}，必须选用隔离型模拟量输出模块，

在 M_{ANA}端子和 CPU 的 M 端子之间使用一根等电位连接导线，可使 E_{ISO}不超过允许值。

6. S7-300 PLC 的模拟量 I/O 模块

S7-300 PLC 的模拟量 I/O 模块有 SM 334 和 SM 335，能将控制过程中模拟信号转换为 S7-300 PLC 的所需的数字值，也能将 S7-300 PLC 的数字信号转化为控制过程的模拟信号。

SM 334 有 4 路模拟量输入、2 路模拟量输出，两种规格，一种 I/O 精度为 8 位，另一种为 12 位。SM 334 和 SM 335 的技术规范见表 2-12。

表 2-12　SM 334、SM 335 模拟量 I/O 模块技术参数

6ES7	334-0CE01-0AA0	334-0KE00-0AB0 334-0KE80-0AB0	335-7HG01-0AB0 快速模拟量输入输出模块
输入点数	4	4	4
输入范围/输入阻抗	0~10V/100kΩ 0~20mA/50Ω	0~10V/100kΩ 电阻 10kΩ,Pt100	±1V,±10V,±2.5V,0~2V,0~10V;10MΩ ±10mA,0~20mA,4~20mA:100Ω
分辨率	8 位	12 位	双极性 13 位+符号位,单极性 14 位
转换时间		每通道最大 85ms	200μs,4 通道最大 1ms
运行极限	电压±0.9%,电流±0.8%	电压±0.7%,Pt100±1%	电压±0.15%,电流±0.25%
基本误差限制	电压±0.7%,Pt100±0.6%	电压±0.5%,Pt100±0.8%	±0.13%
输出点数	2	2	4
输出范围	0~10V,0~20mA	0~10V	0~10V,±10V
负载阻抗	电压输出最小 5kΩ 电流输出最大 300Ω	电压输出最小 2.5kΩ	
分辨率	8 位	12 位	双极性 11 位+符号位,单极性 12 位
转换时间	每通道最大 0.5ms	每通道最大 0.5ms	每通道最大 0.8ms
运行极限	电压±0.8%,电流±1.0%	电压±1.0%	0.5%
基本误差限制	U±0.4%,I±0.8%	电压±0.85%	0.2%
扫描时间 AI+AO	所有通道 5ms	所有通道 85ms	

快速模拟量 I/O 模块 SM 335 提供：①4 个快速模拟量输入通道，基本转换时间 1ms；②4 个快速模拟量输出通道，每通道最大转换时间为 0.8ms；③10V/25mA 编码器电源；④一个计数器输入（24V/500Hz）。

SM 355 有两种特殊工作模式：①只进行测量：模块不断地测量模拟量输入值，而不更新模拟量输出，可以快速测量模拟量值（<0.5ms）；②比较器：SM 335 对设定值与测量的模拟量输入值进行快速比较。SM 355 有循环周期结束中断和诊断中断。

7. EX 系列与 F 系列的 I/O 模块

（1）EX 系列数字量、模拟量 I/O 模块

EX 模块可在化工等行业的自动化仪表和控制系统中使用，主要作用是将外部本质-安全设备（用于有爆炸危险区域的传感器和执行器）与 PLC 的非本质-安全内部回路隔开。

EX 系列模块包括 EX 数字量 I/O 模块和 EX 模拟量 I/O 模块，用于 S7-300 PLC 或 ET 200M 分布式 I/O 装置，作为所有 SIMATIC PLC 分布式 I/O 及 PROFIBUS-DP 网络的标准从站。属于“本质-安全型保护”的电子器件，包括非本质-安全回路的本质-安全回路。应安装在有爆炸危险的区域外，除非附加另一种类型的保护（例如增压防护），才能应用于有爆炸危险的区域。

（2）F 系列数字量、模拟量 I/O 模块

F 系列数字量、模拟量 I/O 模块是 S7-400F/FH 和 S7-300F 的 I/O 模块，SM 326 F 数字量输入-安全集成模块用于连接开关和两线制接近开关（BERO），适用于爆炸危险区域的信号连接；SM 326 F 数字量输出-安全集成模块用于连接执行阀、DC 触点和指示灯；SM 336 F 模拟量输入-安全集成模块用于连接模拟量电压、电流信号传感器或变送器。这些模块均具有故障安全运行的集成安全功能，适用于在 ET 200M 分布式 I/O 或 S7-300F 中使用，可以像 S7-300 PLC 模块一样在标准运行中使用。

8. S7-300 PLC 的其他模块

（1）计数器模块

模块的计数器均为 0~32 位或 31 位加减计数器，可判断脉冲方向，模块给编码器供电。有比较功能，达到比较值时，通过集成的数字量输出响应信号，或通过背板总线向 CPU 发出中断。可以 2 倍频和 4 倍频计数，4 倍频是指在两个互差 90°的 A、B 相信号的上升沿、下降沿都记数，通过集成的数字量输入直接接收起动、停止计数器等数字量信号。

S7-300 PLC 的计数器模块计有 FM 350-1、FM 350-2、CM 35，这里不一一赘述。

（2）位置控制与位置检测模块

在定位控制系统中，定位模块控制步进电动机或伺服电动机的功率驱动器，CPU 模块用于顺序控制和起动、停止定位操作，计算机用集成在 STEP 7 中的参数设置屏幕格式，对定位模块进行参数设置，并建立运动程序，设置的数据储存在定位模块中。

快速进给/慢速驱动位置控制模块 FM 351 为双通道定位模块，每通道 4 个数字输出点用于电动机控制，可控制两个相互独立的轴定位，用于处理快速进给/慢速驱动的机械轴定位。

图 2-19 是用 FM 351 实现的定位控制系统，主要元件还包括 S7-300 CPU、编程器和操作显示面板（可选择）。FM 351 实现两个相互独立的轴定位；S7-300 CPU 用于顺序控制、定位开始/停止；编程器进行 STEP 7 编程、用组态软件对 FM 351 设置参数表、测试和启动；操作员机板是人机界面，可完成错误和故障诊断。FM 351 和 CPU 通过标准功能块实现连接。

FM 351 模块具有下述定位功能：①启动：按点动键来快速进给或慢速爬行轴移动到位；②绝对递增方式：轴移动到绝对目标位置，数字值存储到 FM 351 表格中；③相对递增方式：轴按照设定路径移动一个预设的距离；④搜索参考点方式：使用增量编码器时，用 PLC 实现同步控制。它的特殊功能包括零点偏移、设置参考点和删除剩余行程。

其余如电子凸轮控制器 FM 352、高速布尔处理器 FM 352-5、步进电动机定位模块 FM 353、伺服电动机定位模块 FM 354、定位和连续路径控制模块 FM 357-2、步进电机功率驱动器 FM STEPDRIVE、超声波位置解码器模块 SM 338、位置输入模块 SM 338 POS 也不赘述。

（3）闭环控制模块

闭环控制模块有 FM 355、FM 355-2 等。

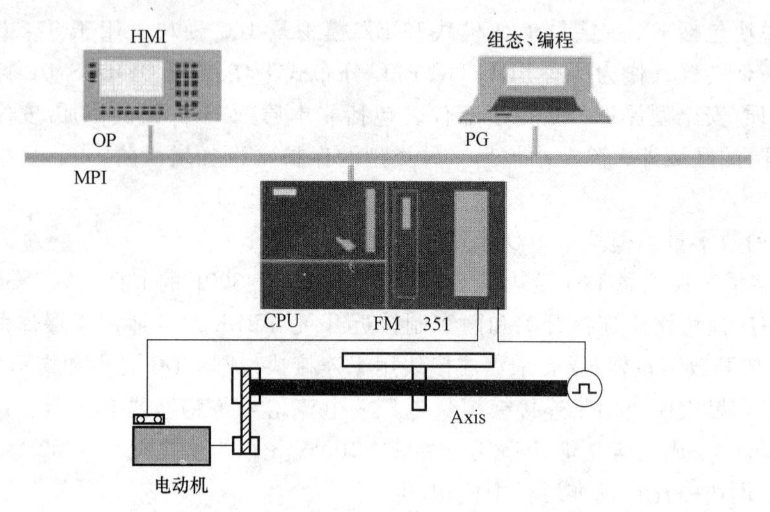

图 2-19 用 FM 351 实现定位控制

(4) 称重模块

SIWAREX 称重模块有三种，即 P、U 和 M。

(5) 通信模块

通信处理器 CP 340 是串行通信最经济、完整的解决方案，用在 S7-300 PLC 和 ET 200M (S7 作为主站) 中。对下列选项可采用点到点连接，如 SIMATIC S7 和 SIMATIC S5 PLC，及许多其他厂商的系统（如打印机、机器人控制器、调制解调器、扫描仪、条形码阅读器等）。

该模块有三种形式的传输接口：RS-232C（V.24）、20mA（TTY）和 RS-422/RS-485（X.27）。

CP 340 可采用集成在 STEP 7 中的参数赋值工具设定处理器特性，如要使用哪一个可实现的协议驱动器？要使用哪一个专项驱动特性？可通过 CPU 进行参数赋值：只需将编程装置连接到 CPU，更换 CPU 中的数据块模块，新模块可立即开始工作。

CP 341 有 CP 341-RS 232C、CP 341-20mA TTY 和 CP 341-RS 422/485 三种不同的接口模式，本身支持三种不同的双向通信协议：①ASCII driver 物理层；②3964（R）procedure 数据链路层；③RK 512 computer connection 传输层。

物理层在信道上传送未经处理的信息，协议 RS-232 涉及通信双方的机械、电气和连接规程。数据链路层的任务是将可能有差错的物理链路，改造成对于网络层来说是无差错传送线路。把输入的数据组成数据帧，并在接收端检验传送的正确性。正确则发送确认信息，否则抛弃该帧，等待发送端超时重发。传输层的基本功能是从会话层接收数据，传到网络层，并保证这些数据正确地到达目的地。

CP 343-1 是连接 S7-300 PLC 工业以太网的通信模块，由于自备处理器，从而解除或分担 CPU 的通信任务并有助于另加连接。S7-300 PLC 通过 CP 343-1 与编程器、计算机、人机界面装置，其他 S7 系统以及 S5 PLC 进行通信。CP 343-1 安装在 S7-300 PLC 的 DIN 标准导轨上，也可安装在扩展机架上，通过总线连接器与相邻模块相连接，没有插槽规则。15 针 D 形插座用于连接工业以太网；4 针端子排用于连接外部 DC 24V；RJ45 插座用于连接工业以太网。

CP 343-1 在工业以太网上独立处理数据通信，使用 ISO、TCP、UDP 等传输协议，并以多重协议方式实现 PG/OP 通信、S5 兼容通信等通信服务，通过 ISO 传输协议连接的数据通信接口最多可传输 8KB 的数据。在 STEP 7 系统下的网络有不同形式，见表 2-13。

表 2-13　STEP 7 系统下的网络有不同形式

序	描述	序	描述
1	1 个子网(subnet)-1 个项目(project)	4	1 个子网(subnet)-多个项目(project)
2	SIMATIC S5 与其他站在一个子网内	5	多个子网(subnet)-多个项目(project)
3	2 或多个子网(subnet)-1 个项目(project)	6	子网(subnet)间的连接(ISO-on-TCP)

CP 343-5 是用于 PROFIBUS 总线系统的 S7-300 和 C7 的通信处理器，分担 CPU 的通信任务，并支持其他的通信连接。它结构紧凑，9 针 D 型连接器用于连接 PROFIBUS，4 针端子排用于连接外部 DC 24V。安装在 S7-300 PLC 的 DIN 标准导轨上，通过总线连接器与相邻模块相连接，没有插槽规则；使用 IM 360/361，可在扩展机架上运行；D 形插座和端子排接线容易，无须风扇和后备电池，也不需要存储器模块。

可用 STEP 7 或者 STEP 7 和 PROFIBUS 的 NCM S7 软件对 CP 343-5 进行配置，NCM S7 是完全嵌入 STEP 7 编程环境的。

（6）电源模块

电源模块 PS 307 将 AC 120/230V 转换成 DC 24V，为 S7-300/400 PLC、传感器和执行器供电，输出电流有 2A、5A、10A 三种。安装在 DIN 导轨上的插槽 1 内，紧靠在 CPU 或扩展机架上 IM 361 的左侧，用电源连接器连接到 CPU 或 IM 361 上。

PS 307 10A 的基本电路图如图 2-20 所示，模块输入和输出间有可靠的隔离，输出正常电压 24V 时，绿色 LED 亮；输出过载时 LED 闪烁；输出电流大于 13A 时，电压跌落，又自动恢复，输出短路时输出电压消失，短路消失后电压自动恢复。

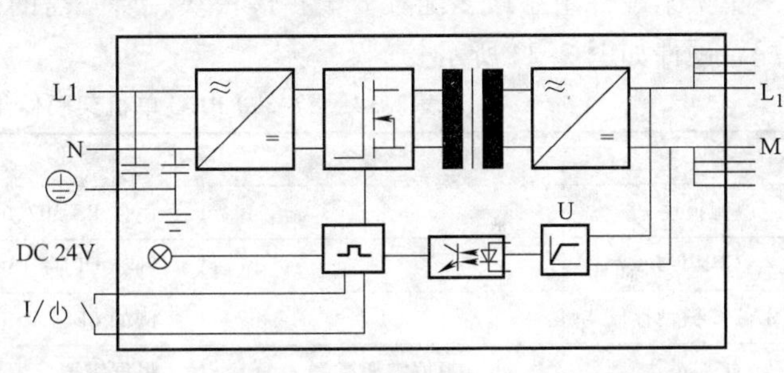

图 2-20　PS 307 电源模块（10A）的基本电路图

电源模块除了给 CPU 模块提供电源外，还要给 I/O 模块提供 DC 24V 电源。CPU 模块上的 M 端子（系统参考点）与接地端子间用短接片连接，某些大型工厂（例如发电厂和化工厂）为监视对地短路电流，采用浮动参考电位，这时应将 M 点与接地点间的短接片去掉，可能存在的干扰电流通过集成在 CPU 中 M 点与接地点之间的 RC 电路（见图 2-21）对接地母线放电。

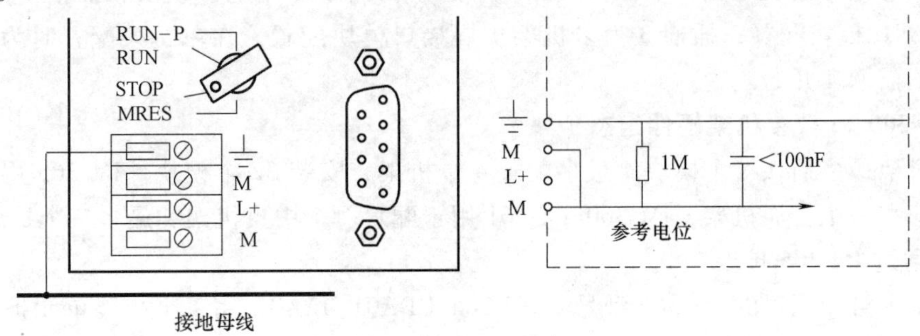

图 2-21　S7-300 的浮动参考电位

（7）前连接器与其他模块

前连接器用于将传感器和执行元件插入到信号模块上，有前盖板保护。更换模块时接线仍然在前连接器上，只需松开安装螺钉、拆下前连接器。模块上有两个带顶罩的编码元件，第一次插入时，顶罩永久地插入到前连接器上，并被编码。为避免更换模块时发生错误，前连接器以后只能插入同样类型的模块。20 针的前连接器用于信号模块（32 通道除外）、功能模块和 312 IFM CPU；40 针的前连接器用于 32 通道信号模块。

另外，还有 TOP 连接器、仿真模块 SM 374、占位模块 DM 370，此处不再赘述。

2.1.4 S7-300 PLC 的配置与组态

S7-300 PLC 的硬件组态是在完成项目创建后进行的，是系统设计的关键，选择 SIMATIC 300 Station，可看到右边 Hardware 和 CPU 的图标，单击 HARDWARE 将出现硬件组态窗口，在 STEP 7 中拖动 RACK-300 PLC 下的 RAIL 到左上方以组态 S7-300 PLC 主机架（默认为 0 号架），之后依次是电源（1 号架）、CPU（2 号架）、各种模块如接口模块（Interface Model，IM）、信号模块（Signal Model，SM）、功能模块（Function Model，FM）；通信模块（Communication Processor，CP）等，在配置过程中，STEP 7 可自动检测配置是否正确，如果一个模块被选中，机架中可被插入的槽会变为绿色，不可以的槽没有变化。

1. S7-300 PLC 单机架硬件组态

单机架硬件组态最多配置 8 个扩展模块，所必需的硬件材料见表 2-14，在 STEP 7 软件中配置硬件如图 2-22 所示。

表 2-14 S7-300 PLC 单机架硬件组态所需材料

名称	数量	配置型号范例
电源模块 PS	1	例如 PS 307,6ES7 307-1EA00-0AA0
CPU 模块	1	例如 CPU 313C,6ES7 313-5BE00-0AB0
SIMATIC 微型存储卡	1	例如 6ES7 953-8LL00-0AA0
扩展模块	根据需要配置	根据需要配置
前连接器	根据模块数量,分 20 针、40 针	通过螺钉连接的 40 针 6ES7 392-1AM00-0AA0
固定导轨	1	例如 6ES7 390-1AE80-0AA0
编程软件	1	STEP 7 软件(版本≥5.1+SP2)
编程接口	1	PG 电缆;带适当接口卡的 PC(CP5611 卡)

插槽 1 为电源模块配置，电源模块如果不选用西门子专用电源模块，插槽 1 配置为空；插槽 2 为 CPU 模块配置；插槽 3 为多机架扩展接口模块配置，在单机架配置时为空；扩展模块必须从插槽 4 开始配置。

2. S7-300 PLC 多机架硬件组态

每个机架最多插入 8 个模块，最多配置 4 个机架，安装 32 个模块。IM 365 用于配置一个中央机架和一个扩展机架，IM 360/IM 361 用于配置一个中央机架和最多三个扩展机架。

（1）通过 IM 365 扩展

仅用于 1 对 1 配置的 IM 365 型号 6ES7 365-OBA01-0AA0，用 1 个扩展单元扩展 S7-300 PLC，连接电缆 1m，如图 2-23 所示。在 STEP 7 软件中配置硬件如图 2-24 所示。

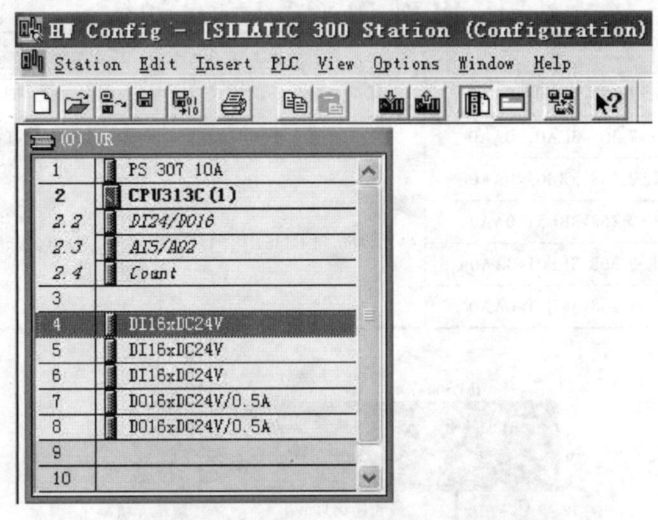

图 2-22 在 STEP 7 中配置单机架硬件

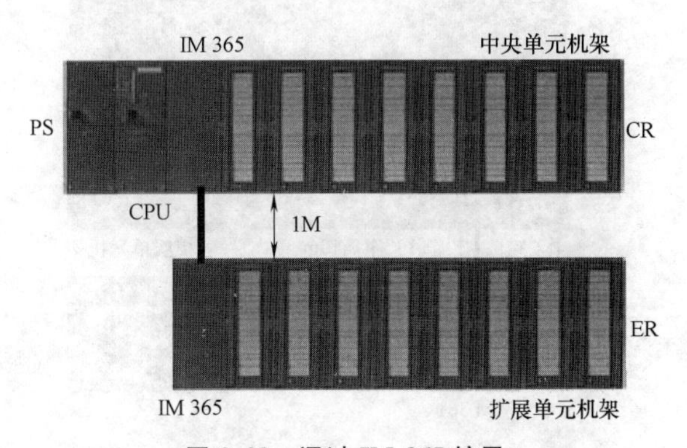

图 2-23 通过 IM 365 扩展

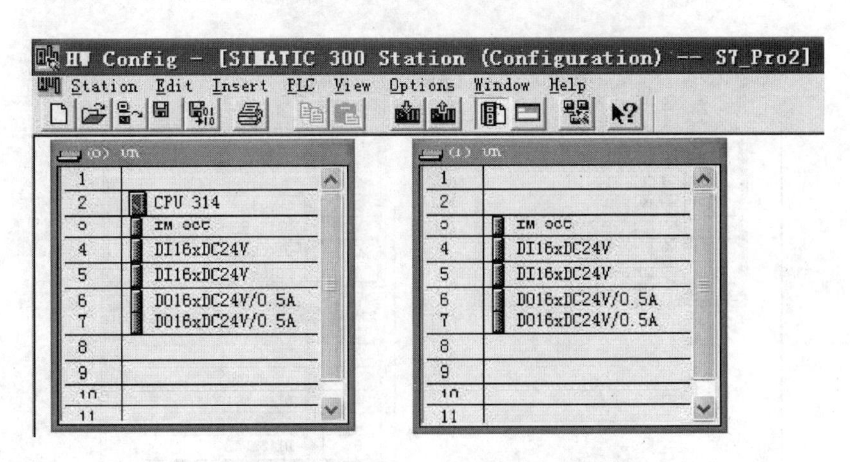

图 2-24 在 STEP 7 中配置单机架硬件

（2）通过 IM 360/361 扩展

IM 360/IM 361 用于一个中央机架和最多 3 个扩展机架的配置中，有关介绍见表 2-15，扩展机架连接框图如图 2-25 所示，在 STEP 7 软件中配置多机架硬件如图 2-26 所示。

表 2-15　IM 360/IM 361 及其连接电缆介绍

种类	型号	作用
IM360 模块	6ES7 360-3AA01-0AA0	用于使用 3 个扩展单元扩展 S7-300 PLC，可插入中央控制器
IM361 模块	6ES7 361-3CA01-0AA0	用于使用 3 个扩展单元扩展 S7-300 PLC，可插入扩展单元
1m 连接电缆	6ES7 368-3BB01-0AA0	IM360 和 IM361 之间或 IM361 和 IM361 之间，最长距离为 10m
2.5m 连接电缆	6ES7 368-3BC51-0AA0	
5m 连接电缆	6ES7 368-3BF01-0AA0	
10m 连接电缆	6ES7 368-3CB01-0AA0	

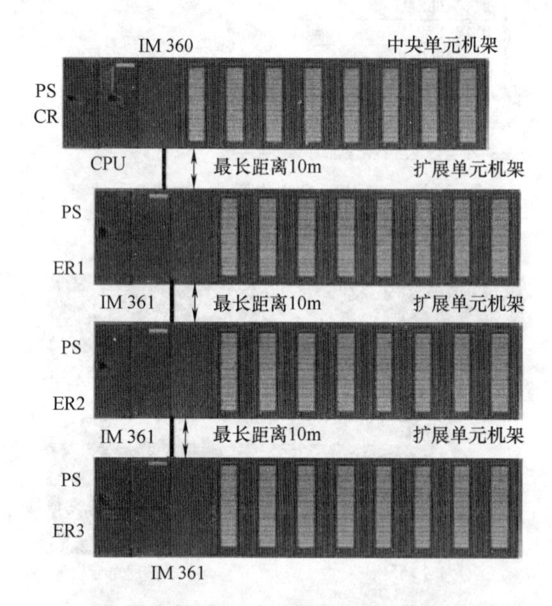

图 2-25　通过 IM 360/361 扩展

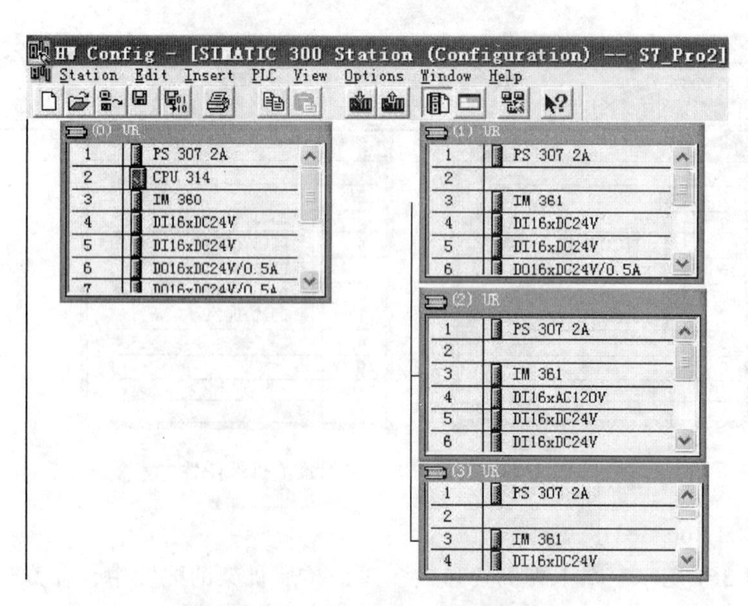

图 2-26　在 STEP 7 中配置多机架硬件

2.2 S7-400 PLC 的硬件组成

2.2.1 S7-400 PLC 的基本结构与特点

1. S7-400 PLC 的基本结构

S7-400 是中高档 PLC，采用大模块结构、无风扇设计，适于可靠性要求极高的大型复杂控制系统。如图 2-27 所示，其包括机架、电源模块（PS）、中央处理单元（CPU）、数字量输入/输出（DI/DO）模块、模拟量输入/输出（AI/AO）模块、通信处理器（CP）、功能模块（FM）和接口模块（IM），多数尺寸为 250 mm（宽）×290 mm（高）×210mm（深），可进行模块化设计且只需遵照简单的插槽规则，其中 DI/DO 模块和 AI/AO 模块统称为信号模块（SM）。

机架用来固定模块、提供模块工作电压和实现局部接地，并通过信号总线将不同模块连接在一起。S7-400 PLC 的模块插座焊在机架中的总线连接板上，模块插在模块插座上，有不同槽数的机架供用户选用，如果一个机架容纳不下所有模块，可增设一个或数个扩展机架，各机架之间用接口模块和通信电缆交换信息，如图 2-28 所示。

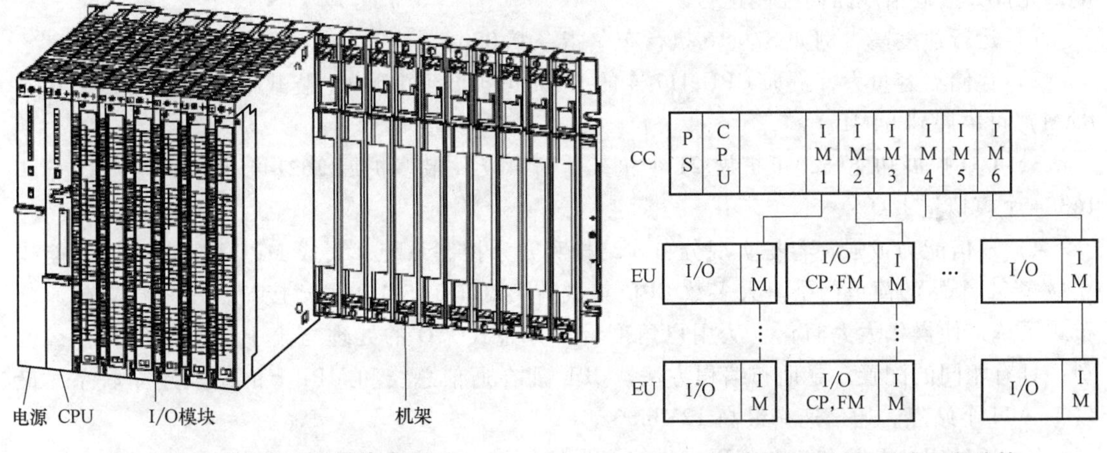

图 2-27 S7-400 模块式 PLC

图 2-28 S7-400 的多机架连接

S7-400 PLC 采用模块化设计，包括多种级别的 CPU 模块和种类齐全的、性能范围宽广的通用功能模块，用户能根据需要灵活组合，构成不同的专用系统，扩展十分方便。

中央机架（或称中央控制器，CC）必须配置 CPU 模块和电源模块，可安装除用于接收的 IM（接口模块）外的所有 S7-400 PLC 模块，如果还有扩展机架，都需要安装接口模块。

扩展机架（或称扩展单元，EU）可安装除 CPU、发送 IM、IM 463-2 适配器外的所有 S7-400 PLC 模块，但是电源模块不能与 IM 461-1（接收 IM）一起使用。

中央机架和扩展机架通过发送 IM 和接收 IM 相连，CC 可插入最多 6 个发送型 IM，每个 EU 有 1 个接收 IM，每个发送 IM 有 2 个接口，每个接口都可以连接一个扩展线路。

集中式扩展方式适用于小型配置或一个控制柜中的系统，CC 和 EU 最大距离为 1.5m（带 5V 电源）或 3m（不带 5V 电源）。

分布式扩展适用于分布范围广的场合，CC 与最后一个 EU 的最大距离为 100m（S7 EU）或 600m（S5 EU）。CC 最多插 6 块发送 IM，最多只有 2 个 IM 可以提供 5V 电源，通过 C 总线（通信总线）的数据交换仅限于 CC 和 6 个 EU 之间。

ET 200 分布式 I/O 可进行远程扩展，用于分布范围很广的系统，通过 CPU 中 PROFIBUS-DP 接口，最多连接 125 个总线接点。使用光缆时，CC 和最后接点的距离为 23km。

电源模块应安装在机架最左边（第 1 槽），有冗余功能的电源模块是个例外。中央机架最多插入 6 块发送型 IM，每个模块有两个接口，每个接口可连接 4 个扩展机架，最多连接 21 个扩展机架。中央机架中同时传送电源的发送接口模块（IM 460-1）不能超过两块，IM 460-1 的每个接口只能带一个扩展机架。扩展机架中的接口模块只能安装在最右边的槽（第 18 槽或第 9 槽），通信处理器 CP 只能安装在编号不大于 6 的扩展机架中。

2. S7-400 PLC 的特点

S7-400 PLC 的特点是：坚固耐用的无风扇运行及支持信号模板的热插拔。各种各样的模板均可应用于 ET 200®的集中式扩展，并可便捷配置分布式结构，从而带来低成本的零库存。模块化是 S7-400 PLC 的一项重要特性，功能强大的底板总线和通信接口直接与 CPU 连接，允许大量通信线路高性能运行。

1）运行速度高，例如 S7 416 执行布尔指令 0.08μs。

2）存储器容量大，例如 CPU 417-4 的 RAM 可扩展到 16MB，装载存储器（FEPROM 或 RAM）可扩展到 64MB。

3）I/O 扩展功能强，可扩展 21 个机架，S7 417-4 最多扩展 262144 个数字量 I/O 点和 16384 个模拟量 I/O。

4）通信能力极强，容易实现分布式结构和冗余控制系统，集成 MPI（多点接口）能建立最多 32 个站的简单网络。大多数 CPU 集成有 PROFIBUS-DP 主站接口，用来建立高速分布式系统，使操作大大简化。从用户角度看，分布式 I/O 的处理与集中式 I/O 没有什么区别，具有相同的配置、寻址和编程方法。CPU 能在通信总线和 MPI 上的站点建立联系，最多 16~44 个站点，通信速率最高 12Mbit/s。

5）通过钥匙开关和口令密码实现安全保护。

6）诊断功能强，最新的故障和中断时间保存在 FIFO（先入先出）缓冲区中。

7）集成的 HMI（人机接口）服务，用户只需要为 HMI 服务定义源和目的地址，系统会自动地传送信息。

8）多 CPU 即在一台 S7-400 PLC 中央控制器中运行多于一个的 CPU，多 CPU 意味着 S7-400 PLC 的整体性能可以被分解，例如控制、计算或通信可分离并分配给不同 CPU，每个 CPU 可赋予本地 I/O；多 CPU 可使不同的功能彼此分工运行，例如一个 CPU 完成实时处理功能，而另一个 CPU 完成非实时处理功能；在多 CPU 模式下，所有 CPU 如同一个 CPU 那样联合运行，彼此协调动作，同时通过“全局数据”机制，CPU 之间的数据传输能以非常高的速率进行。

9）S7-400 PLC 的另一个新功能是在运行模式下，允许配置硬件，例如实现新的传感器或执行器。CiR-运行中配置-降低调试和改进时间，因为这些工作在运行中即可实现。其他位置由于在更换硬件时，无须重新初始化和同步化设备，利用这种全新的系统功能，技术人员很容易响应过程变化、实现过程优化，添加和删除分布式 I/O 站（PROFIBUS DP 和 PROFIBUS PA 从站，在 I/O 系统 ET 200M 中添加和删除 I/O 模板，并赋予新参数，如选择中断阈值）。

2.2.2　机架与接口模块

1. S7-400 PLC 的机架

S7-400 PLC 模块是用机架上的总线连接起来的，机架上的 P 总线（I/O）用于 I/O 信号的高速交换和对信号模块数据的高速访问，C 总线（通信总线，或称 K 总线）用于各站之间的高速数据交换（C 为英文 Communication，K 为德文 Kommunikation）。两种总线分开后，控制和通信分别有各自的数据通道，通信任务不会影响控制的快速性，如图 2-29 所示。

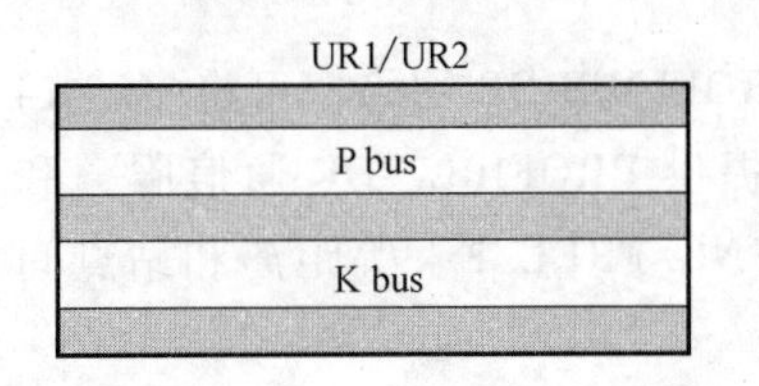

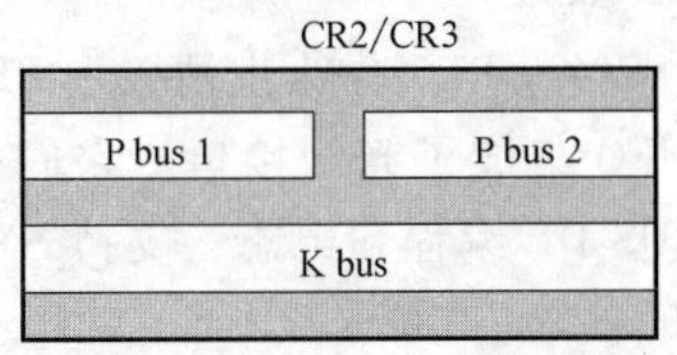

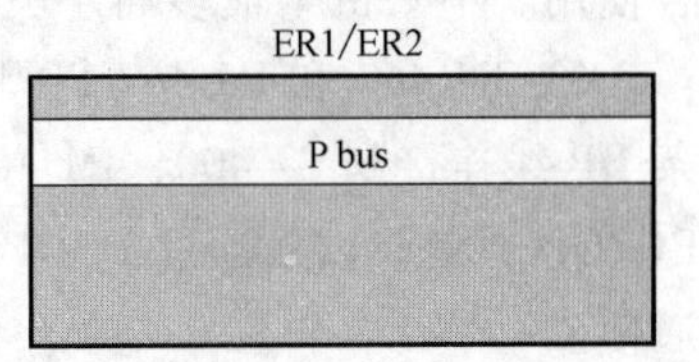

图 2-29　S7-400 PLC 机架与总线

（1）通用机架 UR1/UR2

机架 UR1（18 槽）和 UR2（9 槽）有 P 总线和 C（K）总线，可作中央机架（CC）用、也可作扩展机架（EU）用。它们用作中央机架时，可安装除接收型 IM 外的所有 S7-400 PLC 模块。

（2）中央机架 CR2/CR3

CR2 是 18 槽的中央机架，P 总线分两个本地总线段，都可对 C(K) 总线进行访问，分别有 10 个和 8 个插槽；CR2 需要一个电源模块和两个 CPU 模块，每个 CPU 有各自的 I/O 模块，能相互操作和并行运行。CR3 是 4 槽的中央机架，有 I/O 总线和通信总线。

（3）扩展机架 ER1/ER2

ER1（18 槽）和 ER2（9 槽）是扩展机架，只有 I/O 总线，未提供中断线和 24V 电源，可使用电源模块、接收 IM 模块和信号模块，但电源模块不能与 IM 461-1 一起使用。

（4）UR2-H 机架

UR2-H 机架用于一个机架上配置一个完整的 S7-400H 冗余系统，用于配置两个具有电气隔离的各具 I/O 的独立运行的 S7-400 CPU，还需要两个电源模块。

2. 接口模块

IM 460-x 是用于中央机架 UR1、UR2 和 CR2 的发送型接口模块；IM 461-x 是用于扩展机架 UR1、UR2 和 ER1、ER2 的接收型接口模块。

1）IM 460-0 和 IM 461-0 分别是配合使用的发送型接口模块和接收型接口模块，属于集中式扩展，最大距离 3m。IM 460-0 有两个接口，每个接口最多扩展 4 个机架，模块最多可扩展 8 个机架，中央机架可以插 6 块 IM 461-3。

2）IM 460-1 和 IM 461-1 分别是配合使用的发送型接口模块和接收型接口模块，属于集中式扩展，最大距离 1.5m。中央控制器通过接口模块给扩展机架提供 5V 电源（Max5A），最多连接两个扩展机架，每个接口 1 个，最多使用两块 IM 461-1，只传输 P 总线。

3）IM 460-3 和 IM 461-3 分别是配合使用的发送型接口模块和接收型接口模块，属于分布式扩展，最大距离 100m，传输 C 总线和 P 总线。IM 460-3 有两个接口，每个接口最多扩展 4 个机架，模块最多扩展 8 个机架，中央机架可以插 6 块 IM 461-3。

4）IM 460-4 和 IM 461-4 分别发送型接口模块和接收型接口模块，它们必须配合使用，属于分布式扩展，最大距离为 605m，通过 P 总线传输数据。IM 460-4 有两个接口，每个接口最多扩展 4 个机架，模块最多可扩展 8 个机架，中央机架可以插 6 块 IM 461-4。

5）IM 463-2 是发送型接口模块，用于 S5 扩展机架的分布式扩展，最大距离为 600m，有两个接口，最多可扩展 8 个 S5 扩展机架，每个接口最多扩展 4 个机架，只能与 IM 314 配合使用，中央机架最多插 4 块 IM 463-2。

6）IM 467 和 IM 467 FO 将 S7-400 PLC 作为主站接入 PROFIBUS-DP 网络，可将多达 14 条 DP 线连接到 S7-400，IM 467 FO 集成了光纤接口。它们提供 PROFIBUS-DP 通信服务和 PG/OP 通信，以及通过 PROFIBUS-DP 编程和组态，支持 SYNC/FREEZE、等距离和站点间通信。

2.2.3 S7-400 PLC 的 CPU 模块和电源模块

1. S7-400 CPU 模块概述

S7-400 PLC 有 7 种 CPU，如图 2-30 所示，另外 S7-400H 还有 2 种 CPU，在多变的应用场合具有等级操作能力。

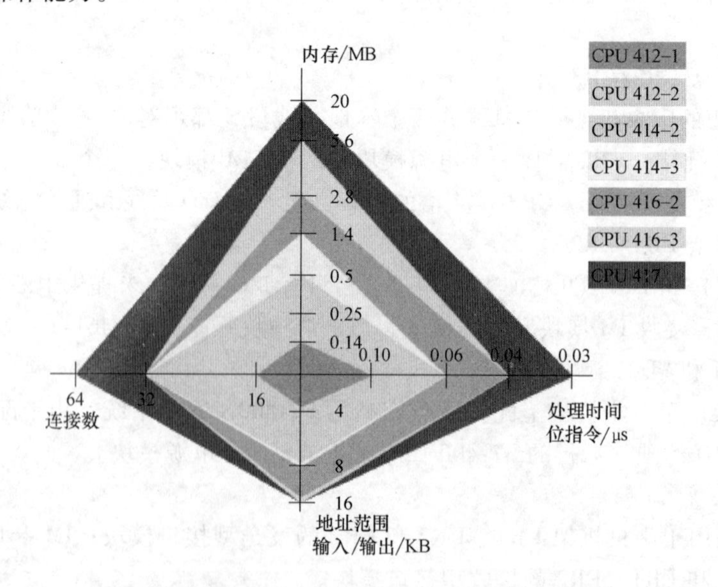

图 2-30 用于 S7-400 的 7 种不同性能等级的 CPU

CPU 412-1 和 CPU 412-2 用于中等性能范围的小型安装，组合的 MPI 接口或带有的 2 个 PROFIBUS-DP 总线允许 PROFIBUS-DP 总线操作；CPU 414-2 和 CPU 414-3 适合于中等性能范围，它们满足对程序规模和指令处理速度以及复杂通信的更高要求的场合，集成的 PROFIBUS-DP 接口使它能够作为主站直接连接到 PROFIBUS-DP 现场总线，CPU 414-3 一条额外的 DP 线可用 IF 964-DP 接口子模板进行连接；CPU 416-2 和 CPU 416-3 安装于高性能范围中的各种高要求的场合，集成的 PROFIBUS-DP 接口，使它能作为主站直接连接到 PROFIBUS-DP 现场总线，CPU 416-3 一条额外的 DP 线可用 IF 964-DP 接口子模板进行连接；CPU 417-4 在 S7-400 中央处理单元中功能最强大，适用于更高性能范围的最高要求的场合，带有集成 PROFIBUS-DP 主站接口，有 2 个槽适用于 IF 模板（串口）；CPU 417H 用于容错式 S7-400H 系统，带一个 F 运行授权，可在安全型 S7-400F/FH 系统中作为安全型 CPU 使用，带集成 PROFIBUS-DP 主站接口，带 2 个插槽，用于同步模板。

2. S7-400 CPU 模块的共同特性

1）S7-400 PLC 有一个中央机架，可扩展 21 个扩展机架，使用 UR1 或 UR2 机架的多 CPU 处理器最多安装 4 个 CPU，每个中央机架最多使用 6 个 IM（接口模块），通过适配器在中央机架上可以连接 6 个 S5 模块。

2）实时钟功能：CPU 有后备时钟和 8 个小时计数器，8 个时钟存储器位，有日期时间同步功能，同步时在 PLC 内和 NPI 上可以作为主站和从站。

3）S7-400 PLC 都有 IEC 定时器/计数器（SFB 类型），每一优先级嵌套深度 24 级，在错误 OB 中附加 2 级，S7 信令功能可以处理诊断报文。

4）测试功能：可以测试 I/O、位操作、DB（数据块）、分布式 I/O、定时器和计数器；可以强制 I/O、位操作和分布式 I/O。有状态块和单步执行功能，调试程序时可以设置断点。

5）FM（功能模块）和 CP（通信处理器）的块数只受槽数和通信连接数量的限制。S7-400 PLC 可以与编程器 PG 和操作员面板 OP 通信，有全局数据通信功能，在 S7 通信中，可以作服务器和客户机，分别为 PG 和 OP 保留了一个连接。

6）CPU 模块内置的第一个通信接口可以作 MPI（默认设置）和 DP 主站，有光隔离；内置的第二个通信接口可以作 DP 主站（默认设置）和点对点连接，有光隔离。

7）所有 S7-400 CPU 都有两种类型的存储器：装载存储器和主存储器。主存储器这种划分几乎 100%地改善了 CPU 的性能，标准处理器对它的 RAM 存储器的访问至少要进行二次，而专用的 S7-400 处理器在一个周期内同时访问代码存储器和数据存储器，这是通过分开的代码总线和数据总线实现的，这种直接操作的性能对用户非常有利。主存储器的容量，由从仔细分级的 CPU 系列中选取合适的 CPU 来决定。在 CPU 417 中，主存储器可通过插入附加的存储器模板进行扩展，最大可选 20MB，集成的存储器（RAM）适用于中、小型程序，对于大型程序，可通过插入附加的 RAM 卡以增加存储器的容量。此外插入闪存（flash memory）卡可获得保持存储器的功能而不需要使用电池。

8）所有 CPU 都有一个组合的编程和 PROFIBUS-DP 接口，这就是说它们在任何时间都可以被 OP 或编程器/工控机所访问或与各种控制器联网，该接口也可以连接分布式 PROFIBUS DP 设备，这意味着 CPU 能直接与分布式 I/O 一起执行。所有的 CPU，除基本型 CPU 412-1 外，都配备了 PROFIBUS-DP 接口，其主要功能是作为连接分布式 I/O 的接口，也可通过组态，用于与 OP 或编程器/工控机的通信。

3. S7-400 CPU 模块技术规范

S7-400 CPU 模块技术规范见表 2-16。

表 2-16　S7-400 CPU 模块技术规范

	CPU 412-1(新)	CPU 412-2(新)	CPU 414-2(新)	CPU 414-4(新)
主存储器 ·集成 ·指令 ·用于程序 ·用于数据	96KB (144 KB) 32K (48K) 48KB(72KB) 48KB(72KB)	144KB(256 KB) 32K(84K) 72KB(128KB) 72KB(128KB)	256KB(512 KB) 84K(170K) 128KB(256KB) 128KB(256KB)	768KB(1.4MB) 256K(470K) 384KB(700KB) 384KB(700KB)
装载存储器 ·集成 ·可扩展到	256 KB RAM 64MB			
块数量 ·FB ·FC ·DB	256 256 511(DB 0 保留)		2048 2048 4095(DB 0 保留)	
程序执行 ·自由循环 ·定时中断 ·延时中断 ·时间中断 ·过程中断 ·多 CPU 中断 ·启动	1 2 2 2 2 1 3		1 4 4 4 4 1 3	
执行时间 ·位操作 ·字操作 ·定点算法 ·浮点算法	0.2μs(0.1μs) 0.2μs(0.1μs) 0.2μs(0.1μs) 3μs(0.3μs)		0.1μs(0.06μs) 0.1μs(0.06μs) 0.1μs(0.06μs) 0.6μs(0.18μs)	
位存储器/定时器/计数器 ·位存储器 ·S7 定时器/S7 计数器 ·IEC 定时器/IEC 计数器	4KB 256/256(2048/2048) SFB/SFB SFB/SFB		8KB 256/256(2048/2048) SFB/SFB	
设计 ·扩展单元的数量 ·通过 CP 的 DP 主站的数量 ·FM 的数量 ·CP 的数量	21 最多 10 个 受插槽数量和接口数量的限制 受插槽数量和接口数量的限制			
MPI/DP 接 ·站的数量 ·传输速率	16 最大 12Mbit/s		32 最大 12Mbit/s	
DP 接口 ·站的数量 ·传输速率 ·供插入的接口模板	32 最大 12Mbit/s	32 + 64 最大 12Mbit/s	32+96 最大 12Mbit/s	32 + 2×96 最大 12Mbit/s - - - 1xDP

（续）

	CPU 412-1（新）	CPU 412-2（新）	CPU 414-2（新）	CPU 414-4（新）
地址范围				
·所有 I/O 地址区	4 KB/4 KB		8 KB/8 KB	
·I/O 过程映象	4 KB/4 KB		8 KB/8 KB	
·所有数据通道	32768/32768		65536/65536	
·所有模拟通道	2048/2048		4096/4096	
	CPU 416-2（新）	**CPU 416-3（新）**	**CPU 417-4（新）**	
主存储器				
·集成	1.6MB（2.8MB）	3.2MB（5.6MB）	4MB（20MB）	
·指令	530KB（930KB）	1065KB（1.9MB）	1335KB（6.7MB）	
·用于程序	0.8MB（1.4MB）	1.6MB（2.8MB）	2MB（10.0MB）	
·用于数据	0.8MB（1.4MB）	1.6MB（2.8MB）	2MB（10.0MB）	
装载存储器				
·集成	256 KB RAM			
·可扩展到	64MB			
块数量				
·FB	2048		6144	
·FC	2048		6144	
·DB	4095（DB 0 保留）		8191（DB 0 保留）	
程序执行				
·自由周期	1		1	
·定时中断	8		8	
·延时中断	4		4	
·时间中断	9		9	
·过程中断	8		8	
·多 CPU 中断	1		1	
·启动	3		3	
执行时间				
·位操作	0.08 μs（0.04 μs）		0.1 μs（0.03 μs）	
·字操作	0.08 μs（0.04 μs）		0.1 μs（0.03 μs）	
·定点算法	0.08 μs（0.04 μs）		0.1 μs（0.03 μs）	
·浮点算法	0.48 μs（0.12 μs）		0.6 μs（0.09 μs）	
位存储器/定时器/计数器				
·位存储器	16KB			
·S7 定时器/S7 计数器	512/512（2048/2048）			
·IEC 定时器/IEC 计数器	SFB/SFB			
设计				
·扩展单元的数量	21			
·通过 CP 的 DP 主站的数量	最多 10 个			
·FM 的数量	受插槽数量和接口数量的限制			
·CP 的数量	受插槽数量和接口数量的限制			
MPI/DP 接口				
·站的数量	64			
·传输速率	最大 12Mbit/s			

（续）

	CPU 416-2（新）	CPU 416-3（新）	CPU 417-4（新）
DP 接口 · 站的数量 · 传输速率 · 供插入的接口模板	32 + 125 最大 12Mbit/s	32 + 2×125 最大 12Mbit/s 1×DP	32 + 3×125 最大 12Mbit/s 1×DP
地址范围 · 所有 I/O 地址区 · I/O 过程映象 · 所有数据通道 · 所有模拟通道	16 KB/16 KB 16 KB/16 KB 131072/131072 8192/8192		

4. 容错型的 S7-400H PLC 与故障安全型 S7-400F/FH PLC

CPU 414-4H 用于 S7-400H 和 S7-400F/FH，可配置为容错式 S7-400H 系统，连接 F 运行许可证后，作为安全型 S7-400F/FH 自动化系统使用，集成的 PROFIBUS-DP 接口能作为主站直接连接到 PROFIBUS-DP 现场总线。应用 STEP 7 的“Hardware Configuration”（硬件配置）工具和 S7-400H 可选软件包，可对包括 CPU 在内的 S7-400H 属性和响应进行初始化。

CPU414-4H 配置如下：①处理器处理每条二进制指令的时间仅为 0.1μs；②1 个 768KB 主存储器，384KB 用于程序、384KB 用于数据；③装载存储器用于 S7-400HF/FM 自动化系统中的应用程序和 S7-400H 参数化数据，快速主存储器用于与顺序相关的应用程序段；④存储器卡，用于扩展集成装入存储器，除了程序之外，装入存储器中显示的信息也包括在 S7-400HF/FH 参数化数据中，因此大约需要 2 倍多的存储空间，这表明集成装入存储器对于一个大程序是不够的，故需一个存储器卡，RAM 和 FEPROM 卡都适合使用（FEPROM：Flash Electrically Erasable Program ROM 闪存电可擦除可编程只读存储器卡在没有通电的情况下也可用来存储信息）；⑤灵活的扩展能力：有最大 65K 的数字量 I/O，4K 的模拟量 I/O；⑥多点接口 MPI 能建立简单网络，最多 32 站，数据传输速率 187.5kbit/s，CPU 能建立最多 64 个连接至通信总线（C 总线）站和 MPI 站，若同时使用 PROFIBUS-DP 接口和 MPI 接口，只有 6ES7972-0BB40-0XA0、6ES7972-0BA40-0XA0 总线连接器可与 MPI 接口相连；⑦模式选择器设计为钥匙开关，取出时可限制对用户数据的访问；⑧块保护：除钥匙开关，口令保护可防止非法访问用户程序；⑨120 个故障和中断事件保存在一个环形诊断缓冲器中供诊断使用；⑩集成式 HMI 服务：只需为 HMI 规定数据的源和目的地，系统自动循环传送这些参数；⑪实时时钟把从 CPU 的诊断信息标上日期和时间；⑫有 PROFIBUS-DP 主站接口的 CPU414-4H 能构成高速和简化操作的分布式自动化系统，从用户观点看，分布式 I/O 和集中式 I/O 的操作是相同的（相同配置、寻址和编程）；⑬集成式 PG/OP 通信、简单和容错的扩展通信。

1）基于标准 S7-400 模板的 S7-400H 是个容错（冗余）PLC，明显减少了停机的危险。容错结构使 S7-400H 是一个适于那些需要尽可能减少或避免 MTTR 以及故障停机的应用场合的理想控制器，例如发输配电、化学工业、采矿、运输等。容错性通过两个并行的中央控制器来实现，它们的 CPU 通过光缆连接并通过冗余的 PROFIBUS DP 线路对冗余的 I/O 进行控制，除了故障 CPU 和 PROFIBUS 外，I/O 自身可以冗余。S7 Software Redundancy（软件冗余性）可选软件在 S7-300 和 S7-400 标准系统上运行。当生产过程发生错误或出现故障时，几秒内无扰动地切换到替代系统，未受影响的热备控制器将在中断点继续执行控制而不丢失任何信息。当建立起一个容错 S7-400H 控制器时，用户能将精力完全集中于手头的工作，因为 S7-400H 的主要器件都是双重的。S7-400H 的编程与非冗余的标准 S7-400 系统相同，都使用 STEP 7 语言。所有容错专用的功能可通过容易使用的 STEP 7 软件包来组态。为标准非容错系统编写的程序标准的可以方便地移植到容错系统（反之亦然）。STEP 7 V5.3 已将冗余选件包集成，无须单独购置。

使用两区（每区 9 槽）机架 UR2H，或两个独立的 UR1/UR2。CPU 414-4H 或 CPU 417-4H，一块 PS 407 电源模块，同步子模块用于连接两个 CPU，由光缆互连，如图 2-31所示。

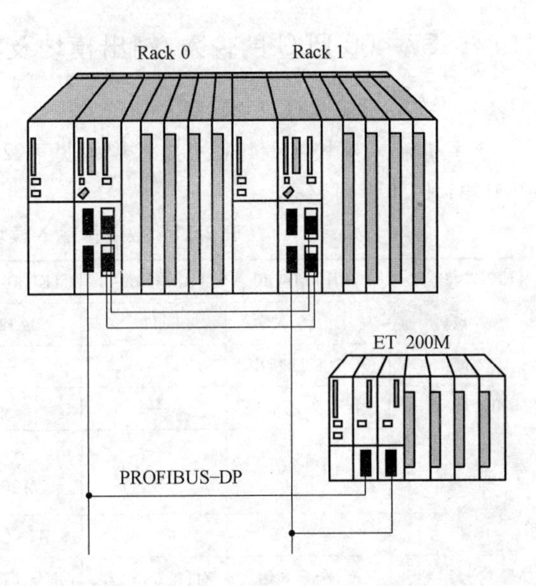

图 2-31 冗余设计的容错自动化系统 S7-400H

每个 CC 上有 I/O 模块，也可以有扩展机架或 ET 200M 分布式 I/O。中央功能总是冗余配置，I/O 模块可以是常规配置、切换型配置或冗余配置，可采用冗余供电的方式。

S7-400H 可以使用系统总线或点对点通信，支持 PROFIBUS 或工业以太网的容错通信。

2）新的 S7-400F/FH 是对 S7 控制器的一个补充，是基于容错的 S7-400H 技术的故障安全型控制器。当发生错误或故障事件时，S7-400F/FH 立即进入一个安全状态或保持为安全模式，确保人身、机器、环境和过程的高度安全，且将标准自动化功能与 FailSafe 技术蕴涵在一个系统内。S7-400F/FH 可用于机电控制器专有的应用领域，例如模型机和机器人控制的汽车外壳生产线，锅炉燃烧器管理系统，过道的人员运输有及过程自动化等。

5. S7-400 PLC 的电源模块

S7-400 PLC 的电源模块有 PS 405 和 PS 407 两种，用于将 AC 或 DC 网络电压转换为所需的 DC 5V 和 DC 24V 工作电压，并通过背板总线向 S7-400 PLC 提供电源，输出电流为 4A、10A 和 20A。

每个机架均需要电源模块，除了包含有电源传输的接口，中央控制器中的电源模块也向扩展单元中的所有模块供电。传感器和执行器用的负载电压应单独提供，使用冗余电源时，标准系统和容错系统可作为无故障安全系统运行。

电源模块安装在机架的最左面（从槽位 1 开始），根据配置它们可占用槽 1 到槽 3，电源模板是全封闭的，由自然通风进行冷却。电源模板的前面板上安装有：①发光二极管用于指示内部故障，正常的 5V 和 24V 输出电压以及正常的后备电池电压；②一个故障确认按钮；③输出电压的通/断开关；④一个后备电池部件；⑤一个电池监视开关；⑥一个网络电压选择器开关（不可应用于大范围供电）；⑦供电连接后备电池，建议用 2 个电池，提供电流 10A。PS 405 和 PS 407 电源模块都有短路保护，保护等级符合 IEC60536 I，有保护导体，都有光电隔离。

S7-400 PLC 电源模块 LED 指示灯的功能：①INTF——内部故障；②BAF——电池故障，背板总线上的电池电压过低；③BATT1F 和 BATT2F——电池 1 或电池 2 接反、电压不足或电池不存在；④DC5V 和 DC24V——相应的直流电源电压正常时亮；⑤FMR 开关——故障解除后用于确认和复位故障信息的开关；⑥ON/OFF 保持开关——通过控制电路把输出的 24V/5VDC 电压切断，LED 熄灭，在进线电压没有切断时，电源处于待机模式。

2.2.4 S7-400 PLC 的输入/输出模块及其他模块

（1）数字量输入模块 SM 421

数字量输入模块 SM 421 的技术规范见表 2-17。数字量输出模块 SM422、模拟量输入模块 SM431 此处不再赘述。

表 2-17 数字量输入模块 SM 421 的技术规范

6ES7 421-	7BH00-0AB0	1BL01-0AA0	1EL00-0AA0	1FH20-0AA0	7DH00-0AB0	5EH00-0AA0
输入点数	16	32	32	16	16	16
中断	过程中断诊断中断	—	—	—	过程中断诊断中断	—
诊断	内部/外部故障	—	—	—	内部/外部故障	—
额定输入电压	DC 24V	DC 24V	AC/DC 120V	AC/DC 120V/230V	AC/DC 24~60V	AC 120V
频率	—	—	47~63Hz	47~63Hz	47~63Hz	47~63Hz
隔离，分组数	有隔离，8 组	有隔离，32 组	有隔离，8 组	有隔离，4 组	有隔离，1 组	有隔离，1 组
输入电流 mA	6~8	7	2~5	14，230VAC	4~10	6~20
输入延迟时间 ms	0.1/0.5/3 可组态	3	10/20	25	0.5/3/10/20 可组态	2~15
允许最大静态电流	3mA	1.5mA	1mA	5mA	2mA	4mA

（2）模拟量输出模块 SM 432

模拟量输出模块 SM 432 只有一个型号 6ES7 432-1HF00-0AB0，技术规范见表 2-18。

表 2-18 模拟量输出模块 SM 432 的技术规范

输出点数	额定负载电压	输出电压范围	输出电流范围	最小负载阻抗	短路保护	短路电流	开路电压最大	最大转换时间	隔离
8	DC 24V	±10V，0~10V 1~5V	±20mA，0~20mA 4~20mA	1kΩ	有	28mA	18V	420μs	有

（3）计数器模块 FM 450-1

FM 450-1 是用于简单计数任务的双通道智能计数模块，直接连接到增量型编码器，可定义两个值的比较功能，达到比较值时，模块上数字量输出点输出相应信号。FM 450-1 计数模板检测从增量型编码器来的脉冲（最大频率 500kHz），作为直接可连接的门信号的一个功能。在每条通道上，它测定脉冲的方向并将每个实际值和两个可选择的基准值作比较。

安装 FM 450-1 时，先关闭电源，然后将 CPU 模式置为 STOP，插好 FM 450-1 于槽，然后下旋并拧紧，如图 2-32 所示连接前连接器的通道 1，将前连接器插入 FM 450-1 并拧紧。

在 SIMATIC 管理器中打开项目可对 FM 450-1 编程，在项目中，调用“HW 组态”表，

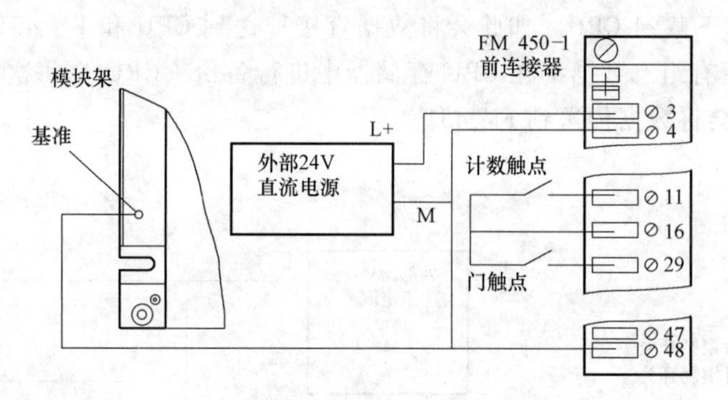

图 2-32　FM 450-1 的安装与接线

从硬件分类中选择正确无误的 FM 450-1，然后拖动到所需的插槽，双击 FM 450-1 打开编程界面，单击确定关闭提示保存组态的对话框。单击编程界面中的相关按钮，选择下述的通道 1 和通道 2 的设置（保持所有其他设置不变，因为调试操作目前尚未用到它们）：

操作模式：无限计数、硬件门 0~+32 位。

编码器：24-V 接近开关，P-动作开关。

输入：电平控制的硬件门。

过程中断启用：不可能，因为在基本参数中已取消选定。

输出：DQ0 未激活，DQ1 未激活。

对 CPU STOP 模式的响应：STOP。

单击文件→保存，将参数设置转换为 FM 450-1 组态数据，然后关闭编程界面。选择站→保存并编译，保存项目组态数据。CPU 处于 STOP 模式时，单击 PLC→装载到模块，下载组态数据。

参数现在将直接下载到 CPU，然后传送到 FM 450-1。红色的 LED INTF 熄灭。如果将组态数据备份到 CPU，每次由 STOP 模式转换到 RUN 模式时都会将数据传送到 FM 450-1。

（4）定位模块 FM 451 和 FM 453

三通道 FM 451 定位模块处理快速移动/爬行速度驱动的机械轴的调节、定位，最好通过接触器或变频器来控制标准电动机，每通道为 4 数字量输出，为增量型或同步序列的位置编码。应用于包装机械、起重设备和搬运设备、木材加工机械等领域。

安装 FM 451 时，应先关闭电源，然后将 CPU 模式置为 STOP，把 FM 451 插入机架插槽中，下旋并拧紧。如图 2-33 所示连接前连接器，将接好线的前连接器插入 FM 451，听到啮合声就说明安装就位。将编码器连接到 D 型子插座“ENCODER CH1”，最好使用插接电缆。

在 SIMATIC 管理器中打开项目中的“HW Config”可对 FM 451 编程，在硬件分类中选择正确的 FM 451，然后拖放到与硬件组态相关的插槽，记下模块地址。在将模块集成到用户程序中时，将需要该值。双击该 FM 451，在组态工具中打开“定位模块-[FM 451 FIX. SPEED（插槽）（参数分配）-项目名 \ 站名]”窗口，在编程界面上进行设置。成功完成基本程序后，确定正负方向上切换/关断差程相应的设备专用值，然后修改这些参数使其适合系统要求。通过选择文件→保存接受组态中的 FM 451 参数，然后使用文件→关闭组态工具。

选择站→保存并编译，保存项目组态数据。将 CPU 设为 STOP，然后选择 PLC→下载到模块…，将组态下载到 CPU。如此会将数据直接传送到 CPU 和 FM 451，FM 451 的 INTF LED 熄灭。只要所有组态数据都在 CPU 存储器中进行备份，CPU 在每次由 STOP 模式转换到 RUN 模式时都会将数据传送到 FM 451。

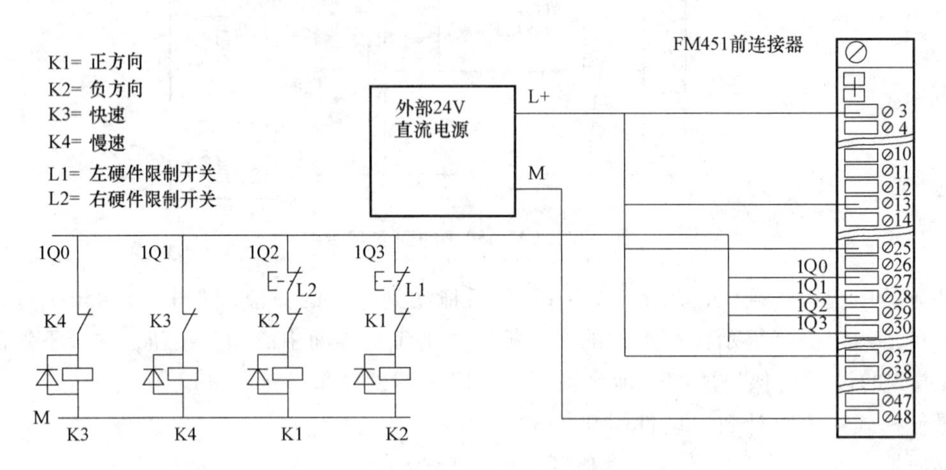

图 2-33　FM 451 模块的接线图

FM 453 是智能三通道模板，用于宽范围的各种伺服和/或步进电机的定位任务，能完成任何定位控制，从简单的点对点定位到需要快速响应、高精确度和高速度的复杂模型的加工等，能控制最多三个彼此独立的电机，它为高时钟脉冲率的机械和多轴机械的定位提供了理想的解决方案。FM 453 进行定位控制还与下列重要部件一起配置：①负载部分；②S7-400 CPU；③编程器和④操作员面板。

对于简单的点对点定位，使用 CPU 规定终点位置和移动速度即规定移动路径；对于更复杂的任务，使用编程器或示教方式，按 DIN 66025 标准，用参数化屏幕格式建立运动程序，参数化数据存储在 FM 453 内（有保持功能），包括机械数据、刀具补偿数据、运动程序、增量大小。FM 453 实现了轴的精确定位，驱动接口用以控制电动机：伺服电动机时输出-10V~+10V 模拟信号；步进电机时输出脉冲与方向信号，由编码器（SSI 或增量型，也可不用）发出实际轴位置的信号。每个通道有 6 点数字量输入，4 点数字量输出。

FM 453 有使用按钮的点动模式和增量模式，有手动数据输入功能，自动/单段控制用于运行复杂的定位路径，FM 453 具有长度测量、变化率限制、运行中设置实际值、通过高速输入使定位运动起动或停止等特殊功能。

（5）闭环控制模块 FM 455

FM 455 模块有两种类型：①FM 455C 为连续运作控制器，有 16 路模拟量输出，用于控制模拟量执行器；②FM 455S 为步进控制器或脉冲控制器，有 32 路数字量输出，用于控制电机驱动（集成）的执行器或二进制控制的执行器（例如带状电加热器和盒状电加热器）。适合于通用闭环控制任务，用于温度控制、压力控制和流量控制，预编程的控制器结构，有 2 种闭环控制算法。

（6）应用模块 FM 458-1 DP

在生产机械领域，需要更快的循环速度，机电一体化的解决方案。FM 458-1DP 功能模板完全适应这一领域的严格要求，通过丰富的运动控制功能块库，满足全部机电一体化功能要求。它使用 S7 微存储卡（MicroMemory Card）Flash EPROM 2MB 以上；集成 PROFIBUS-DP 接口，可实现等距方式（Equidistance）、等时模式（Isochronemode）、从站到从站之间的通信；具有路由功能，下载和远程服务；具有诊断-/跟踪-接口。FM 458-1DP 具有高度的灵活性，轻松用于运动控制、工艺技术功能（卷曲控制，液压控制）、其他闭环控制；可用于定位和同步控制，用于多达几百个驱动设备的快速循环控制；超过 300 个可用的 CFC 功能块，随意组合和连接简单的数字控制直到复杂的运动控制功能。该模块 64bit RISC-CPU 带 FPU；等距的循环时间 100μs；8 点数字量输入（报警性能，20μs）。

（7）通信处理器 CP 444

CP 444 通信处理器使 S7-400 能连接到工业以太网，CP 444 依据 MAP 3.0 通信标准提供 MMS（制造业信息规范）服务，用于减轻 CPU 的通信任务和实现深层的连接。MMS 服务包括环境管理、VMD（设备监控）支持服务、变量存取服务（与语言无关的数据传输）。坚固的塑料外壳的前面板上装有 15 针 Sub-D 插座连接器，带有与工业以太网连接的滑动锁（在 AUI 和双绞线接口之间自动切换）。IM 467/467 FO 安装在 S7-400 的支架上，并经过背板总线，连接到其他 S7-400 PLC 模块，不存在槽位规则。CP 444 由 PG/PC 和 STEP 7 便利地组态，参数化格式集成于 STEP 7 中，集成的文本编辑器用于组态应用关系和变量。

总之，构建 PLC 控制系统以硬件为基础，本章把西门子 S7-300/400 的主要组件的特性、结构作了比较全面的介绍，这些组件不是孤立地存在的，只有恰当地、合理地配置到 PLC 控制系统中，才能体现它们卓越而非凡的控制功能。

第3章

S7-300/400 PLC的指令系统及编程

3.1 S7-300/400 PLC 的编程基础

1. 存储区功能

（1）存储区结构与编程方式的密切关系

S7-300 PLC 的编程工具 STEP 7 继承了 STEP 5 语言结构化程序设计的优点，用文件块的形式管理用户编写的程序及程序运行所需的数据。如果这些文件块是子程序，则通过调用语句，将它们组成结构化的用户程序。这样，PLC 程序组织明确、结构清晰、易于修改。

用户程序由组织块（OB）、功能块（FB 或 FC）、数据块（DB）构成，其中 OB 是系统操作程序与用户应用程序在各种条件下的接口界面，用于控制程序的运行。OB 块根据操作系统调用的条件（如时间中断、报警中断等）分成几种类型，有不同的优先级，高优先级的 OB 可以中断低优先级的 OB。每个 S7 CPU 包含一套可编程的 OB 块（随 CPU 而不同），不同的 OB 块执行特定的功能。OB1 是主程序循环块，任何情况下都是需要的。根据过程控制的复杂程度，可将所有程序放入 OB1 中进行线性编程，或将程序用不同的逻辑块加以结构化，通过 OB1 调用这些逻辑块。除了 OB1，操作系统还可调用其他 OB 块以响应确定事件，其他可用 OB 块随所用的 CPU 性能和控制过程的要求而定，如图 3-1 所示。

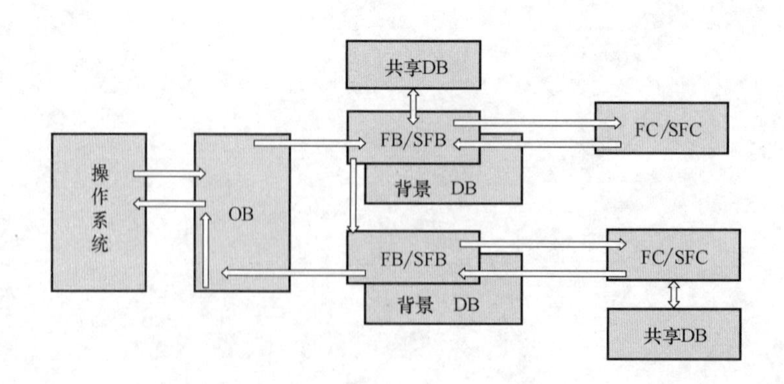

图 3-1　STEP 7 调用逻辑块结构图

功能块（FB，FC）实际是用户子程序，分为带“记忆”的功能块 FB 和不带“记忆”

的功能 FC。前者有一个数据结构与该功能块的参数表完全相同的数据块（DB）附属于该功能块，并随功能块的调用而打开，随功能块的结束而关闭。这个附属数据块叫作背景数据块（Instance Data Block），存放在它里面的数据在 FB 结束时继续保持，即被“记忆”。功能 FC 没有背景数据块，当 FC 完成操作后数据不能保持。

数据块（DB）是用户定义的用于存取数据的存储区，可以打开或关闭。DB 可以是属于某个 FB 的背景数据块，也可以是通用的共享数据块，用于 FB 或 FC。

S7 CPU 还提供标准系统功能块（SFB、SFC），是预先编好的经测试集成在 S7 CPU 中的功能程序库，供用户直接调用。它们是操作系统的一部分，不需下载到 PLC。与 FB 块相似，SFB 也需要一个背景数据块，并安装在 CPU 中。不同的 CPU 提供不同的 SFB、SFC 功能。

系统数据块（SDB）是为存放 PLC 参数所建立的系统数据存储区，用 STEP 7 的 S7 组态软件可以将 PLC 组态数据和其他操作参数存放于 SDB 中。

（2）S7-300 CPU 的存储区

S7-300 CPU 有三个基本存储区，如图 3-2 所示。①系统存储区：RAM 类型，用于存放操作数据（I/O、位存储、定时器、计数器）。②装载存储区：物理上是 CPU 模块的部分 RAM，加上内置的 EEPROM 或选用的可拆卸 FEPROM 卡，用于存放用户程序。③工作存储区：物理上占用 CPU 模块中的部分 RAM，存储内容是 CPU 运行时所执行的用户程序单元（逻辑块和数据块）的复制件。

CPU 工作存储区也为程序块的调用安排了一定数量的临时本地数据存储区或称 L 堆栈，其中数据在程序块工作时有效，并一直保持，当新块被调用时，L 堆栈重新分配。

从图 3-2 可以看出，S7 CPU 还有两个累加器、两个地址寄存器、两个数据块地址寄存器和一个状态字寄存器。

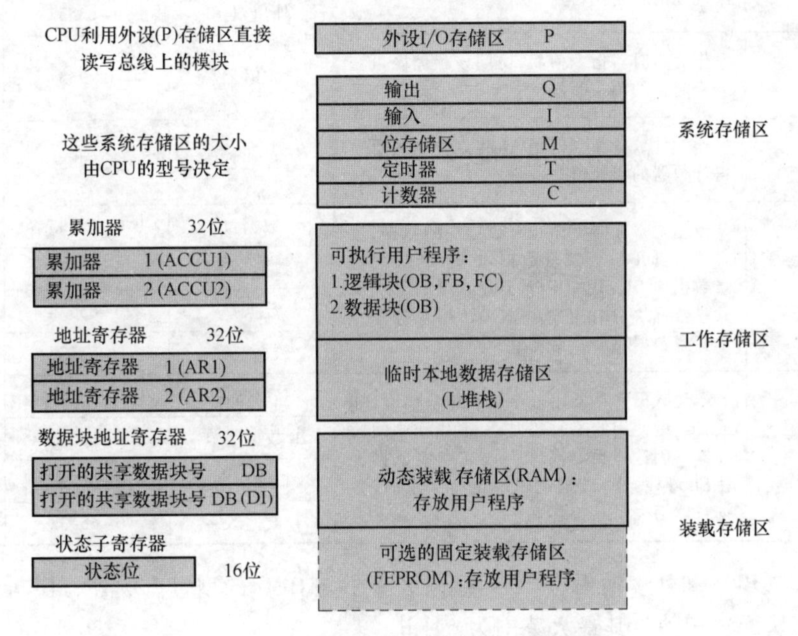

图 3-2 S7-300 CPU 存储区示意框图

CPU 程序所能访问的存储区为系统存储区的全部、工作存储区的数据块 DB、暂时局部数据存储区、外设 I/O 存储区（P）等，其功能、访问方式、标识符等见表 3-1。

表 3-1　用户程序可访问的存储区及功能

存储区域	功　　能	运算单位	寻址范围	标识符
输入过程映像寄存器（输入继电器）（I）	在扫描循环的开始，操作系统从现场（又称过程）读取控制按钮、行程开关及各种传感器等送来的输入信号，并存入输入过程映像寄存器，其每一位对应数字量输入模块的一个输入端子	输入位	0.0~65535.7	I
		输入字节	0~65535	IB
		输入字	0~65534	IW
		输入双字	0~65532	ID
输出过程映像寄存器（输出继电器）（Q）	扫描循环期间，逻辑运算结果存入 Q 映像寄存器。扫描结束前，操作系统从 Q 映像寄存器中读出最终结果，并传送到数字量输出模块，直接控制 PLC 外部的指示灯、接触器、执行器等控制对象	输出位	0.0~65535.7	Q
		输出字节	0~65535	QB
		输出字	0~65534	QW
		输出双字	0~65532	QD
位存储器（辅助继电器）（M）	位存储器与 PLC 外部对象没有任何关系，功能类似于继电器控制中的中间继电器，主要用来存储程序运算过程中的临时结果，可为编程提供无数量限制的触点，可以被驱动但不能直接驱动任何负载	存储位	0.0~255.7	M
		存储字节	0~255	MB
		存储字	0~254	MW
		存储双字	0~252	MD
外部输入寄存器（PI）	用户可以通过外部输入寄存器直接访问模拟量输入模块，以便接收来自现场的模拟量输入信号	外入字节	0~65535	PIB
		外入字	0~65534	PIW
		外入双字	0~65532	PID
外部输出寄存器（PQ）	用户可以通过外部输出寄存器直接访问模拟量输出模块，以便将模拟量输出信号送给现场的控制执行器	外出字节	0~65535	PQB
		外出字	0~65534	PQW
		外出双字	0~65532	PQD
定时器（T）	作为定时器指令使用，访问该存储区可获得定时器的剩余时间	定时器	0~255	T
计数器（C）	作为计数器指令使用，访问该存储区可获得计数器的当前值	计数器	0~255	C
数据块寄存器（DB）	数据块寄存器存储所有数据块的数据，最多同时打开一个共享数据块 DB 和一个背景数据块 DI。用“OPEN DB”指令打开一个共享数据块 DB；用“OPEN DI”指令打开一个背景数据块 DI	数据位	0.0~65535.7	DBX/DIX
		数据字节	0~65535	DBB/DIB
		数据字	0~65534	DBW/DIW
		数据双字	0~65532	DBD/DID
本地数据寄存器（本地数据）（L）	本地数据寄存器用来存储逻辑块（OB、FB 或 FC）中使用的临时数据，一般用作中间暂存器。因这些数据实际存放在本地数据堆栈（L 堆栈）中，故当逻辑块执行结束时，数据自然丢失	L 数据位	0.0~65535.7	L
		L 数据字节	0~65535	LB
		L 数据字	0~65534	LW
		L 数据双字	0~65532	LD

外设输入（PI）和外设输出（PQ）存储区除了与 CPU 的型号有关外，还与具体的 PLC 应用系统的模块配置相关，其最大范围为 64KB。

CPU 可以通过输入（I）和输出（Q）过程映像存储区（映像表）访问 I/O 接口。输入映像表 128Byte 是外设输入存储区（PI）首 128Byte 的映像，是在 CPU 循环扫描中读取输入状态时装入的；输出映像表128Byte是外设输出存储区（PQ）的首128Byte的映像，CPU在写输出时，可以将数据直接输出到外设输出存储区（PQ），也可以将数据传送到输出映像表。在CPU循环扫描更新输出状态时，将输出映像表的值传送到物理输出。

S7-300/400 PLC部分常用CPU的可使用编程地址见表3-2和表3-3。

表3-2 S7-300 PLC可编程的地址范围

信号形式	信号类别	地址范围				
		CPU 312C	CPU 313C-2PtP	CPU 313C-DP	CPU 314C-2PtP	CPU 314C-DP
二进制位	输入I	I0.0~I127.7				
	输出Q	Q0.0~Q127.7				
	内部标志M	M0.0~M127.7	M0.0~M255.7	M0.0~M2047.7	M0.0~M4096.7	M0.0~M1023.7
	定时器T	T0~T127	T0~T255	T0~T255	T0~T511	T0~T511
	计数器C	C0~C127	C0~C255	C0~C255	C0~C511	C0~C511
	局部变量L	L0.0~L255.7	L0.0~L509.7	L0.0~L509.7	L0.0~L509.7	L0.0~L509.7
	数据块DBX	DBX0.0~DBX16383.7				
	数据块DIX	DIX0.0~DIX16383.7				
字节	输入I	I0.0~I127.7				
	输出Q	Q0.0~Q127.7				
	内部标志MB	MB0~MB127	MB0~MB255	MB0~MB2047	MB0~MB4095	MB0~MB1023
	局部变量LB	LB0~LB255	LB0~LB509	LB0~LB509	LB0~LB509	LB0~LB509
	累加器AC	AC0~AC1				
	数据块DBB	DBB0~DBB16383				
	数据块DIB	DIB0~DIB16383				
字	输入IW	IW0~IW126				
	输入QW	QW0~QW126				
	内部标志MW	MW0~MW126	MW0~MW254	MW0~MW2046	MW0~MW4094	MW0~MW1022
	局部变量LW	LW0~LW254	LW0~LW508	LW0~LW508	LW0~LW508	LW0~LW508
	定时器T	T0~T127	T0~T255	T0~T255	T0~T511	T0~T511
	计数器C	C0~C127	C0~C255	C0~C255	C0~C511	C0~C511
	数据块DBW	DBW0~DBW16382				
	数据块DIW	DIW0~DIW16382				
双字	输入ID	ID0~ID124	ID0~ID252	ID0~ID252	ID0~ID252	ID0~ID252
	输出QD	QD0~QD124	QD0~QD252	QD0~QD252	QD0~QD252	QD0~QD252
	内部标志MD	MD0~MD124	MD0~MD252	MD0~MD252	MD0~MD252	MD0~MD252
	局部变量LD	LD0~LD252	LD0~LD506	LD0~LD506	LD0~LD506	LD0~LD506
	累加器AC	AC0~AC1				
	数据块DBD	DBD0~DBD16380				
	数据块DID	DID0~DID16380				

表 3-3　S7-400 PLC 可编程的地址范围

信号形式	信号类别	地址范围			
		CPU 412	CPU 414	CPU 416	CPU 417
二进制位	输入 I	I0.0~I127.7	I0.0~I255.7	I0.0~I511.7	I0.0~I1023.7
	输出 Q	Q0.0~Q127.7	Q0.0~Q255.7	Q0.0~Q511.7	Q0.0~Q1023.7
	内部标志 M	M0.0~M4095.7	M0.0~M8191.7	M0.0~M16383.7	M0.0~M16383.7
	定时器 T	T0~T2047	T0~T2047	T0~T2047	T0~T2047
	计数器 C	C0~C2047	C0~C2047	C0~C2047	C0~C2047
	局部变量 L	L0.0~L4095.7	L0.0~L8191.7	L0.0~L16383.7	L0.0~L32767.7
	数据块 DBX	DBX0.0~65533.7	DBX0.0~65533.7	DBX0.0~65533.7	DBX0.0~65533.7
	数据块 DLX	DLX0.0~65533.7	DLX0.0~65533.7	DLX0.0~65533.7	DLX0.0~65533.7
字节	输入 IB	IB0~IB127	IB0~IB255	IB0~IB512	IB0~IB1023
	输出 QB	QB0~QB127	QB0~QB255	QB0~QB512	QB0~QB1023
	内部标志 MB	MB0~MB4095	MB0~MB8191	MB0~MB16383	MB0~MB16383
	局部变量 LB	LB0~LB4095	LB0~LB8191	LB0~LB16383	LB0~LB32767
	累加器 AC	AC0~AC3			
	数据块 DBB	DBB0~DBB65533			
	数据块 DLB	DLB0~DLB65533			
字	输入 IW	IW0~IW126	IW0~IW254	IW0~IW510	IW0~IW1022
	输出 QW	QW0~QW126	QW0~QW254	QW0~QW510	QW0~QW1022
	内部标志 MW	MW0~MW4094	MW0~MW8190	MW0~MW16382	MW0~MW16382
	局部变量 LW	LW0~LW4094	LW0~LW8190	LW0~LW16382	LW0~LW32766
	定时器 T	T0~T2047			
	计数器 C	C0~C2047			
	累加器 AC	AC0~AC3			
	数据块 DBW	DBW0~DBW65532			
	数据块 DLW	DLW0~DLW65532			
双字	输入 ID	ID0~ID124	ID0~ID252	ID0~ID508	ID0~ID1020
	输出 QD	QD0~QD124	QD0~QD252	QD0~QD508	QD0~QD1020
	内部标志 MD	MD0~MD4092	MD0~MD8188	MD0~MD16380	MD0~MD16380
	局部变量 LD	LD0~LD4092	LD0~LD8188	LD0~LD16380	LD0~LD72764
	累加器 AC	AC0~AC3			
	数据块 DBD	DBD0~DBD65530			
	数据块 DID	DID0~DID65530			

2. CPU 中的寄存器

S7-300/400 CPU 的寄存器有 32 位累加器、16 位状态字寄存器、32 位地址寄存器、32 位数据块寄存器、诊断缓冲区等。

（1）32 位累加器（ACCUx）

32 位累加器用来处理字节、字和双字的寄存器，S7-300 PLC 有两个累加器（ACCU1 和 ACCU 2），S7-400 PLC 有 4 个累加器（ACCU1～4）。可以把操作数装入累加器（放在低端、右对齐）进行运算和处理，保存在 ACCU1 中的运算结果可以传送到系统存储器。

（2）16 位状态字寄存器

状态字是一个 16 位寄存器，结构如图 3-3 所示，用于表示 CPU 执行指令过程中所产生的状态。某些指令可否执行或以何种方式执行可能取决于状态字中的某些位；指令执行时也可能改变状态字中的某些位；也能在位逻辑指令或字逻辑指令中访问并检测它们。

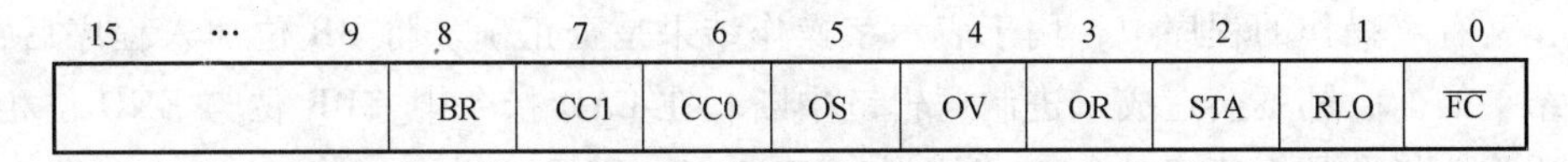

图 3-3　状态字的结构

1）首位检测位（$\overline{FC}$）：状态字第 0 位，CPU 对逻辑串第 1 条指令的检测称为首次检测，若首次检测位为 0，表明一个梯形逻辑网络开始，或为逻辑串的第 1 条指令。检测结果（0 或 1）直接保存在状态字第 1 位 RLO 中，经过首次检测存放在 RLO 中的 0 或 1 称为首次检测结果。该位在逻辑串的开始时总是 0，在逻辑串执行过程中为 1，输出指令或与逻辑运算有关的转移指令（表示一个逻辑串结束的指令）将该位清 0。

2）逻辑操作结果（RLO）：状态字第 1 位，存储逻辑操作指令或比较指令的结果。在逻辑串中，RLO 位状态表示有关信号流的信息，为 1 表明有信号流（通），为 0 表明无信号流（断），可用 RLO 来触发跳转指令。

3）状态位（STA）：状态字第 2 位，不能用于指令检测，只在程序测试中被 CPU 解释并使用。当用位逻辑指令读/写存储器时，STA 总是与存储器位取值一致，否则 STA 置 1。

4）或位（OR）：状态字第 3 位，在先“与”后“或”的逻辑运算中，OR 位暂存“与”操作结果，以便后面进行“或”运算。其他指令将 OR 位清 0。

5）溢出位（OV）：状态字第 4 位，当算术运算或浮点数比较指令执行时出现错误（溢出、非法操作、不规范格式）时，置 1；若后面同类指令执行结果正常，清 0。

6）溢出状态保持位（OS）：状态字第 5 位，OV 位置 1 时 OS 位也置 1，OV 位清 0 时 OS 仍保持，故 OS 保存了 OV 位的状态，可用于指明在先前的一些指令执行过程中是否产生过错误。使 OS 位复位得用 JOS（OS =1 时跳转）、块调用指令和块结束指令。

7）条件码 1（CC1）和条件码 0（CC0）：状态字第 7 位和第 6 位为条件码 1 和条件码 0，这两位结合起来用于表示在累加器 1 中产生的算术运算或逻辑运算的结果与 0 的大小关系、比较指令的执行结果或移位指令的移出位状态，见表 3-4 和表 3-5。

表 3-4　算术运算后的 CC1 和 CC0

CC1	CC0	算术运算无溢出	整数算术运算有溢出	浮点数算术运算有溢出
0	0	结果=0	整数加时产生负范围溢出	平缓下溢
0	1	结果<0	乘除时负范围溢出；加减取负时正溢出	负范围溢出
1	0	结果>0	乘除时正范围溢出；加减时负范围溢出	正范围溢出
1	1	—	除数为 0	非法操作

表 3-5　比较、移位、字逻辑指令执行后的 CC1 和 CC0

CC1	CC0	比较指令	移位和循环移位指令	字逻辑指令
0	0	累加器 2=累加器 1	移出位=0	结果=0
0	1	累加器 2<累加器 1	—	—
1	0	累加器 2>累加器 1	—	结果<>0
1	1	不规范	移出位=1	—

8）二进制结果位（BR）：状态字第 8 位，将字处理程序与位处理联系起来，在一段既有位操作又有字操作的程序中，用于表示字操作结果是否正确。将 BR 位加入程序后，无论字操作结果如何，都不会造成二进制逻辑链中断。在 LAD 指令中，BR 位与 ENO 位相对应，用于表明方块指令是否正确执行：若错误，BR 为 0、ENO 也为 0；若正确，BR 为 1、ENO 也为 1。

使用 STL 的 SAVE 指令或 LAD 的-(SAVE)-，可将 RLO 存入 BR 位中，从而达到管理 BR 位的目的。当 FB 或 FC 执行无错误时，使 RLO 位为 1，并存入 BR 位，否则在 BR 位存入 0。

状态字寄存器的 9~15 位未使用。

（3）32 位地址寄存器

S7-300/400 PLC 有 AR1 和 AR2 两个 32 位地址寄存器，通过它们对各存储区的存储器内容实现寄存器间接寻址。包括直接寻址指令的内部地址区或交叉地址区，用于使用 STL 语言时的寄存器间接寻址，用方括号内指定的地址寄存器内容加上偏移量形成地址指针，指向操作数所在存储单元。地址指针有两种格式：区域内和区域间寄存器间接寻址，长度均为双字。

当 FB、FC 访问 VAR_ IN_ OUT 区中复杂数据类型的形参元素时（字符串、数组、结构或 UDT），STEP 7 内部使用地址寄存器 AR1 和 DB 寄存器，它将修改两个寄存器中的内容。

（4）32 位数据块寄存器

S7-300/400 PLC 数据块寄存器有 DB 和 DI，分别用来保存打开的（活动的）共享数据块和背景数据块的编号。DB 寄存器中包含打开的共享数据块号码，DI 寄存器中包含打开的背景数据块号码，可同时打开两个数据块，一个 DB 使用 DB 寄存器，另一个作为背景 DB 使用 DI 寄存器。打开 DB 时，长度自动装载到相应 DB 的长度寄存器中。

通过调用不带参数的 FC/SFC 指令，可以调用没有参数的功能（FC）或系统功能（SFC），执行该指令后，就可以保存数据块寄存器（数据块和背景数据块）。

使用 SFC 23“DEL_ DB”（删除数据块），可删除存在于 CPU 的工作存储器以及装载存储器（如果存在）中的数据块。此数据块必须没有在当前或任何更低的优先级中打开，换言之，此数据块一定不能是位于两个数据块寄存器中的任意一个或 B 堆栈中。

使用 CDB 指令可交换共享数据块和背景数据块，可交换数据块寄存器。

（5）诊断缓冲区

诊断缓冲区（Diagnostic Buffer）是“Module Information”工具的一部分，通过 SIMATIC 管理器或从程序编辑器的菜单 PLC→Module Information→Diagnostic Buffer 进行访问。诊断缓冲区是 CPU 中的一个先进先出缓冲区，由后备电池保持，对存储器复位也不能清除该缓冲区，它存储按照发生顺序排列的诊断事件，可在编程器上纯文本显示。

3. 寻址方式

操作数是指令操作或运算的对象，所谓寻址方式是指指令取得操作数的方式，STEP-7有4种寻址方式：立即寻址、直接寻址、存储器间接寻址和寄存器间接寻址。

(1) 立即寻址

立即寻址是对常数或常量的寻址方式，特点是操作数直接包含在指令中，或者指令的操作数是唯一的。

(2) 直接寻址

直接寻址在指令中直接给出存储器或寄存器的区域、长度和位置，特点是直接给出操作数的地址。

(3) 存储器间接寻址

存储器间接寻址的特点是用指针进行寻址，操作数存储在由指针给出的存储单元中。地址指针可以是字或双字的，存储指针的存储器也是字或双字的。对于定时器T、计数器C、功能块FB、功能FC、数据块DB，地址范围为0~65535，用字指针；对于I、Q、M等，可使用双字指针，此时应保证指针位编号为“0”，例如P#Q20.0。图3-4为存储器间接寻址的双字指针格式：0~2（xxx）为寻址地址位编号（0~7），3~18（bbbb bbbb bbbb bbbb）位为寻址地址字节编号（0~65535）。双字中只有MD、LD、DBD和DID能作地址指针。

31　　　　　24	23　　　　　16	15　　　　　8	7 6 5 4 3 2 1 0
0 0 0 0 0 0 0 0	0 0 0 0 0 b b b	b b b b b b b b	b b b b b x x x

图3-4　存储器间接寻址的双字指针格式

单字指针的存储器间接寻址只能用在地址标识符是非位的场合；双字指针由于有位格式存在，所以对地址标识符没有限制。也正是由于双字指针是一个具有位的指针，因此，当对字节、字或者双字存储区地址进行寻址时，必须确保双字指针的内容是8或者8的整数倍。

【例3-1】　存储器间接寻址的指针格式及寻址。

```
L      +6          //将整数6装入累加器1
T      WM1         //将累加器1的内容传送给存储器MW1
OPN    DB[MW1]     //打开由MW1指出的数据块,即打开数据块DB6
L      P#8.7       //将2#0000_0000_0000_0000_0000_0000_0100_0111装
                     入累加器1
T      MDl         //将累加器1中的内容传送给存储字MDl
L      P#4.0       //将2#0000_0000_0000_0000_0000_0000_0010_0000装入累加
                     器1,将累加器1中的内容传送给累加器2
+I                 //将累加器1与累加器2的内容相加,在累加器1中得
                     到的“和”为2#0000_0000_0000_0000_0000_0000_0110
                     _0111
T      MD5         //将累加器1的内容传送到存储器MD5
A      I[MDl]      //对输入位I8.7进行逻辑“与”操作
=      Q[MD5]      //将RLO赋值给输出位Q12.7
```

(4) 寄存器间接寻址

S7 中有两个地址寄存器即（ARl 和 AR2），寄存器间接寻址的特点是通过地址寄存器寻址。地址寄存器的内容加上偏移量形成地址指针，指向操作数所在的存储单元。

寄存器间接寻址有区域内和区域间两种形式，双字指针格式如图 3-5 所示。第 0~2 位（xxx）为寻址地址位编号（0~7），第 3~18 位（bbbb bbbb bbbb bbbb）为寻址地址字节编号（0~65535），第 24~26 位（rrr）为寻址地址区域标识号，第 31 位 x=0/1 表示区域内/区域间。

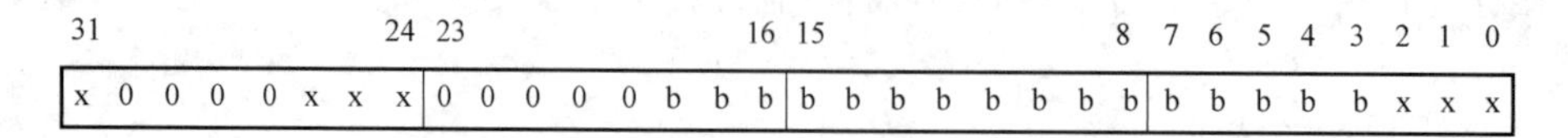

图 3-5 寄存器间接寻址的双字指针格式

区域内时第 24~26 位（rrr）为（000）；区域间时第 24~26 位的含义见表 3-6。

表 3-6 区域间间接寻址地址指针区域标识位的含义

位 24、25、26 的二进制数	存储区	区域标识符	位 24、25、26 的二进制数	存储区	区域标识符
000	外设 I/O 存储区	P	100	共享数据块存储区	DBX
001	输入寄存器存储区	I	101	背景数据块存储区	DBI
010	输出寄存器存储区	Q	111	临时本地数据	L
011	位存储区	M			

使用寄器指针格式访问一个字节、字或双字时，必须保证指针中位地址编号为 0。

指针常数 P#5.0 对应的二进制数为 2#0000_0000_0000_0000_0000_0000_0100_1000。

【例 3-2】 区域间间接寻址举例。

```
L      P#M6.0              //将存储器位 M6.0 的双字指针装入累加器 1
LAR1                       //将累加器 1 中的内容送到地址寄存器 1
T      W[AR1,P#50.0]       //将累加器 1 的内容传送到存储器字 MW56
```

P#M6.0 对应的二进制数为 2#1000_0011_0000_0000_0000_0000_0011_0000。因地址指针 P#M6.0 已包含区域信息，使用指令 T W[AR1,P#50.0]时不必再用地址标识符 M。

3.2 S7-300/400 PLC 的基本指令与编程

3.2.1 位逻辑指令

位逻辑指令使用 1 和 0 两个二进制数字，在触点和线圈领域中，1 表示激活或激励状态，0 表示未激活或未激励状态。位逻辑指令按照布尔逻辑对 1 和 0 信号状态进行组合，产生由 1 或 0 组成的结果，称作“逻辑运算结果”（Result of Logic Operation，RLO）。

S7-300/400 PLC 的位逻辑指令见表 3-7，触发的逻辑运算可执行各种功能。

表 3-7　S7-300/400 PLC 的位逻辑指令

指令	说　明	指令	说　明
A	AND,逻辑与,电路或触点串联	XN(	逻辑异或非加左括号
AN	AND NOT,逻辑与非,动断触点串联	)	右括号
O	OR,逻辑或,电路或触点并联	=	赋值
ON	OR NOT,逻辑或非,动断触点并联	R	RESET,复位指定的位或定时器、计数器
X	XOR,逻辑异或	S	SET,置位指定的位或设置计数器的
XN	XOR NOT,逻辑异或非	NOT	将 RLO 取反
A(	逻辑与加左括号	SET	将 RLO 置位为 1
AN(	逻辑与非加左括号	CLR	将 RLO 清 0
O(	逻辑或加左括号	SAVE	将状态字中的 RLO 保存到 BR 位
ON(	逻辑或非加左括号	FN	下降沿检测
X(	逻辑异或加左括号	FP	上升沿检测

S7-300/400 CPU 中有一个专门用于存储指令执行状态的 16 位状态寄存器，以二进制位的形式保存指令的执行结果与中间状态。在 LAD 编程时，这些标志以触点的形式来使用，S7-300/400 PLC 可以使用的状态寄存器触点见表 3-8。

表 3-8　状态寄存器触点

梯形图符号	意　义	梯形图符号	意　义
==0 ─┤├─	指令执行结果等于“0”	==0 ─┤/├─	指令执行结果等于“0”动断触点
>0 ─┤├─	指令执行结果大于“0”	>0 ─┤/├─	指令执行结果大于“0”动断触点
>=0 ─┤├─	指令执行结果大于等于“0”	>=0 ─┤/├─	指令执行结果大于等于“0”动断触点
<=0 ─┤├─	指令执行结果小于等于“0”	<=0 ─┤/├─	指令执行结果小于等于“0”动断触点
<0 ─┤├─	指令执行结果小于“0”	<0 ─┤/├─	指令执行结果小于“0”动断触点
<>0 ─┤├─	指令执行结果不等于“0”	<>0 ─┤/├─	指令执行结果不等于“0”动断触点
BR ─┤├─	“或”运算结果	BR ─┤/├─	“或”运算结果动断触点
OS ─┤├─	指令执行结果溢出存储位	OS ─┤/├─	指令执行结果溢出存储位动断触点
OV ─┤├─	指令执行结果溢出	OV ─┤/├─	指令执行结果溢出动断触点

1. 与（A）、与非（AN）指令

A（And）：“与”指令用于单个动合触点串联，完成逻辑“与”运算。AN（And Not）：“与非”指令用于单个动断触点串联，完成逻辑“与非”运算。如图 3-6 所示，触点串联指令也用于串联逻辑行的开始，这与 S7-200 PLC 的情况略有不同。

2. 或（O）、或非（ON）指令

O：“或”指令适用于单个动合触点并联，完成逻辑“或”的运算。ON：“或非”指令

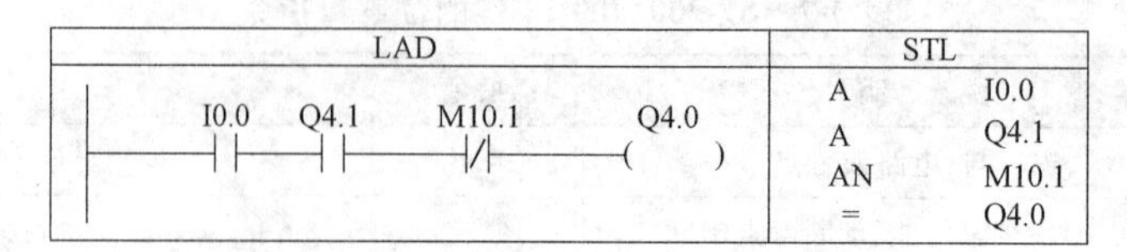

图 3-6 “与”（A）、“与非”（AN）指令的使用

适用于单个动断触点并联，完成逻辑“或非”运算。如图 3-7 所示，触点并联指令用于一个并联逻辑行的开始，也与 S7-200 PLC 的情况略有不同。

3. 异或（X）、异或非（XN）指令

“异或”（Exclusive Or）和“异或非”（Exclusive Or Not）指令，类似“或”和“或非”指令，用于扫描并联回路能否“通电”。图 3-8 为动合、动断触点组成的 XOR 函数程序段，参数<地址 1>和<地址 2>都是 BOOL 数据类型，是内存 I、Q、M、L、D、T、C 的位。

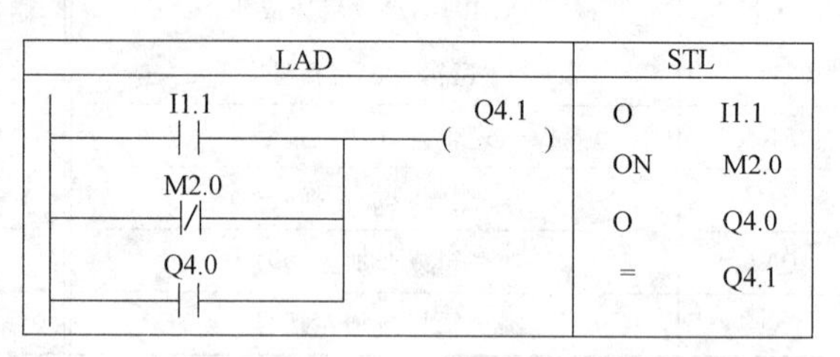

图 3-7 “或”（O）、“或非”（ON）指令

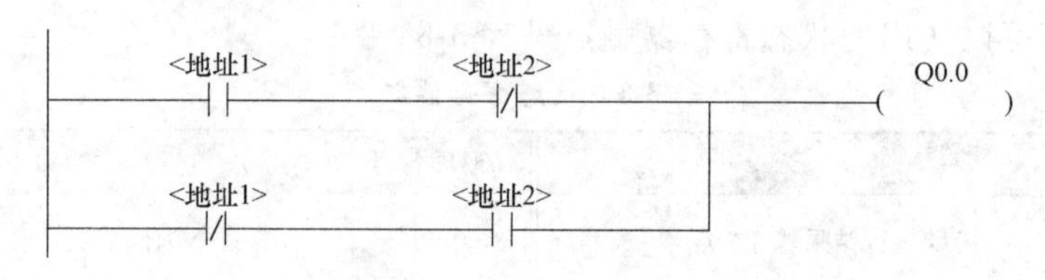

图 3-8 XOR 函数

位地址 1 与位地址 2 进行“异或”时，仅当两个输入触点（例如 I1.0 和 I1.1）的扫描结果不同（只有一个为“1”）时 RLO 才为“1”，并使输出 Q0.0 为“1”；若两个信号的扫描结果相同（均为“1”或“0”），则 Q0.0 为“0”。I1.0 和 I1.1“异或”时的语句表如下：

```
X    I1.0
X    I1.1
=    Q0.0
```

使用“异或”指令可以检查寻址位的信号状态是否为“1”，并将测试结果与逻辑运算结果（RLO）进行“异或”运算，也可多次使用“异或”指令，如果有奇数个被检查地址为“1”，则逻辑运算的交互结果为“1”。“异或”及“异或非”指令也可通过使用以下地址进行状态字位检查：= = 0、<>0、>0、<0、> = 0、< = 0、OV、OS、UO、BR。

图 3-9 描述了 I1.0 和 I1.1 的状态相同时，运算结果 RLO 为 1，反之为 0。这实质上是 I1.0（地址 1）和 I1.1（地址 2）的非进行“异或”，也可称作“同或”。

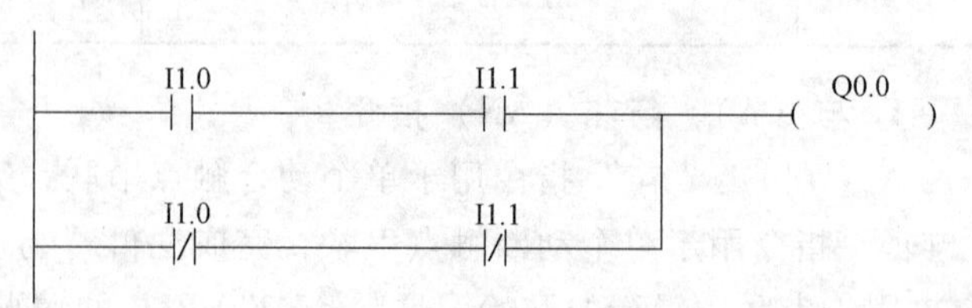

图 3-9 异或非又称同或

I1.0 和 I1.1“同或”时的语句表如下：

```
X     I1.0
XN    I1.1
=     Q0.0
```

使用“异或非”（“同或”）指令可以检查寻址位的信号状态是否为“0”，并将测试结果与逻辑运算结果（RLO）进行“异或”运算。

4. 嵌套指令和先“与”后“或”指令

“与”“与非”“或”“或非”“异或”“同或”运算嵌套开始符分别为A(、AN(、O(、ON(、X(、XN(，将RLO和OR位及一个函数代码保存到嵌套堆栈中，最多有7个嵌套堆栈输入项。使用嵌套结束指令“)”，可从嵌套堆栈中删除一个输入项，恢复OR位，根据函数代码，将包含在堆栈条目中的RLO与当前RLO互连，并将结果分配给RLO。若函数代码为“AND”或“AND NOT”，则也包括OR位。当逻辑串是串并联的复杂组合时，CPU的扫描顺序为先“与”后“或”，如图3-10所示。

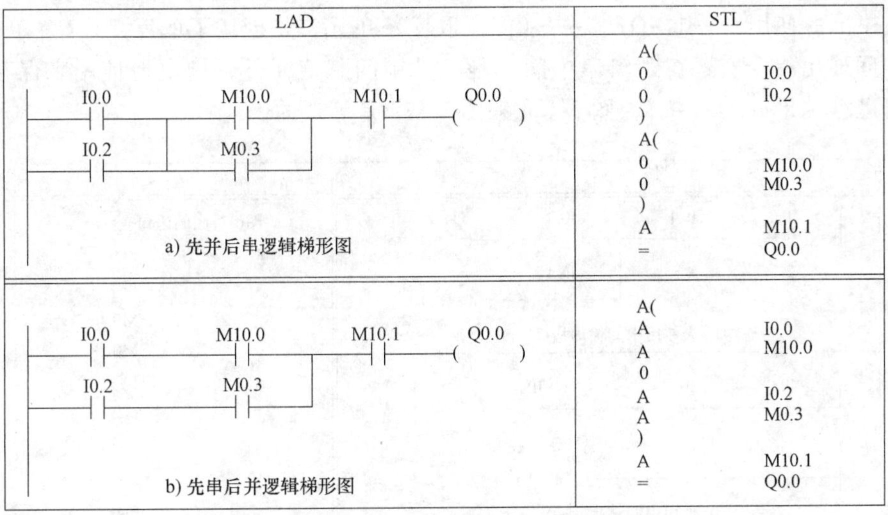

LAD	STL
I0.0、I0.2；M10.0、M0.3；M10.1；Q0.0 a) 先并后串逻辑梯形图	A(O I0.0 O I0.2) A(O M10.0 O M0.3) A M10.1 = Q0.0
I0.0、M10.0；I0.2、M0.3；M10.1；Q0.0 b) 先串后并逻辑梯形图	A(A I0.0 A M10.0 O A I0.2 A M0.3) A M10.1 = Q0.0

图3-10 串并联逻辑梯形图与语句表

5. 输出线圈指令

若MCR=1，则使用赋值指令（=<位>），将RLO写入寻址位，以接通主控继电器。若MCR=0，则将数值“0”而不是RLO写入寻址位。

1）输出线圈指令即逻辑串输出指令或赋值指令（Assign），把RLO值赋给指定位地址（操作数），当RLO变化时，相应位状态也变化。在LAD中，输出指令只能放在触点电路的最右端，不能单独放在一个空网络中。表3-9列出了操作数的数据类型和所在的存储区。

表3-9 输出指令操作数类型和所在存储区

LAD 指令	STL 指令	功 能	操作数	类 型	存储区
位地址 ——( )	=位地址	逻辑串赋值输出	<位地址>	BOOL	Q、M、D、L
位地址 ——(#)—	—	中间结果赋值输出	<位地址>	BOOL	Q、M、D、L

一个 RLO 可驱动几个输出元件。在 LAD 中，输出线圈依次上下排列；在 STL 中，与输出有关的指令一个接一个地连续编程，具有相同优先级。图 3-11 是多重输出 LAD 和对应的 STL。

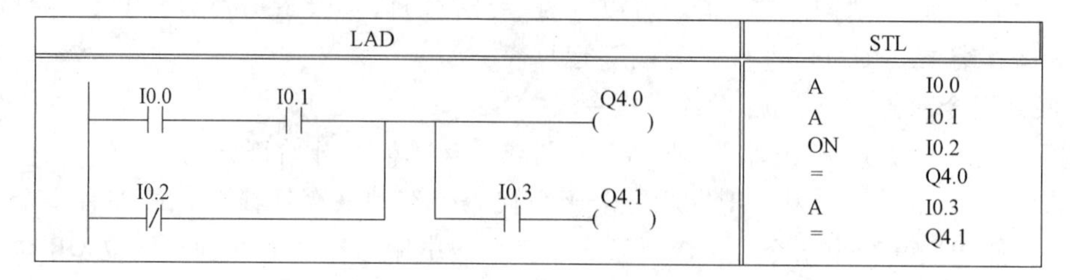

图 3-11 多重输出梯形图

2）中间输出是中间分配单元，将前面分支单元的 RLO 位状态保存到指定<地址>。以串联方式与其他触点连接时，像插入触点那样插入——(#)——，但不得连接电源，不得连在分支尾部。使用——| NOT |——(能流取反）单元，是创建了取反——(#)——。图 3-12 的中间输出指令安置在逻辑串中间，是一种中间赋值元件，指定地址用来保存左边电路的逻辑运算结果（RLO 位），图 3-12a 和图 3-12b 是等效的。

LAD

I0.0 I0.1 I0.3 Q4.3
I0.4 Q4.2

a) 未使用中间输出指令

I0.0 I0.1 # I0.3 Q4.3
M0.1 I0.4 Q4.2

b) 使用中间输出指令

STL

图b)对应的语句表

```
A    I0.0
AN   I0.1
=    M0.1
A    M0.1
A    I0.3
=    Q4.3
A    M0.1
A    I0.4
=    Q4.3
```

图 3-12 中间输出指令的运用

6. 置位指令、复位指令

置位/复位指令根据 RLO 值，决定寻址位状态是否改变。使用置位指令时，若 RLO=1，且主控继电器 MCR=1，则寻址位状态置 1，并保持到复位；使用复位指令时，若 RLO=1，且 MCR=1，则寻址位复位为 0，并保持到置位才为 1；若 RLO=0，或 MCR=0，则寻址位状态保持不变。置位/复位指令 LAD 及 STL 表示、功能、操作数类型、存储区等内容见表 3-10。

表 3-10 置位/复位指令

LAD 指令	STL 指令	功能	操作数	数据类型	存储区
<位地址> ——(R)	R<位地址>	复位输出	<位地址>	BOOL、TIMER、COUNTER	Q、M、D、L、T、C
<位地址> ——(S)—	S<位地址>	置位输出	<位地址>	BOOL	Q、M、D、L

图 3-13 为置位/复位指令的梯形图、语句表及波形图。一旦 I0.1 闭合，即使它又断开，线圈 Q4.3 将一直保持接通状态；当且仅当 I0.3 闭合，即使它又断开，线圈 Q4.3 断开。

LAD	STL	波形图
I0.1　Q4.3 —┤ ├—(S) I0.3　Q4.3 —┤ ├—(R)	A　I0.1 S　Q4.3 A　I0.3 R　Q4.3	I0.1 I0.3 Q4.3

图 3-13　置位/复位指令

7. 触发器指令

触发器有置位复位触发器（SR 触发器）和复位置位触发器（RS 触发器）两种，均可实现对指定地址的置位或复位，见表 3-11。触发器可用在逻辑串的最右端，结束一个逻辑串；也可用在逻辑串中，作为一个特殊触点，影响右边的逻辑操作结果。

表 3-11　触发器指令

指令名称	LAD 指令	数据类型	存储区	操作数	说　　明
SR 触发器	位地址 SR S　Q R	BOOL	I、Q、M、D、L	位地址	位地址表示要置位/复位的位
				S	置位输入端
RS 触发器	位地址 RS R　Q S			R	复位输入端
				Q	与位地址对应的存储单元的状态

复位优先型 SR 触发器的 S 端在 R 端上面，若 S 输入端为“1”、R 输入端为“0”，则置位 SR 双稳态触发器；若 S 输入端为“0”、R 输入端为“1”，则复位触发器；若两个输入端均为“1”时，则下面复位输入端最终有效，即复位输入优先，触发器复位。

置位优先型 RS 触发器的 R 端在 S 端之上，若 R 输入端为“1”，S 输入端为“0”，则复位 RS 双稳态触发器；若 R 输入端为“0”、S 输入端为“1”，则置位触发器；若两个输入端均为“1”时，则下面置位输入端最终有效，即置位输入优先，触发器置位。

【例 3-3】 置位优先型 RS 触发器的编程如图 3-14 所示。

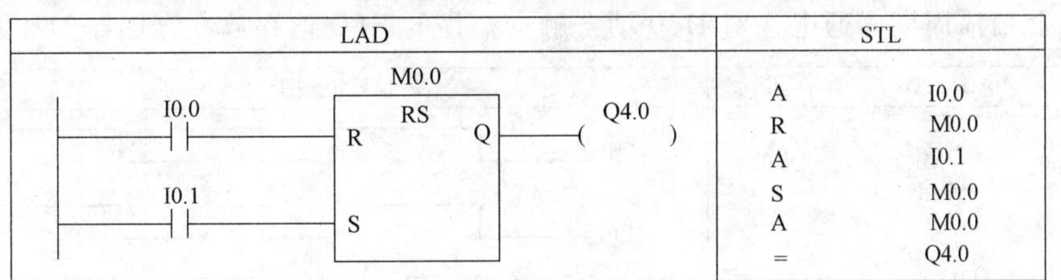

图 3-14　置位优先型 RS 触发器的编程

8. 边沿检测指令

跳变沿检测的方法是：在每个扫描周期（OB1 循环扫描一周），把当前信号状态和它在前一个扫描周期的状态相比较，若不同，则表明有一个跳变沿。因此，前一个周期里的信号状态必须存储，以便能和新的信号状态相比较。S7-300/400 PLC 有两种边沿检测指令：一种是检测逻辑串操作结果 RLO 的跳变沿；另一种是检测单个触点的跳变沿。

（1）RLO 跳变沿检测指令

RLO 跳变沿检测可分别检测正跳沿（0 变 1）和负跳沿（1 变 0）。当 RLO 从 0 到 1（获从 1 到 0）时，正跳沿（或负跳沿）检测指令在当前扫描周期以 RLO=0（或 RLO=1）表示其变化，而在其他扫描周期均为 0。在执行 RLO 正跳沿（负跳沿）检测指令前，RLO 的状态存储在位地址中。RLO 跳变沿检测指令和操作数见表 3-12。

表 3-12　RLO 跳变沿检测指令和操作数

指令名称	LAD 指令	STL 指令	操作数	数据类型	存储区
RLO 正跳沿检测	位地址 —(P)—	PP<位地址>	位地址	BOOL	Q、M、D
RLO 负跳沿检测	位地址 —(N)—	PN<位地址>			

（2）触点跳变沿检测指令

触点跳变沿检测分为检测正跳沿和负跳沿。触点正跳沿（或负跳沿）检测指令 FP（或 FN）在 LAD 中以功能框表示，有两个输入端：一个直连要检测触点，另一个 M_ BIT 所接的位存储器上存储上一个扫描周期触点的状态。有一个输出端 Q，当触点状态从 0 到 1（或从 1 到 0）时，输出端 Q 接通一个扫描周期。触点跳变沿检测指令和操作数见表 3-13。

表 3-13　触点跳变沿检测指令和操作数

指令名称	LAD 指令	操作数	数据类型	存储区	说　明
触点正跳沿检测	POS 位地址1 — 位地址2 — M_BIT　Q —	位地址 1：被检测的触点地址	BOOL	I、Q、M、D、L	Q 只接通一个扫描周期
		位地址 2(M_BIT)：存储被检测触点上一个扫描周期的状态		Q、M、D	
触点负跳沿检测	NEG 位地址1 — 位地址2 — M_BIT　Q —	Q：单稳输出		L、Q、M、D、L	

图 3-15 是使用 RLO 正跳沿检测指令的例子，若 CPU 检测到 I1.0 有一个正跳沿，将使 Q4.0 在一个扫描周期内通电，对 I1.0 动合触点扫描的 RLO 值存放在存储器 M1.0 中。

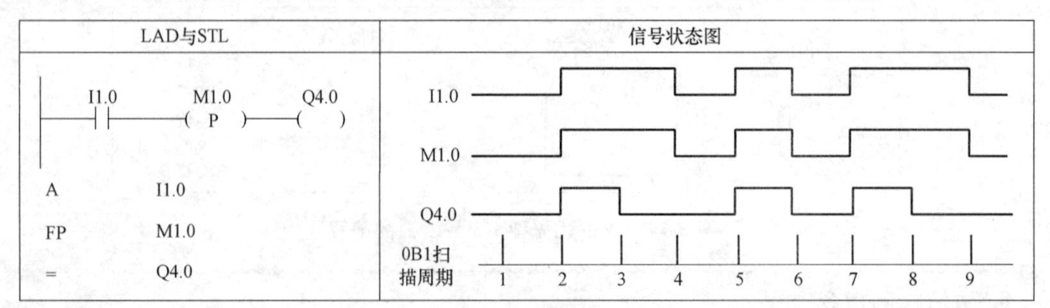

图 3-15　RLO 正跳沿检测指令的编程

图 3-16 是使用触点负跳沿检测指令的例子，由<位地址 1>给出需要检测的触点编号（I0.3），<位地址 2>（M0.0）用于存放该触点在前一个扫描周期的状态。若下列条件同时成立，则 Q4.0=1：①I0.0、I0.1、I0.2 均为 1；②I0.3 有负跳沿；③I0.4=1。

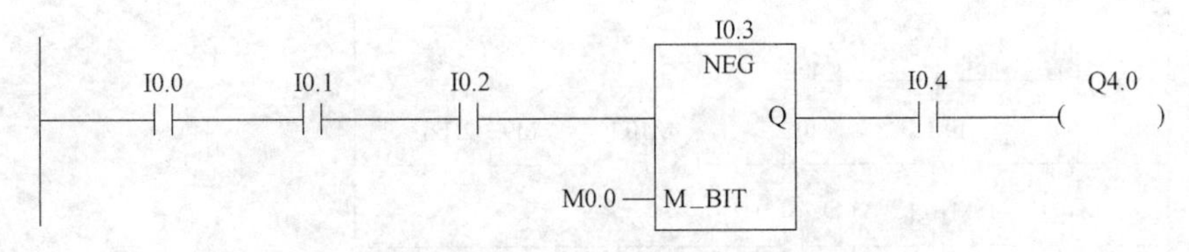

图 3-16　触点负跳变沿检测指令的使用

【例 3-4】　设计故障信息显示电路如图 3-17 所示，故障信号 I0.0 为 1 使 Q4.0 控制的指示灯以 1Hz 的频率闪烁。操作人员按复位按钮 I0.1 后，如果故障已经消失，指示灯熄灭；如果没有消失，指示灯转为常亮，直至故障消失。

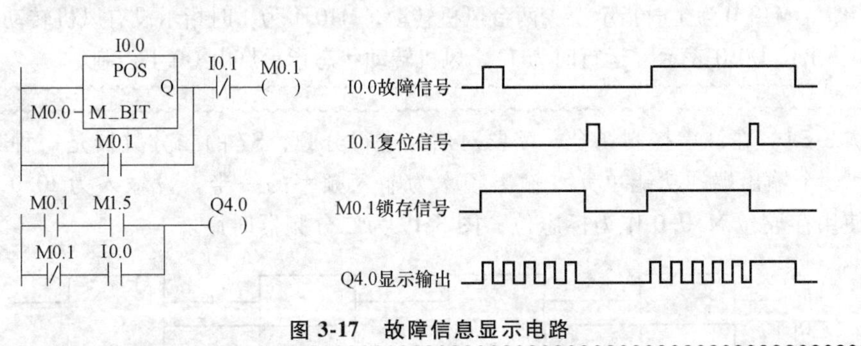

图 3-17　故障信息显示电路

9. 对 RLO 的直接操作指令

该类指令直接对逻辑操作结果进行操作，改变状态字中 RLO 位的状态，见表 3-14。

表 3-14　对 RLO 的直接操作指令

LAD 指令	STL 指令	功能	说明
—|NOT|—	NOT	取反 RLO	在逻辑串中，对当前的 RLO 取反
——	SET	置位 RLO	把 RLO 无条件置 1 并结束逻辑串；使 STA 置 1，OR、FC 清 0
——	CLR	复位 RLO	把 RLO 无条件清 0 并结束逻辑串；使 STA、OR、FC 清 0
——(SAVE)	SAVE	保存 RLO	把 RLO 存入状态字的 BR 位，该指令不影响其他状态位
BR 位地址 |—| |——( )	A　BR	提取 BR 位	再次检查将所存储的 RLO

使用取反（NOT）指令，可对 RLO 取反。使用 RLO 置位（SET）指令，可将 RLO 状态置 1。使用 RLO 清零（CLR）指令，可将 RLO 置 0。使用 SAVE 指令，可将 RLO 存入 BR 位。

【例 3-5】　位逻辑指令的应用举例：某电力设备有三台风机，当设备运行时，若至少有两台以上转动，则指示灯常亮；如果仅有一台风机转动，则指示灯以 0.5Hz 的频率闪烁；如果没有任何风机转动，则指示灯以 2Hz 的频率闪烁；当设备不运行时，指示灯不亮。实现上述功能的梯形图程序如图 3-18 所示。

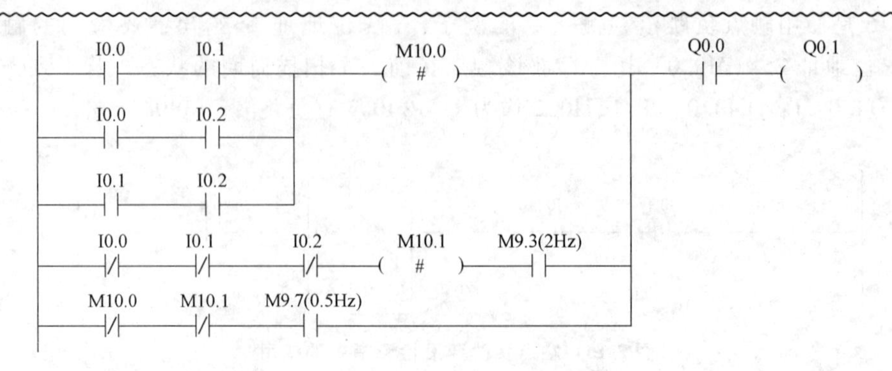

图 3-18　某设备的风机监控程序

图 3-18 中 I0.0、I0.1、I0.2 分别表示风机 1、2、3 的状态，转动时为 1；使用 CPU 中的时钟存储器功能，定义存储字节 MB9 的存储位 M9.3 为 2Hz 的频率信号、M9.7 为 0.5Hz 的频率信号；存储位 M10.0 为 1 时指示至少两台风机转动，M10.1 为 1 时指示没有风机转动；设备运行状态用输出位 Q0.0 表示（运行时为 1），风机转动状态指示灯由 Q0.1 控制。

【例 3-6】　在许多控制场合，需要对信号进行分频，S7 的二分频器是一种具有一个输入端和一个输出端的功能单元，输出频率为输入频率的一半。设输入为 I0.0，输出为 Q4.0，使用存储位 M10.0 作为标志位，图 3-19 为二分频器时序。

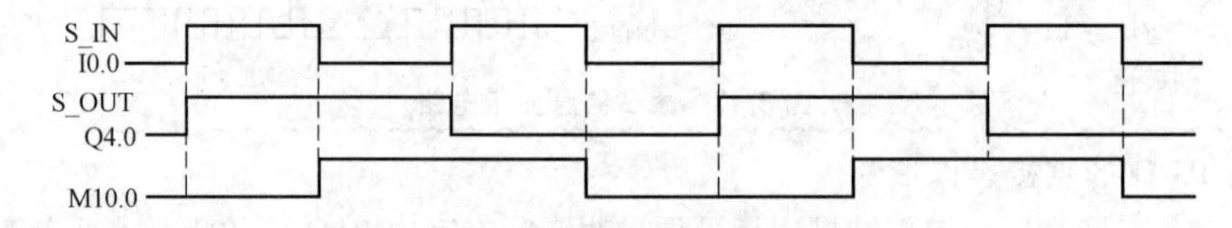

图 3-19　二分频器时序

从分频器时序图可以看出，使用 M10.0 作为状态标志后，可将输出应为 1 或 0 的条件明显区分开来。图 3-20 是用动合动断触点串并联实现的二分频器程序。

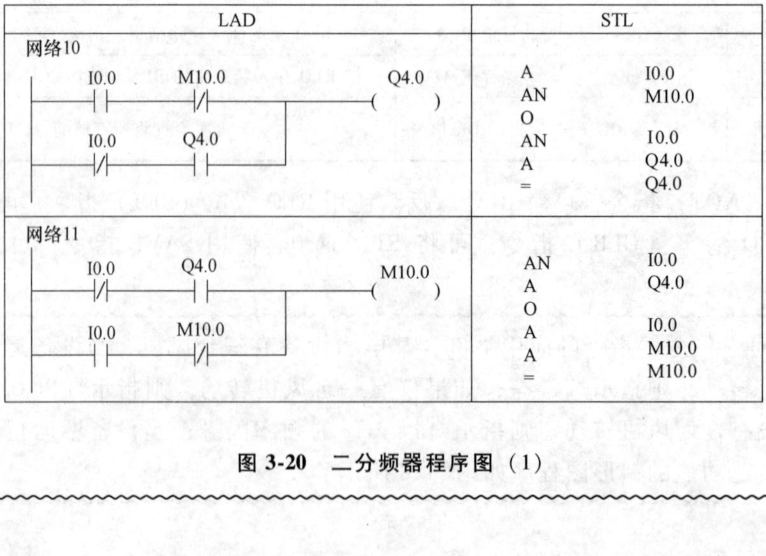

LAD	STL
网络10 I0.0　M10.0　Q4.0 I0.0　Q4.0	A　I0.0 AN　M10.0 O AN　I0.0 A　Q4.0 =　Q4.0
网络11 I0.0　Q4.0　M10.0 I0.0　M10.0	AN　I0.0 A　Q4.0 O A　I0.0 A　M10.0 =　M10.0

图 3-20　二分频器程序图（1）

输出 Q4.0 变为 1 的条件是：I0.0 为 1 且 M10.0 为 0；Q4.0 为 1 后保持不变，直到 I0.0 又为 1。而标志 M10.0 变为 1 的条件是：I0.0 为 0 且 Q4.0 为 1；M10.0 为 1 后也保持不变（以区别 Q4.0 应处的状态），直到 I0.0 又为 0；当 M10.0 为 0 后，满足了 Q4.0 再次为 1 的条件。

分析二分频器的时序图看到，输入每有一个正跳沿，输出便反转一次，据此，可用跳变沿检测指令实现分频功能，梯形图与语句表程序如图 3-21 所示。

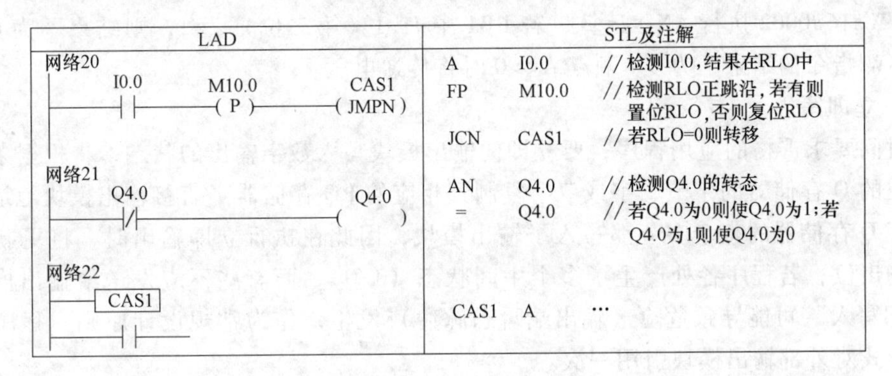

图 3-21 二分频器程序图（2）

在图 3-21 中，网络 20 对正跳沿检测，若没有正跳沿，则转向执行网络 22 的程序；若有正跳沿，则顺序执行网络 21 中的程序。网络 21 实现输出反转：若 Q4.0 为 0，则动断触点闭合，从而线圈 Q4.0 置 1；若 Q4.0 为 1，则动断触点断开，线圈 Q4.0 置 0。尽管在网络 21 中使用的是输出赋值指令，输出 Q4.0 却展示了保持特性，因为网络 21 仅在输入有正跳沿时才执行，其他情况下不执行，因此输出能够保持。

10. 立即读取和立即写入

（1）立即读取

对时间要求严格的应用程序，要从输入模块立即读取一个（或多个）输入，使用外设输入（PI）存储区来代替输入（I）存储区。可以以字节、字或双字形式读取外设输入存储区，但不能通过触点（位）元素读取单一数字输入。

立即读取的原理是根据立即输入的状态有条件地传递电压：①CPU 读取包含相关输入数据的 PI 存储器的字；②如果输入位处于接通状态（为“1”），将对 PI 存储器的字与某个常数执行产生非零结果的 AND 运算；③测试累加器的非零条件。立即读取外设输入 I1.1 的梯形图程序段如图 3-22 所示。

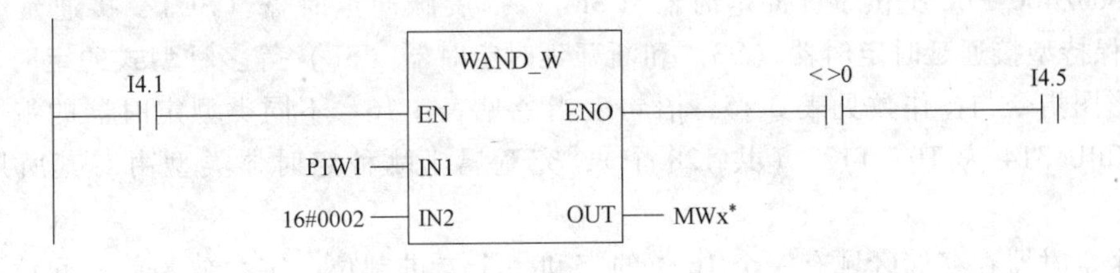

图 3-22 立即读取外设输入 I1.1 的梯形图程序段

必须指定 MWx*，才能存储程序段，x 可以是允许的任何数。

对 WAND_ W 指令说明如下：

```
PIW1        0000000000101010
W#16#0002        0000000000000010
结果      0000000000000010
```

在此例中，立即输入 I1.1 与 I4.1 和 I4.5 串联。字 PIW1 包含 I1.1 的立即状态，对 PIW1 与 W#16#0002 执行 AND 运算，若 PB1 中 I1.1（第二位）为 1，则结果不为 0；如果 WAND_ W 指令的结果不为 0，触点 A<>0 时将传递电压。

（2）立即写入

对时间要求严格的应用程序，要立即向输出模块写入数字输出的状态，将根据条件把包含相关位的 Q 存储器的字节、字或双字复制到相应的 PQ 存储器（直接输出模块地址）中。

由于 Q 存储器的整个字节都写入了输出模块，因此在执行立即输出时，将更新该字节中所有输出位；若程序各处产生了多个中间状态（1/0），而有些不应发送给输出模块，执行“立即写入”可能导致危险（输出端瞬态脉冲）发生；作为常规设计原则，程序中只能以线圈形式对外部输出模块引用一次。

立即写入外设数字输出模块 5 通道 1 的等价梯形图程序段如图 3-23 所示，可以修改寻址输出 Q 字节（QB5）的状态位，也可将其保持不变，程序段 1 中给 Q5.1 分配 I0.1 信号状态，将 QB5 复制到相应的直接外设输出存储区（PQB5）。

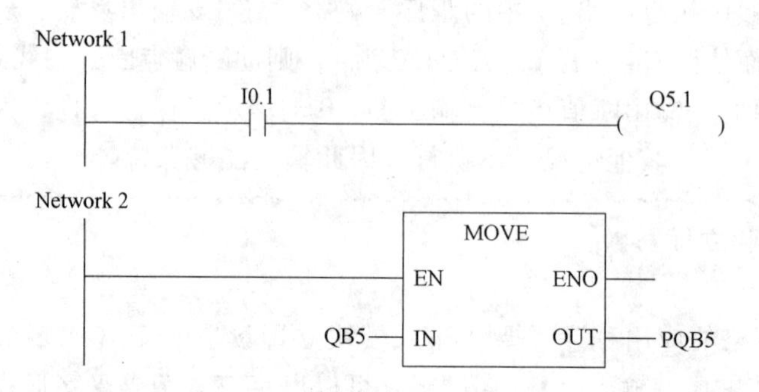

图 3-23 立即写入外设数字输出模块 5 通道 1 的等价梯形图程序段

在此例中，Q5.1 为所需的立即输出位，字节 PQB5 包含 Q5.1 位的立即输出状态，MOVE（复制）指令还会更新 PQB5 的其他 7 位。

3.2.2 定时器指令

S7-300/400 PLC 提供了脉冲定时器（SP）、扩展脉冲定时器（SE）、接通延时定时器（SD）、保持型接通延时定时器（SS）和断开延时定时器（SF）等多种型式的定时器，定时器的梯形图指令与操作数见表 3-15，语句表指令见表 3-16。不同类型定时器的编号是统一的，如 CPU 314 为 T0 ~ T127（共 128 个），究竟属于哪种定时器类型由对其所用的指令决定。

每个定时器在存储区域有一个 16 位的字和一个二进制位，字存放当前时间值，位反映触点状态。定时器地址为 T+定时器号，例如 T6。字操作存取时间值、位操作存取定时器位。不同的 CPU 可支持 32~512 个定时器。

表 3-15　定时器的梯形图指令与操作数

脉冲定时器	扩展定时器	接通延时定时器	保持型接通延时定时器	关断延时定时器
Tno S_PULSE S　Q TV　BI R　BCD	Tno S_PEXT S　Q TV　BI R　BCD	Tno S_ODT S　Q TV　BI R　BCD	Tno S_ODTS S　Q TV　BI R　BCD	Tno S_OFFDT S　Q TV　BI R　BCD

操作数	数据类型	存储区	说　明
no.	TIMER	—	定时器编号
S	BOOL	I、Q、M、D、L	启动输入
TV	S5TIME	I、Q、M、D、L	设置定时时间
R	BOOL	I、Q、M、D、L	复位输入
Q	BOOL	I、Q、M、D、L	定时器状态输出
BI	WORD	I、Q、M、D、L	剩余时间输出(二进制码格式)
BCD	WORD	I、Q、M、D、L	剩余时间输出(BCD 码格式)

表 3-16　定时器的语句表指令

指令	说　明	指令	说　明
FR	允许定时器再启动	SD	接通延时定时器
L	将定时器的时间值(整数)装入累加器 1 中	SE	扩展脉冲定时器
LC	将定时器的时间值(BCD)装入累加器 1 中	SF	断开延时定时器
R	复位定时器	SP	脉冲定时器
		SS	保持型接通延时定时器

下列功能可访问定时器存储区：①定时器指令；②通过定时时钟更新定时器字，当 CPU 处于 RUN 模式时，此功能以时间基准指定的时间间隔，将给定的时间值递减一个单位，直至时间值等于零。图 3-24 描述了定时器功能，其中“t”是定时器的时间设置。

定时器字由 3 位 BCD 码时间值（0~999）和时基组成，如图 3-25 所示。第 0~11 位存放二进制格式的定时值，第 12、13 位存放二进制格式的时基，第 14、15 位未使用。时基是时间基准的简称，定义为一个单位代表的时间间隔；时间值以指定的时基为单位。

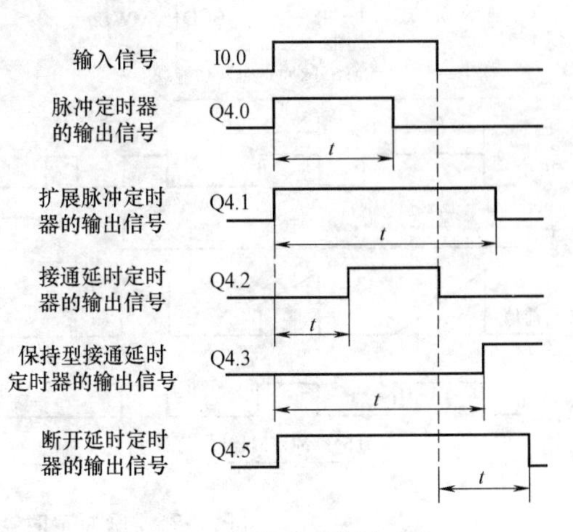

图 3-24　各类定时器的功能

按下列形式将时间预置值装入累加器的低位字：①十六进制数 W#16#wxyz，其中 w 是时基，xyz 是 BCD 码的时间值；②S5T#aH_bM_cS_Dms，例如 S5T#18S，最大时间值为 9990s 或 2H_ 46M_ 30S；时基代码为二

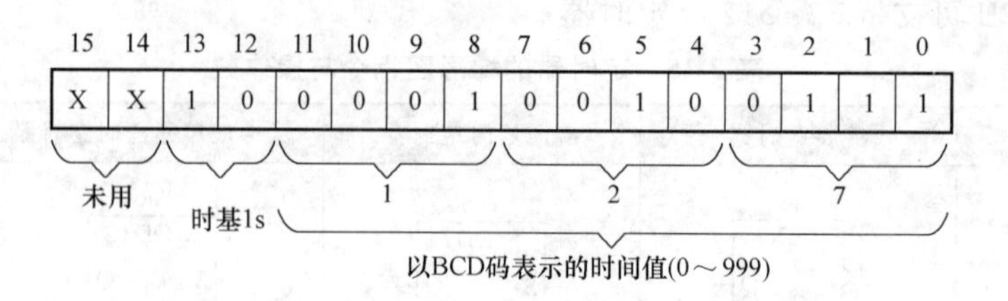

图 3-25 定时器字

进制数 00、01、10 和 11 时，分别为应 10ms、100ms、1s 和 10s，由 CPU 自动选择，原则是在满足定时范围要求的条件下选择最小的时基。从表 3-17 中可见，时基小分辨率高，但定时范围窄；时基大分辨率低，但定时范围宽。

表 3-17 时基与定时范围

时 基	二进制时基	分辨率	定时范围
10ms	00	0. 01s	10ms~9s_990ms
100ms	01	0. 1s	100ms~1m_39s_900ms
1s	10	1s	1s~16m_39s
10s	11	10s	10s~2h_46m_30s

所有定时器都可以用简单的位指令启动，这时定时器就像时间继电器一样，有线圈、有按时间动作的触点及时间设定值。下面介绍各种定时器的功能及使用方法。

1. 脉冲定时器（S5 Pulse Timer，SP）

脉冲定时器的功能类似于数字电路中上升沿触发的单稳态电路。图 3-26a 所示为脉冲定时器功能块指令框，其中 S 为设置输入端，TV 为预置值输入端，R 为复位输入端，Q 为定时器位输出端，BI 输出十六进制格式的当前时间值，BCD 输出 BCD 码的当前时间值。

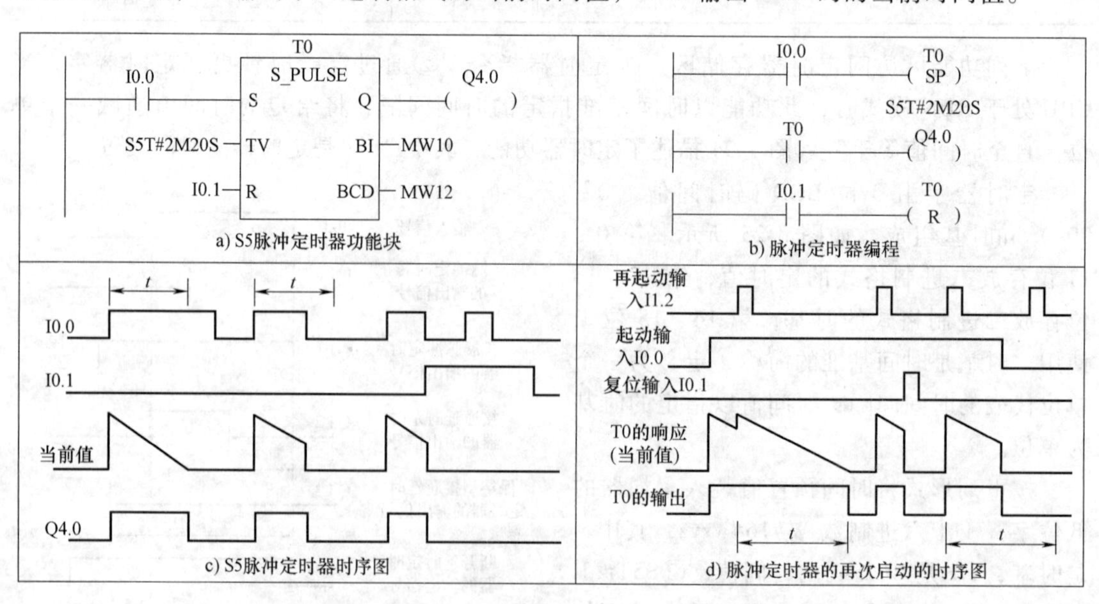

图 3-26 脉冲定时器功能块、编程和时序图

在I0.0提供的启动输入S的上升沿，脉冲定时器T0开始定时，输出Q4.0=1。定时器当前值等于TV端输入的预置值（即初值t）减去启动后的时间值。定时时间到，当前值为0，输出Q=0。定时期间若I0.0的动合触点断开，则停止定时，当前值为0，Q4.0线圈断电。

R是复位输入端，在定时器输出为1时，若复位输入I0.1由0变1，定时器复位，输出Q4.0变为0，当前值和时标清0。故只有I0.0维持足够长的时间（超过设定时间）及无复位信号（I0.1未接通）两个条件成立，定时器才能接通一固定时间（所设定时间）。

BI输出端输出不带时基的十六进制整数格式的定时器当前值，BCD输出端输出BCD码格式的当前值和时基。定时器中S、R、Q为BOOL（位）变量，BI和BCD为WORD（字）变量，TV为S5TIME变量，各变量均可使用I、Q、M、L、D存储区，TV也可使用定时时间常数S5T#。图3-26b为使用脉冲定时器的梯形图，图3-26c为时序图。使用FR指令编写脉冲定时器的语句表程序如下：

```
A     I1.2
FR    T0           //允许定时器T0再起动
A     I0.0
L     S5T#2M20S    //预置值2分20秒送入累加器1
SP    T0           //以脉冲定时器方式启动T0
A     I0.1
R     T0           //复位T0
L     T0           //将T0的十六进制时间当前值装入累加器1
T     MW10         //将累加器1的内容传送到MW10
LC    T0           //将T0的BCD时间当前值装入累加器1
T     MW12         //将累加器1的内容传送到MW12
A     T0           //检查T0的信号状态
=     Q4.0         //T0的定时器位为1时,Q4.0的线圈通电
```

仅在语句表中使用的FR指令允许定时器再启动，即控制FR的RLO（I1.2）由0变为1时，重新装入定时时间，定时器又从预置值开始定时。其时序图如图3-26d所示。再启动只是在启动条件（图3-26中I0.1=1）满足时才起作用。FR指令可用于所有定时器，但不是启动定时的必要条件。

2. 扩展脉冲定时器（S5 Extended Pulse Timer，SE）

图3-27a的S5扩展脉冲定时器功能块各输入输出端的意义与S5脉冲定时器相同。在启动输入信号S的上升沿，T1开始定时；在定时期间，Q输出端为1，直到定时结束；定时期间即使S=0，仍继续定时，Q端为1，直到定时结束；定时期间若S又由0变为1，定时器重新启动，开始以预置的时间定时。

R输入由0变为1状态时，定时器被复位，停止定时；复位后Q输出端变为0状态，当前值和时标被清0，如图3-27c所示。

在图3-27b中，当I0.2的动合触点由断开变为接通时（RLO的上升沿），定时器

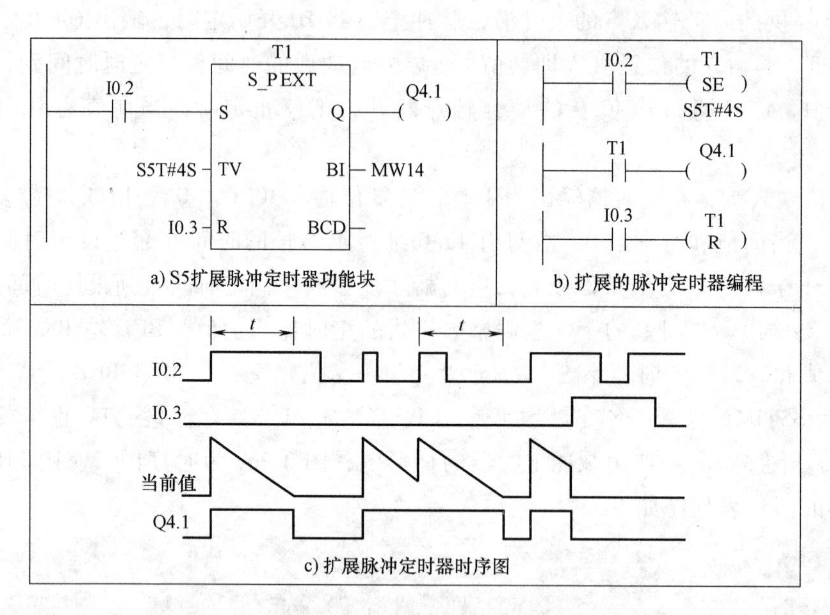

图 3-27　扩展脉冲定时器功能块、编程和时序图

T1 开始定时；定时时间到，T1 的动合触点闭合；定时时间到，T1 的动合触点断开；定时期间，即使 I0.2 变为 0，仍继续定时；定时期间若 I0.2 又由 0 变为 1，定时器重新启动，开始以预置的时间定时；复位输入 I0.3 由 0 变为 1 时，T1 复位，动合触点断开。

【例 3-7】 频率监测器用于监测脉冲信号的频率，若低于下限，则指示灯亮，按“确认”键能使指示灯复位。为此使用一个扩展脉冲定时器，每当频率信号有一个上升沿就启动一次定时器，如果超过了定时时间没有启动定时器，则表明两个脉冲之间的时间间隔太长，即频率太低了。频率监测器梯形图程序和时序如图 3-28 所示。

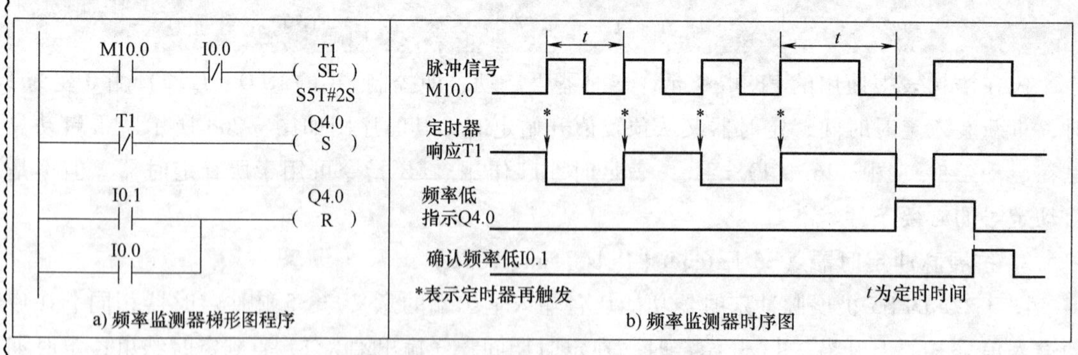

图 3-28　频率监测器梯形图程序和时序

在频率监测程序中，I0.0 用于关闭监测器，I0.1 确认频率低；输出 Q4.0 控制指示灯。T1 定时 2s，即设置脉冲信号 M10.0 的频率监测下限为 0.5Hz，频率监测器语句表程序如下：

```
A       M10.0
AN      I0.0
L       S5T#2S
SE      T1                    //以扩展脉冲定时器方式启动 T1
AN      T1
S       Q4.0
O       I0.1
O       I0.0
R       Q4.0
```

3. 接通延时定时器（S5 On-Delay Timer，SD）

在一些工业控制中，有些控制动作要比输入信号滞后一段时间开始，但要和输入信号一起停止，这时可采用接通延时定时器。其输入和输出端的意义与S5脉冲定时器相同，如图3-29所示。在启动输入S的上升沿，定时器开始定时；当前时间值等于预置值（即初值）TV减去启动后的时间值；若S一直为1，定时时间到，当前时间值变为0，Q输出端变为1，使Q4.2=1；此后若S由1变为0，则停止定时，Q端也变为0，当前时间值保持不变；若S变为1时，则又从预置值开始定时。

R是复位输入信号，当S为1时，不论定时时间是否已到，只要R由0变1，定时器都要复位，复位后当前时间和时基清0；如果定时时间已到，复位后输出Q由1变为0。

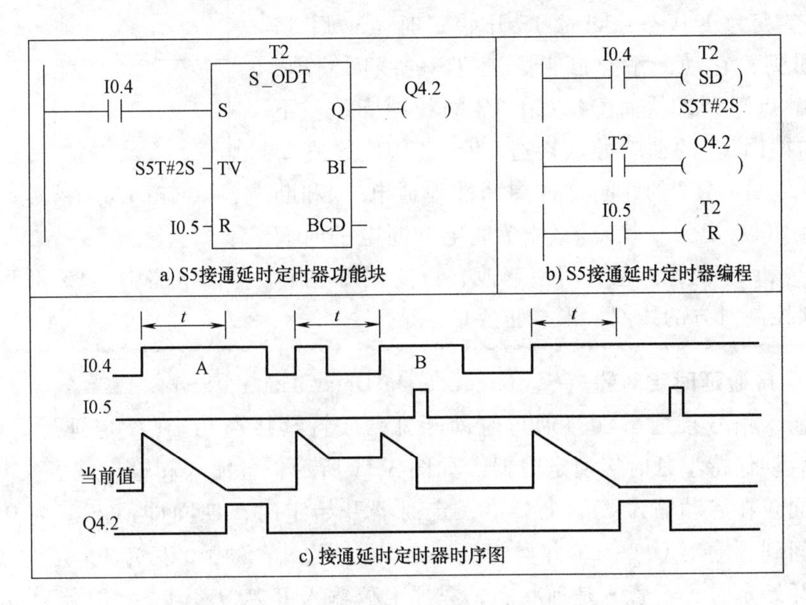

图3-29 接通延时定时器功能块、编程与时序图

在图3-29a、b中，当I0.4的动合触点由断开变为闭合时（RLO有正跳沿），SD定时器T2启动运行，开始定时；若I0.4一直为1，当设定的延时时间2s到后，T2动作，其动合触点闭合，直至I0.4断开，T2运行随之停止，T2动合触点断开；I0.4闭合时间小于定时器T2设定延时时间，T2触点不会动作；在定时期间若SD的线圈断电，T2的当前时间保持不变；线圈重新通电后，有从预置值开始定时；若复位输入 I0.5 变为 1，定时器 T2 立即复位（停止运行），其动合触点断开、时间值清 0。假设再启动输入信号是 I1.4，使用允许定时器再启动指令 FR 进行编程如下：

```
A     I1.4
FR    T2              //允许定时器 T 再启动
A     I0.4
L     S5T#5S          //重新装载定时时间,预置值 5s 送入累加器 1
SD    T2              //以接通延时定时器方式启动 T2
A     T2              //检查 T2 的信号状态
=     Q4.2
A     I0.5
R     T2              //复位 T2
```

FR 指令在 RLO 由 0 变为 1 时，重新装载定时时间，定时器以新装入的时间值运行，被再次启动。重申一下，允许定时器再启动指令（FR Tx）不是启动定时器或定时器正常操作的必要条件，但适用于所有类型的定时器。

【例 3-8】 用定时器设计周期和占空比可调的振荡电路。

在图 3-30 中，I0.0 的动合触点接通后，T6 的线圈通电，开始定时，2s 后定时时间到，T6 的动合触点接通，使 Q4.7 变为 1 状态，同时 T7 开始定时；3s 后 T7 的定时时间到，它动断触点断开，使 T6 的线圈断电，T6 的动合触点断开，从而 Q4.7 和 T7 的线圈断电。下一个扫描周期因 T7 的动断触点接通，T6 又从预置值 2s 开始定时，以后 Q4.7 的线圈这样周期性地通电 3s 和断电 2s，直到 I0.0 变为 0 状态。Q4.7 通电和断电的时间分别等于 T7 和 T6 的预置值，可以修改，以变化占空比。振荡电路中，T6 和 T7 通过它们的触点分别控制对方的线圈，形成正反馈。

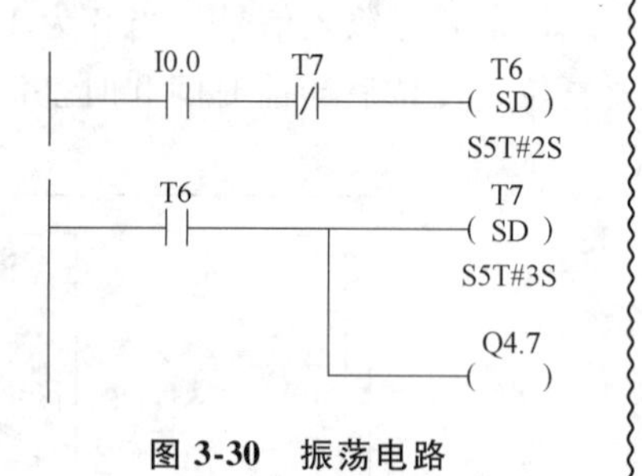

图 3-30 振荡电路

4. 保持型接通延时定时器（S5 Retentive On-Delay Timer，SS）

若希望输入信号接通后（接通短时即断开，或持续接通），在设定延迟时间后才有输出，就需用启动保持型延时接通定时器。如图 3-31 所示，各输入和输出端意义与 S5 接通延时定时器相同。在启动输入 S 的上升沿，定时器开始定时，期间即使 S 变为 0，仍继续定时；定时时间到，输出 Q 变为 1 并保持；在定时期间，若 S 由 0 变为 1，定时器重新启动，又从预置值开始定时；不管 S 是何状态，只要复位输入 R 从 0 变 1，定时器就复位，输出 Q 变 0；只有用复位指令才能复位该保持型定时器，因此使用 SS 必须编写复位指令（R），其他定时方式可根据需要而定。

在图 3-31b 中，当 I0.6 的动合触点由断开变为接通时（RLO 的上升沿），定时器开始定时；定时期间即使 T3 线圈断电，仍继续定时；定时到时，T3 位变为 1，动合触点闭合；只有复位输入 I0.7 变为 1，才使 T3 复位，T3 位变为 0，动合触点断开；在定时期间，I0.6 的

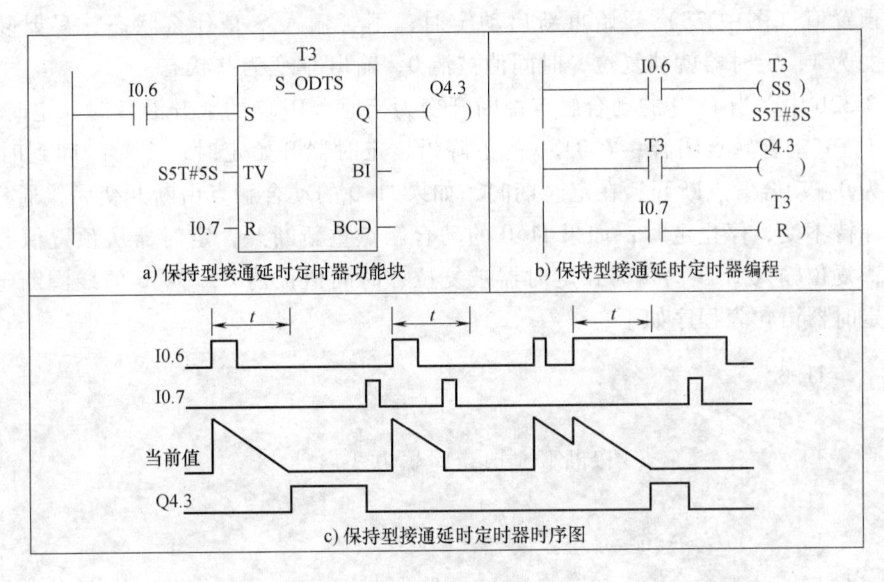

a) 保持型接通延时定时器功能块　b) 保持型接通延时定时器编程

c) 保持型接通延时定时器时序图

图 3-31　保持型接通延时定时器使用、编程和时序图

动合触点若断开后又接通，定时器将重新启动，以设置的预置值（5s）重新开始定时。

5. 断开延时定时器（S5 Off-Delay Timer，SF）

断开延时定时器是为了满足输入信号断开，而控制动作要滞后一定时间才停止的操作要求而设计的。

如图 3-32 所示，该定时器各输入和输出端的意义与 S5 脉冲延时定时器相同。在图 3-32a和 c 中，在启动输入信号 S 的上升沿，定时器的 Q 输出信号变为 1 状态，当前时间值为 0；在 S 输入的下降沿，定时器开始定时；定时到时，输出 Q 变为 0 状态；在定时期间，如果输入 S 信号由 0 变为 1，定时器的时间值保持不变，停止定时；如果输入 S 重新变为 0，

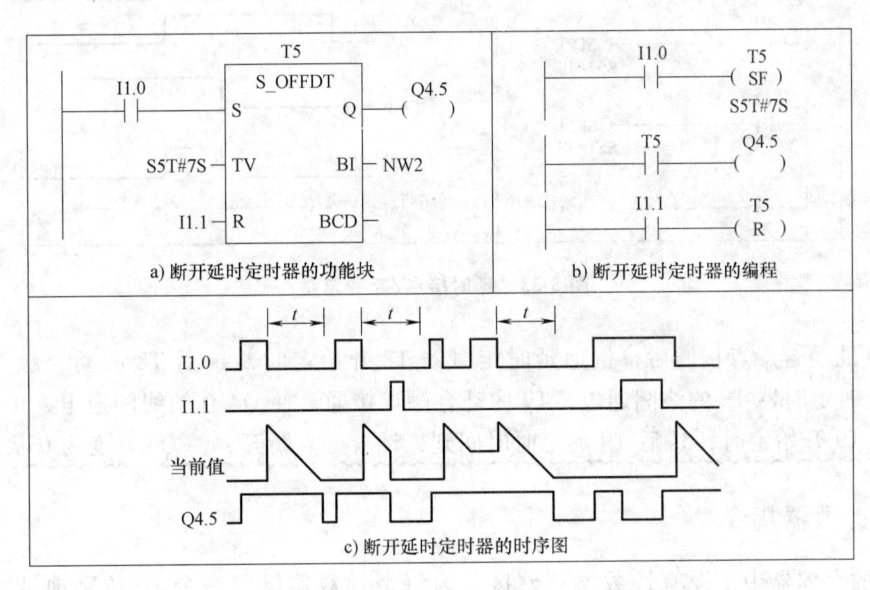

a) 断开延时定时器的功能块　b) 断开延时定时器的编程

c) 断开延时定时器的时序图

图 3-32　断开延时定时器的功能块、编程与时序图

定时器从预置值（图中 7S）开始重新启动定时；不管输入 S 是什么状态，只要复位输入 I1.1 从 0 变为 1，定时器就被复位，时间值被清 0，输出 Q 变为 0 状态。

在图 3-32b 中，当 I1.0 的动合触点由断开变为接通（RLO 的上升沿）时，定时器 T5 的输出变为 1，其动合触点闭合；在 I1.0 的下降沿，定时器开始定时；定时时间到时，T5 的时间值变为 0，动合触点断开；在定时期间，如果 I1.0 的动合触点由断开变为接通，定时器的时间值保持不变，停止定时；如果 I1.0 的动合触点重新断开，定时器从预置值开始重新启动定时；复位输入 I1.1 为 1 时，定时器被复位，时间值被清 0，Q4.5 的线圈断电。使用断开延时定时器语句表程序如下：

```
A     I1.0
L     S5T#7S
SF    T1          //以断开延时定时器方式启动 T1
A     I1.1
R     T1          //复位定时器 T1
A     T1
=     Q4.5        //使用定时器 T1 的触点
L     T1          //将定时器 T1 的剩余定时时间装入累加器 1(以整数格式)
T     MW2         //将累加器 1 的内容传至 MW2
LC    T1          //将定时器 T1 的剩余定时时间装入累加器 1(以 BCD 码格式)
T     MW4         //将累加器 1 的内容传至 MW4
```

【例 3-9】 用定时器设计延时接通延时断开电路。

如图 3-33 所示的电路用 I0.0 控制 Q4.0，过程如下：

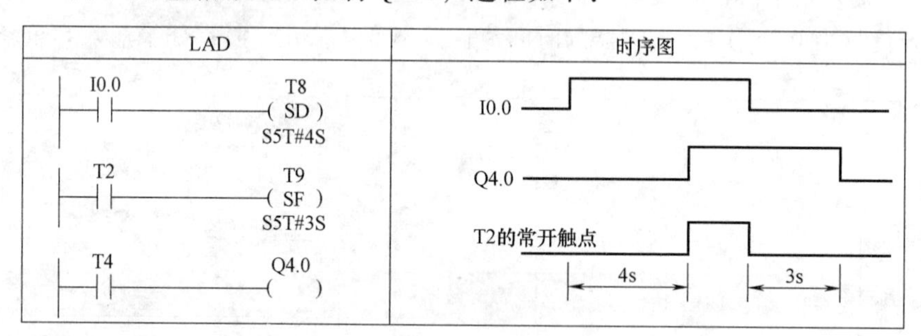

图 3-33 延时接通/断开电路

I0.0 的动合触点接通后，接通延时定时器 T8 开始定时，4s 后 T8 的动合触点接通，使断开延时定时器 T9 的线圈通电，T9 的动合触点接通，使 Q4.0 的线圈通电；I0.0 变为 0 状态后 T9 开始定时，3s 后 T9 的定时时间到，动合触点断开，使 Q4.0 变为 0 状态。

3.2.3 计数器指令

CPU 的存储器中，设有计数器存储区，为每个计数器保留一个 16 位字地址，共支持 256 个计数器，计数器指令是仅有的可访问计数器存储区的函数。

1. 计数器组成

计数器计数值存储区，每个计数器占用两个字节，称为计数器字。第 0~11 位表示计数值（二进制），计数范围是 0~999。计数值达到上限 999 时，累加停止，计数值到达下限 0 时，将不再减小。对计数器进行置数（设置初始值）操作时，累加器 1 低字中的内容装入计数器字，计数值将以此为初值增加或减小；可用多种方式为累加器 1 置数，但要确保累加器 1 低字符合如图 3-34 所示规定的格式。

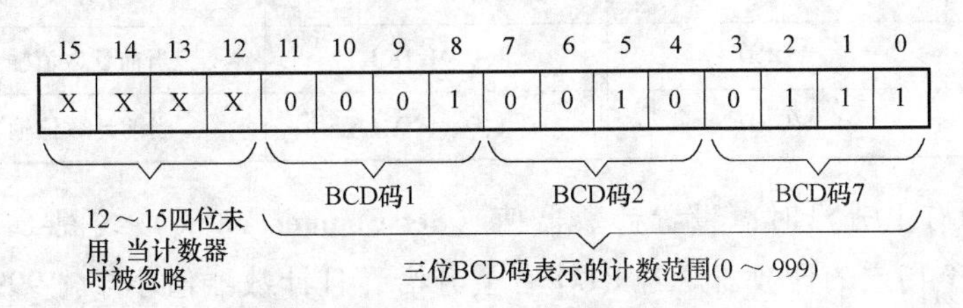

图 3-34　置于累加器 1 低字中计数器字

2. 计数器指令的表示

在工业生产过程中常对现场事物发生的次数进行记录并据此发出控制命令，计数器就是为了完成这一功能而开发的。S7 的计数器是一种复合单元，由表示当前计数值的字和表示状态的位组成，用于对 RLO 正跳沿计数。计数器有加计数器（升值）、减计数器（降值）和加/减计数器（可逆）等三种，指令及指令参数见表 3-18、表 3-19。

表 3-18　用线圈表示的计数器指令

LAD 指令	STL 指令	功　能	操作数	数据类型	存储区	说　明
C no. —(SC) 预置值	S　Cno.	计数器置初始值	预置值	WORD	I、Q、M、D、L	基数值范围：0~999，BCD 码
C no. —(CU)	CU　Cno.	加计数	计数器号 no.	COUNTER	C	计数器总数与 CPU 模板有关
C no. —(CD)	CD　Cno.	减计数				
	FR　Cno.	允许计数器再启动				

表 3-19　用功能块表示的计数器指令及操作数

加计数器	减计数器	加/减计数器
C no S_CU CU　Q S　CV PV R　CV_BCD	C no S_CD CD　Q S　CV PV R　CV_BCD	C no S_CUD CU　Q CD S　CV PV R　CV_BCD

操作数	数据类型	存储区	说　明
no.	COUNTER	C	计数器标号
CU	BOOL	I、Q、M、D、L	加计数输入
CD	BOOL	I、Q、M、D、L	减计数输入

（续）

操作数	数据类型	存储区	说　明
S	BOOL	I、Q、M、D、L	计数器预置输入
PV	BOOL	I、Q、M、D、L	计数器初始值输入
R	BOOL	I、Q、M、D、L	计数器复位输入
Q	BOOL	I、Q、M、D、L	计数器状态输出
CV	WORD	I、Q、M、D、L	当前计数值输出(整数格式)
CV_BCD	WORD	I、Q、M、D、L	当前计数值输出(BCD 格式)

仅在 RLO 中有上升沿时，设置计数器值（Set Counter Value）线圈-(SC)-才会执行，此时预设值传送至指定的计数器。若 RLO 有上升沿，且计数器值小于“999”，则升值计数器线圈-(CU)-将指定计数器值加 1；若 RLO 没有上升沿，或者计数器值已经为“999”，则计数器值不变。若 RLO 有上升沿，且计数器值大于“0”，则降值计数器线圈-(CD)-将指定计数器值减 1；若 RLO 没有上升沿，或者计数器值已经为“0”，则计数器值不变。

对于加计数器（升值），若 S 有上升沿，则 S_ CU 预置为 PV 的值；若 R 为“1”，则计数器复位，并将计数值设置为零；若 CU 的状态从“0”切换为“1”，且计数器值小于“999”，则计数器值增 1；若已设置计数器，且 CU 的 RLO = 1，则即使没有上升沿与下降沿的相互切换，计数器也会在下一个扫描周期进行相应的计数；若计数器值大于等于“0”，则 Q 为“1”。

对于减计数器（降值），若 S 有上升沿，则 S_ CD 设置 PV 值；若 R 为 1，则计数器复位，并将计数值置零；若 CD 从“0”变为“1”，且计数器值大于零，则计数器值减 1；若已设置计数器，且 CD 的 RLO = 1，则即使没有上升沿与下降沿的互换，计数器也会在下一个扫描周期进行相应计数；若计数值不小于 0，则 Q = 1。

对于加/减计数器（双向），若 S 有上升沿，S_ CUD 预置 PV 值；若 R 为 1，则计数器复位，并将计数值置零；若 CU 从“0”切换为“1”，且计数器值小于“999”，则计数器值增 1；若 CD 有上升沿，且计数器值大于“0”，则计数器值减 1；若两个计数输入都有上升沿，则执行两个指令，并且计数值保持不变；若已设置计数器，且 CU/CD 的 RLO = 1，则即使没有上升沿与下降沿的互换，也会在下一扫描周期进行相应计数；若计数值不小于 0，则 Q = 1。

【例 3-10】 图 3-35 所示的程序中使用了加计数器梯形图指令，试写出对应的语句表程序。

这个例子用于对输入 I0.0 的正跳沿计数，每一个正跳沿使计数器 C120 的计数值加 1；输入 I0.1 的信号状态从 0 变为 1，则计数器 C120 置初始值 100，C#表示为 BCD 码格式；若没有正跳沿，计数器 C120 的计数值保持不变；输入 I0.2 若为 1，计数器复位，计数器 C120 的计数值若不等于 0，则 C120 输出状态为 1，Q4.0 也为 1。

LAD	STL
I0.0 —| |— C120 (CU)	A I0.0 CU C120 //加计数器
I0.1 —| |— C120 (SC) C#100	A I0.1 L C#100 //置初始值100 S C120
I0.2 —| |— (R)	A I0.2 R C120
C120 —| |— Q4.0 ( )	A C120 = Q4.0

图 3-35 加计数器梯形图和语句表编程

【例 3-11】 图 3-36 为使用了加/减计数器方块指令，输入 I0.0 的上升沿使 C10 的计数值增加，I0.1 使计数值减小，计数器 C10 的状态用于控制输出 Q4.0。

PV 输入端可用 BCD 码指定设定值，也可用存储 BCD 数的单元指定设定值，本图中指定 BCD 数为 3，给 C10 预置的初始值是 3，当 S（置位）输入端 I0.2 有上升沿时，计数器 C10 就置入 PV 端的值。

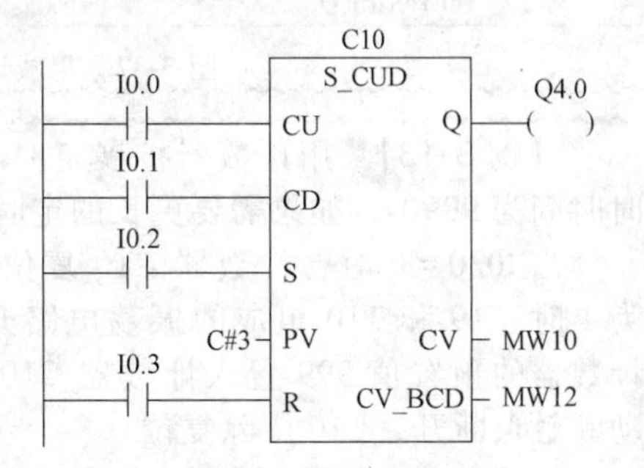

图 3-36 加/减计数器的编程

当 CU（加计数）输入端 I0.0 从 0 变为 1 时，计数器的当前值加 1（最大 999）；当 CD（减计数）输入端 I0.1 从 0 变到 1 时，计数器的当前值减 1（最小为 0）；如果两个计数输入端都有正跳沿，则加、减操作都执行，计数保持不变。

当计数值大于 0 时输出 Q 为 1；当计数值等于 0 时，Q 为 0，图中 Q4.0 也相应为 1 或 0。输出端 CV 和 CV_ BCD 分别输出计数器当前的二进制计数值和 BCD 计数值，MW10 存当前二进制计数值，MW12 存当前 BCD 计数值。当 R（复位）输入端的 I0.3 为 1，计数器值置为 0，计数器不能计数，也不能置位。以下是与梯形图对应的语句表程序：

```
A     I0.0          //在 I0.0 有上升沿
CU    C10           //计数器 C10 的计数值加 1
A     I0.1          //在 I0.1 有上升沿
CD    C10           //计数器 C10 的计数值减 1
A     I0.2
L     C#3
S     C10           //I0.2 有上升沿时 C10 置数
A     I0.3          //在 I0.3 有上升沿
R     C10           //C10 复位
A     C10           //计数值为 0 时计数器位置 1
=     Q4.0          //输出 Q4.0=1
L     C10
T     MW10          //C10 当前值装入 MW10（二进制）
LC    C10
T     MW12          //C10 当前值装入 MW12（BCD 码）
```

【例 3-12】 当定时器不够使用时，可以将计数器扩展为定时器。图 3-37 给出，用减计数器扩展定时器的梯形图程序，使用了 CPU 的时钟存储器，在对 CPU 配置时，设置 MB0 为时钟存储器，则 M0.0 的变化周期为 0.1s。

程序中，如果 I0.1 的上升沿为减计数器 C1 置数，若 I0.0 为 1，则 C1 每 0.1s 减 1，当 C1 减为 0 后，输出 Q4.0 为 1。I0.1 的又一个上升沿使 C1 置数并使输出为 0，这样在 I0.0 为 1 后 2s（20×0.1s=2s），Q4.0 为 1，I0.1 的上升沿使 Q4.0 复位。

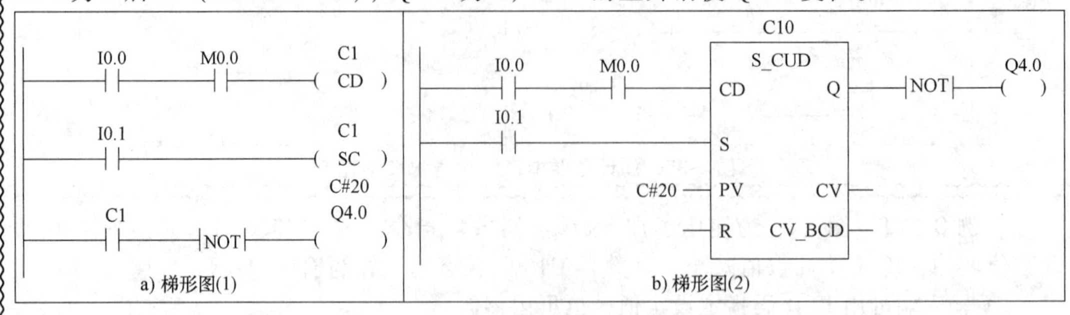

图 3-37 用减计数器扩展定时器的梯形图程序

【例 3-13】 用计数器扩展定时器的定时范围：S7-300/400 PLC 的定时器的最长定时时间为 9990s，如果需要更长的定时时间，可使用图 3-38 所示电路。

当 I0.0=0 时，计数器 C10 复位。I0.0 变为 1 时，T9 和 T10 组成的振荡电路开始工作，计数器的预置值 999 置入计数器 C10。I0.0 的动断触点断开，C10 解除复位。

振荡电路的振荡周期为 T9 和 T10 预置值之和，两个 7200s 就是两个 2h，故图中振荡电路相当于周期为 4h 的时钟脉冲发生器；每隔 4h，T10 的定时时间到，T9 的动合触点由接通变为断开，脉冲下降沿通过减计数线圈 CD 使 C10 的计数值减 1；出现 999 个负脉冲后也就是 4×999=3996h 后，C10 的当前值减为 0，动断触点闭合，使 Q5.4=1。该扩展设计总时间等于振荡电路的振荡周期乘以 C10 的计数预置值。

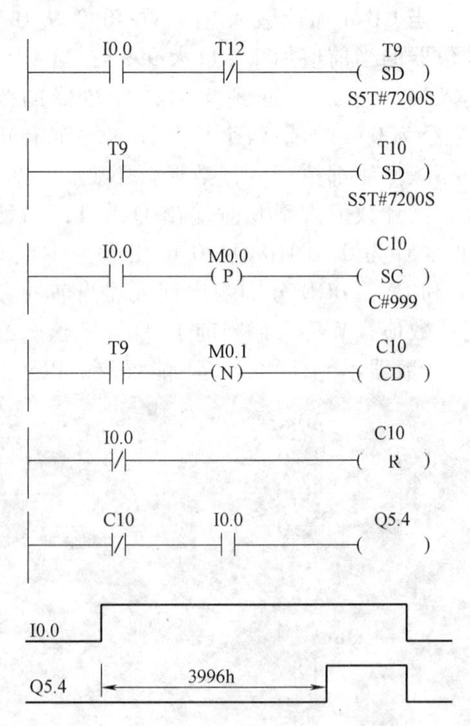

图 3-38 用计数器扩展定时器定时范围

在 S7-300 PLC 中，单个计数器的最大计数值是 999，如果要求大于 999 的计数，就要进行计数器扩展，可结合应用传送指令和比较指令，将两个计数器级联，最大计数值可达 999^2，n 个计数器级联，最大计数值可达 999^n。用计数器和定时器进行级联，可将计时范围几乎无限扩展，例如把 2 个计数器和 1 个定时器进行级联，假定 Tl 的延时时间为 9990s，C0 的计数值为 999，则 C1 动作一次的时间为 999×9990s=9980010s，如果再考虑计数器 C1 与 C0 进行级联，C1 的计数值也设为 999，则 C1 动作一次需要 9980010s×999=9970029990s=2769452.775h=115393 天又 20.775h，约 316 年 53 天。读者可自行试着把这一情况的梯形图程序绘出。

3.3　S7-300/400 PLC 的功能指令及编程

S7-300/400 PLC 可以使用的功能指令见表 3-20。

表 3-20　S7-300/400 PLC 的功能指令

指令分类	梯形图符	说　　明	指令分类	梯形图符	说　　明
字逻辑指令	WAND_DW	双字和双字相“与”	代码转换指令	BCD_DI	BCD 码转换为双整数
	WAND_W	字和字相“与”		DI_R	双整数转换为浮点数
	WOR_DW	双字和双字相“或”		ROUND	舍入为双整数
	WOR_W	字和字相“或”		TRUNC	舍去小数取整为双整数
	WXOR_DW	双字和双字相“异或”		CEIL	上取整
	WXOR_W	字和字相“异或”		FLOOR	下取整
	INV_I	整数的二进制反码	数字运算指令	ADD_DI	双整数加法
	INV_DI	双整数的二进制反码		ADD_I	整数加法
	NEG_I	整数的二进制补码		SUB_DI	双整数减法
	NEG_R	浮点数求反		SUB_I	整数减法
比较指令	CMP>=D	双整数比较		MUL_DI	双整数乘法
	CMP>=I	整数比较		MUL_I	整数乘法
	CMP>=R	浮点数比较		DIV_DI	双整数除法
装载传送移动指令	L[操作数]	操作数数据→ACCU1		DIV_I	整数除法
	LC[操作数]	将定/计当前值以 BCD 格式装入累加器 1		MOD_DI	双整数取余
				ADD_R	浮点数加法
	LSTW	将状态字装入 ACCU1		SUB_R	浮点数减法
	LAR1	ACCU1 内容→AR1		MUL_R	浮点数乘法
	LAR2	ACCU1 内容→AR2		DIV_R	浮点数除法
	LAR1 AR2	AR2 内容→AR1		ABS	浮点数绝对值运算
	L DBLG	通用数据块长→ACCU1		SQR	浮点数平方
	L DBNO	通用数据块号→ACCU1		SQRT	浮点数平方根
	L DILG	即时数据块长→ACCU1		EXP	浮点数指数运算
	L DINO	即时数据块号→ACCU1		LN	浮点数自然对数运算
	T[操作数]	ACCU1→操作数地址		COS	浮点数余弦运算
	TSTW	ACCU1 内容→状态字		SIN	浮点数正弦运算
	TAR1	AR1 内容→ACCU1		TAN	浮点数正切运算
	TAR2	AR2 内容→ACCU1		ACOS	浮点数反余弦运算
	TAR1 AR2	AR1 内容→AR2		ASIN	浮点数反正弦运算
	TAK	交换 ACCU1 和 ACCU2		ATAN	浮点数反正切运算
	CAR	交换 AR1 和 AR2 内容	程序控制指令	-(JMP)-	跳转
	MOVE	移动指令		-(JMPN)-	若非则跳转
移位指令	ROL_DW	双字左循环		LABEL	标号
	ROR_DW	双字右循环		-(CALL)-	调用 FC/SFC(无参数)
	SHL_DW	双字左移		CALL_FB	调用 FB
	SHL_W	字左移		CALL_FC	调用 FC
	SHR_DI	双整数右移		CALL_SFB	调用 SFB
	SHR_DW	双字右移		CALL_SFC	调用 SFC
	SHR_I	整数右移		-(MCR>)-	主控继电器断开
	SHR_W	字右移		-(MCR<)-	主控继电器接通
代码转换指令	BCD_I	BCD 码转换为整数		-(MCRA)-	主控继电器启动
	I_BCD	整数转换为 BCD 码		-(MCRD)-	主控继电器停止
	I_DI	整数转换为双整数		-(RET)-	返回

3.3.1 装载与传输指令

数据装载与传输指令用于在各个存储区之间交换数据及存储区与过程输入/输出模板之间交换数据。CPU 在每次扫描中无条件执行数据装载与传送指令，而不受 RLO 的影响。

装入（Load，L）指令将字节（8 位）、字（16 位）或双字（32 位）的源操作数装入累加器 1，而累加器 1 原有的数据移入累加器 2。传输（Transfer，T）指令将累加器 1 中的内容写入目的存储区中，且保持累加器 1 的内容不变。

数据装载指令和数据传送指令可完成下列区域的数据交换：①输入/输出存储区 I/O 与位存储区 M、过程输入存储区 PI、过程输出存储区 PQ、定时器 T、计数器 C、数据区 D；②过程输入/输出存储区 PI/PQ 与位存储区 M、定时器 T、计数器 C、数据区 D 之间；③定时器 T/计数器 C 与过程输入/输出存储区 PI/PQ、位存储区、数据区。

数据装载和数据传送指令通过累加器进行数据交换。累加器是 CPU 中的一种专用寄存器，可作为“缓冲器”。数据传送和变换一般通过累加器进行，而不是在存储区直接进行。

几种典型的装载和传输指令介绍如下：

1. 对累加器 1 的装载和传输指令

装载和传送操作有三种寻址方式：立即寻址、直接寻址和间接寻址。

1）立即寻址：L 指令对常数的寻址方式称为立即寻址。举例如下：

```
L    +7                    //将一个 16 位整数常数立即装载入累加器 1 中
L    T#0D_1H_1M_0S_0MS     //将 32 位时间值立即装载入累加器 1 中
```

2）直接寻址和间接寻址：L 和 T 指令可以对各存储区内的字节、字、双字进行直接寻址或间接寻址。举例如下：

```
T    DBD2           //将累加器 1 的内容传输给数据双字 DBD2
L    IB[DBD10]      //将数据双字 DBD10 所指的输入字节装载入累加器 1 中
```

3）存储器区间间接寻址：使用地址寄存器可以在执行 L 或 T 指令时，实现存储器区间间接寻址，此时地址寄存器的位 31 为 1；位 26、25、24 指出寻址的存储区，该三位二进制内容 000、001、010、011、100、101、100 依次表示含外设 I/O 在内的 P 区、输入 I 区、输出 Q 区、位存储 M 区、共享数据块 DBX、背景数据块 DIX、本地数据 L 区；位 3～18 指出寻址的具体单元号。举例如下：

```
L    B[AR1,P#10.0]
L    W[AR2,P#4.0]
T    D[AR1,P#6.0]
```

2. 读取或传输状态字

```
L    STW     //将状态字中 0~8 位装入累加器 1 中,累加器 9~31 位被清 0
T    STW     //将累加器 1 中的内容传输到状态字中
```

3. 装载时间值或计数值

定时器字中的剩余时间值以二进制格式保存，用 L 指令从定时器字中读出二进制时间值装入累加器 1 中，称为直接装载；也可用 LC 指令以 BCD 码格式读出时间值，装入累加器

1 低字中，称为 BCD 码格式读出时间值；以 BCD 码格式装入时间值可同时获得时间值和时基，时基与时间值相乘即为定时剩余时间，装入累加器 1 低字中的数据格式如图 3-39a 所示。例如：

```
L     T1    //将定时器 T1 中的二进制格式的时间值直接装入累加器 1 的低字中
LC    T1    //将定时器 T1 中的时间值和时基以 BCD 码格式装入累加器 1 低字中
```

当前计数值也有直接装载和以 BCD 码格式读出来之分，数据格式如图 3-39b 所示。例如：

```
L     C1    //将计数器 C1 中的二进制格式的计数值直接装入累加器 1 的低字中
LC    C1    //将计数器 C1 中的计数值以 BCD 码格式装入累加器 1 的低字中
```

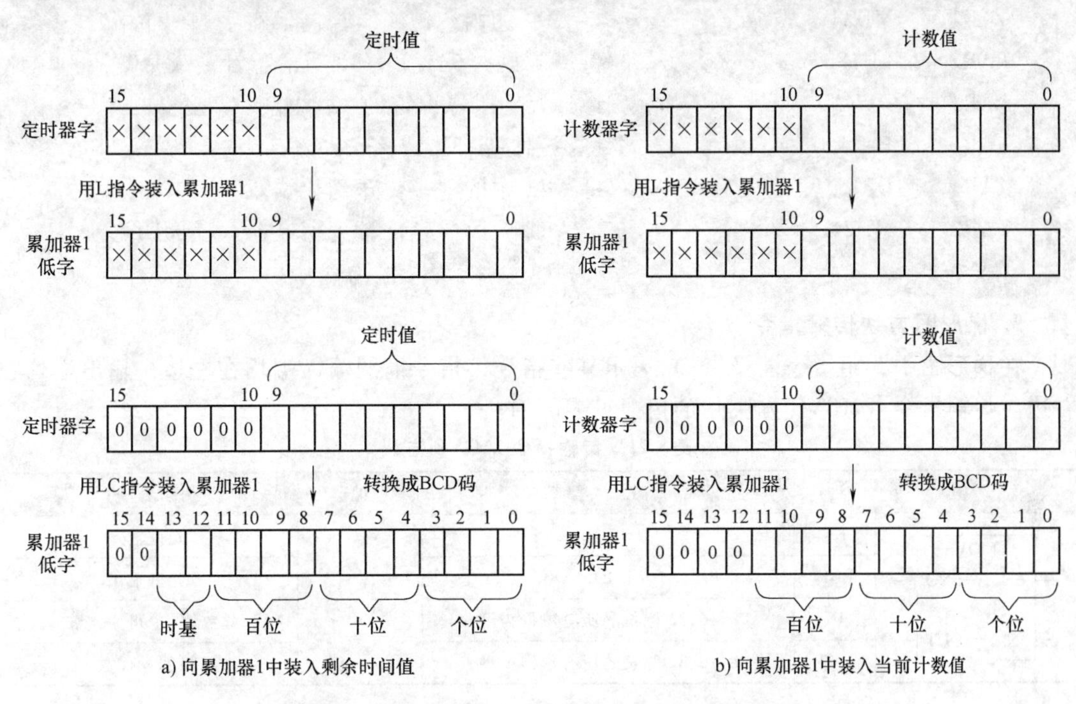

图 3-39 向累加器 1 中装入剩余时间和当前计数值

4. 地址寄存器装载和传输

LAR1：将操作数的内容装入地址寄存器 1（AR1）。装入 AR1 的可以是立即数，或存储区、地址寄存器 2（AR2）中的内容，若指令中没有给出操作数则将累加器 1 的内容装入 AR1。

LAR2：将操作数的内容装入地址寄存器 2（AR2）。操作数可以是立即数或是存储区的内容，若指令中没有给出操作数则将累加器 1 的内容装入 AR2。

TAR1：将 AR1 的内容传送给存储区或 AR2。若指令中没有给出操作数则传送给累加器 1。

TAR2：将 AR2 的内容传送给存储区。若指令中没有给出操作数则传送给累加器 1。

CAR：交换 AR1 和 AR2 的内容。

对于地址寄存器，可不经过累加器 1 而直接将操作数装入或传出，或将两个地址寄存器的内容直接交换（指 CAR）。下面举例说明指令的用法：

```
LAR1    DID30        //将数据双字指针 DID30 的内容装入 AR1 中
LAR2    DBD20        //将数据双字指针 DBD20 的内容装入 AR2 中
LAR1    P#I0.0       //将输入位 I0.0 的地址指针装载入 AR1 中
LAR2    P#0.0        //将二进制数 2#0000_0000_0000_0000_0000_0000_
                       0000_0000 装入 AR2 中
LAR1    P#Start      //将符号名为 Start 的存储器的地址指针装入 AR1
LAR1    AR2          //将 AR2 的内容装入 AR1 中
TAR1    AR2          //将 AR1 的内容传送至 AR2 中
TAR2                 //将 AR2 的内容传输至累加器 1 中
TAR1    MD24         //将 AR1 的内容传输至存储器双字 MD24 中
LAR2    LD180        //将局域数据双字 LD180 中的指针装入 AR2
LAR1    P#M10.2      //将带存储区标识符的 32 位指针常数装入 AR1
LAR2    P#24.0       //将不带存储区标识符 32 位指针常数装入 AR2
TAR1    DBD20        //将 AR1 中的内容传送到数据双字 DBD20
TAR2    MD24         //将 AR2 中的内容传送到存储器双字 MD24
CAR                  //交换 AR1 和 AR2 的内容
```

5. 梯形图方块传输指令

在梯形图中，用指令框（Box）表示某些指令，指令框的输入端均在左边，输出端均在右边。传输指令（MOVE 方块）的情况见表 3-21。

表 3-21　传输指令 MOVE 方块

LAD 方块	参数	数据类型	存储区	说　明
MOVE EN　ENO IN　OUT	EN	BOOL	I、Q、M、D、L	允许输入
	ENO	BOOL		允许输出
	IN	8、16、32 位长的所有数据类型		源数值（也可为常数）
	OUT	8、16、32 位长的所有数据类型		目的操作数

方块传输指令（MOVE）为变量赋值，若使能输入端 EN（Enable）为 1，则执行传输操作，OUT=IN，并使使能输出 ENO（Enable Output）为 1；若 EN=0，则不进行传输操作，并使 ENO=0，ENO 总与 EN 一致。若希望 IN 无条件传输给 OUT，则把 EN 端直接连接至左母线。

若指令框的 EN 输入有能流并且执行时无错误，则 ENO 将流传给下一元件。如果执行过程中有错误，能流在出现错误的指令框终止。

使用 MOVE 指令，能传送数据长度为 8 位（B）、16 位（W）或 32 位（DW）的基本数据类型（包括常数）。如果要传送用户定义的数据类型，例如数组或结构，则应使用系统功能块移 BLKMOV（SFC20）。

ENO 可与下一指令框的 EN 端相连，即几个指令框串联，只有前一个指令框正确执行，后一个才能执行。EN 和 ENO 的操作数均为能流，数据类型为 BOOL 型。传输指令（MOVE）在梯形图中的具体应用如图 3-40 所示。

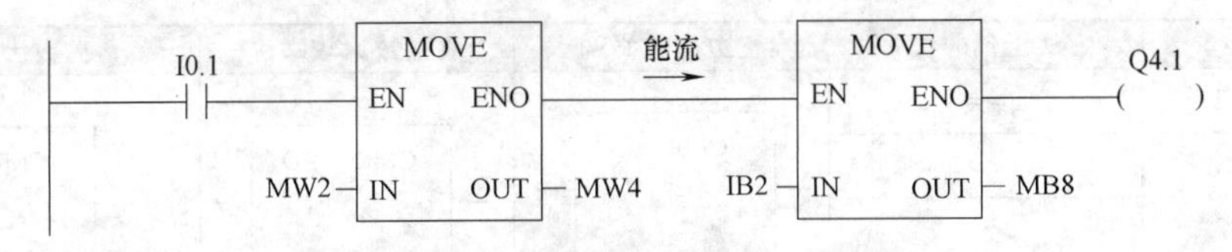

图 3-40　传输指令的应用

下面是图 3-40 中左边的传送指令框对应的语句表程序：

```
A        I0.1
JNB      _001             //若 RLO 为"0",则跳转到_001 处
L        MW2              //若 RLO 为"1",则执行装载指令,MW2 的值装入累加器
                            1 的低字
T        MW4              //将取自 MW2 的累加器 1 的低字内容送到 MW4 中
SET                       //置位 RLO=1
SAVE                      //保存 RLO 到 BR 位
CLR                       //清除 RLO,变为 0
_001:A   BR               //状态字
……
```

在梯形图的方框指令中，BR 位用于表明方框指令是否正确执行：若执行中出现错误，则 BR 位为 0，ENO 也为 0；若正确执行，则 BR 位为 1，ENO 也为 1。

注意：在为变量赋初始值时，为了保证传输只执行一次，一般 MOVE 方块指令和边缘触发指令要联合使用。

3.3.2　比较指令

比较指令用于比较累加器 2 和累加器 1 中数据的大小，应确保两个数的数据类型相同，可比较整数、双整数（长整数）、浮点数（实数）。比较关系包括大于、小于、等于、大于等于、小于等于、不等于共 6 种关系，若比较结果为真，则函数的 RLO 置为 1，否则为 0。

如果以串联方式使用比较单元，则使用“与”运算将其链接至梯级程序段的 RLO；如果以并联方式使用比较单元，则使用“或”运算将其链接至梯级程序段的 RLO。

16 位状态字寄存器中 7 号位 CC1 和 6 号位 CC0 称为条件码 1 和条件码 0，表示比较指令的执行结果，反映累加器 2、1 中两个数的关系，如 00 表示=；01 表示<；10 表示>；11 表示非法浮点数。比较指令影响状态字，用指令测试状态字有关位，可得到更多信息。

比较指令 CMPAB 用来比较两个数值的大小。其中 A 可以是=、<>、>、<、>=、<=；B 可以是 I、D、R，其中 I 表示整数，D 表示双整数，R 表示浮点数。

1）比较指令的梯形图见表 3-22。

梯形图方块比较指令能比较两个同类型数，比较数值输入端分别为 IN1 和 IN2，比较操作是用 IN1 去和 IN2 比较，如 IN1 是否小于等于（CMP<=）IN2。比较指令在逻辑串中，等效于一个动合触点。若比较结果为“真”，则该动合触点闭合、能流通过，否则触点断开。

表 3-22　比较指令的梯形图

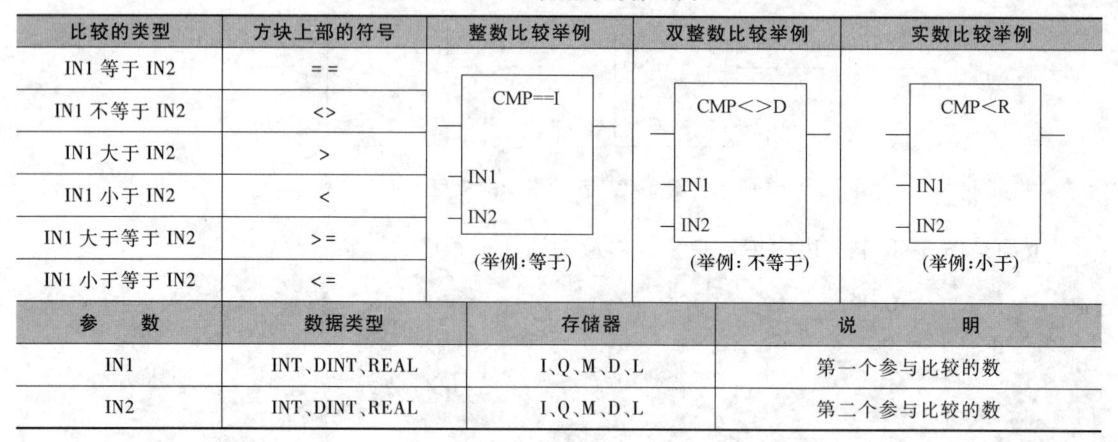

比较的类型	方块上部的符号	整数比较举例	双整数比较举例	实数比较举例
IN1 等于 IN2	= =	CMP==I IN1 IN2 (举例:等于)	CMP<>D IN1 IN2 (举例:不等于)	CMP<R IN1 IN2 (举例:小于)
IN1 不等于 IN2	<>			
IN1 大于 IN2	>			
IN1 小于 IN2	<			
IN1 大于等于 IN2	> =			
IN1 小于等于 IN2	< =			

参　　数	数据类型	存储器	说　　明
IN1	INT、DINT、REAL	I、Q、M、D、L	第一个参与比较的数
IN2	INT、DINT、REAL	I、Q、M、D、L	第二个参与比较的数

【例 3-14】　如图 3-41 所示给出了梯形图方块双整数比较指令的用法。

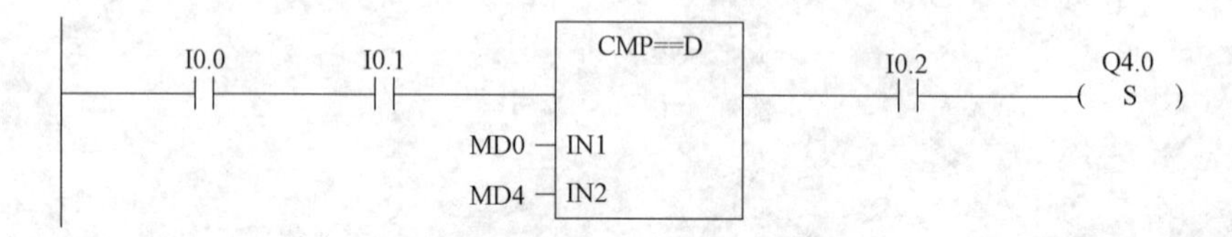

图 3-41　梯形图方块双整数比较指令

若下列条件同时成立，则输出位 Q4.0 为 1：①I0.0 = 1；②I0.1 = 1；③MD0 = MD4；④I0.2 = 1。

2）比较指令的语句表表达见表 3-23。

表 3-23　比较指令的语句表表达

指　　令	说　　明
= =I	在累加器 2 低字中的整数是否等于累加器 1 低字中的整数
= =D	在累加器 2 中的双整数是否等于累加器 1 中的双整数
= =R	在累加器 2 中的 32 位实数是否等于累加器 1 中的 32 位实数
<>I	在累加器 2 低字中的整数是否不等于累加器 1 低字中的整数
<>D	在累加器 2 中的双整数是否不等于累加器 1 中的双整数
<>R	在累加器 2 中的 32 位实数是否不等于累加器 1 中的 32 位实数
>I	在累加器 2 低字中的整数是否大于累加器 1 低字中的整数
>D	在累加器 2 中的双整数是否大于累加器 1 中的双整数
>R	在累加器 2 中的 32 位实数是否大于累加器 1 中的 32 位实数
<I	在累加器 2 低字中的整数是否小于累加器 1 低字中的整数
<D	在累加器 2 中的双整数是否小于累加器 1 中的双整数
<R	在累加器 2 中的 32 位实数是否小于累加器 1 中的 32 位实数
> =I	在累加器 2 低字中的整数是否大于等于累加器 1 低字中的整数
> =D	在累加器 2 中的双整数是否大于等于累加器 1 中的双整数

（续）

指　令	说　明
>=R	在累加器 2 中的 32 位实数是否大于等于累加器 1 中的 32 位实数
<=I	在累加器 2 低字中的整数是否小于等于累加器 1 低字中的整数
<=D	在累加器 2 中的双整数是否小于等于累加器 1 中的双整数
<=R	在累加器 2 中的 32 位实数是否小于等于累加器 1 中的 32 位实数

【例 3-15】 比较指令用于限值监测程序。当数据字 DBW20 的值大于 105 时，输出 Q4.0 为 1；当数据字 DBW20 的值小于 77 时，输出 Q4.1 为 1；数值在 77～105 范围内时，输出 Q4.0 和 Q4.1 均为 0。图 3-42 为其梯形图指令和对应的语句表程序。

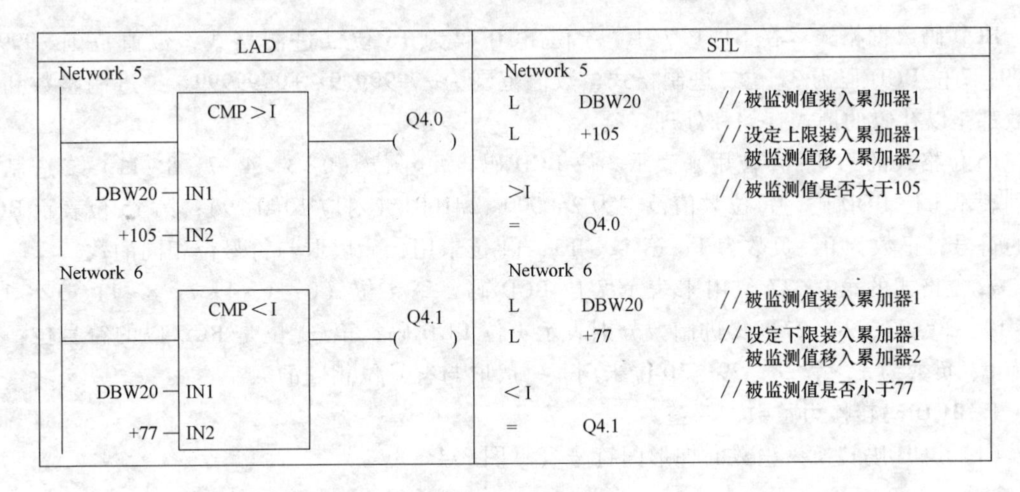

图 3-42　限值监测程序

3.3.3　数据转换指令

数据转换指令读取参数 IN 的内容，将累加器 1 中的数据进行数据类型转换或改变符号，结果仍然在累加器 1 中，可通过参数 OUT 查询结果。数据转换指令总览见表 3-24。

表 3-24　数据转换指令

语句表	梯形图	说　明
BTI	BCD_I	将累加器 1 中的 3 位 BCD 码转换成整数
ITB	I_BCD	将累加器 1 中的整数转换成 3 位 BCD 码
BTD	BCD_DI	将累加器 1 中的 7 位 BCD 码转换成双整数
DTB	DI_BCD	将累加器 1 中的双整数转换成 7 位 BCD 码
DTR	DI_REAL	将累加器 1 中的双整数转换成浮点数
ITD	I_DINT	将累加器 1 中的整数转换成双整数
RND	ROUND	将浮点数转换成四舍五入的双整数
RND+	CEIL	将浮点数转换成大于等于它的最小双整数(向上取整)
RND-	FLOOR	将浮点数转换成小于等于它的最大双整数(向下取整)

（续）

语句表	梯形图	说　明
TRUNC	TRUNC	将浮点数转换成截位取整的双整数
CAW	—	交换累加器 1 低字中两个字节的位置
CAD	—	交换累加器 1 中四个字节的顺序
INVI	INV_I	对累加器 1 低字中的 16 位整数求反码(逐位将 0 变为 1、1 变为 0)
INVD	INV_DI	对累加器 1 中的 32 位整数求反码(逐位将 0 变为 1、1 变为 0)
NEGI	NEG_I	对累加器 1 低字中的 16 位整数求补码(逐位取反后再加 1,相当于对原数乘-1)
NEGD	NEG_DI	对累加器 1 中的 32 位整数求补码(逐位取反后再加 1,相当于对原数乘-1)
NEGR	NEG_R	对累加器 1 中的 32 位实数的符号位求反码

BCD 码数据格式：在 STEP 7 中，3 位 BCD 码为 16 位二进制格式，数值范围-999~+999；7 位 BCD 码为 32 位二进制格式，数值范围为-9999999~+9999999。二进制整数和双整数都是以补码的形式存储和处理。

16 位格式的第 0~11 位用来表示 3 位 BCD 码，每 4 位（0~3、4~7、8~11）二进制数分别表示 1 位 BCD 码，每位数值范围为 2#0000~2#1001（对应 10#0~9）；第 15 位表示 BCD 码的符号，正数为 0，负数为 1；第 12、13、14 位未用，一般取与符号位相同的数。

32 位格式的第 0~27 位用来表示 7 位 BCD 码，每 4 位（0~3、4~7、8~11、12~15、16~19、20~23、24~27）二进制数分别表示 1 位 BCD 码；第 31 位是 BCD 码的符号位：正数为 0、负数为 1；第 28、29、30 位未用，一般取与符号位相同的数。

1. BCD 码转换为整数、双整数

（1）BCD 码转换为整数的梯形图符号（见图 3-43a）。

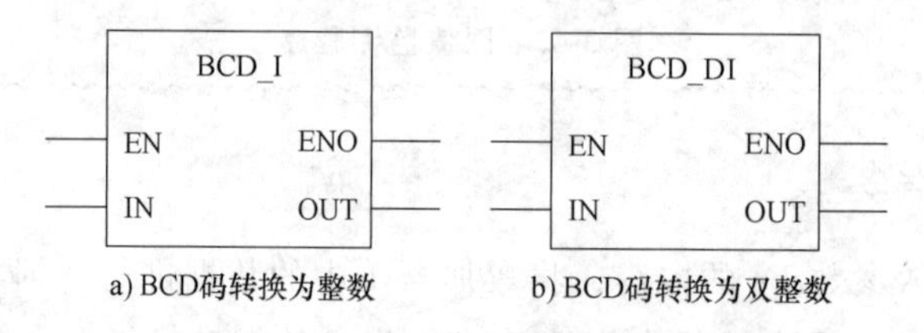

a) BCD码转换为整数　　b) BCD码转换为双整数

图 3-43　BCD 码转换为整数、双整数

BCD 码转换为整数指令梯形图 BCD_ I 将参数 IN 的内容以三位 BCD 码数字（+/- 999）读取，并将其转换为整型值（16 位），结果通过 OUT 输出，ENO 始终与 EN 的信号状态相同。

语句表 BTI 将累加器 1 低字中的 3 位 BCD 码转换成 16 位整数，结果仍在累加器 1 的低字中，累加器 1 的高字不变。

（2）BCD 码转换为双精度整数的梯形图符号（见图 3-43b）。

BCD 码转换为双精度整数的梯形图 BCD_ DI 将参数 IN 的内容以 7 位 BCD 码(+/-9999999)数字读取，并转换为双整型值（32 位），结果由参数 OUT 输出，ENO 始终与 EN 的状态相同。

语句表 BTD 将累加器 1 中的 7 位 BCD 码转换成 32 位双整数，结果仍在累加器 1 中，累加器 2 保持不变。

2. 整数、双整数转换为 BCD 码

（1）整数转换为 BCD 码的梯形图符号（见图 3-44a）。

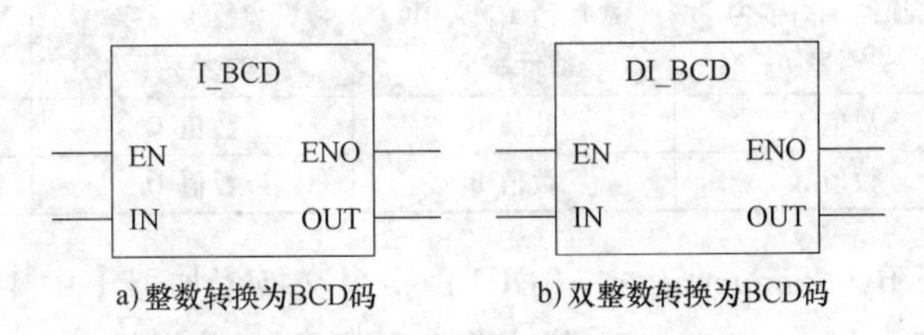

a) 整数转换为BCD码　　b) 双整数转换为BCD码

图 3-44　整数、双整数转换为 BCD 码

整型转换为 BCD 码的梯形图 I_ BCD 将参数 IN 的内容以整型值（16 位）读取，并将其转换为三位 BCD 码数字（+/-999)，结果由参数 OUT 输出，如果产生溢出，ENO 的状态为“0”。

语句表 ITB 将累加器 1 中的 16 位整数转换为 3 位 BCD 码，结果仍在累加器 1 的低字中，累加器 1 的高字不变。

16 位整数的范围为-32768～+32767，而 3 位 BCD 码的范围为-999～+999。若被转换的整数超出 BCD 码的允许范围，则在累加器 1 的低字中得不到有效结果，将状态字中的溢出位（OV）和溢出保持位（OS）置 1。

在程序中，应根据状态位 OV 或 OS 判断转换后累加器 1 低字中的结果是否有效，以免造成进一步的运算错误。执行下面所述 DTB 指令时，也有类似的问题需要注意。

（2）双整数转换为 BCD 码的梯形图符号（见图 3-44b）。

双整数转换为 BCD 码的梯形图 DI_ BCD 将参数 IN 的内容以双整型值（32 位）读取，并转换为七位 BCD 码数字（+/-9999999)，结果由参数 OUT 输出，若产生溢出，ENO 置“0”。

语句表 DTB（32 位整数的二进制-十进制转换），将累加器 1 中的内容作为一个 32 位双整数进行编译，并转换为一个 7 位 BCD 码，结果存于累加器 1 中，位 0～27 包含 BCD 码的数值，位 28～31 设置为 BCD 码的符号位（0000＝正数，1111＝负数）；累加器 2 保持不变。BCD 码的范围在-9999999～+9999999 之间，如果有数值超出这一范围，则状态位 OV（溢出位）和 OS（存储溢出位）置“1”。

3. 整数转换为双整数

整数转换为双整数的梯形图符号如图 3-45 所示。

整型转换为双整数的梯形图 I_ DINT 将参数 IN 的内容以整型（16 位）读取，并转换为双整数（32 位)，结果由参数 OUT 输出，ENO 始终与 EN 的信号状态相同。

语句表 ITD 将累加器 1 低字中的内容作为一个 16 位整数进行编译，并转换为一个 32 位双整数，结果仍在累加器 1 中，符号位被扩展；累加器 2 保持不变。

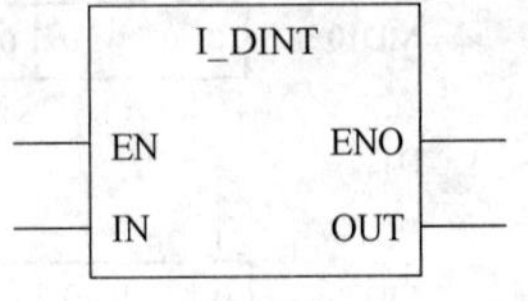

图 3-45　整数转换为双整数

4. 交换累加器 1 的字节的位置

1）CAW（Change Byte Sequence in ACCU1-L）指令可以反转

累加器 1 低字中的字节顺序，结果保存在累加器 1 的低字中，ACCU1 的高字和 ACCU2 保持不变，见表 3-25。

表 3-25　CAW 指令执行前后

内　容	累加器 1 高字中的高字节	累加器 1 高字中的低字节	累加器 1 低字中的高字节	累加器 1 低字中的低字节
CAW 执行之前	数值 A	数值 B	数值 C	数值 D
CAW 执行之后	数值 A	数值 B	数值 D	数值 C

2）CAD（Change Byte Sequence in ACCU1）指令交换累加器 1 中 4 个字节的顺序，0~7 位与 24~31 位交换，8~15 位与 16~23 位交换，结果保存在累加器 1 中，累加器 2 保持不变，见表 3-26。

表 3-26　CAD 指令执行前后

内　容	高字中的高字节	高字中的低字节	低字中的高字节	低字中的低字节
CAD 执行前	数值 A	数值 B	数值 C	数值 D
CAD 执行后	数值 D	数值 C	数值 B	数值 A

5. 双整数与浮点数之间的转换

（1）双整数转换的浮点数

双整数转换为浮点数的梯形图符号如图 3-46a 所示。

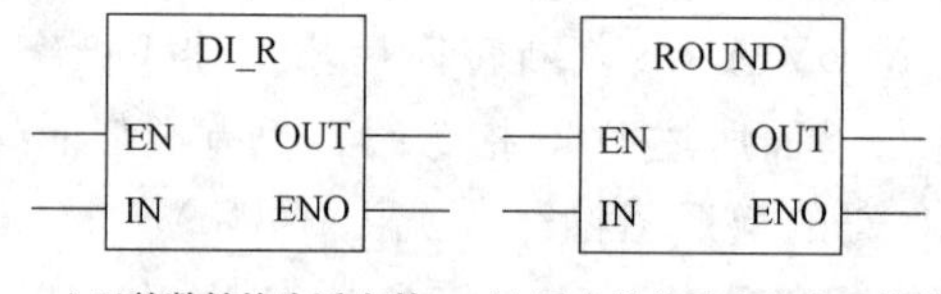

a) 双整数转换为浮点数　b) 浮点数就近取整为双整数

图 3-46　双整数转换为浮点数、浮点数就近取整为双整数

双整数转换为浮点数（实数）的梯形图 DI_ R，将输入参数 IN 的内容作为双精度整型值读取，并转换成一个实数，从参数 OUT 输出，ENO 始终与 EN 的信号状态相同。

语句表 DTR 将累加器 1 中的 32 位双整数转换为 32 位 IEEE 浮点数（实数），结果仍在累加器 1 中，因为 32 位双整数的精度比浮点数的高，指令将转换结果四舍五入。

语句表举例：

```
L      MD10        //将 32 位整数装入累加器 1
DTR                //将双整数转换为浮点数（32 位，IEEE-FP）；结果保存到累加器 1 中
T      MD20        //将结果（BCD 数）传送到 MD20
```

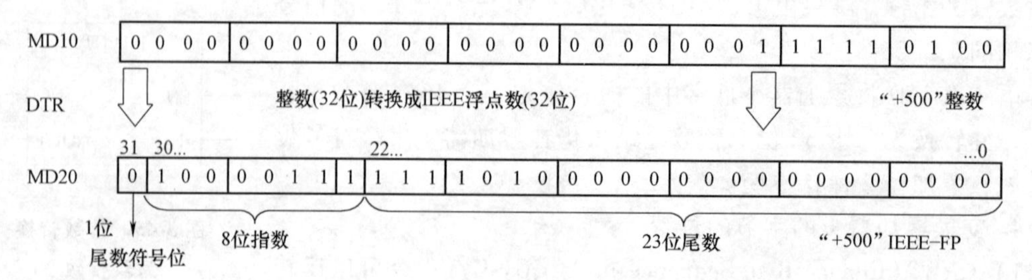

（2）浮点数就近取整为双整数

浮点数就近取整为双精度整数的梯形图符号（见图 3-46b）。

取整为双精度整数的梯形图 ROUND 将输入参数 IN 的内容作为一个实数读取，并将其转换为一个双精度整型数，结果得到最接近的整数，由参数 OUT 输出；如果小数是 x.5，则会将其取为最接近的偶数（例如，2.5→2，1.5→2）。如果产生溢出，则 ENO 置 0；如果输入值不是实数，则 OV 位和 OS 位的值均为 1，并且 ENO 值为 0。

语句表 RND 将累加器 1 中的 32 位 IEEE 浮点数（实数）转换为 32 位双整数，并将结果仍在累加器 1 中，小数部分被舍去，得到的是最接近的整数（即四舍五入）；如果转换结果刚好在两个相邻的整数之间，则选择偶数为转换结果。如果超出允许范围，则状态位 OV（溢出）和 OS（存储溢出）置“1”。出现错误（使用了不能表示为 32 位整数的 NaN 或浮点数）时不执行转换并显示溢出。

（3）浮点数向上取整为双整数

浮点数向上取整为双精度整数的梯形图符号如图 3-47a 所示。

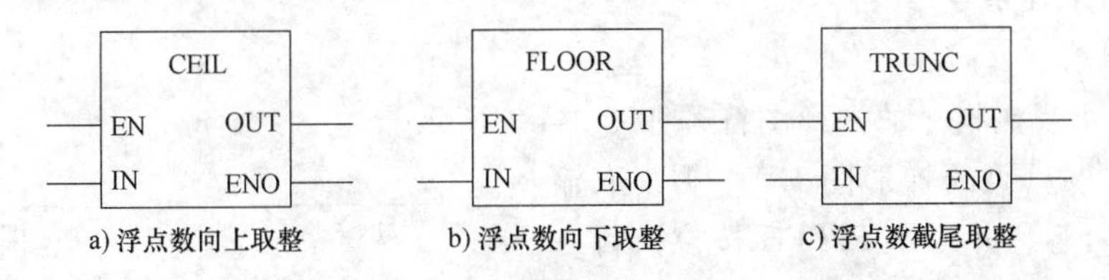

图 3-47　浮点数的向上取整、向下取整、截尾取整

上取整梯形图 CEIL 将输入参数 IN 的内容作为一个实数读取，并转换为一个双精度整型数，结果是大于或等于指定实数的最小整数（例如，+1.2→+2；-1.5→-1），从 OUT 输出。若产生溢出，则 ENO 为 0；若输入 IN 不是实数，则 OV 位和 OS 位均置 1，且 ENO 值置 0。

语句表 RND+将累加器 1 中的内容（32，IEEE-FP）转换成为一个 32 位整数（双整数），并取大于或等于该浮点数的最小整数（向上取整），结果仍存于累加器 1 中。当 RND+或 RND-时，若数值超出允许范围，则状态位 OV、OS 置 1，出现错误（使用了不能表示为 32 位整数的 NaN 或浮点数）时不执行转换并显示溢出。

（4）浮点数向下取整为双整数

浮点数向下取整为双精度整数的梯形图符号如图 3-47b 所示。

下取整指令将输入参数 IN 的内容作为一个实数读取，并转换成一个双精度整数，结果是小于或等于指定实数的最大整数，从参数 OUT 输出。若产生溢出，则 ENO 置 0；若输入值不是实数，则 OV、OS 位均为 1，且 ENO 为 0。

RND-为下取整语句表指令，将累加器 1 中的内容 32 位 IEEE 浮点数转换成一个 32 位双整数，并为小于或等于浮点数的最大整数（向下取整），结果仍保存在累加器 1 中。

（5）浮点数截尾取整

浮点数截尾取整数部分的梯形图符号如图 3-47c 所示。

浮点数截尾取整的梯形图 TRUNC 将输入 IN 作为一个 IEEE 浮点数读取，转换成一个双精度带符号整数（取实数的整数部分，例如 1.5 转成 1），结果存于累加器 1 中，并由 OUT 输出。若产生溢出，则 ENO 置 0；若输入不是实数，则 OV、OS 位均置 1，且 ENO 置 0。

语句表 TRUNC 将累加器 1 中的内容解释为一个 32 位 IEEE 浮点数，转换成一个 32 位整数，按“截尾取整”方式取浮点数的整数部分，结果保存在累加器 1 中。因为浮点数值范围远远大于 32 位整数，超出的那些浮点数不能成功转换为 32 位整数，在累加器 1 中得不到有效的结果，此时 OV、OS 位均置 1。

【例 3-16】 将 133in（英寸）转换成以 cm（厘米）为单位的整数，结果存入 MW100 中。

```
L      133                    //将 16 位常数 133（85H）装入累加器 1
ITD                           //转换为 32 位整数
DTR                           //转换为浮点数 133.0
L      2.54      //浮点常数 2.54 装入累加器 1，累加器 1 的原内容装入累加器 2
*R                            //133.0 乘以 2.54，转换为 337.82cm
RND                           //四舍五入转为整数 338（152H）
T      MW100                  //将结果传送到 MV100 中
```

6. 取反与求补指令

（1）整型数求反码

对整型数求反码指令的梯形图符号如图 3-48a 所示。

对整型数求反码的梯形图 INV_ I 读取输入参数 IN 的内容，并与字 FFFFH 按位执行一个布尔逻辑异或运算，从而将每一位的值取反，结果从 OUT 输出。ENO 始终与 EN 的信号状态相同。

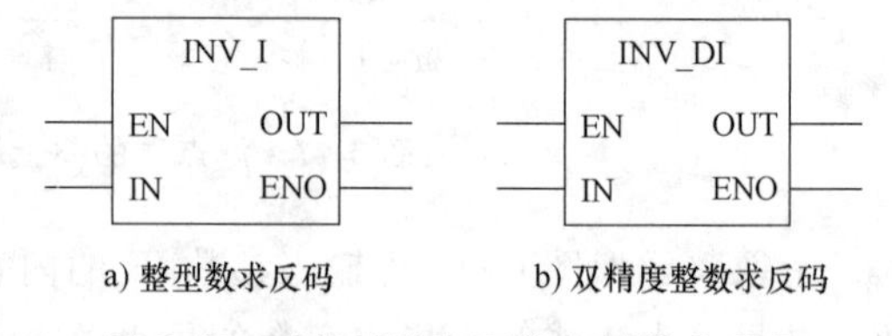

a) 整型数求反码　　b) 双精度整数求反码

图 3-48　对整型数和双精度整数求反码

语句表 INVI 对累加器 1 低字中的 16 位数值求反码，逐位转换，即各位二进制数 0 变为 1、1 变为 0，结果保存在累加器 1 的低字中。

（2）双精度整数求反码

对双精度整数求反码的梯形图符号如图 3-48b 所示。

对双精度整数求反码的梯形图 INV_ DI 读取输入参数 IN 的内容，并与双字 FFFF FFFFH 按位执行一个布尔逻辑异或运算，从而将每一位的值取反，结果从参数 OUT 输出。ENO 始终与 EN 的信号状态相同。

语句表 INVD 对累加器 1 中的 32 位数值求反码，即逐位 0 变为 1、1 变为 0，结果保存在累加器 1 中。

（3）对整数求补码

对整数求补码指令的梯形图符号如图 3-49a 所示。

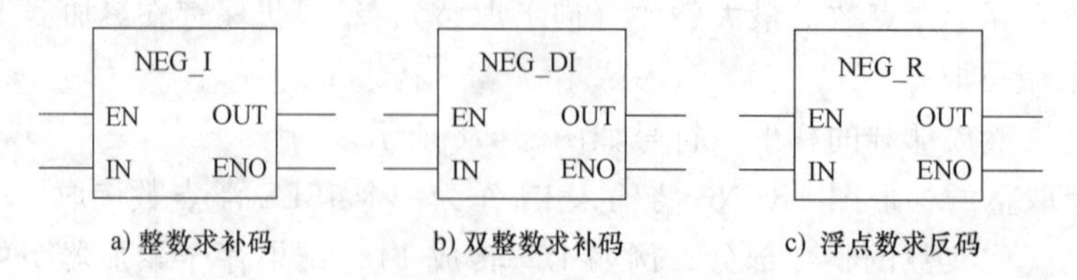

a) 整数求补码　　b) 双整数求补码　　c) 浮点数求反码

图 3-49　整数求补码、双整数求补码、浮点数求反

对整数求补码的梯形图 NEG_ I 读取输入参数 IN 的内容并改变符号（例如，从正值变为负值），结果从参数 OUT 输出。EN 和 ENO 的状态相同，但在 EN 为 1 且产生溢出时 ENO 置 0。

语句表 NEGI 将累加器 1 低字中的 16 位整数取反后再加 1，运算结果仍在累加器 1 的低字中；求补码相当于求一个数的相反数，即将该数乘以-1。状态位 CC1、CC0、OS 和 OV 将根据运算的结果进行设置。

（4）对双整数求补码

对双整数（32 位）求补码指令的梯形图符号如图 3-49b 所示。

对双精度整数求补码的梯形图 NEG_ DI 读取输入参数 IN 的内容并改变符号（例如，从正值变为负值），结果由 OUT 输出。EN 和 ENO 的状态相同，但在 EN 为 1 且产生溢出时 ENO 置 0。

语句表 NEGD 对累加器 1 中的 32 位数值求补码（取反后加 1），相当于该数乘以“-1”，转换结果保存到累加器 1 中。

求补码指令的执行与 RLO 无关，也不影响 RLO。状态位 CC1、CC0、OS 和 OV 将根据运算的结果进行设置。

（5）对浮点数求反码

对浮点数（32 位，IEEE-FP）求反指令的梯形图符号如图 3-49c 所示。

浮点数取反的梯形图 NEG_ R 读取输入参数 IN 的内容并改变符号位（例如符号位从表示正号的 0 改变为表示负号的 1），指数位和尾数位保持不变，结果从 OUT 输出。ENO 和 EN 状态相同，但在 EN 为 1 并且产生溢出时 ENO 置 0。语句表 NEGR 将累加器 1 中的浮点数（32 位，IEEE-FP）的符号位（第 31 位）取反，运算结果仍保存在累加器 1 中。

3.3.4　移位和循环移位指令

在 PLC 的应用中经常用到移位指令，STEP 7 中的移位指令，包括有符号整数和双整数的右移指令、无符号字型数据的左移和右移指令、无符号双字型数据的左移和右移指令、双字的循环左移和循环右移指令。

移位指令是对累加器 1 中的数操作，将累加器 1 中的数据或者累加器 1 低字中的数据逐位左移或逐位右移，结果在累加器 1 中。左移相当于累加器的内容乘以 2^n，右移相当于累加器的内容除以 2^n（n 为指定的移动位数或移位次数）。

累加器 1 中移位后空出的位填 0 或符号位（正填 0、负填 1）。被移动的最后 1 位保存在状态字的 CC1 中，可使用条件跳转指令对 CC1 进行判断，CC0 和 OV 被复位到 0。

循环移位指令与一般移位指令的差别是：移出的空位填以从累加器中移出的位。

移位指令的操作数及功能说明见表 3-27。

表 3-27　移位指令的操作数及功能

STL	LAD	操作数	数据类型	存储区	说　明
SLW	SHL_W（EN ENO / IN OUT / N）	EN	BOOL	I、Q、M、D、L	无符号字型数据左移：当 EN 为 1 时，将 IN 中的字型数据向左逐位移动 N 位，送 OUT，左移后空出的位补 0
		ENO	BOOL		
		IN	WORD		
		N	WORD		
		OUT	WORD		

（续）

STL	LAD	操作数	数据类型	存储区	说明
SRW	SHL_PW EN ENO IN OUT N	EN	BOOL	I、Q、M、D、L	无符号字型数据右移：当 EN 为 1 时，将 IN 中的字型数据向右逐位移动 N 位，送 OUT，右移后空出的位补 0
		ENO	BOOL		
		IN	WORD		
		N	WORD		
		OUT	WORD		
SLD	SHL_PW EN ENO IN OUT N	EN	BOOL	I、Q、M、D、L	无符号双字型数据左移：当 EN 为 1 时，将 IN 中双字型数据向左逐位移动 N 位，送 OUT，左移后空出的位补 0
		ENO	BOOL		
		IN	DWORD		
		N	WORD		
		OUT	DWORD		
SRD	SHR_DW EN ENO IN OUT N	EN	BOOL	I、Q、M、D、L	无符号双字型数据右移：当 EN 为 1 时，将 IN 中双字型数据向右逐位移动 N 位，送 OUT，右移后空出的位补 0
		ENO	BOOL		
		IN	DWORD		
		N	WORD		
		OUT	DWORD		
SSI	SHR_I EN ENO IN OUT N	EN	BOOL	I、Q、M、D、L	有符号整数右移：当 EN 为 1 时，将 IN 中的整型数据向右逐位移动 N 位，送 OUT，右移后空出的位补 0（正数）或补 1（负数）
		ENO	BOOL		
		IN	INT		
		N	WORD		
		OUT	INT		
SSD	SHR_DI EN ENO IN OUT N	EN	BOOL	I、Q、M、D、L	有符号双字型整数右移：当 EN 为 1 时，将 IN 中的双整型数据向右逐位移动 N 位，送 OUT，右移后空出的位补 0（正数）或补 1（负数）
		ENO	BOOL		
		IN	DINT		
		N	WORD		
		OUT	DINT		
RLD	ROL_DW EN ENO IN OUT N	EN	BOOL	I、Q、M、D、L	无符号双字型数数循环左移：当 EN 为 1 时，将 IN 中双字型数据向左循环移动 N 位后送 OUT，每次将最高位移出后，移进到最低位
		ENO	BOOL		
		IN	DWORD		
		N	WORD		
		OUT	DWORD		
RRD	ROR_DW EN ENO IN OUT N	EN	BOOL	I、Q、M、D、L	无符号双字型数据循环右移：当 EN 为 1 时，将 IN 中双字型数据向右循环移动 N 位后送 OUT，每次当最低位移出后，移进到最高位
		ENO	BOOL		
		IN	DWORD		
		N	WORD		
		OUT	DWORD		

用指令中的参数<number>来指定移位的位数，16 位移位指令的位数为 0~15，32 位移位指令的位数为 0~32。没有参数<number>，移位位数放在累加器 2 的最低字节中（0~255）。如果<number>等于 0，移位指令被当作 NOP（空操作）指令来处理。

有符号字的移位位数大于 16 时，移位后被移位的数的各位全部变成了符号位。

1. 无符号数移位指令

（1）字左移 SLW（Shift Left Word）

表 3-27 中字左移的梯形图 SHL_ W 通过将使能端（EN）置 1 来激活，用于将输入 IN 的 0~15 位逐位向左移动，16~31 位不受影响。输入 N 指定移位位数，通过累加器 2 低字低字节中的数值定义，允许范围为 0~255。若 N>16，输出 OUT 为 0，ACCU1-L=0、CC1=0、CC0=0 和 OV=0；若 N≤16，则状态字位 CC0 和 OV 置 0；若 N=0，则移位指令相当于空操作（NOP）。

语句表 SLW 将累加器 1 低字中的内容逐位左移，空出的位用“0”填充，最后移出的位装入状态字位 CC1；移位位数通过地址<数值>（0~15）或累加器 2 低字低字节中的数值（0~255）定义。

（2）字右移 SRW（Shift Right Word）

表 3-27 中字右移的梯形图 SHR_ W 通过使能端（EN）置 1 来激活，用于将输入 IN 的 0~15 位逐位向右移动，16~31 位不受影响。输入 N 指定移位的位数，若 N>16，输出 OUT 为“0”，并且状态字位 CC 0 和 OV 为 0，将自左移入 N 个零，填补空出位，结果从 OUT 输出；若 N≠0，则状态字位 CC0、OV 为 0。ENO 与 EN 的信号状态相同。

语句表 SRW 将累加器 1 字中的内容逐位右移，空出位用“0”填充，最后移出的位装入状态字位 CC1。移位位数通过地址<数值>或累加器 2 低字低字节中的数值定义。

SRW<数值>：移位位数通过地址<数值>定义，允许数值范围为 0~15。若<数值>>0，则状态字位 CC0、OV 置 0；若<数值>=0，则移位指令相当于空操作（NOP）。

SRW：移位位数通过累加器 2 低字低字节中的数值定义，允许范围 0~255。如果移位位数>16，则 ACCU1-L=0、CC1=0、CC0=0 和 OV=0；若移位位数≤16，则状态字位 CC0、OV 置 0；若移位位数=0，则移位指令相当于空操作（NOP）。

（3）双字左移 SLD（Shift Left Double Word）

表 3-27 中双字左移的梯形图 SHL_ DW 通过将使能端（EN）置 1 来激活，用于将输入 IN 的 0~31 位逐位向左移动。输入 N 指定移位位数，若 N>32，输出 OUT 为“0”，并且状态字位 CC0、OV 为 0，将自右移入 N 个零，填补空出位，结果从 OUT 输出；若 N≠0，则 SHL_ DW 将 CC0、OV 位设为 0，ENO 与 EN 信号状态相同。

语句表 SLD 将累加器 1 中的内容逐位左移，空出位用 0 填充，最后移出位装入状态字位 CC1。移位位数通过地址<数值>（0~32）或累加器 2 低字低字节中的数值（0~255）定义。

（4）双字右移 SRD（Shift Right Double Word）

表 3-27 中双字右移的梯形图 SHR_ DW 通过将使能端（EN）置 1 来激活，用于将输入 IN 的 0~31 位逐位向右移动 N 指定的位数，若移位位数 N>32，OUT 输出“0”并将 CC0、OV 置 0，将自左移入 N 个零，填补空出位；若 N≠0，则 CC0、OV 位为 0。ENO 与 EN 信号状态相同。

语句表 SRD（双字右移）将累加器 1 中的内容逐位右移，空出位用 0 填充，最后移出的位装入状态字位 CC1，移位位数通过地址<数值>或累加器 2 低字低字节中的数值定义。

字左移、字右移的工作方式如图 3-50 所示，双字左移、双字右移只是移动的内容比它们增到 32 位，其余规则相同。

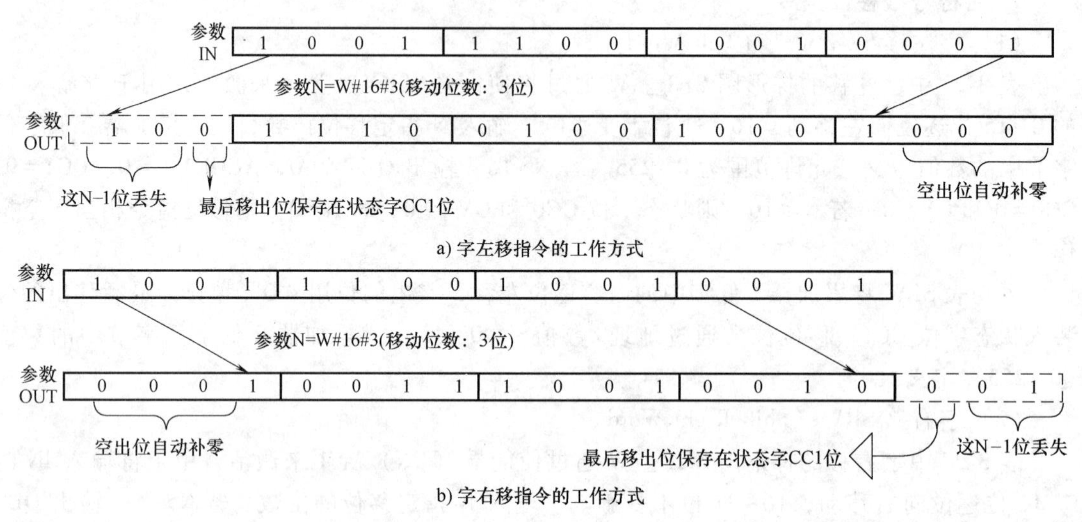

a) 字左移指令的工作方式

b) 字右移指令的工作方式

图 3-50　字左移、字右移的工作方式

2. 有符号数移位指令

（1）整数右移 SSI（Shift Sign Integer）

表 3-27 中整数右移的梯形图 SHR_ I 通过将使能端（EN）置 1 来激活，用于将输入 IN 的 0~15 位逐位向右移动，16~31 位不受影响。输入 N 指定移位位数，若 N>16，按 N=16 的情况执行，自左移入的、填补空出位的位置赋予位 15 的逻辑状态（整数的符号位），即正时赋 0、负时赋 1，结果从 OUT 输出；如果 $N\neq0$，则状态字位 CC0、OV 为 0。ENO 与 EN 状态相同。

语句表 SSI（右移有符号整数）将累加器 1 低字中的内容逐位右移，空出位用符号位（位 15）的信号状态填充（正填 0、负填 1），最后移出的位装入状态字位 CC1，要移位位数通过地址<数值>（0~15）或累加器 2 低字低字节中的数值（0~255）定义。

（2）双整数右移 SSD（Shift Sign Double Integer）

右移双整数的梯形图 SHR_ DI 通过将使能端（EN）置 1 来激活，将输入 IN 的 0~31 位逐位向右移动。输入 N 指定移位位数，如果 N>32，按 N=32 的情况执行，自左移入的、填补空出位的赋予位 31 逻辑状态（整数的符号位），即正时赋 0、负时赋 1，结果从 OUT 输出；若 $N\neq0$，则状态字位 CC0、OV 为 0。ENO 与 EN 状态相同。

语句表 SSD（右移有符号双整数）将累加器 1 中的内容逐位右移，空出位用符号位（31 位）的状态填充（正填 0、负填 1），最后移出的位装入状态字位 CC1，要移位位数通过地址<数值>（0~32）或累加器 2 低字节中的数值（0~255）定义。

可见，整数右移指令与字移位指令不同，整数只有右移位指令，移位时按照低位丢失，高位补符号位状态的原则，即正数高位补 0、负数高位补 1，整数右移如图 3-51 所示。双整

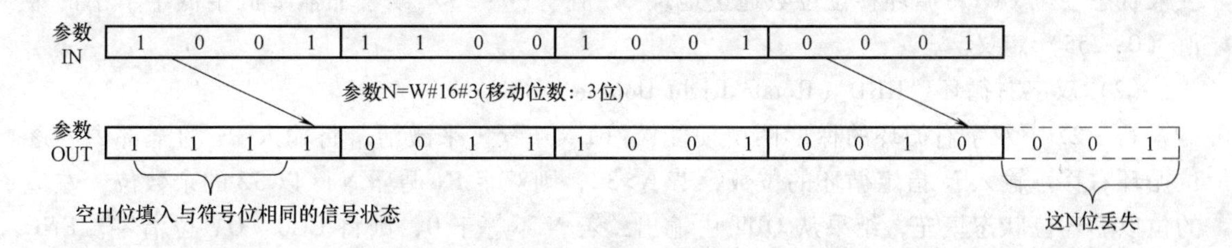

图 3-51　整数右移指令的工作原理

数右移指令与整数右移指令类似，只不过双整数移位对象为 32 位，其余规则相同。

3. 循环移位指令

循环移位指令将输入端 IN 的全部内容逐位向左或向右循环移动，空出的位用移出的位状态填补，输入参数 N 指定循环移位的位数。根据指令不同，循环移位使状态字位 CC1、CC0 复位为 0。双字循环左移 ROL_ DW、双字循环右移 ROR_ DW 是可用的循环移位指令。

（1）双字左循环　RLD（Rotate Left Double Word）

表 3-27 中双字左循环的梯形图 ROL_ DW 由使能端（EN）置 1 来激活，用于将输入 IN 位的全部内容逐位循环左移，输入 N 指定循环位数。如果 N>32，则双字 IN 循环 N 除以 32 的余数位，右边的位以循环位状态填充，结果在 OUT 中输出；如果 N 不等于“0”，则将 CC0、OV 位清 0。ENO 和 EN 的状态相同。

双字左循环指令的工作原理如图 3-52 所示。双字左循环指令举例如图 3-53 所示。

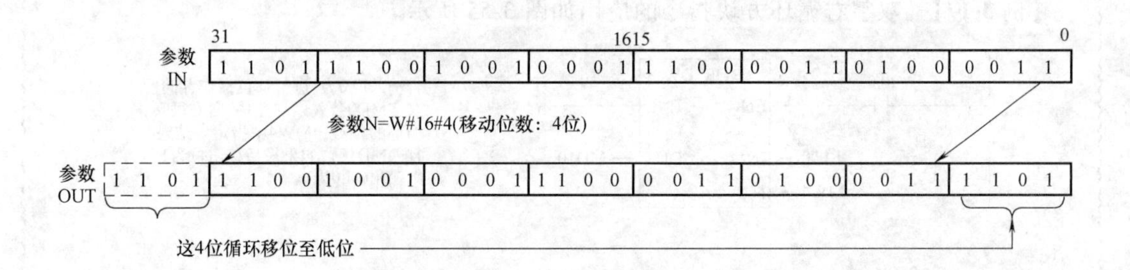

图 3-52　双字左循环指令的工作原理

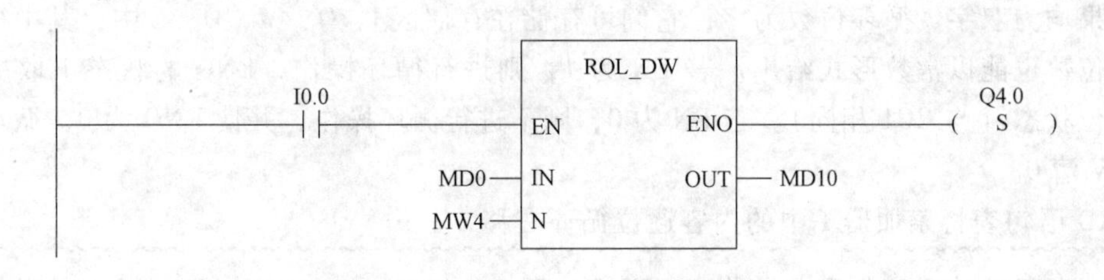

图 3-53　双字左循环指令的应用

若 I0.0 为 1，则 ROL_ DW 方块激活，MD0 装入并左循环 MW4 指定的位数，结果写入 MD10 中，且 Q4.0 置位。

语句表 RLD 将累加器 1 中的内容逐位循环左移，空出位以移出位填充，最后移出的位装入状态字位 CC1，循环移位位数通过地址<数值>（0~32）或累加器 2 低字低字节中的数值（0~255）定义。

（2）双字右循环　RRD（Rotate Right Double Word）

表 3-27 中双字右循环的梯形图由使能端（EN）置 1 来激活，将输入 IN 的全部内容逐位循环右移。输入 N 指定循环的位数，若 N>32，则双字 IN 循环 N 除以 32 的余数位，左边的位以循环位状态填充，结果从 OUT 中输出；若 N 不等于 0，则将 CC0、OV 位清零。ENO 和 EN 的信号状态相同。

双字右循环指令的工作原理如图 3-54 所示。

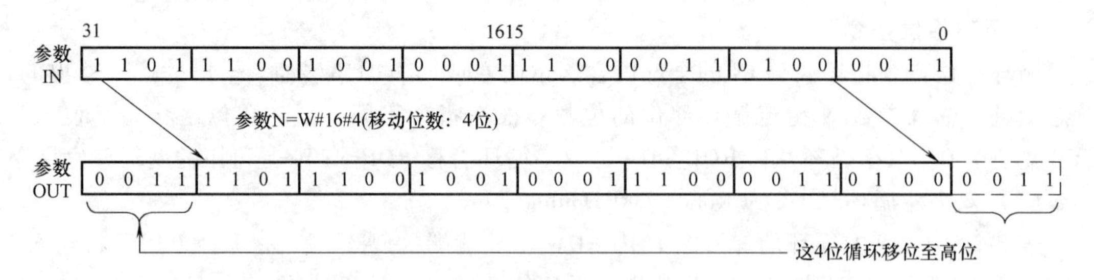

图 3-54　双字右循环指令的工作原理

如表 3-27 所示，移位和循环指令的语句表都有对应的梯形图方块指令，在编程器上，使用梯形图指令浏览器，可以选择需要的方块指令。

【例 3-17】　双字右循环方块指令的应用如图 3-55 所示。

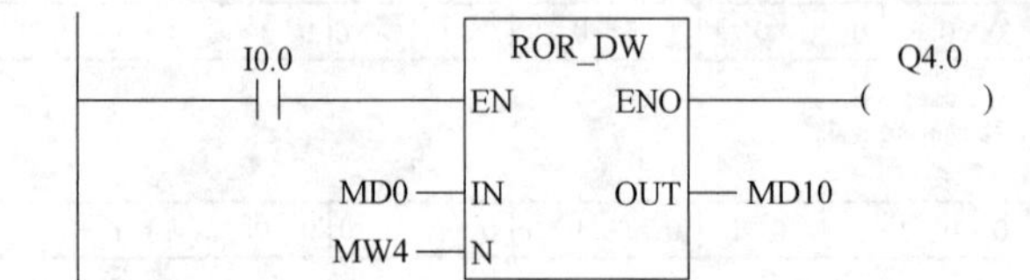

图 3-55　双字右循环方块指令的使用

IN 为循环数的输入端，N 为循环位数输入端，OUT 为循环结果输出端。本例循环数及循环结果均为双字、循环位数为字，它们可存储在存储区 I、Q、M、D、L 中，其中循环数和循环位数也能以常数形式给出。若 EN 为 1，则进行循环操作，ENO 的状态 1 取决最后移动的位状态（与 CC1 相同）。若 EN 为 0，则不进行循环操作，并使 ENO 为 0，循环操作总将 OV 清 0。

RRD 语句表将累加器 1 中的内容逐位循环右移，……

（3）双字通过 CC1 循环左移指令 RLDA（Rotate ACC1 Left Double Word Via CC1）

RLDA 指令，将累加器 1 中的全部内容（32 位）携带 CC1 位逐位左移一位，空出位填以从 CC1 移出的位，状态位 CC0、OV 置 0。

双字左、右循环指令的循环移位对象为 32 位，RLDA 指令的循环移位对象为 33 位，其工作过程如图 3-56 所示。

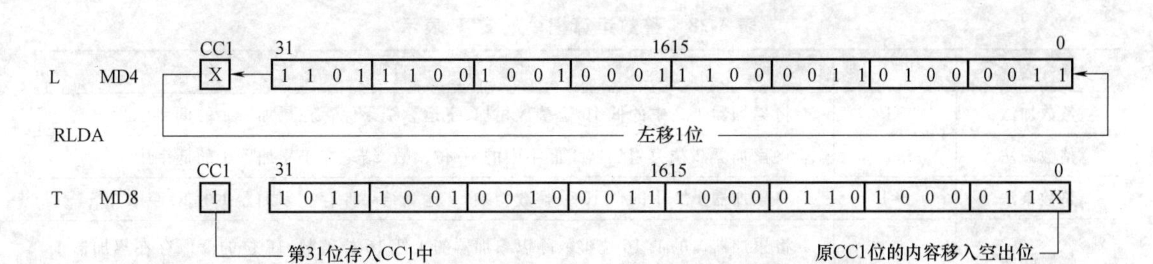

图 3-56 累加器 1 中的数携带 CC1 位循环左移 1 位

(4) 双字通过 CC1 循环右移指令 RRDA（Rotate ACC1 Right Double Word Via CC1）

RRDA 指令将累加器 1 中的全部内容（32 位）携带 CC1 位逐位右移一位，空出位填以从 CC1 移出的位，状态位 CC0 和 OV 置为 0。

RRDA 指令的循环移位对象为 33 位，工作过程类似图 3-56 所示，只是循环方向相反。

举例如下：

内 容	CC1	累加器 1 高字				累加器 1 低字			
位		31…	…	…	…16	15…	…	…	…0
RRDA 执行之前	X	0101	1111	0110	0100	0101	1101	0011	1011
RRDA 执行之后	1	X010	1111	1011	0010	0010	1110	1001	1101
	（X=0 或 1,CC1 的先前信号状态）								

```
L      MD2      //将 MD2 的数值装入累加器 1
RRDA            //将累加器 1 中的内容通过 CC1 循环右移 1 位
JP     NEXT     //如果最后循环移出的位（CC1）= 1，则跳转到 NEXT 跳转标号
```

3.3.5 运算指令

1. 算术运算指令

算术运算指令用于加、减、乘、除四则运算，数据类型有整型 INT、双整型 DINT 和实数 REAL。运算在累加器 1、2 中进行的，累加器 1 是主累加器，累加器 2 是辅助累加器，与主累加器进行运算的数据存储在累加器 2 中。执行算术运算指令时，累加器 2 中的值作为被减数和被除数，而结果则保存在累加器 1 中（覆盖原有数据），累加器 2 中的值保持不变。对于有 4 个累加器的 CPU，累加器 3 的内容复制到累加器 2，累加器 4 的内容传送到累加器 3，累加器 4 原有内容保持不变。

CPU 执行算术运算指令时，对状态字中的逻辑操作结果（RLO、1）位不产生影响，但是对状态字中的条件码 1（CC1、7），条件码 0（CC0、6），溢出（OV、5），溢出状态保持（OS、4）位产生影响，可用位操作指令或条件跳转指令对状态字中这些标志位进行判断操作。例如运算结果分别为 0、负、正数时，状态字中 CC1、CC0、OV、OS 位分别为［0、0、0、无影响］、［0、1、0、无影响］、［1、0、0、无影响］；运算结果无效时 OS 位一律置 1，CC1、CC0、OV 位描述溢出的不同类型或除数为 0 等。

整数运算指令包括整数和双整数（长整数），STL 与说明见表 3-28；实数运算的语句表与说明见表 3-29；整数及实数运算的 LAD 见表 3-30。

表 3-28　整数运算指令的 STL 表示

指令名称	STL	说　明
整数加法	+I	将累加器 1、2 中的低 16 位整数相加，字运算结果保存在累加器 1 的低字中
整数减法	-I	将累加器 2 减去累加器 1 低字中的 16 位整数，结果存于累加器 1 的低字中
整数乘法	* I	将累加器 1、2 中的低 16 位整数相乘，字运算结果保存在累加器 1 的低字中
整数除法	/I	将累加器 2 的低 16 位整数除以累加器的 1 低 16 位整数，16 位的商保存在累加器 1 的低字中、余数保存在累加器 1 的高字中
双整数加法	+D	将累加器 1、2 中的 32 位整数相加，双字运算结果保存在累加器 1 中
双整数减法	-D	将累加器 2 减去累加器 1 中的 32 位整数，双字结果保存在累加器 1 中
双整数乘法	* D	将累加器 1、2 中的 32 位整数相乘，双字运算结果保存在累加器 1 中
双整数除法	/D	将累加器 2 除以累加器 1 的 32 位整数，双字商保存在累加器 1 中、余数忽略
除法取余	MOD	将累加器 2 除以累加器 1 的 32 位整数，双字余数保存在累加器 1 中、商忽略
常数加法	+	累加器 1 与一个 16 位或 32 位的整数常量相加，运算结果保存在累加器 1 中

表 3-29　实数运算指令的 STL 表示

指令名称	STL	说　明
实数加法	+R	将累加器 1、2 中的 32 位实数相加，32 位的结果（和）保存在累加器 1 中
实数减法	-R	将累加器 2 中的 32 位实数减去累加器 1 中的实数，结果保存在累加器 1 中
实数乘法	* R	将累加器 1、2 中的 32 位实数相乘，32 位的乘积保存在累加器 1 中
实数除法	/R	将累加器 2 中的 32 位实数除以累加器 1 中的实数，32 位的商保存在累加器 1 中
取绝对值	ABS	对累加器 1 中的 32 位实数取绝对值

表 3-30　算术运算指令的 LAD 表示

运算指令	整数	双整数	实数
加法指令	ADD_I EN ENO IN1 OUT IN2	ADD_DI EN ENO IN1 OUT IN2	ADD_R EN ENO IN1 OUT IN2
减法指令	SUB_I EN ENO IN1 OUT IN2	SUB_DI EN ENO IN1 OUT IN2	SUB_R EN ENO IN1 OUT IN2
乘法指令	MUL_I EN ENO IN1 OUT IN2	MUL_DI EN ENO IN1 OUT IN2	MUL_R EN ENO IN1 OUT IN2

（续）

运算指令	整数	双整数	实数
除法指令	DIV_I EN ENO IN1 OUT IN2	DIV_DI EN ENO IN1 OUT IN2	DIV_R EN ENO IN1 OUT IN2

加减乘除运算的梯形图均由使能端（EN）置 1 来激活，实现助记符所述操作，结果存于 OUT 中。若结果超出允许范围（上溢或下溢），则状态字位 OV、OS 置 1，且 ENO 置 0，以防止执行通过 ENO 相连（级联布置）的该算术运算方块之后的其他功能。

加减乘除运算的语句表，将累加器 1 和累加器 2 中的内容按操作码进行运算，结果保存在累加器 1 中（先低后高）。这些指令的执行与 RLO 无关，而且对 RLO 无影响。状态位 CC1、CC0、OS 和 OV 都设定为指令结果的一个功能。

下面看看取绝对值运算指令。ABS 可以对累加器 1 中的浮点数（32 位，IEEE-FP）取绝对值，结果仍保存在累加器 1 中。该指令的执行与状态位无关，对状态位也没有影响。

举例如图 3-57 所示。

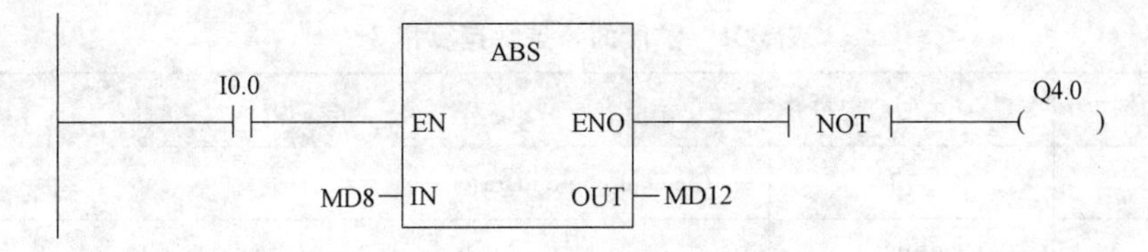

图 3-57　求浮点数绝对值举例

若 I0.0 为 1，则 MD8 的绝对值在 MD12 端输出，MD8 = +6.234 的结果为 MD12 = 6.234；如果不执行转换（ENO = EN = 0），则输出 Q4.0 为 1。

上述指令对于有两个累加器的 CPU，累加器 2 的内容保持不变；有 4 个累加器时，将累加器 3 的内容拷入累加器 2 中，将累加器 4 的内容拷入累加器 3 中，而累加器 4 的内容保持不变。在梯形图指令中，若运算结果超出允许范围，OS（4）和 OV（5）位均为 1，输出为 0。

【例 3-18】　运用算术运算指令完成 MW4 = [(IW0+DBW3)×15]/MW0 这一方程的运算，梯形逻辑图如图 3-58 所示。

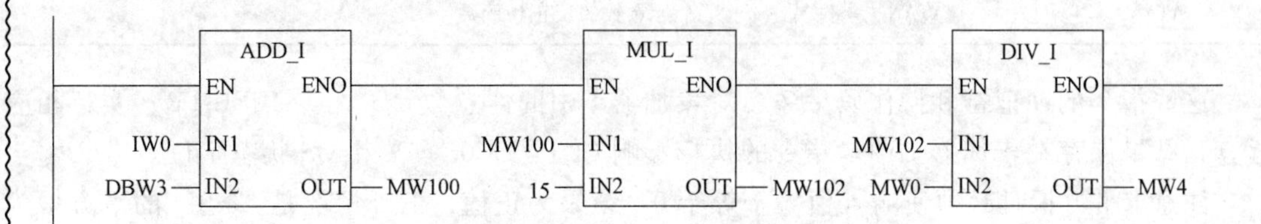

图 3-58　算术运算指令梯形逻辑

实现相同运算的语句表程序如下：

```
L      IW0     //将输入字 IW0 的内容装入累加器 1
L      DBW3    //将 DBW3 的内容装入累加器 1，累加器 1 原内容装入累加器 2
+I             //累加器 2 与累加器 1 相加，结果存在累加器 1 中
L      +15     //将常数 15 装入累加器 1，累加器 1 原内容装入累加器 2
*I             //累加器 2 与累加器 1 相乘，结果为双整数放在累加器 1 中
L      MW0     //将存储双字 MD0 的内容装入累加器 1，累加器 1 原内容装入累加
                 器 2
/I             //累加器 2 除以累加器 1，结果的整数部分存在累加器 1 中
T      MW4     //将结果传送至存储双字 MD4
```

完成相同运算功能的梯形图程序和语句表程序各有优缺点：梯形图程序直观易读；语句表程序简洁，而且使用中间结果存储器较少。

2. 扩展的浮点数（实数）运算指令

浮点数（实数）运算指令对累加器 1 和累加器 2 中的 32 位 IEEE 格式的浮点数（REAL）进行运算，结果保存在累加器 1 中。双累加器的 CPU 中，浮点数学运算不会改变累加器 2 的值。除了表 3-29 中几条常规浮点数运算指令外，还有一些扩展的浮点数运算指令见表 3-31。

表 3-31 扩展的浮点数运算指令

STL 中操作码	LAD 中的助记符	指令的说明
SQR	SQR	Generate the Square：求一个浮点数的平方
SQRT	SQRT	Generate the Square Root：求一个浮点数的平方根
EXP	EXP	Natural Exponential：求一个浮点数的自然指数
LN	LN	Natural Logarithm：求一个浮点数的自然对数
SIN	SIN	求一个浮点数的正弦函数
COS	COS	求一个浮点数的余弦函数
TAN	TAN	求一个浮点数的正切函数
ASIN	ASIN	求一个浮点数的反正弦函数
ACOS	ACOS	求一个浮点数的反余弦函数
ATAN	ATAN	求一个浮点数的反正切函数

这些指令的助记符和操作码一致，对累加器 1 中的浮点数（32 位，IEEE-FP）实行相应运算，结果保存在累加器 1 中。指令的执行影响 CC1、CC0、OV 和 OS 状态字位。

注意求平方根时必须使输入值大于等于 0，结果为正值，例外情况是“-0”的平方根为“-0”；求自然指数时以 $e=2.71828$ 为底；求三角函数时输入角度值必须在累加器 1 中以浮点数表示，弧度=角度值×π/180；求反正弦、反余弦时输入值允许范围为 $-1 \leq$ 输入值 $\leq +1$；反正切的结果是以弧度为单位的角度，范围为 $-\pi/2 \leq$ 反正切（累加器 1 中的内容）$\leq +\pi/2$。

【例 3-19】　利用浮点数对数指令和指数指令求 7 的立方并传送到 MW20，计算式为：

7^3 = EXP （3 * LN7） = 343

计算程序如下：

```
L       L#7
DTR
LN
L       3.0
*R
EXP
RND                                    //浮点数四舍五入转换为整数
T       MW20
```

3. 字逻辑运算指令

字逻辑运算指令是将两个数据（长度为 16 位或 32 位）逐位进行“与”、“或”和“异或”运算。参与字逻辑运算的两个数据，一个是在累加器 1 中，另一个在累加器 2 中或是立即数（常数）。字逻辑运算的结果存放在累加器 1 低字中，双字逻辑运算的结果存放在累加器 1 中，累加器 2 的内容保持不变。若结果不等于 0，则状态字位 CC1 置 1；若结果等于 0，则状态字位 CC1 置 0。字逻辑运算指令的说明见表 3-32。

表 3-32　字逻辑运算指令

STL	LAD	助记符	操作数	数据类型	存储区	说　明
AW (And Word)	WAND_W EN ENO IN1 OUT IN2	WAND_W	EN ENO IN1 IN2 OUT	BOOL BOOL WORD WORD WORD	I、Q、M、L、D	两个 16 位的字逐位进行逻辑“与”运算，结果存于累加器 1 的低字中
OW (Or Word)	WOR_W EN ENO IN1 OUT IN2	WOR_W				两个 16 位的字逐位进行逻辑“或”运算，结果存于累加器 1 的低字中
XOW (Exclusive Or Word)	WXOR_W EN ENO IN1 OUT IN2	WXOR_W				两个 16 位的字逐位进行逻辑“异或”运算，结果存于累加器 1 的低字中
AD (And Double-W)	WAND_DW EN ENO IN1 OUT IN2	WAND_DW				两个 32 位的字逐位进行逻辑“与”运算，结果存于累加器 1 中
OD (Or Double-W)	WOR_DW EN ENO IN1 OUT IN2	WOR_DW				两个 32 位的字逐位进行逻辑“或”运算，结果存于累加器 1 中
XOD (Exclusive Or Double)	WXOR_DW EN ENO IN1 OUT IN2	WXOR_DW				两个 32 位的字逐位进行逻辑“异或”运算，结果存于累加器 1 中

字逻辑运算结果 OUT 将影响状态字的下列标志位：①CC1 置为逻辑运算结果，如结果

为 0，CC1 复位至 0、结果为 1，CCl 置位至 1；②CC0 和 OV，在任何情况下，复位至 0。

按纯位模式来解释字逻辑运算结果，可在输出 OUT 处扫描，ENO 与 EN 的逻辑状态相同。

（1）字和字相“与”指令

字“与”WAND_ W 或 AW（And Word）将累加器 1 的低字与累加器 2 的低字或一个 16 位常数逐位相“与”，如图 3-59 所示。

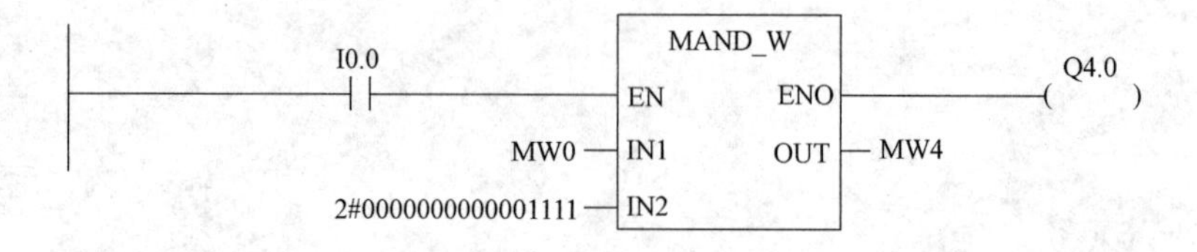

图 3-59　WAND_ W 指令应用

若 I0. 0=1 则执行指令，只有 MW0 的 0~3 位与之相关，其余位被 IN2 字位屏蔽。

MW0　　　　　　　　= 01010101 01010101

IN2　　　　　　　　= 00000000 00001111

MW0 AND IN2 = MW4 = 00000000 00000101

如果执行指令，则 Q4. 0 为“1”。

可利用 WAND_ W 实现立即读（Immediate Read）功能，如图 3-60 所示。

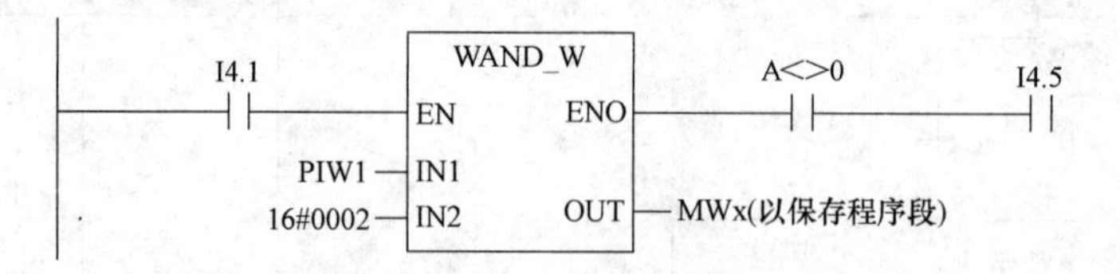

图 3-60　WAND_ W 指令实现立即读

在图 3-62 中，立即输入 I1. 1 与 I4. 1 和 I4. 5 串联，字 PIW1 包含 I1. 1（第 2 位）的立即状态，PIW1 与 W#16#0002 进行与（AND）逻辑运算。

（2）字和字相“或”指令

字“或”WOR_ W 或 OW（Or Word）在 EN=1 时将累加器 1 低字与累加器 2 低字逐位相“或”，结果存于累加器 1 低字，如图 3-61 所示。

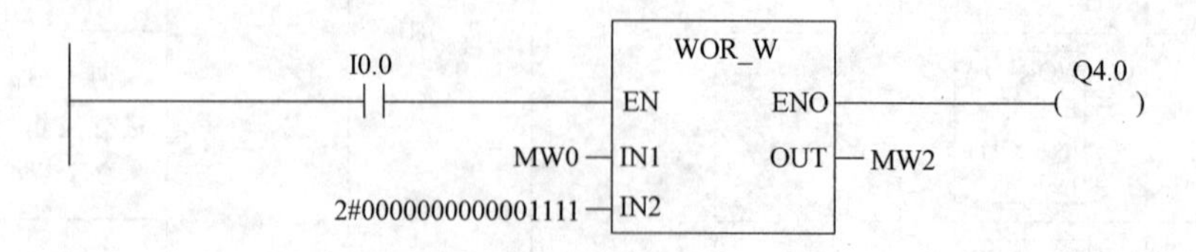

图 3-61　WOR_ W 指令应用

若 I0. 0=1 则执行指令、Q4. 0=1，MW0 的 0~3 位置为 1，其他位不变。

MW0　　　　　　　　= 01010101 01010101

IN2　　　　　　= 00000000 00001111

MW0 OR IN2 = MW2 = 01010101 01011111

(3) 字和字相“异或”指令

字“异或”WXOR_ W 或 XOR (Exclusive Or Word) 将两个字值逐位“异或”，如图3-62所示。

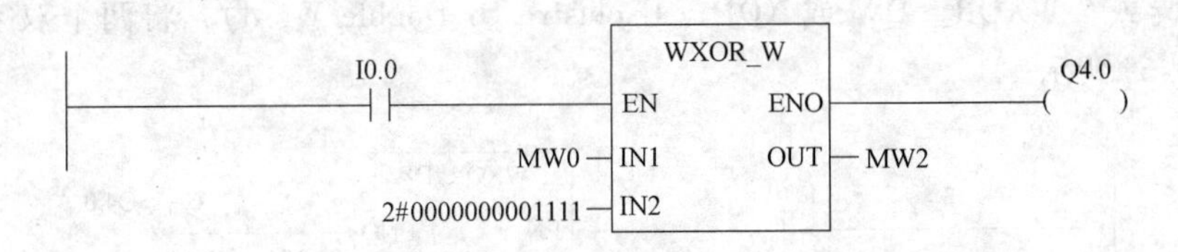

图 3-62　WXOR_ W 指令应用

如果 I0.0=1，则执行指令、Q4.0 为 1。

MW0　　　　　　　= 01010101 01010101

IN2　　　　　　　= 00000000 00001111

MW0 XOR IN2 = MW2 = 01010101 01011010

(4) 双字和双字相“与”指令

双字“与”WAND_ DW 或 AD (And Double Word) 将两个双字逐位相“与”，如图3-63所示。

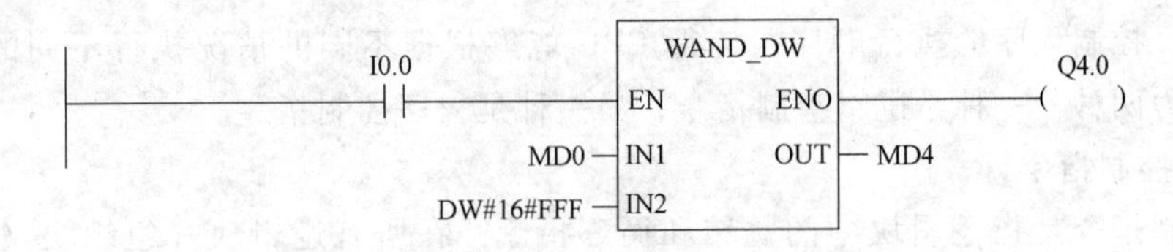

图 3-63　WAND_ DW 指令应用

若 I0.0=1，则执行指令、Q4.0 为 1。仅 MD0 的 0~11 位与之相关，其余位被 IN2 屏蔽。

MD0　　　　　　　= 01010101 01010101 01010101 01010101

IN2　　　　　　　= 00000000 00000000 00001111 11111111

MD0 AND IN2 = MD4 = 00000000 00000000 00000101 01010101

(5) 双字和双字相“或”指令

双字“或”WOR_ DW 或 OD (Or Double Word) 将两个双字逐位相“或”，如图 3-64 所示。

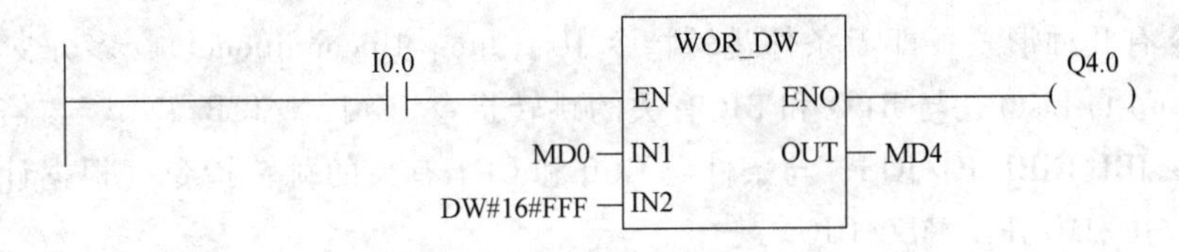

图 3-64　WOR_ DW 指令应用

若 I0.0=1，则执行指令、Q4.0=1，MD0 的 0~11 位置 1，所有其他 MD0 位不变。

MD0 = 01010101 01010101 01010101 01010101

IN2 = 00000000 00000000 00001111 11111111

MD0 OR IN2 = MD4 = 01010101 01010101 01011111 11111111

（6）双字和双字相“异或”指令

双字“异或”WXOR_ DW 或 XOD（Exclusive Or Double Word），将两个双字逐位“异或”，如图 3-65 所示。

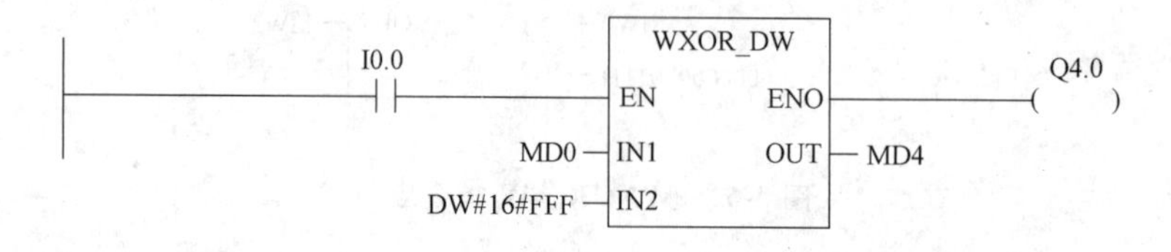

图 3-65 WXOR_ DW 指令应用

如果 I0.0=1，则执行指令、Q4.0=1。

MD0 = 01010101 01010101 01010101 01010101

IN2 = 00000000 00000000 00001111 11111111

MW2 = MD0 XOR IN2 = 01010101 01010101 01011010 10101010

3.3.6 控制指令

控制指令控制程序的执行顺序，使得 CPU 能够根据不同的情况执行不同的指令序列，控制指令分为两种：一种是逻辑控制指令；另一种是程序控制指令。

1. 逻辑控制指令

逻辑控制指令是指逻辑块中的跳转和循环指令，在所有逻辑块（组织块（OB）、功能块（FB）和功能（FC））中使用，执行下列功能：无条件跳转、有条件跳转、若“否”则跳转。

在没有执行跳转和循环指令之前，语句按先后顺序执行，这种执式称为线性扫描。而逻辑控制指令终止线性扫描，跳转到地址标号（Label）所指定的目的地址，然后程序再次开始线性扫描。

跳转和循环指令的操作数是地址标号，一个标号最多由 4 个字符组成，第一个字符必须是字母表中的一个字母，其他字符可以是字母，也可以是数字（例如 SEG3），跳转标号指明想使程序跳转到的目的地，又称为目的地址标号。

在语句表中，目的标号与目的指令之间用“:”分隔，而在梯形图中目的地址标号必须是一个网络的开始。

跳转指令有几种形式，即无条件跳转指令 JU（Jump Unconditional）、多分支跳转指令 JL（Jump Via Jump to List）、与 RLO 和 BR 有关的跳转指令 JC/JCN/JCB/JNB、与信号状态位有关的跳转指令 JBI/JNBI/JO/JOS、与条件码 CC0 和 CC1 有关的跳转指令（根据计算结果进行跳转）JZ/JN/JP/JM/JPZ/JMZ/JUO。

逻辑控制指令见表 3-33。

表 3-33　逻辑控制指令

指令	说　　明	指令	说　　明
JU	无条件跳转	JOS	OS=1 时跳转
JL	分支跳转(跳转到标号)	JZ	累加器 1 中计算结果为零时跳转
JC	当 RLO=1 时跳转	JN	累加器 1 中计算结果非零时跳转
JCN	当 RLO=0 时跳转	JP	累加器 1 中计算结果为正时跳转
JCB	当 RLO=1 且 BR=1 时跳转	JM	累加器 1 中计算结果为负时跳转
JNB	当 RLO=0 且 BR=1 时跳转	JMZ	累加器 1 中计算结果非正时跳转
JBI	BR=1 时跳转	JPZ	累加器 1 中计算结果非负时跳转
JNBI	BR=0 时跳转	JUO	浮点数溢出跳转
JO	OV=1 时跳转	LOOP	循环指令

使用 JL 指令（通过跳转到列表进行跳转），可以进行多级跳转，最多有 255 个跳转目标，从该指令的下一行开始，直至该指令所跳转到的标号前一行结束，每个跳转目标包含一条无条件跳转指令 JU，跳转目标的数量（0~255）存储在累加器 1 低字的低字节中。

只要累加器 1 的内容小于 JL 指令和跳转标号之间跳转目标的数量，JL 指令就跳转到相应的一条 JU 指令。如果累加器 1 低字低字节为“0”，则跳到第一条 JU 指令；如果累加器 1 低字低字节为“1”，则跳到第二个 JU 指令，依此类推。如果跳转目标的数量太大，则 JL 指令跳转到目标列表中最后一个 JU 指令之后的第一条指令。

跳转目标列表必须包含 JU 指令，由其来负责在 JL 指令的地址区内进行相应的跳转，跳转列表中的任何其他指令都是非法的。

【例 3-20】　综合运用 JL 与 JU 指令。

```
L      MB0          //将跳转目标的数量装入累加器 1 低字低字节中
JL     LSTX         //如果累加器 1 低字低字节中的内容大于 3，则跳转到 LSTX
JU     SEG0         //如果累加器 1 低字低字节中的内容等于 0，则跳转到 SEG0
JU     SEG1         //如果累加器 1 低字低字节中的内容等于 1，则跳转到 SEG1
JU     COMM         //如果累加器 1 低字低字节中的内容等于 2，则跳转到 SEG2
JU     SEG3         //如果累加器 1 低字低字节中的内容等于 3，则跳转到 SEG3
LSTX: JU     COMM
SEG0: *             //允许的指令
JU     COMM
SEG1: *             //允许的指令
JU     COMM
SEG3: *             //允许的指令
JU     COMM
COMM: *
```

若零则跳转（JZ）发生在 CC1=0 且 CC0=0；若非零则跳转（JN）发生在 CC1=0/CC0=1 或 CC1=1/CC0=0；若正则跳转（JP）发生在 CC1=1 且 CC0=0；若负则跳转（JM）发生在 CC1=0 且 CC0=1；若非负则跳转（JPZ）发生在 CC1=0/CC0=0 或 CC1=1/CC0=0；若非正则跳转（JMZ）发生在 CC1=0/CC0=0 或 CC1=0/CC0=1；若无效则跳转（JUO）发生在 CC1=1 且 CC0=1；循环控制指令 LOOP<Jump Label>把 ACCU1-L 作为循环计数器，每执行一次 LOOP 就使 ACCU1-L 的值减 1，若为非零，则跳转到<Jump Label>指定的标号处，并在跳转目标处重新进行线性程序扫描。

【例 3-21】 计算 5 的阶乘。

```
L        L#1          //将整数常数（32 位）装入累加器 1
T        MD20         //将累加器 1 中的内容传送到 MD20（初始化）
L        5            //将循环周期次数装入累加器 1 低字中
NEXT：T     MW10      //跳转标号=循环开始/将 ACCU1-L 的内容传送到
                        循环计数器 MW10
L        MD20         //取阶乘值
*D                    //将 MD20 的当前内容乘以 MB10 的当前内容
T        MD20         //将相乘结果传送到 MD20
L        MW10         //将循环计数器的内容装入累加器 1 中
LOOP   NEXT           //如果累加器 1 低字中的内容大于“0”，则累加器 1
                        中的内容减“1”，并跳转到 NEXT 跳转标号
L        MW24         //循环结束之后重新进行程序扫描
L        200
>I
…
```

2. 程序控制指令

程序控制指令是指功能块调用指令和逻辑块（OB、FB、FC）结束指令，调用块和结束块同样可以是无条件的，也可以是有条件的。STEP 7 中的功能块实质上就是子程序，包括功能 FC、功能块 FB、系统功能 SFC 和系统功能块 SFB。

程序控制指令见表 3-34。

表 3-34 程序控制指令

梯形图	功能块图	语句表指令	说 明
		BE	(Block End)块结束
		BEU	(Block End Unconditional) 块无条件结束
		BEC	(Block End Conditional) 块条件结束
FCn -(CALL)-I	CALL	CALL FCn	调用功能
DBn FBn EN ENO IN OUT IN/OUT	CALL	CALL FBn1,DBn2	调用功能块

（续）

梯形图	功能块图	语句表指令	说　明
SFCn -(CALL)-I	CALL	CALL　SFCn	调用系统功能
DBn SFBn EN　ENO IN　OUT IN/OUT	CALL	CALL　SFBn1,DBn2	调用系统功能块
FCn或SFCn -(CALL)-I	CALL	CC FCn 或 SFCn	RLO=1 时;条件调用
FCn或SFCn -(CALL)-I	CALL	UC FCn 或 SFCn	无条件调用
-(RET)-I	RET	RET	条件返回

如图 3-66 所示是块调用指令的几种梯形图形式，随后给出必要的说明。

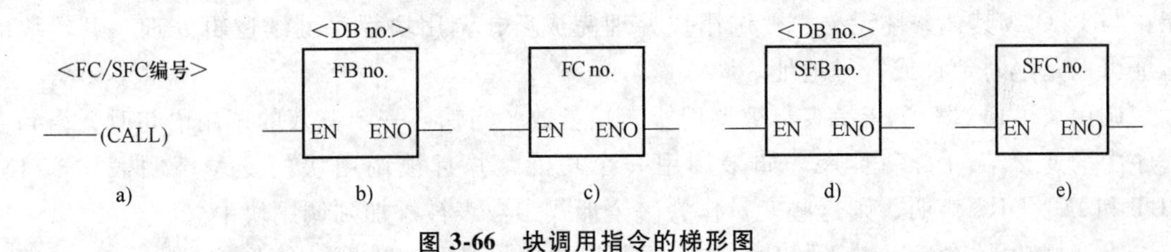

图 3-66　块调用指令的梯形图

1）-(CALL)-用来调用不带参数的功能（FC）或系统功能（SFC），仅当 CALL 线圈上 RLO=1 时，才执行调用，同时：①存储调用块的返回地址；②由当前的本地数据区代替以前的本地数据区；③将 MA 位（MCR 启动位）移位到块堆栈中；④为被调用的功能创建一个新的本地数据区。之后在被调用的 FC 或 SFC 中继续进行程序处理。

语句表 CALL 指令中，FC、FB、SFC 和 SFB 是作为地址输入的，可以是绝对地址，或者是符号地址，与 RLO 或其他条件无关。调用 FB 和 SFB 时，必须提供与之相对应的背景数据块；而调用 FC 和 SFC 时，不需调用背景数据块。

在调用时，应将实参（Actual Parameter）赋给被调用功能的形参（Formal Parameter），并确保实参和形参数据类型相同。而且在 FC 和 SFC 的调用中，必须为所有形参指定实参，而调用 FB 和 SFB，则只需指定上次调用后必须改变的实参。

2）CALL_ FB 用于调用来自框的功能块 FB，当 EN=1 时，执行 CALL_ FB：①存储调用块的返回地址；②存储两个当前数据块（DB 和背景 DB）的选择数据；③由当前的本地数据区代替以前的本地数据区；④将 MA 位（有效 MCR 位）移位到 B 堆栈中；⑤为被调用的功能块创建一个新的本地数据区。之后，在被调用的功能块中继续进行程序处理，扫描 BR 位，以查找 ENO，必须使用-(SAVE)-将所要求的状态（错误判断）分配给被调用块中的 BR 位。

使用语句表指令 CALL FBn1，DBn1 可调用用户定义的功能块（FB），调用指令能够调用作为地址输入的功能块，与 RLO 或其他条件无关。如果使用调用指令调用一个功能块，必须为它提供一个背景数据块，被调用块处理完成后，调用块程序继续逻辑处理，逻辑块的地址可以是绝对地址或符号地址。

IN 参数可指定为常数、绝对地址或符号地址，OUT 和 IN_ OUT 参数必须指定为绝对地址或符号地址，必须保证所有地址和常数与要传送的数据类型相符。调用指令将返回地址（选择符和相对地址）、两个当前数据块的选择符以及 MA 位保存在 B（块）堆栈中。此外，调用指令将取消 MCR 相关性，然后生成被调用块的本地数据区。

3）CALL_ FC 用于调用一个来自框的功能 FC，当 EN=1 时，执行 CALL_ FC：①存储调用块的返回地址；②由当前的本地数据区代替以前的本地数据区；③将 MA 位（有效 MCR 位）移位到 B 堆栈中；④为被调用的功能创建一个新的本地数据区。之后，在被调用的功能中继续进行程序处理。扫描 BR 位，以查找 ENO，必须使用-(SAVE)-将所要求的状态（错误评估）分配给被调用块中的 BR 位。当调用一个功能，而被调用块的变量声明表中具有 IN、OUT 和 IN_ OUT 声明时，这些变量以形式参数列表添加到调用块的程序中。当调用功能时，必须在调用位置处将实际参数分配给形式参数，功能声明中的任何初始值都没有含义。

使用语句表指令 CALL　FCn 可调用功能（FC），调用指令能够调用作为地址输入的功能，与 RLO 或其他条件无关。被调用块处理完成后，调用块程序继续逻辑处理，逻辑块的地址可以是绝对地址或符号地址。

调用块可通过一个变量表与被调用块交换参数，当输入一个有效的调用语句时，语句表程序中的变量表可自动扩展。如果调用一个功能，并且被调用块的变量声明表中有 IN、OUT 和 IN_ OUT 声明，则这些变量作为一个形式参数表被添加到调用块中。

当调用功能（FC）时，则必须在调用逻辑块中将实际参数赋值给形式参数。IN 参数可指定为常数、绝对地址或符号地址，OUT 和 IN_ OUT 参数必须指定为绝对地址或符号地址，必须保证所有地址和常数与要传送的数据类型相符。调用指令将返回地址（选择符和相对地址）、两个当前数据块的选择符以及 MA 位保存在 B（块）堆栈中。此外，调用指令将取消 MCR 相关性，然后生成被调用块的本地数据区。

4）CALL_ SFB 用于调用一个来自框的系统功能块 SFB，当 EN=1 时，执行 CALL_ SFB：①存储调用块的返回地址；②存储两个当前数据块（DB 和背景 DB）的选择数据；③由当前的本地数据区代替以前的本地数据区；④将 MA 位（有效 MCR 位）移位到 B 堆栈中；⑤为被调用的系统功能块创建一个新的本地数据区。然后在被调用的 SFB 中继续进行程序处理，当调用 SFB 且没有发生错误时 ENO=1。

使用语句表指令 CALL　SFBn1，DBn2 能够调用作为地址输入的系统功能块（SFB），与 RLO 或其他条件无关。调用一个系统功能块时必须为它提供一个背景数据块，调用块程序继续逻辑处理，逻辑块的地址可以是绝对地址或符号地址。

5）CALL_ SFC 用于调用一个来自框的系统功能 SFC，当 EN = 1 时，执行 CALL_ SFC：①存储调用块的返回地址；②由当前的本地数据区代替以前的本地数据区；③将 MA 位（有效 MCR 位）移位到 B 堆栈中；④为被调用的系统功能创建一个新的本地数据区。之后，在被调用的 SFC 中继续进行程序处理，当调用 SFC（EN = 1）且没有发生错误时，ENO = 1。

使用语句表指令 CALL　SFCn 可调用系统功能（SFC），调用指令能够调用作为地址输入的 SFC，与 RLO 或其他条件无关，被调用块处理完成后，调用块程序继续逻辑处理，逻辑块的地址可以是绝对地址或符号地址。

6）使用无条件调用语句表指令 UC，可以调用 FC 或 SFC 类型的逻辑块，除了不能与被调用块传递参数外，UC 指令与 CALL 指令的用法相同；使用条件调用语句表指令 CC，可以在 RLO = 1 时调用一个逻辑块，CC 指令用于无参数调用 FC 或 FB 类型的逻辑块，除了不能使用调用程序传递参数外，CC 指令与 CALL 指令的用法相同。

顺便指出，在从梯形逻辑编程语言（LAD）转换为语句表编程语言（STL）过程中，程序编辑器（Program Editor）既可以生成 UC 指令也可以生成 CC 指令，所以最好使用 CALL 指令，以避免程序错误。

返回指令-(RET)-用于有条件地放弃一个块，对于该输出，需要前一逻辑操作，若 RLO = 1，则返回。

【例 3-22】 CALL 指令的应用如图 3-67 所示。

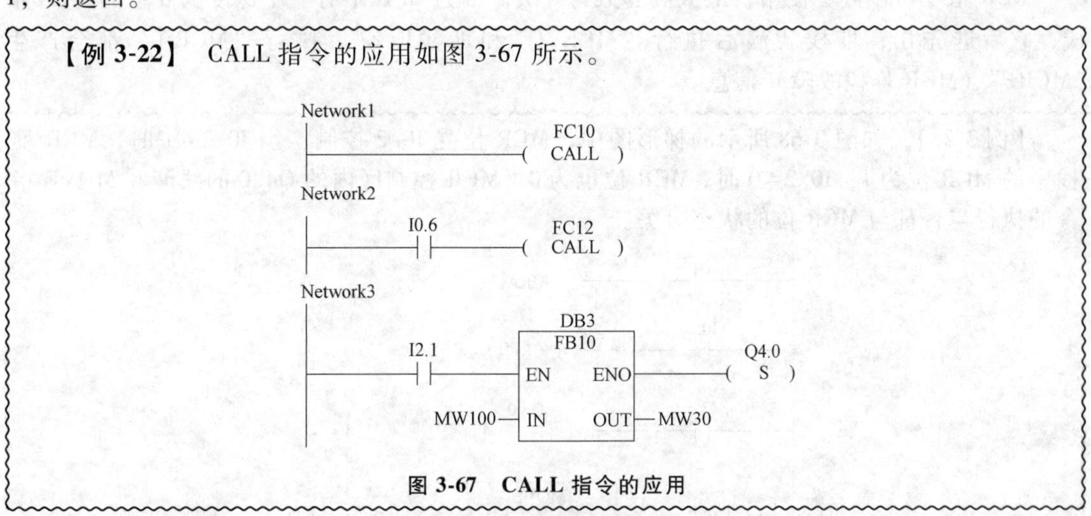

图 3-67　CALL 指令的应用

3. 主控继电器指令

主控继电器 MCR（Master Control Relay）是一种梯形图逻辑主控开关，用于控制 MCR 区内的指令是否被正常执行和信号流（电流路径）的通断。主控继电器指令归纳见表 3-35。

表 3-35　主控继电器指令

梯形图	功能图	STL 指令	说　明
—(MCRA)—|	MCRA	MCRA	激活 MCR 区
—(MCRD)—|	MCRD	MCRD	结束 MCR 区
—(MCR<)—|	—MCR<	MCR(	打开主控继电器区
—(MCR>)—|	—MCR>	)MCR	关闭主控继电器区

(1) 激活 MCR 区指令 MCRA 与取消 MCR 区指令 MCRD

激活 MCR 区 (Activate MCR Area) 指令-(MCRA)-具有激活主控制继电器 MCR 功能。在该命令后，可以使用-(MCR<)-和-(MCR>)-命令编程 MCR 区域。

取消 MCR 区 (Deactivate MCR Area) 指令-(MCRD)-具有取消激活主控制继电器 MCR 功能。在该命令后，不能编程 MCR 区域。

MCRA 指令和 MCRD 指令应成对出现，它们之间的程序执行将根据 MCR 位的信号状态进行操作，MCR 区之外的程序不受 MCR 位的影响。若中间有 BEU 指令，则 CPU 执行此指令，并结束 MCR 区域；若中间有块调用指令，则激活状态不能继承至被调用的块中去，必须在被调用的块中重新激活 MCR 区域。指令的执行与状态位无关，而且对状态位没有影响。

(2) 开始 MCR 指令与结束 MCR 指令

“-(MCR<)-”指令打开主控继电器区 (Open a Master Control Relay Zone)，在 MCR 堆栈中保存 RLO 前值（即 MCR 位）；“-(MCR >)-”指令关闭主控继电器区 (Close the Last Opened MCR Zone)，在 MCR 堆栈中取出保存的 RLO 值。“MCR <”和“MCR >”指令必须成对出现，以表示受控临时“电源线”的形成与终止。若 RLO = 1，则 MCR 激活，并执行 MCR 程序段中的指令；如果 RLO=0，则 MCR 去激活。

MCR 指令可以嵌套使用，最大嵌套数为 8 级。因为 CPU 中有一个深度为 8 级的 MCR 堆栈，它后进先出；堆栈装满后执行“MCR (”和堆栈取空后执行“MCR)”都会产生“MCRF”(MCR 堆栈故障) 信息。

【例 3-23】 如图 3-68 所示的梯形图中，MCR 位受 I0.2 控制：当 I0.2 = 1 时，MCR 堆栈中的 MCR 位为 1；I0.2 = 0 时，MCR 位也为 0。MCR 控制区内的 Q4.0 的线圈和 MOVE 指令的执行与否都与 MCR 位的状态有关。

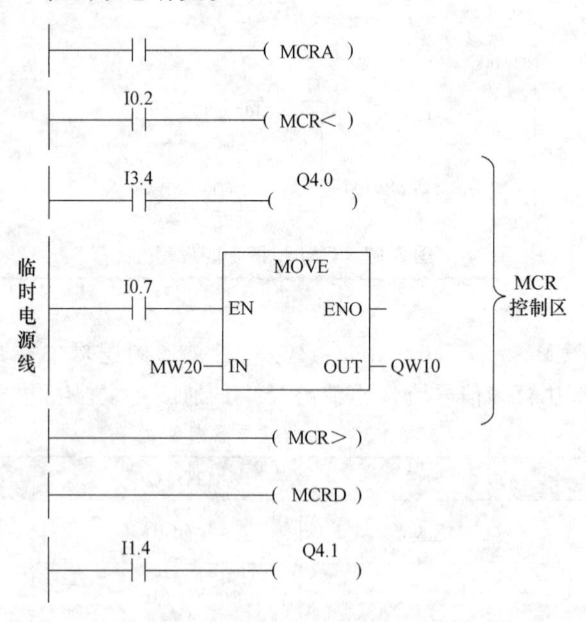

图 3-68 主控继电器电路

打开 MCR 区后，如果保存在 MCR 堆栈中的 MCR 位的状态为 1，可以视为受它控制的左侧的临时电源线“通电”，MCR 区内的程序正常执行。

如果 MCR 位的状态为 0，临时电源线“断电”，程序按下面的方式处理：“=”指令（输出线圈、中间输出线圈）中的存储位被写入 0，即线圈断电；被置位和复位（S、R）的存储位保持当前状态不变；传送或赋值指令（T）中的地址被写入 0。

3.3.7　累加器指令

累加器指令用于处理单个或多个累加器的内容，见表 3-36。指令的执行与状态位无关，而且对状态位没有影响。有 4 个累加器时，累加器 3、4 的内容保持不变。

表 3-36　累加器指令

语句表	描　述	语句表	描　述
TAK	交换累加器 1、2 的内容	DEC	累加器 1 最低字节减去 8 位常数
PUSH	入栈	+AR1	AR1 的内容加上地址偏移量
POP	出栈	+AR2	AR2 的内容加上地址偏移量
ENT	进入 ACCU 堆栈	BLD	程序显示指令(空指令)
LEAVE	离开 ACCU 堆栈	NOP 0	空操作指令
INC	累加器 1 最低字节加上 8 位常数	NOP 1	空操作指令

1. TAK 指令

TAK（Toggle ACCU1 with ACCU2）指令交换累加器 1 和累加器 2 中的内容。

【例 3-24】 用 MW110 和 MW112 中较大的数减去较小的数，结果存入 MW114 中。

```
L       MW110     //MW110 的内容装入累加器 1 的低字
L       MW112     //累加器 1 的内容移入累加器 2，MW112 的值装入累加器 1 的低字
>I                //如果 MW110>MW112，则 RLO=1
JC    LCC         //跳转到标号 LCC 处
TAK               //若 RLO=0 则交换累加器 1、2 低字的内容
LCC：-I           //累加器 2 低字的内容减去累加器 1 低字的内容
T       MW114     //运算结果传送到 MW114
```

2. 堆栈指令

S7-300PLC 的 CPU 有 2 个累加器，S7-400PLC 的 CPU 有 4 个累加器，CPU 中的累加器组成了一个堆栈，用来存放需要快速存取的数据，堆栈中的数据按“先进后出”的原则存取。

（1）入栈（PUSH）与出栈（POP）指令

若 CPU 只有 2 个累加器，PUSH（入栈）指令将累加器 1 的内容复制到累加器 2，累加器 1 的内容不变；POP（出栈）指令将累加器 2 的内容复制到累加器 1，累加器 2 的内容不变。

若 CPU 有 4 个累加器，PUSH（入栈）指令使堆栈中各层原有数据依次“下压”一层，栈底（ACCU4）值被推出丢失，而栈顶（ACCU1）值保持不变，如图 3-69 所示；POP（出栈）指令使堆栈中各层原有数据依次“弹出”一层，原第 2 层（ACCU2）数据成为堆栈新

的栈顶值，原栈顶（ACCU1）数据从栈内消失，而 ACCU4 的内容保持不变，如图 3-70 所示。

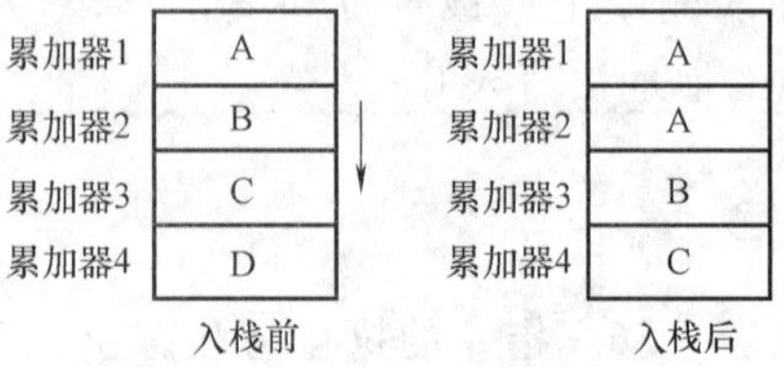

图 3-69 入栈指令执行前后

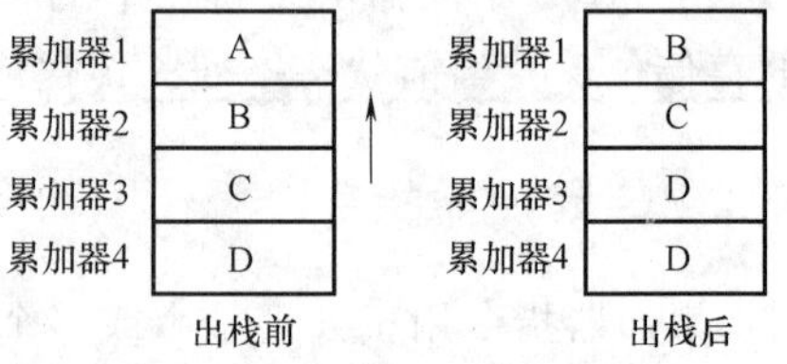

图 3-70 出栈指令执行前后

（2）进入累加器堆栈（ENT）与离开累加器堆栈（LEAVE）指令

进入累加器堆栈指令（ENT）将累加器 3 的内容复制到累加器 4，累加器 2 的内容复制到累加器 3。如果直接在一个装载指令的前面编写 ENT 指令，可以将中间结果保存到累加器 3 中。

离开累加器堆栈指令（LEAVE）将累加器 3 的内容复制到累加器 2，累加器 4 的内容复制到累加器 3，累加器 1、4 保持不变。如果直接在一个移位或循环移位指令的前面编写 LEAVE 指令，则该指令类似于一个算术运算指令。

【例 3-25】 实现浮点数运算（DBD10+DBDDBD14）/(DBD18-DBD22)，结果传送到 DBD26。

```
L       DBD10  //DBD10 中的浮点数装入累加器 1
L       DBD14  //累加器 1 的内容装入累加器 2，DBD14 中的浮点数装入累加器 1
+R             //累加器 1、2 中的浮点数相加，结果保存在累加器 1 中
L       DBD18  //累加器 1 的内容装入累加器 2，DBD18 中的浮点数装入累加器 1
ENT            //累加器 3 的内容装入累加器 4，累加器 2 的中间结果装入累加器 3
L       DBD22  //累加器 1 的内容装入累加器 2，DBD22 中的浮点数装入累加器 1
-R             //累加器 2 的内容减去累加器 1 的内容，结果保存在累加器 1 中
LEAVE          //累加器 3 的内容装入累加器 2，累加器 4 的中间结果装入累加器 3
/R             //累加器 2 的（DBD10+DBD14）除以累加器 1 的（DBD18-DBD22）
T       DBD26  //累加器 1 中的上述运算结果传送到 DBD26
```

3. 加、减 8 位整数指令

字节加指令（INC）和字节减指令（DEC）将累加器 1 的最低字节（ACCU1-LL）的内容加上或减去指令中的 8 位常数（0~255），结果仍在 ACCU 的最低字节中，ACCU1 低字高字节、ACCU1 高字两个字节和 ACCU2 中的内容保持不变。

注意：这些指令不适合 16 位和 32 位的算术运算，因为累加器 1 低字的低字节运算时不向高字节进位、借位。如进行 16 位和 32 位的加减运算，应使用+I、-I；+D、-D 指令。

4. 地址寄存器指令

1）+AR1 指令将地址寄存器 AR1 的内容加上作为地址偏移量的累加器 1 中低字的内容，或加上指令中的 16 位常数（-32768~+32767），结果保存在 AR1 中。

使用该指令，可以将语句中或累加器 1 低字中定义的偏移量加至地址寄存器 1，首先将

整数（16位）扩展为带有正确符号的24位数，然后加到地址寄存器1的最低有效24位（地址寄存器1中部分相关地址），地址寄存器1中ID区部分（位24、25、26）保持不变。

+AR1：加地址寄存器1中内容的整数（16位）通过累加器1低字中的数值定义，允许范围-32768～+32767。

+AR1　<P#Byte. Bit>：要加上的偏移量通过<P#Byte. Bit>地址定义。

2）+AR2指令将地址寄存器AR2的内容加上作为地址偏移量的累加器1中低字的内容，或加上指令中的16位常数，结果保存在AR2中。

使用该指令，可以将语句中或累加器1低字中定义的偏移量加至地址寄存器2，首先将整数（16位）扩展为带有正确符号的24位数，然后加到地址寄存器2的最低有效24位（地址寄存器2中部分相关地址），地址寄存器2中ID区部分（位24、25和26）保持不变。

+AR2：加地址寄存器2中内容的整数（16位）通过累加器1低字中的数值定义，允许范围-32768～+32767。

+AR2　<P#Byte. Bit>：要加上的偏移量通过<P#Byte. Bit>地址定义。

5. 空操作指令

1）程序显示（空）指令BLD　<Number>（范围为0～255）既不执行任何功能，也不影响状态位。用于编程设备（PG）的图形显示，当在STEP 7中将梯形逻辑图或FBD程序转换为语句表时，可自动生成BLD指令，地址<编号>是指BLD指令的标识号，由编程设备产生。

2）空操作指令“NOP　0”和“NOP　1”既不执行任何功能，也不影响状态位，指令代码分别含有一个16个“0”位或“1”位模式。它们只用于编程器（PG）显示程序。

3.3.8　数据块指令

可以使用“打开数据块”（OPN）指令打开一个数据块作为共享数据块或背景数据块，程序本身可以且只能同时可打开一个共享数据块和一个背景数据块。数据块指令归纳见表3-37。

表3-37　数据块指令

指　令	描　述	指　令	描　述
OPN	打开数据块	L　DBNO	共享数据块的编号装入累加器1
CDB	交换共享数据块和背景数据	L　DILG	背景数据块的长度装入累加器1
L　DBLG	共享数据块的长度装入累加器1	L　DINO	背景数据块的编号装入累加器1

（1）打开数据块指令（OPN）

OPN　<数据块>指令将数据块作为共享数据块DB或背景数据块DI打开，源地址为1～65535，可同时打开一个共享数据块和一个背景数据块。

访问已打开的数据块内的存储单元时，地址中不必指明是哪一个数据块的数据单元，例如在打开DB12后，DB12. DBW38可简写成DBW38。图3-71中，与数据块操作有关的只有网络1，是一条无条件打开共享数据块或背景数据块的指令。在网络2中，因为数据块DB12已被打开，数据位DBX1. 0相当于DB12. DBX1. 0。

（2）交换共享数据块和背景数据块指令（CDB）

CDB 指令可交换两个数据块寄存器的内容，即交换共享数据块和背景数据块，使共享数据块变为背景数据块，背景数据块变为共享数据块。两次使用 CDB 指令，可使两个数据块还原。

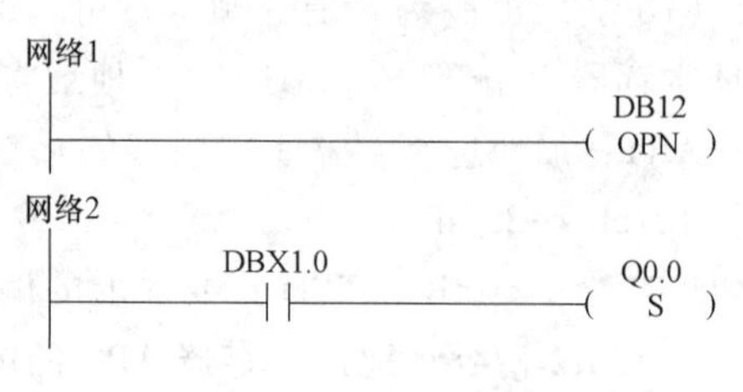

图 3-71 打开数据块

（3）将共享数据块的长度装入累加器 1 中（L DBLG）

装载共享数据块长度指令 L DBLG，在累加器 1 的内容保存到累加器 2 中之后，将共享数据块的长度装入累加器 1 中。

（4）将共享数据块的编号装入累加器 1 中（L DBNO）

装载共享数据块编号指令 L DBNO，在累加器 1 的内容保存到累加器 2 中之后，将共享数据块编号装入累加器 1 低字中。

（5）将背景数据块的长度装入累加器 1 中（L DILG）

装载背景数据块长度指令 L DILG，在累加器 1 的内容保存到累加器 2 中之后，将背景数据块长度装入累加器 1 低字中。

（6）将背景数据块的编号装入累加器 1 中 L DINO

装载背景数据块编号指令 L DINO，在累加器 1 的内容保存到累加器 2 中之后，将背景数据块编号装入累加器 1 中。

3.3.9 S7-300/400 PLC 功能块简介

在 S7-300/400 PLC 中，提供了大量的标准系统功能块（SFB、SFC），集成在 CPU 内，供用户直接调用。标准系统功能块 SFB 和 SFC 是 S7 操作系统的组成部分，不需要作为用户程序下装到 PLC 中。系统功能块 SFB 与功能块 FB 一样，都需要一个背景数据块 DB，这个 DB 是用户程序的一部分，需要下装到 PLC 中。

1. 系统功能块 SFB

系统功能块 SFB 的功能见表 3-38。

表 3-38 系统功能块 SFB 的功能简介

功能	SFB 编号	SFB 名称	意　义
符合 PSO AK1131 的 DPV1	SFB52	RDREC	读来自 DP 从站的数据记录
	SFB53	WRREC	向 DP 从站写数据记录
	SFB54	RALRM	接受来自 DP 从站的中断
	SFB75	SALRM	向 DP 从站发送中断
S7 通信	SFB8	U_SEND	非协调发送数据
	SFB9	U_RECV	非协调接收数据
	SFB12	B_SEND	发送段数据
	SFB13	B_RCV	接收段数据
	SFB14	GET	读远程 CPU 数据
	SFB15	PUT	写数据到远程 CPU

（续）

功能	SFB 编号	SFB 名称	意　　义
S7 通信	SFB16	PRINT	发送数据到打印机
	SFB19	START	在远程设备上初始化一个热或冷启动
	SFB20	STOP	停止远程设备
	SFB21	RESUME	在远程设备上初始化一个热启动
	SFB22	STATUS	查询远程对象的状态
	SFB23	USTATUS	接收远程设备状态
	SFB62	CONTROL	查询连接状态
生成块相关的信息	SFB36	NOTIFY	生成无须确认的块相关信息
	SFB31	NOTIFY_8P	生成无须显示确认的块相关的信息
	SFB33	ALARM	生成需确认的块相关的信息
	SFB35	ALARM_8P	生成 8 个信号的带相关数据的块相关的信息
	SFB34	ALARM_8	生成 8 个信号的不带相关数据的块相关的信息
	SFB37	AR_SEND	发送存档数据
IEC 定时器和 IEC 计数器	SFB3	TP	生成一个脉冲信号
	SFB4	TON	生成一个延时接通信号
	SFB5	TOF	生成一个延时断开信号
	SFB0	CTU	实现加计数功能
	SFB1	CTD	实现减计数功能
	SFB2	CTUD	实现加/减计数功能
用于集成控制功能	SFB41	CONT_C	实现连续调节功能
	SFB42	CONT_S	实现步进调节功能
	SFB43	PULSEGEN	实现脉冲发生功能
用于紧凑型 CPU	SFB44	ANALOG	实现模拟量输出定位
	SFB46	DIGITAL	实现数字量输出定位
	SFB47	COUNT	控制计数器
	SFB48	FREQLENG	控制频率测量
	SFB49	PULSE	控制脉宽调制
	SFB60	SEND_PTP	发送数据（ASCII，3964（R））
	SFB61	RCV_PTP	接收数据（ASCII，3964（R））
	SFB62	RES_RCVB	清除接收缓冲区（ASCII，3964（R））
	SFB63	SEND_RK	发送数据（512（R））
	SFB64	FETCH_RK	获取数据（RK512）
	SFB65	SERVE_RK	接收和提供数据（RK512）
集成功能（用于集成 I/O 的 CPU）	SFB29	HS_COUNT	对计数器功能产生影响
	SFB30	FREQ_MES	对频率测量计功能产生影响
	SFB38	HSC_A_B	对 A/B 计数器功能产生影响
	SFB39	POS	对定位功能产生影响
汇编技术	SFB63	AB_CALL	调用一个汇编代码块
刷新过程映像和处理位区域	SFB32	DRUM	执行一段顺序程序

2. 系统功能 SFC

系统功能 SFC 的简介见表 3-39。

表 3-39 系统功能 SFC 功能简介

功能	SFC 编号	SFC 名称	意　义
复制与块功能	SFC20	BLKMOV	复制变量
	SFC81	UBLKMOV	不间断地拷贝变量
	SFC21	FTLL	初始化存储区
	SFC22	CREAT_DB	生成数据块
	SFC23	DEL_DB	删除数据块
	SFC24	TEST_DB	测试数据块
	SFC25	COMPRESS	压缩用户存储器
	SFC44	REPL_VAL	传送一个替代值到累加器 1
	SFC82	CREA_DBL	在装载存储器中生成数据块
	SFC83	READ_DBL	从装载存储器的数据块中读取数据
	SFC84	WRIT_DBL	写数据到装载存储器中的数据块
用于控制程序执行	SFC43	RE_TRIGR	重新触发循环时间监控
	SFC46	STP	使 CPU 进入停机状态
	SFC47	WAIT	延迟用户执行
	SFC35	MP_ALM	触发多处理器中断
	SFC104	CiR	控制 CiR
用于控制系统时钟	SFC0	SET_CLK	设定 TOD
	SFC1	READ_CLK	读取时间
	SFC48	SNC_RTCB	同步子时钟
	SFC100	SET_CLKS	设定日期时间和时间日期状态
用于控制运行时间定时器	SFC101	RTM	控制运行时间定时器
	SFC2	SET_RTM	设定运行时间定时器
	SFC3	CTAL_RTM	启/停运行时间定时器
	SFC4	READ_RTM	读取运行时间定时器
	SFC64	TIME_TCK	读取系统时间
用于传送数据记录	SFC54	RD_DPARM	读取定义的参数
	SFC102	RD_DPARA	读取预定义的参数
	SFC55	WR_PARM	写动态数据
	SFC56	WR_DPARM	写默认参数
	SFC57	PARM_MOD	分配模块参数
	SFC58	WR_REC	写数据记录
	SFC59	RD_REC	读数据记录
用于日期时间中断	SFC28	SET_TINT	设置日期时间中断
	SFC29	CAN_TINT	取消日期时间中断

（续）

功能	SFC 编号	SFC 名称	意　义
用于日期时间中断	SFC30	ACT_TINT	启动日期时间中断
	SFC31	QRY_TINT	查询日期时间中断
处理延时中断	SFC32	SRT_DINT	启动延时诊断
	SFC34	QRY_DINT	查询一个延时诊断
	SFC33	CAN_DINT	取消一个延时诊断
处理同步故障	SFC36	MSK_FLT	屏蔽同步故障
	SFC37	DMSK_ELT	解除同步故障的屏蔽
	SFC38	READ_ERR	读取故障寄存器中的信息
处理中断和异步故障	SFC39	DIS_IRT	禁止新的中断和异步故障的处理
	SFC40	EN_IRT	激活新的中断和异步故障的处理
	SFC41	DIS_AIRT	延迟一个高优先权的中断和异步故障的处理
	SFC42	EN_AIRT	激活具有高优先权的中断和异步故障的处理
用于诊断	SFC6	DR_SINFO	读取 OB 启动信息
	SFC51	RDSYSST	读取系统信息状态表或部分状态信息表
	SFC52	WR_USMSG	在诊断缓冲器中写入一个用户定义的诊断事件
	SFC78	OB_RT	确定 OB 程序运行时间
	SFC87	C_DIAG	诊断当前的连接状态
	SFC103	DP_TOPOL	识别 DP 主站系统的总线拓扑结构
用于刷新过程映像和处理位区域	SFC26	UPDAT_PI	刷新过程映像输入表
	SFC27	UPDATE_PO	刷新过程映像输出表
	SFC126	SYNG_PI	同步刷新过程映像区输入表
	SFC127	SYNG_PO	同步刷新过程映像区输出表
	SFC79	SET	置位 I/O 区域中的位区域
	SFC80	RSET	复位 I/O 区域中的位区域
分布式 I/O	SFC7	DP_PRAL	在 DP 主站上触发硬件中断
	SFC11	DPSYC_FR	同步 DP 从站组
	SFC12	D_ACT_D	取消和激活 DP 从站
	SFC13	DPNRM_DG	读 DP 从站诊断数据（从站诊断）
	SFC14	DPRD_DAT	读取 DP 标准从站的连续数据
	SFC15	DPWR_DAT	向 DP 标准从站写连续数据
用于全局数据通信	SFC60	GD_SND	传送一个全局数据包
	SFC61	GD_RCV	接收全局数据包
用于模板寻址	SFC5	GADR_LGC	查询模板的逻辑起始地址
	SFC49	LGC_GADR	查询逻辑地址所属的插槽
	SFC50	RD_LGADR	查询一个模板所有的逻辑地址

（续）

功能	SFC 编号	SFC 名称	意　义
用于非组态S7 连接通信	SFC65	X_SEND	发送数据到不属于本地 S7 站的通信对象
	SFC66	X_RCV	接收不属于本地 S7 站的通信对象的数据
	SFC68	X_PUT	写数据到不属于本地 S7 站的通信对象
	SFC67	X_GET	读不属于本地 S7 站的通信对象的数据
	SFC69	X_ABORT	中断一个不属于本地 S7 站已建立的连接
	SFC73	L_PUT	写数据到本地 S7 站的通信对象
	SFC72	L_GET	读本地 S7 站的通信对象的数据
	SFC74	L_ABORT	中断一个与本地 S7 站已建立的连接
生成块相关的信息	SFC10	DIS_MSG	禁止块相关的、符号相关的以及组状态信息
	SFC9	EN_MSG	使能块相关的、符号相关的以及组状态信息
	SFC17	ALARM_SQ	生成可确认的与块相关的信息和用 SFB18“ALARM_S”生成永久确认的块相关的信息
	SFC19	ALARM_SC	查询最后 ALARM_SQ/ALARM_DQ 生成可确认的与永久确认的块相关的信息
	SFC107	ALARM_DQ	生成可确认的与永久确认的块相关的信息
	SFC108	ALARM_D	
	SFC105	READ_SI	读取动态系统资源
	SFC106	DEI_SI	删除动态系统资源

此外，在 S7 系列 PLC 的 CPU 中还提供了大量的系统数据块 SDB，这些系统数据块是为存放 PLC 参数而建立的系统数据存储区。用 PLC 的组态软件可以将 PLC 的组态数据和其他操作参数存放到 SDB 中。

3.4　梯形图编程规则

PLC 梯形图编程规则总体如下：

1）梯形图程序是从左到由、从上到下编程。

2）左总线表示电源线，电流信号从左到右，从上到下传递。

3）输入指令区用以插入输入指令，从左到右占用 7 个指令位，辅助触点指令原则上可以无限使用。

4）输出元件区用以插入线圈、继电器等元件，只能出现在最后一列，每个元件只能出现一次。

5）程序结尾以“END”指令结束。

顺便指出 PLC 语句表编程规则（表达顺序）为：先写出参与因素的内容，再表达参与因素间的关系。

3.4.1　继电器线路与程序梯形图的转换

PLC 梯形图编程方法是从继电器-接触器控制系统的基础上发展起来的一种编程语言，

沿袭了继电器触点的思维方式，即“能流”的概念，但由于 PLC 与继电器控制电路的工作方式不同，不可完全按照继电器线路的设计方法，编制 PLC 梯形图程序，应注意两者的不同。

1. 梯形图的格式

1）梯形图中左、右边垂直线分别称为起始母线（左母线）、终止母线（右母线）。每一个逻辑行必须从左母线开始画起，右母线可以省略。

2）梯形图按行从上至下编写，每一行从左至右顺序编写，即梯形图的各种符号，要以左母线为起点，右母线为终点（允许省略右母线）从左向右分行绘出。每一行的开始是触点群组成的“工作条件”，最右边是线圈表达的“工作结果”。一行写完，自上而下依次再写下一行。

3）每个梯形图由多个梯级组成，每个输出元素可构成一个梯级，每个梯级可由多个支路组成。每个梯级必须有一个输出元件。

4）梯形图的触点有两种，即动合触点和动断触点，触点应画在水平线上，不能画在垂直分支线上。每一触点都有自己的特殊标记，以示区别。同一标记的触点可以反复使用，次数不限。这是由于每一触点的状态存入 PLC 内的存储单元，可以反复读写。

5）梯形图的触点可以任意串、并联，而输出线圈只能并联，不能串联。

6）一个完整的梯形图程序必须用“END”结束。

2. 编程注意事项及编程技巧

程序不仅需要给机器读，也要给程序员读。程序设计风格的原则，应该清楚简单，具有直截了当的逻辑、淳朴自然的表达、通俗易懂的语言、有意义的名字和帮助性的注释。

1）程序应按自上而下，从左至右的顺序编制。触点可以串联或并联；线圈可以并联，但不可以串联。输入继电器、输出继电器、辅助继电器、定时器、计数器的触点可以多次使用，不受限制。在梯形图中，每行串联的触点数和每组并联电路的并联触点数，理论上不受限制，但如果使用图形编辑器由于受到屏幕尺寸的限制，则每行串联点数建议不超过 11 个。

2）双线圈输出时，前一次输出无效，只有最后一次输出才有效。为防止误操作，应尽量避免双线圈输出；但不同编号的输出元件可以并行输出，如图 3-72 所示。本事件的特例是，同一程序的两个绝不会同时执行的程序段中可以有相同的输出线圈。

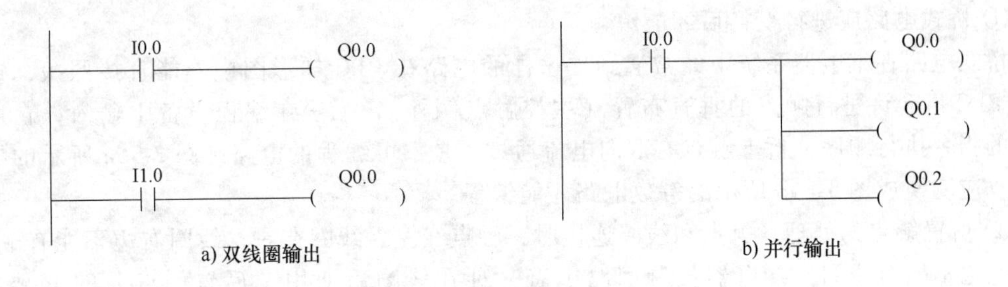

图 3-72 双线圈和并行输出

3）线圈不能直接与左母线相连。如果的确需要，可以通过一个没有使用元件的动断触点或特殊内部标志位存储器 SM0.0（常 ON）来连接，如图 3-73 所示。

4）适当安排编程顺序，以减小程序步数。

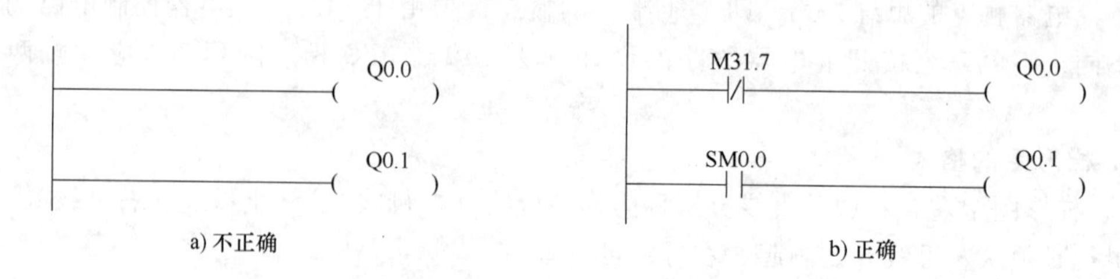

图 3-73　线圈与母线的连接

① 串联多的电路应尽量放在上部。几个串联支路相并联时，应将触点最多的那个支路放在最上面。如图 3-74 所示，图 b 比图 a 可节省一条语句表指令。

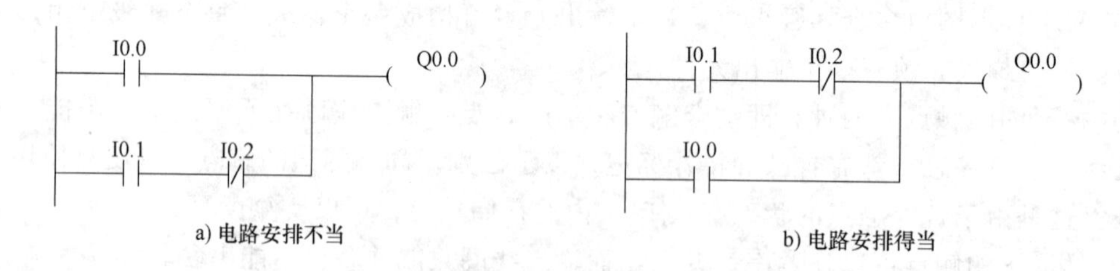

图 3-74　串联多的电路应放在上部

② 并联多的电路应靠近左母线。几个并联回路相串联时，应将触点最多的支路放在最左面。如图 3-75 所示，图 b 比图 a 可节省一条语句表指令。

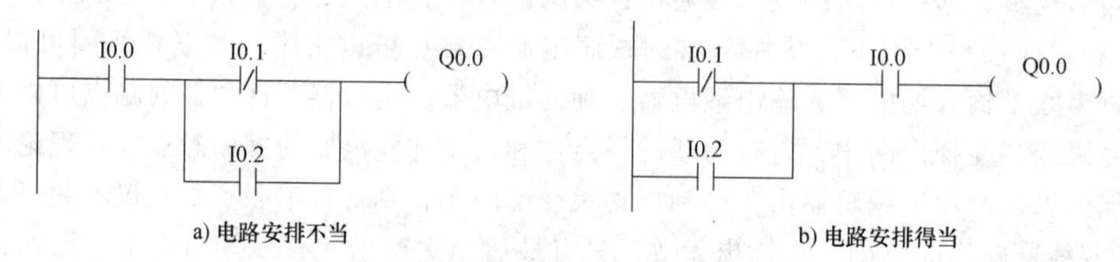

图 3-75　并联多的电路应靠近左母线

5）不能编程的电路应进行等效变换后再编程。

① 桥式电路应进行变换后才能编程。

桥式电路在继电器系统中经常遇到，这样的电路在 PLC 梯形图中不能直接照搬，这是因为 PLC 不允许进行触点的垂直布置（主控触点例外），无法在编程设备中输入；它违背 PLC 的指令执行顺序，桥上触点有双向电流通过，是不可编程的电路。图 3-76a 所示的桥式电路，应变换成图 3-76b 所示的等效电路才能编程。

② 后置触点的处理。触点和线圈连接时，触点在左、线圈在右；线圈右边不能有触点，触点左边不能有线圈。继电器控制回路中有一种在线圈后使用“后置触点”的情况，在 PLC 梯形图中不允许将“触点条件”放在线圈后面，线圈右边的触点应放在线圈的左边才能编程，如图 3-77 所示。

③ 对复杂电路，用 ALD、OLD；ANB、ORB 等指令难以编程，可重复使用一些触点画出其等效电路，然后再进行编程，如图 3-78 所示。

6）设置中间元件。图 3-79a 是继电器控制回路中常用的两个输出连接情况，在梯形图

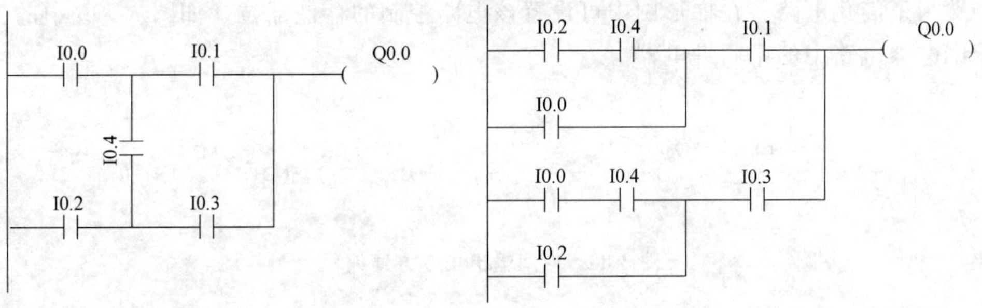

a) 桥式电路　　b) 等效电路

图 3-76　桥式电路的需要进行变换

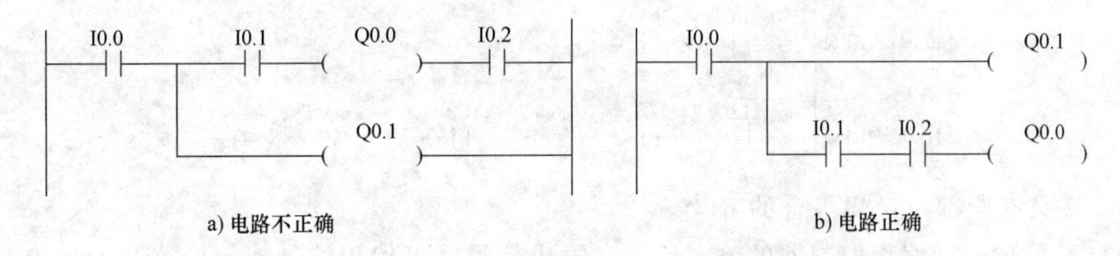

a) 电路不正确　　b) 电路正确

图 3-77　线圈右边的触点应放其左边

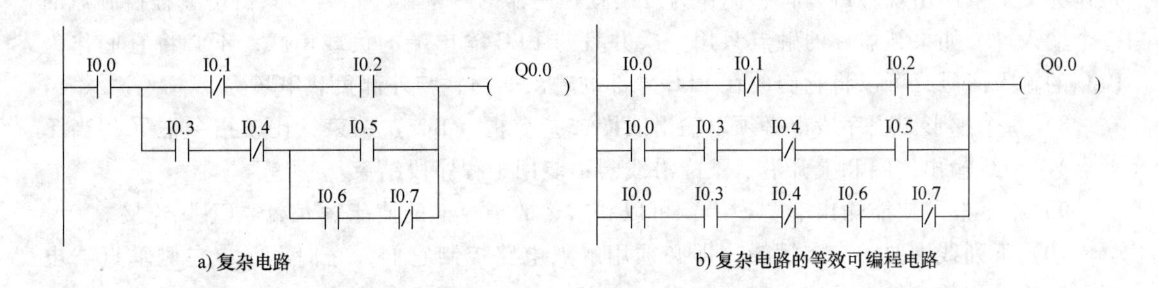

a) 复杂电路　　b) 复杂电路的等效可编程电路

图 3-78　复杂电路处理后再编程

中可进行编程，但这样的线路需要通过“堆栈”操作指令才能实现，如果不考虑使用“堆栈”操作指令，可采用图 3-79b 的形式。在梯形图中，若多个线圈都受某一触点串并联电路

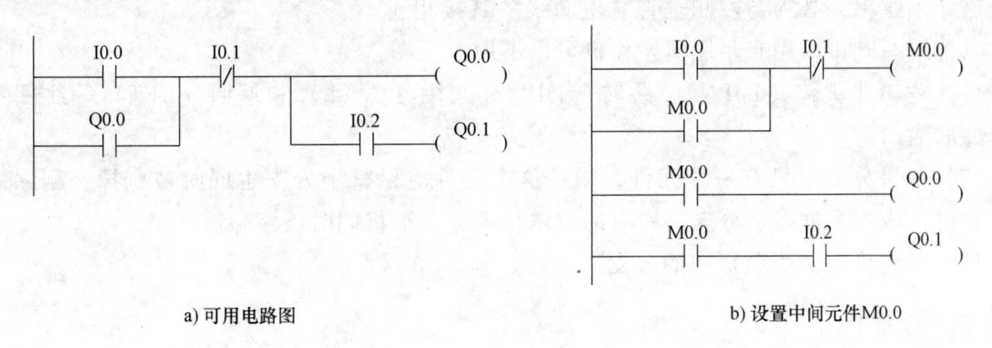

a) 可用电路图　　b) 设置中间元件M0.0

图 3-79　设置中间元件方便编程

的控制，为了简化电路，在梯形图中可设置该电路控制的存储器位，如图 3-79b 中的 M0.0，类似于继电器电路中的中间继电器。

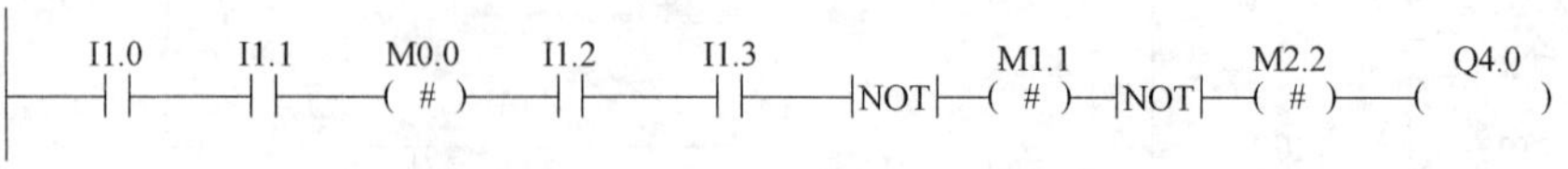

```
  I1.0   I1.1   M0.0   I1.2   I1.3         M1.1        M2.2    Q4.0
--| |----| |----( # )---| |----| |---|NOT|--( # )--|NOT|--( # )----(    )
```

图 3-80　中间输出指令方便编程

如图 3-80 所示，中间输出指令是一个中间赋值元素，可将 RLO 位（信号流状态）保存到指定<地址>。这一中间输出元素可保存前一分支元素的逻辑结果，对编程需要时非常便捷。

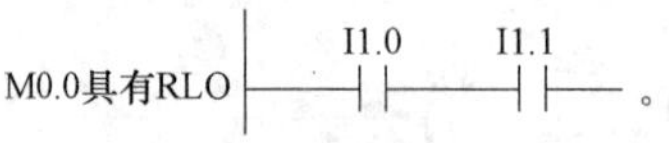

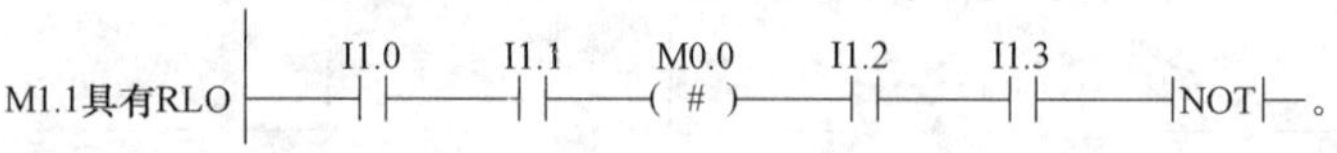

```
               I1.0   I1.1
M0.0具有RLO --| |----| |-- 。

               I1.0   I1.1   M0.0   I1.2   I1.3
M1.1具有RLO --| |----| |----( # )---| |----| |---|NOT|- 。
```

M2.2 具有全部位逻辑组合的 RLO。

7）尽量减少可编程控制器的输入信号和输出信号。可编程控制器的价格与 I/O 点数有关，因此减少 I/O 点数是降低硬件费用的主要措施。如果几个输入器件触点的串并联电路总是作为一个整体出现，可以将它们作为可编程控制器的一个输入信号，只占可编程控制器的一个输入点。如果某器件的触点只用一次并且与 PLC 输出端的负载串联，不必将它们作为 PLC 的输入信号，可以将它们放在 PLC 外部的输出回路，与外部负载串联。

8）每个梯形图程序段都必须以输出线圈或指令框（Box）结束，比较指令框（相当于触点）、中线输出线圈和上升沿、下降沿线圈不能用于程序段结束。

9）指令框的使能输出端“ENO”可以和右边的指令框的使能输入端“EN”连接。

10）下列线圈要求布尔逻辑，即必须用触点电路控制它们，它们不能与左侧垂直“电源线”直接相连：输出线圈、置位（S）、复位（R）线圈；中线输出线圈和上升沿、下降沿线圈；计数器和定时器线圈；逻辑非跳转（JMPN）；主控继电器接通（MCR<）；将 RLO 存入 BR 存储器（SAVE）和返回线圈（RET）。

主控继电器激活（MCRA）；主控继电器关闭（MCRD）和打开数据块（OPN）等线圈不允许布尔逻辑，必须与左侧垂直“电源线”直接相连。

其他线圈既可以用布尔逻辑操作也可以不用。

11）逻辑非跳转（JMPN）、跳转（JMP）、调用（CALL）和返回（RET）等线圈不能用于并联输出。

12）如果分支中只有一个元件，删除这个元件时，整个分支也同时被删掉。删除一个指令框时，该指令框除主分支外所有的布尔输入分支都将同时被删除。

13）不允许生成引起短路的分支。

3.4.2 梯形图的优化

在梯形图编程中，调整某些指令的先后顺序，从实现的动作上看并无区别，但是当转换为语句表以后，指令不尽相同，占用的存储器容量也有区别。在编程时应尽可能调整指令，使得程序简化、执行过程简单。

（1）并联支路的处理

并联支路的设计应考虑逻辑运算的一般规则，在若干支路并联时，应将具有串联触点的支路放在上面，以节省程序执行时的堆栈操作，减少指令步数。

（2）串联支路的处理

串联支路的设计同样应考虑逻辑运算的一般规则，在若干支路串联时，应将具有并联触点的支路放在前面，从而节省程序执行时的堆栈操作，减少指令步数。

（3）辅助继电器的使用

在程序设计时对于需要多次使用的若干逻辑运算的组合，应尽量使用内部辅助继电器。这样不仅可以简化程序，减少指令步数，更重要的是在逻辑运算条件需要修改时，只需要修改内部继电器的控制条件，而无须修改所有程序，为程序的修改与调整提供了便利。

第4章

编程软件STEP 7的应用

4.1 STEP 7 介绍

4.1.1 关于 STEP 7

STEP 7 具有很广泛的功能：①作为 SIMATIC 工业软件的一个扩展选项包；②为功能模块和通讯处理器分配参数；③强制模式与多值计算模式；④全局数据通信；⑤使用通信功能块进行的事件驱动数据传送；⑥组态连接。

1. STEP 7 的基本任务

使用 STEP 7 创建自动化解决方案时，将面对一系列基本任务。图 4-1 给出了大多数项目都需要执行的任务，并将其分配给一个基本步骤。

2. 可选步骤

在图 4-1 中，有两个方法可供选择：①先组态硬件，然后进行块编程；②先编程、后组态，常用于保养和维护工作时，例如，将已编程的块集成到现有的项目中。

3. 单个步骤的简要描述

1）安装 STEP 7 和许可证密钥。第一次使用应安装 STEP 7，并将许可证密钥从磁盘传送到硬盘。

2）规划控制器。使用 STEP 7 前应对自动化方案进行规划，将过程分解为单个任务，并创建一个组态图。

3）设计程序结构。使用 STEP 7 中的块，将控制器设计草图中所描述的任务转化为一个程序结构。

4）启动 STEP 7。通过 Windows 用户接口启动 STEP 7。

5）创建项目结构。项目类似于一个文件夹，所有数据均按照一种体系化的结构存储在其中，并供随时使用。项目创建完毕后，所有其他任务均将在该项目中执行。

6）组态站。对站进行组态，指定希望使用的可编程控制器，例如 SIMATIC 300、400、S5。

7）组态硬件。对硬件进行组态时，可在组态表中指定自动化解决方案要使用的模块以及用户程序对模块进行访问的地址，也可对模块参数及属性进行设置。

8）组态网络和通信连接。通信的基础是预先组态的网络。为此，需要创建自动化网络所需要的子网，设置子网属性，以及设置已联网工作站的网络连接属性和某些通信连接。

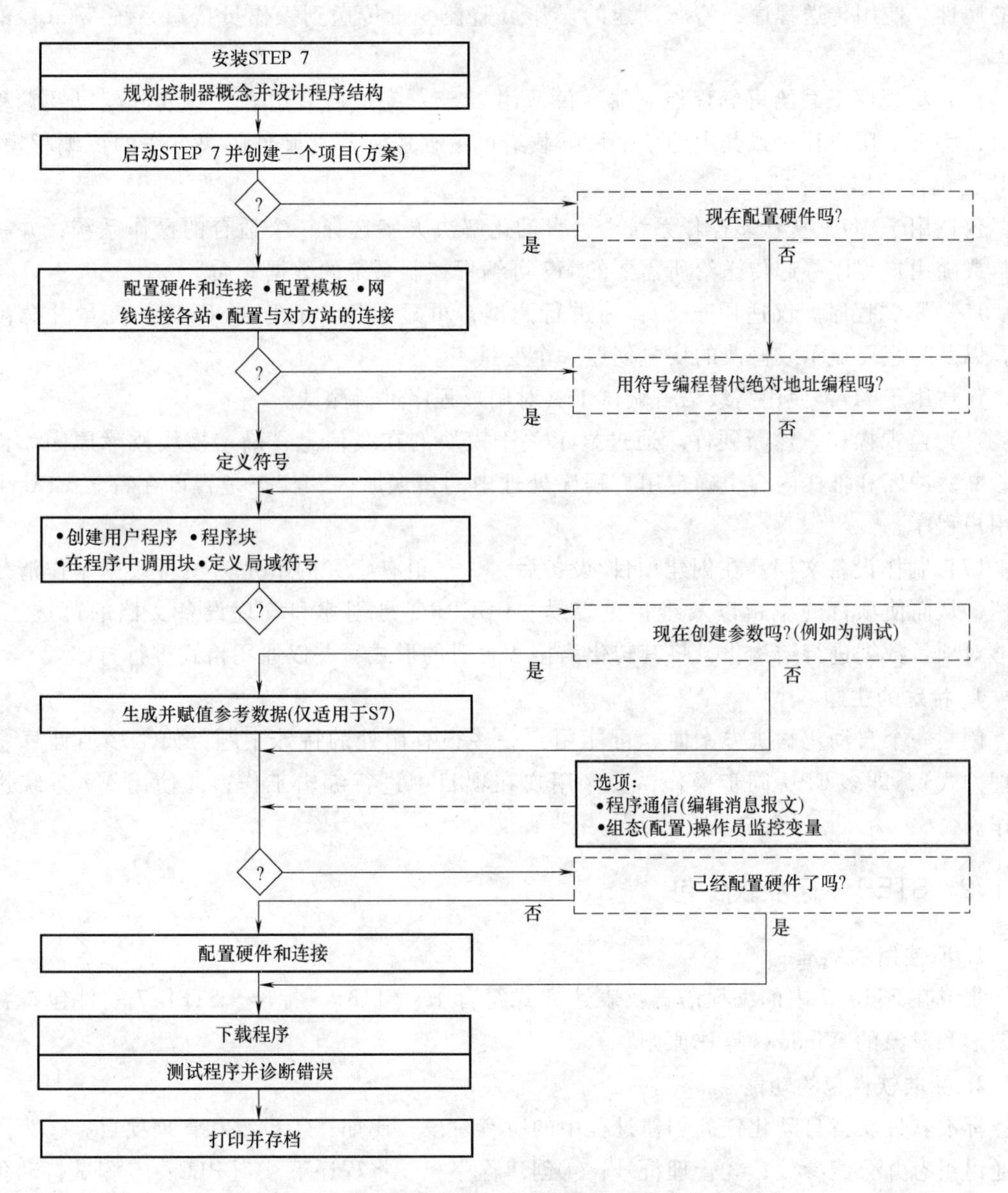

图 4-1　用 STEP 7 对自动化项目进行规划的基本步骤

9）定义符号。在符号表中定义局域符号或具有更多描述性名称的共享符号，以便替代用户程序中的绝对地址并进行使用。

10）创建程序。选用一种编程语言创建一个与模块链接或无关的程序，并存储为块、源文件或图表。

11）生成并赋值参考数据（仅适用于 S7）。充分利用这些参考数据，使用户程序的调试和修改更容易。

12）组态消息报文。比如通过文本内容和属性，使用传送程序，将所创建、生成的与块相关的消息报文组态数据传送给操作员接口系统数据库（例如，WinCC、ProTool）。

13）组态操作员控制与监视的变量。在 STEP 7 中创建的操作员监控变量，应分配所需要的属性。使用传送程序，将所创建的操作员监控变量传送到操作员接口系统 WinCC 的数据库。

14）将程序下载给可编程控制器。仅适用于 S7：完成所有组态、参数分配以及编程任务后，将整个用户程序或其中的单个块下载给可编程控制器（硬件解决方案的可编程模块，CPU 已包含操作系统）。

仅适用于 M7：从众多操作系统中为自动化解决方案选择一个适合的操作系统，并将它独自或随用户程序一起传送给所需要的 M7 可编程控制系统的数据介质。

15）测试程序。仅适用于 S7：为进行测试，可显示用户程序或 CPU 的变量并分配数值，以及为想要显示或修改的变量创建一个变量表。

仅适用于 M7：使用高级语言调试工具对用户程序进行测试。

16）监视操作、诊断硬件。通过显示关于模块的在线信息，确定模块故障原因。借助于诊断缓冲区和堆栈内容，确定用户程序处理中的错误原因，检查是否可在特定 CPU 上运行用户程序。

17）制作设备文档。在创建项目/设备后，一件很有意义的事是为项目数据制作清楚的文档，从而使项目的编辑以及维护更容易。DOCPRO 是创建和管理设备文档的可选工具，能够对项目数据进行结构化，将其转化为接线手册的形式，并以通用格式进行打印。

4. 特殊的主题

创建一个自动化解决方案时，可能用到一些很有用处的特殊主题，如①多值计算（多处理方式），即多 CPU 同步操作；②多用户在项目中进行编辑工作；③使用 M7 系统进行工作。

4.1.2 STEP 7 标准软件包

1. 所使用的标准

集成在 STEP 7 中的编程语言及表达方式符合 EN 61131-3 标准。STEP 7 软件包符合面向图形和对象的 Windows 操作原则。

2. 标准软件包的功能

标准软件支持自动化任务创建过程中的所有阶段，比如：①设置和管理项目；②为硬件和通讯组态并分配参数；③管理符号；④创建程序；⑤将程序下载到 PLC；⑥测试自动化系统；⑦诊断设备故障。

3. STEP 7 中的应用程序

STEP 7 标准软件包中包含有一系列应用程序（工具），如图 4-2 所示。

无需分别打开各个工具，在选择相应功能或打开对象时，将会自动启动这些工具。

4. SIMATIC 管理器

图 4-3 所示的 SIMATIC 管理器能够管理一个自动化项目中的所有数据，无论是何种类型的可编程序控制系统（S7/M7/C7），编辑数据所需的工具均由 SIMATIC 管理器自动启动。

5. 符号编辑器

符号编辑器管理所有共享符号，具有以下功能：①给过程信号（输入/输出）、位存储器以及块设置符号名称和注释；②分类、排序；③从其他 Windows 系统中导入/导出程序。

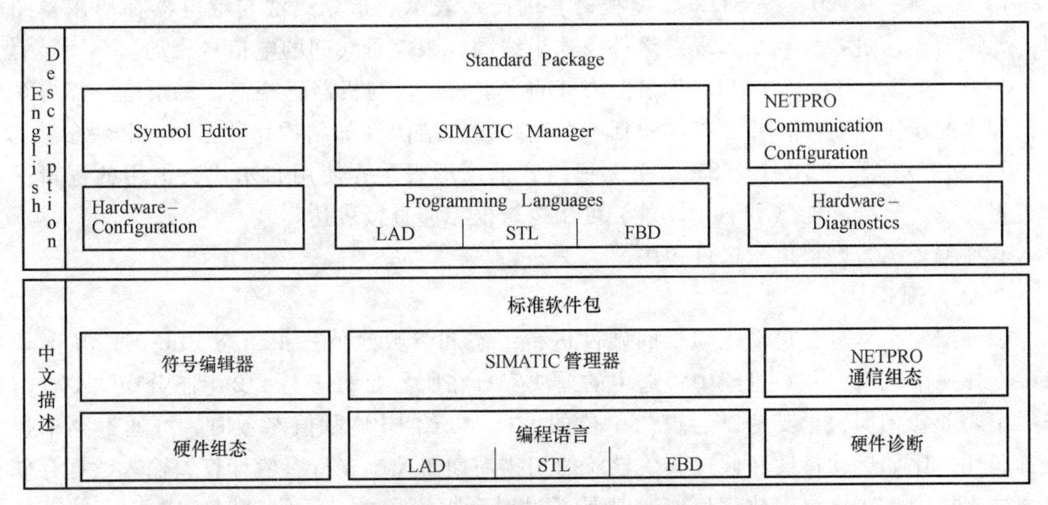

图 4-2 STEP 7 中的应用工具

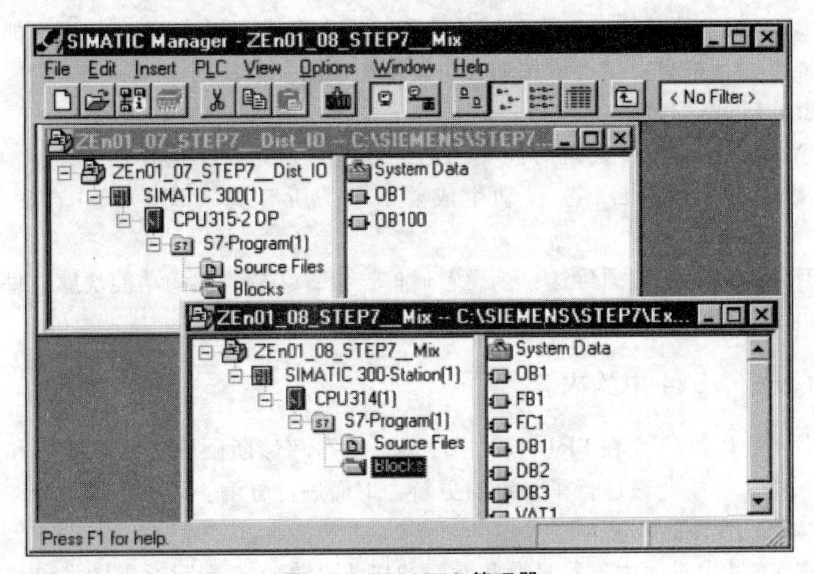

图 4-3 SIMATIC 管理器

6. 硬件诊断

PLC 状态可概览，用符号指示各模块是否故障；双击故障模块可显示详细信息，范围视各个模块而定，包括：①模块订货号、版本、名称等常规信息及模块故障状态；②中央 I/O 和分布式（DP）从站的模块信息（例如通道故障）；③诊断缓冲区的消息报文。

对于 CPU，则显示附加信息：①程序处理中的故障原因；②周期持续时间（最长、最短及上周期）；③MPI 通信可能概率和负载；④性能数据（位存储器、I/O、C、T 和块数目）。

7. 编程语言

用于 S7-300 PLC 和 S7-400 PLC 的编程语言梯形图（Ladder Logic）、语句表（Statement List）和功能块图（Function Block Diagram）集成在一个标准软件包中。

1）梯形图（LAD）是 STEP 7 编程语言的图形表示。指令语法与继电器梯形逻辑图相似：允许能流流过各种触点、复杂组件及输出线圈，跟踪母线间的电信号流动。

2）语句表（STL）是 STEP 7 编程语言的文本表示，与机器码相似，每条指令都与 CPU 执行程序的步骤相对应，并已扩展包括一些高级语言结构（如结构化数据访问和块参数）。

3）功能块图（FBD）是 STEP 7 编程语言的图形表示，使用布尔代数惯用的逻辑框表示逻辑功能，复合功能（如算术功能）可用逻辑框相连直接表达。

其他编程语言则提供于选件包中。

8. 硬件配置

硬件配置工具可对自动化项目的硬件进行组态和参数赋值：①组态 PLC 时，从电子目录中选择一个机架，并在机架中将选中的模块安排在所需要的槽上。②组态分布式 I/O 与组态集中式 I/O 相同，也支持以通道为单位的 I/O。③给 CPU 赋值参数时，可通过菜单指导设置属性，比如启动特性和通过菜单导航的扫描周期监控、支持多值计算、输入数据存储在系统数据块中。④模块参数赋值时，都是通过对话框设置的，不需通过 DIP 开关；CPU 启动过程中，自动向模块传送参数，表明调换模块时无须重新赋值。⑤功能模块（FM）和通信处理器（CP）的参数赋值，也是在硬件组态工具中完成；每个 FM 和 CP，都有模块特定对话框和规则，对话框只提供有效选项，防止不正确的参数输入。

9. NetPro（网络配置）

可使用 NetPro 通过 MPI 实现时间驱动的循环数据传送：①选择通信站点（节点）；②在表中输入数据源和数据目标，自动生成要下载的所有块（SDB），并自动完全下载到 CPU 中。

也可实现事件驱动的数据传送：①设置通信连接；②从集成的功能块库文件中选择通信或功能块；③以选定的编程语言为所选通信或功能块赋值参数。

4.1.3 STEP 7 V5.4 中的内容

编程软件 STEP 7 V5.4 在 SIMATIC 管理器、组态和诊断硬件、组态网络和连接、标准库、系统错误报告等主题区进行了一定的更新，下面进行分解。

1. SIMATIC 管理器

1）STEP V5.4 中有两种显示日期和时间的格式：STEP 7 国际通用格式和 ISO 8601 标准格式。为此，在 SIMATIC 管理器中打开“自定义（Customize）”对话框，然后选择“日期和时间（Date and Time）”标签。

2）从 STEP 7 V5.4 起始，可使用编程设备（PG）/PC 的本地时间来显示模块时间，具体设置过程与前项相同。

3）从 STEP 7 V5.4 起始，可通过设置口令（密码）来选择限制对项目及库文件的访问，为此必先安装 SIMATIC Logon V1.3 SP1（今后称为 SIMATIC Logon）。

4）在 STEP 7 V5.4 中设置了项目和库访问保护后，还可选择保留修改日志，保持日志的在线记录，比如“下载（Download）”，“工作模式改变（Operating Mode Changes）”和“复位（Reset）”，为此也必先安装 SIMATIC Logon V1.3 SP1。

2. 组态和诊断硬件

1）支持“信息和维护（Information and Maintenance）”过程，可读/写模板识别信息，

SIMATIC 管理器中也有该功能。

2）在冗余模式期间，还可通过“可访问节点（Accessible Nodes）”将标识数据写入PROFIBUS-DP 接口模块（当支持时）。

3）通过 CAx 数据导入或导出，在 STEP 7 和 CAD 系统或 CAE 工程系统间交换数据。

4）可在冗余模式期间更新 PROFIBUS-DP 接口模块固件，即升级硬件版本（当支持时）。通过活动状态的有源背板，冗余接口模板可将更新的硬件版本发送给其他冗余的接口模板。

5）“软件冗余（Software Redundancy）”功能现在允许复制并冗余插入 PA 链路及其从属 PA 从站。

6）编辑硬件组态：现可通过“编辑（Edit）”→“打开对象（Open Object）”菜单指令直接打开 HW Config 中编辑对象的应用程序。

7）可给 PROFINET IO 设备配置（组态）一个看门狗时间（Watchdog Time）。

8）同［SIMATIC 管理器］第2）条。

3. 组态网络和连接

1）支持 PROFINET IO 进行等时实时通信（Isochronous Realtime，IRT），为 PROFINET IO 组态短时的等时总线循环时间。

2）能直接将 IO 设备复制到另外的站中，若 IP 地址重复，则定义在插入时修改，保留 IP 地址或重新分配一个地址。

3）现在可以使用与 PROFIBUS-DP 从站相似的方式设置 PROFINET IO 设备的看门狗时间：在“IO 周期（IO Cycle）”标签中，该选项在设备属性中可以选择。

4）使用 PROFIBUS-DP 的光学部件、组态光纤环路时，可指定所需光纤模块（OLM），有助于精确计算总线参数，另外表明在使用较高性能的设备部件后，能缩短总线周期。

4. 标准库

1）标准库“通信块（Communication Blocks）”中扩展了 FB 67 和 FB 68 等功能块，以用于开放（Open）式 TCP/IP 通信。

2）标准库“通信块（Communication Blocks）”中扩展了 FB20~FB23 等功能块，用于周期性读取标准 PROFIBUS 用户设备的数据（PROFIBUS Nutzerorganisation e. V PNO）。

3）除冗余（Redundant）库“冗余 IO（V1）”外，还有新的块库“冗余 IO CGP”（通道粒状外围设备），它支持单模块通道的冗余性。

5. 系统错误报告

从 STEP 7 V5.4 起始，有支持 PROFIBUS 诊断功能的数据块 DB125，用于输出 HMI 设备上的诊断事件。

STEP 7 V5.4 升级到 V5.5，主要区别在硬件更新上。

4.1.4　STEP 7 标准软件包的扩展应用

扩展标准软件包的可选软件包分为三组：①工程工具（Engineering Tool）：是较高层次的编程语言和面向工艺的软件；②运行版软件（Run-Time Software）：用于生产过程而无须架框；③人机界面（Human Machine Interface）：专用于操作员监控。

1. 工程工具（Engineering Tool）

工程工具（Engineering Tool）面向任务，用于扩展标准软件包，包括编程人员使用的高级语言、技术人员使用的图形语言，以及诊断、模拟、远程维护、设备文档制作等的扩展软件，如图 4-4 所示。

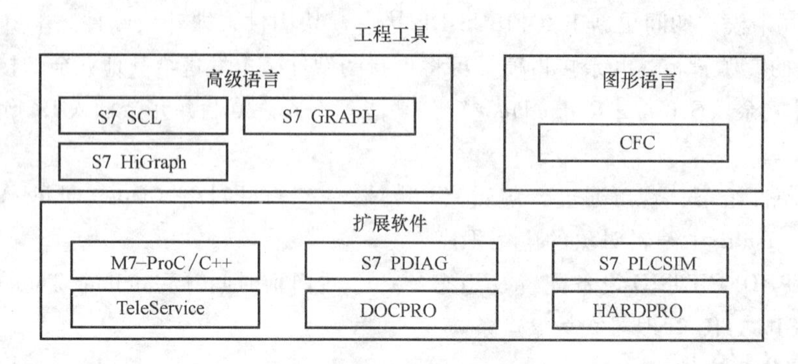

图 4-4　可选软件的工程工具

（1）高级语言

下列语言作为可选软件包，用于 S7-300/400 PLC 的编程：①S7 GRAPH 编制顺序控制（步和转换）程序，过程顺序被分割为步，从一步到另一步的转换由转换条件控制。②S7 HiGraph 以状态图的形式描述异步、非顺序过程，系统被分解为几个不同状态的功能单元，在图形间交换报文实现同步。③S7 SCL 是符合 EN 61131-3（IEC 1131-3）标准的高级文本语言，结构与 Pascal 和 C 语言类似，例如用于复杂编程或经常重复使用的功能。

（2）图形语言

CFC 用于 S7 和 M7，以图形方式连接已有的功能，涵盖从简单的逻辑操作到复杂的闭环和开环控制等广域，在库中以块的形式提供，编程时将块拷贝到图表中并用线连接。

（3）扩展软件

Borland C++（仅用于 M7）包含 Borland 开发环境；使用 DOCPRO，可将用 STEP 7 生成的全部组态数据构造为接线手册，这使得组态数据的管理更为容易，并且按指定标准准备好打印信息；HARDPRO 是 S7-300 PLC 硬件组态系统，支持用户对复杂自动化任务的大范围组态；M7-ProC/C++（只用于 M7），允许将编程语言 C 和 C++的 Borland 开发环境集成到 STEP 7 的开发环境中；使用 S7 PLCSIM（仅适于 S7）模拟连接到编程设备或 PC 的 S7-PLC，以进行测试；使用 S7 PDIAG（仅用于 S7），可进行标准化组态 S7-300/S7-400 PLC 过程诊断，检测 PLC 外的故障及状态（例如未到达限位开关）；使用 TeleService，就可使用编程器或 PC，通过电话网对 S7 和 M7 PLC 作远程在线编程和服务。

2. 运行版软件（Run-Time Software）

运行软件提供可在用户程序中调用的即时使用的解决方案，直接在自动化解决方案中执行，如图 4-5 所示。其包括：用于 S7 的控制器，如标准、模块化和模糊逻辑控制；用于链接可编程控制器与 Windows 应用程序的工具；用于 M7 的实时操作系统。

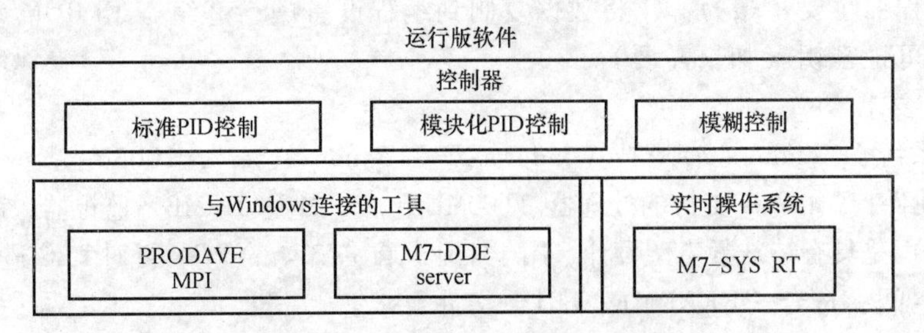

图 4-5　可选软件的运行版软件

（1）用于 SIMATIC S7 控制器

使用标准 PID 控制，可将连续控制器、脉冲控制器以及步进控制器集成到用户程序中，使用带有集成控制器设置的参数赋值工具，可在一个很短的时间内将控制器最优化。如果简单的 PID 控制器不足以解决某个自动化任务，则使用模块化 PID 控制，通过连接标准功能块，构建几乎任何控制结构；当过程很难或无法用数学模型描述、过程特性不可预知或者出现非线性，但具有过程运行的经验时，可使用模糊控制生成模糊逻辑系统。

（2）用于连接 Windows 的工具

PRODAVE MPI 是 S7、M7 和 C7 之间过程数据通信量的工具栏，可自动控制通过 MPI 接口的数据流量；M7 DDE 服务器（动态数据交换）用于将 Windows 应用程序链接到 M7 中的过程变量，且无须另外编程。

（3）实时操作系统

M7-SYS RT 包含 M7 RMOS 32 操作系统和系统程序，是 M7 软件包使用 M7-ProC/C++和 CFC 的前提条件。

3. 人机界面（Human Machine Interface）

人机界面（HMI）是专用于 SIMATIC 中操作员控制和监视的软件，其构成如图 4-6 所示。

图 4-6　可选软件的人机界面

开放的过程监视系统 WinCC，是一个基本的操作员接口系统，包括所有重要的操作员控制和监视功能，可用于任何工业系统和使用任何工艺；ProTool 和 SIMATIC ProTool/Lite 是用于组态操作员面板（OP）和 C7 紧凑型设备的现代工具；ProAgent 通过建立有关故障原因和位置的信息可实现对系统和设备有目的的快速过程诊断。

4.2　编程软件 STEP 7 的安装与卸载

1. 安装 STEP 7

通过 Windows 2000/XP/Server 2003 系统，STEP 7 安装程序可自动完成，通过菜单可控制整个安装过程。主要步骤为：①将数据复制到编程设备中；②组态 EPROM 和通信驱动程序；③安装许可证密钥（如果需要）。

（1）安装要求

1）操作系统：Windows 2000 或 Windows XP、Windows Server 2003。

2）基本硬件：Windows 支持的处理器（600MHz）、RAM 达 512MB、监视器、键盘和鼠标等，编程设备（PG）是具有特殊紧凑型设计、用于工业、配备齐全的 PC，可对 PLC 进行编程。

3）硬盘空间：符合“README. WRI”文件要求。

4）MPI 接口（可选）：若需与 PLC 通信，则在 PG 或 PC 与 PLC 间使用多点接口（MPI），需要一个与设备通信端口连接的 PC USB 适配器，或在设备中安装 MPI 模块（如 CP5611）。

（2）安装步骤

1）准备安装。软件安装前，先启动操作系统，若已在 PC 硬盘上保存有可安装的 STEP 7 软件，则无须外部存储介质；若从 CD-ROM 安装，需插入 CDROM。

2）启动安装程序，进入安装过程。如此操作：①读取 CD-ROM，双击“SETUP. EXE”文件。②按照屏幕上安装程序的指示进行安装。安装期间，对话框提示从显示的选项中进行选择。

（3）设置 PG/PC 接口

组态通信可在安装期间显示一个对话框中进行，将参数分配给 PG/PC 接口；也可安装后在 STEP 7 程序组中调用“设置 PG/PC 接口”对话框，修改接口参数。

参数分配给 PG/PC 接口的步骤：①“控制面板（Control Panel）”中双击“设置 PG/PC 接口（Setting PG/PC Interface）”；②将“应用访问点（Access Point of Application）”设置为“S7ONLINE”；③在“所用接口参数集（Interface Parameter set used）”列表中，选择所要求的接口参数设置。若没有显示所要求的，则通过“选择（Select）”按钮安装一个模块或协议，然后自动产生接口参数设置。在即插即用系统中，不能手动安装 CP（如 CP 5511）。在 PG/PC 中安装硬件后，将自动集成到“设置 PG/PC 接口”中。

2. 卸载 STEP 7

按通常的 Windows 步骤卸载 STEP 7：①在“控制面板”中双击“Add/Remove Programs”图标，启动 Windows 用于安装软件的对话框。②在安装软件显示的项目表中，选择 STEP 7，单击“添加/删除软件（Add/Remove）”按键。③若“删除共享的文件（Remove Shared File）”对话框出现，在不能确定是否删除时，单击“No”按键。

4.3 设计自动化解决方案

4.3.1 设计自动化项目的一般步骤

规划自动化项目的一般步骤，如图 4-7 所示。

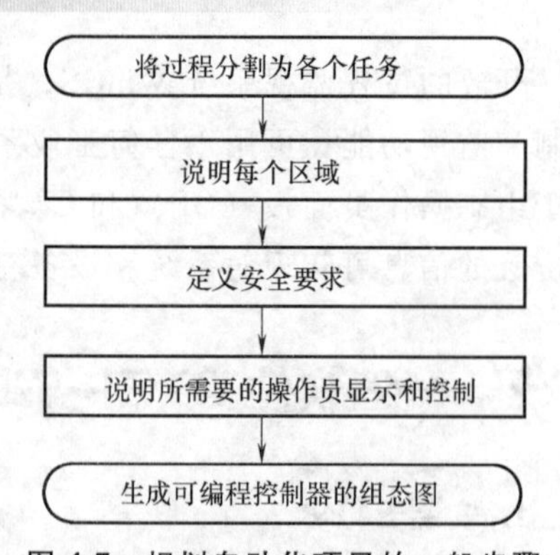

图 4-7 规划自动化项目的一般步骤

4.3.2 设计油压装置自动化示例

一个自动化过程包括许多单独的任务，通过识别一个过程内的相关任务组，然后将这些组再分解为更小的任务，即使最复杂的过程也能定义。图 4-8 所示将水力发电站油压装置自动操作过程构造为功能区域和单个的任务。

1. 将过程分割为任务和区域

图 4-9 所示为定义要控制的过程后，将项目分割成相关的组或区域。

每组分为小任务，控制过程所要求的任务就不那么复杂了，见表 4-1。在油压装置自动操作过程示例中，分成了 4 个不同的区域（集油槽油位信号未列入此控制），1 号压力油泵的区域中包含的设备与 2 号压力油泵的区域相同。

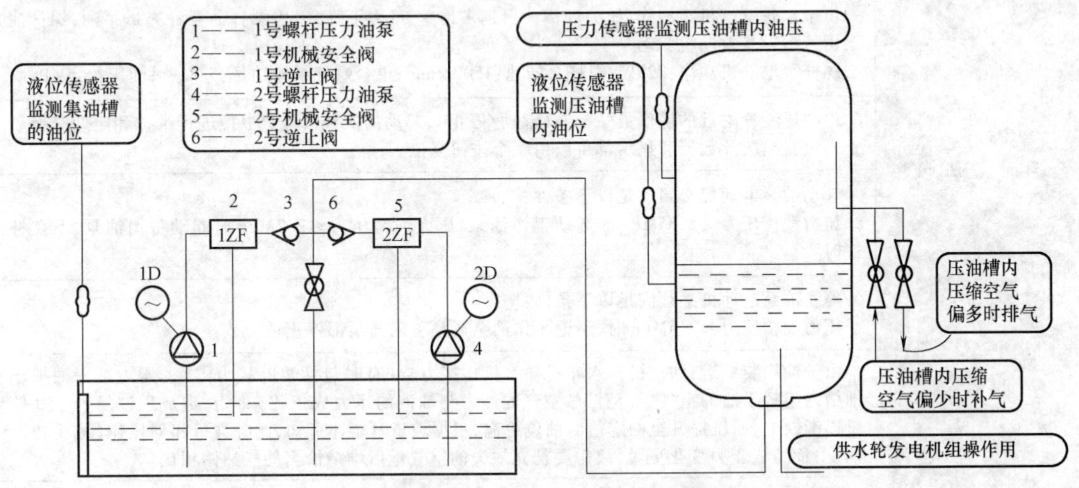

图 4-8　水力发电站油压装置系统图

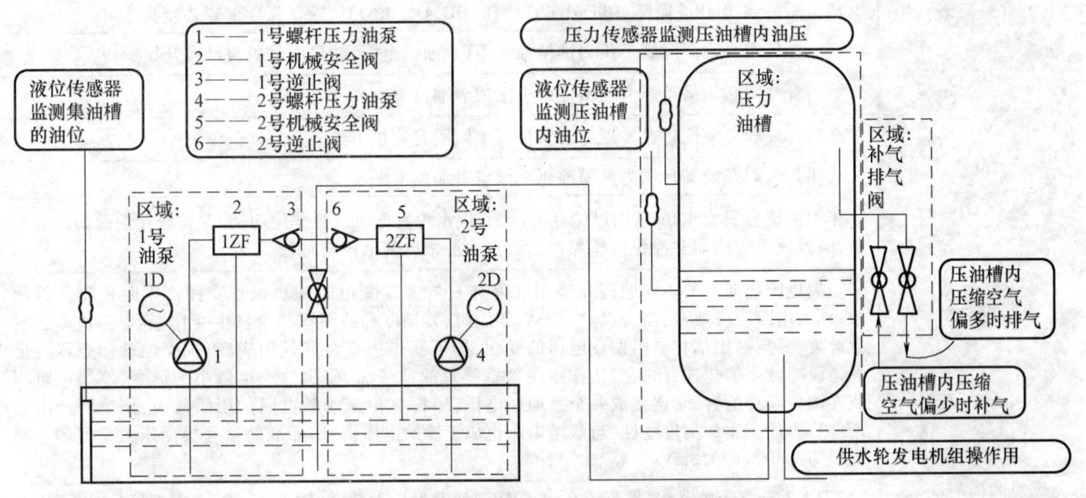

图 4-9　水力发电站油压装置系统图区域分割

表 4-1　水力发电站油压装置功能区域和使用的设备

功能区域	使用的设备
1 号油泵电动机组	1 号螺杆油泵、1 号电动机、1 号机械安全阀、1 号逆止阀、油管
2 号油泵电动机组	2 号螺杆油泵、2 号电动机、2 号机械安全阀、2 号逆止阀、油管
压力油槽	压力油无缝钢罐、压油槽内压力传感器、压油槽内液位传感器
补气阀、排气阀	连接压缩空气系统的可控补气阀、向大气排气的可控排气阀

2. 说明各个功能区域

说明过程中每个区域和任务时，不仅要定义每个区域的操作，而且要定义控制该区域的各种组件，包括：①每个任务电气的、机械的和逻辑的IO；②各任务间的互锁和相关性。

表4-2对油压装置自动操作过程中使用的油泵电动机组和阀门进行精确描述，以识别其操作特性和操作过程所要求的互锁类型。

表4-2　HYZ-4.0油压装置各组成部件的说明

组成部件	说明
HYZ-4.0之1号、2号螺杆油泵电动机	由于水轮发电机组操作，压力油槽油量越来越少、压力下降，需用螺杆油泵补充透平油；螺杆油泵由笼型异步电动机驱动 螺杆泵电动机功率：22kW；螺杆泵转速：1500r/min；单台螺杆泵输油量：5.8L/s；油压：2.5MPa
	由油压装置附近的操作员站控制（起动/停止），起动的次数被计数以便进行维护和定期交换工作、备用位置，计数器和显示都可以由一个按钮复位
	起动油泵电动机必须满足以下条件： 压力油槽压力≤2.35MPa时起动工作油泵、压力油槽压力≤2.2MPa时起动备用油泵、不在补气时段
	停止油泵电动机必须满足以下条件： 压力油槽压力≥2.5MPa时，不论工作油泵还是备用油泵都停止
自动补气装置（例如QZB球阀型）	由于油压装置运行时，操作水轮机导水机构接力器（有时包括桨叶接力器）的压力透平油把压油槽内溶解于油的空气（油液溶解空气的能力与油液的压力成正比）带走，造成压油槽内空气储量逐渐缺失、油压提升至额定值时油位更高，根据玻意耳定律可知，此时进行相同操作（减少相同油量）而造成压力变化更大，故需要补充缺失的空气量以维持恰当的气油体积比
	QZB球阀型自动补气装置是由一个二位三通电动球阀、一个手动补气球阀、一个手动排气球阀及单向阀、安全阀等组成；补气和排气都由用户过程控制
	额定压力：4.0MPa；通径：10mm；工作电压：DC24V；JB6381.1-92标准卡套式接头
	开启补气阀必须同时满足压力油槽油压下限、油位上限、油泵电动机组没有开始运行
	关闭补气阀必须满足压力油槽油压上限或者油位下限
	开启排气阀必须同时满足压力油槽油压上限同时油位下限
	关闭排气阀必须满足压力油槽油压下限或者油位上限
压力油槽与油压、油位传感器	压力油槽容积为$4.0m^3$，用以储存高压油，供水轮发电机组操作使用；为保证操作油源的压力平稳，装设压力传感器和油位传感器以监测压力油槽内的油压与油位
	金属电阻应变片的工作原理是吸附在基体材料上应变电阻随机械形变而产生阻值变化的现象，称为电阻应变效应，当金属丝受外力作用时，其长度和截面积都会发生变化，其电阻值即会发生改变，只要测出加在电阻两端电压的变化，即可获得应变金属丝的应变；抗腐蚀的陶瓷压力传感器没有液体的传递，压力直接作用在陶瓷膜片的前表面，使膜片产生微小的形变，厚膜电阻印刷在陶瓷膜片的背面，连接成一个惠斯通电桥（闭桥），由于压敏电阻的压阻效应，使电桥产生一个与压力成正比的高度线性、与激励电压也成正比的电压信号，标准的信号根据压力量程的不同标定为2.0/3.0/3.3mV/V等
	XTP133压力变送器，测量范围0~4.0MPa，精度为0.25%FS，输出4~20mA模拟信号，用于压油槽压力监视及控制信号的模拟量提供
	磁致伸缩传感器是磁致伸缩液位计监测系统的核心，而传感器的核心敏感组件（此致伸缩线）具有应变值高、电（磁）机械波转换能力强的特点，能将微小的磁声向量变化转变为机械波。传感器有不锈钢杆（内置超磁伸缩线）和浮球（内置稀土永久磁铁）两部分组成。当电子部件中脉冲发生器产生的电脉冲沿钢管内的磁致伸缩线传递时，电脉冲电流同时伴随产生一个垂直于磁致伸缩线的环形磁场，并以光速沿磁致伸缩传递。当电脉冲环形磁场与浮子固有磁场相遇，两者的磁场相互作用，产生瞬时扭力并在磁致伸缩线上形成一个机械扭力波脉冲，该机械扭力波以一定速度传递返回到电子部件，电子部件拾取脉冲。通过测量发射电脉冲与返回扭力波脉冲之间的时间差，就可以精确的计算出被测液面高度或液位
	SD-M系列磁致伸缩液位计模拟探棒智能设计，采用16位D-A转换器，4~20mA输出信号

3. 画出输入/输出图

为每个被控设备写出物理说明后，应如图 4-10 所示为每个设备或任务区域画出输入/输出图。

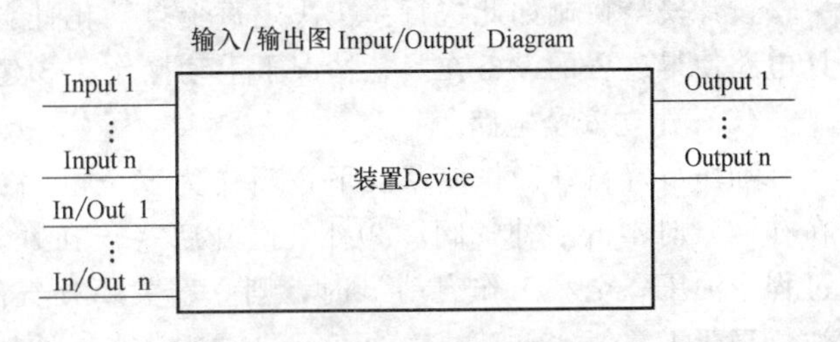

图 4-10　装置的输入/输出图

4. 为电动机生成一个 I/O 图

油压装置自动控制使用了两台笼型异步电动机，各自由自己的功能块“Motor Block ”控制，对两套油泵机组都一样。如图 4-11 所示，该块需要 4 个输入：两个用于启动和停止，一个用于复位维护，一个用于起动次数的计数器号码。逻辑块还需 4 个输出：一个指示故障，两个指示电动机的操作状态，一个指示电动机应维护了；还需要一个输入/出参数起动电动机，块用作控制电动机但同时也在“电动机块”的程序中编辑并修改。

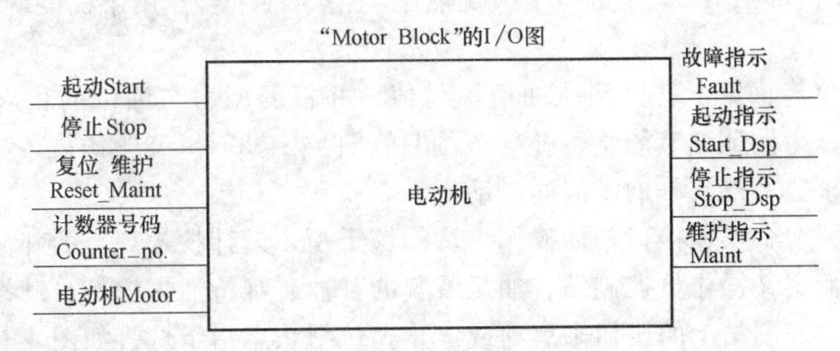

图 4-11　油泵电动机的 I/O 图

5. 为阀门创建一个 I/O 图

每个阀门都由功能块“Valve block” 控制，块有两个输入：一个开阀，一个关阀；还有两个输出：一个指示阀是打开的，另一个指示阀是关闭的；还有一个输入/出参数用于启动该阀。块用于控制阀门，同时也在“Valve Block” 的程序中编辑和修改。

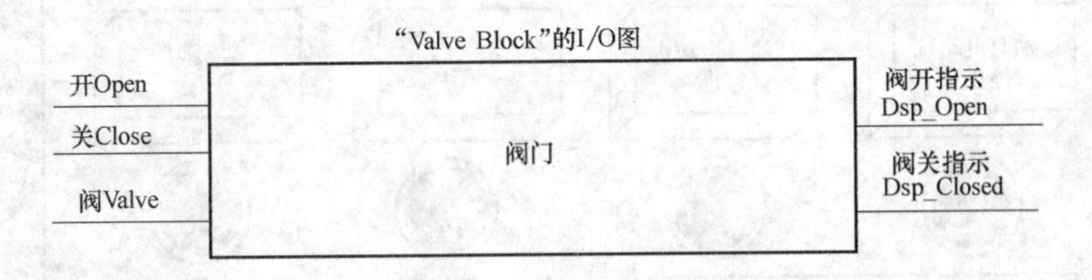

图 4-12　压油槽补气、排气用阀门的 I/O 图

6. 建立安全要求

根据法定的要求及公共健康和安全政策，决定为确保过程安全还需要哪些附加组件。在描述中还应包括安全组件对过程区域的影响。

(1) 定义安全要求

确定哪些设备需要硬件接线电路以达到安全要求。通过定义，安全电路的操作独立于 PLC 之外（虽然安全电路通常提供一个 I/O 接口以便与用户程序相配合）。通常组态一个矩阵来连接每一个执行器，并有自己的紧急断开范围，这个矩阵是安全电路的电路图基础。

设计安全机制如此进行：①决定每个自动化任务间逻辑的和机械的/电气的互锁；②设计电路使得过程的设备在紧急情况下手动操作；③建立过程更进一步的安全操作要求。

（2）建立安全电路

油压装置自动操作使用以下逻辑作为安全电路：①两台油泵电动机中有一台运行（正在补油）时不开启补气阀。②补气阀开启（正在补气）时不起动油泵电动机组。③若补气过程中油压降至“工作启动”时，则立即关闭补气阀，启动油泵恢复油压至额定；若此时油位高于正常值，再又补气，直至油位正常。④油压事故低（1.0MPa）时使水轮发电机组事故停机。⑤机械安全阀动作时进行报警。

7. 描述所需要的操作员显示和控制

油压降低至工作油压（90%P_e）时，PLC 输出“工作启动”指令，立即接通“工作”电动机运转补油，控制面板上对应指示灯点亮；若油压继续降低至备用油压（85%P_e）时，PLC 再输出“备用启动”令，立即接通“备用”电动机加入补油，并点亮相应指示灯；事故低油压（75%P_e）时，PLC 输出“事故低油压”指令（主要作用于机组事故停机），对应指示灯点亮。

PLC 通过液位传感器自动监测压油槽油位值，并根据压力与油位的相应关系，自动补气，机组运行时，为保证调节能量，补气范围只允许在（90%~98%）P_e 之间进行。而且，按照现场规程要求，补气与补油不能同时动作。

每个过程需要一个操作接口，使操作人员能够干预。设计技术规范的部分包括操作员控制站的设计。我们定义操作员控制站，油压装置的补油、维持油气比例自动控制过程中，每个设备都由操作员控制站上的按钮来启动或停止，包括状态指示灯，如图 4-13 所示。

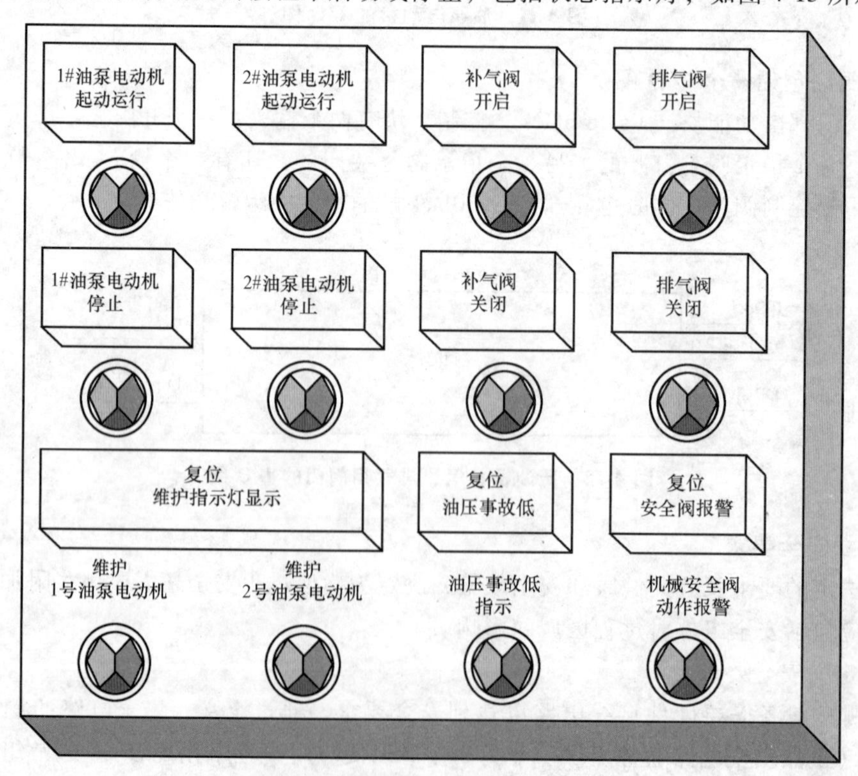

图 4-13 油压装置自动操作之控制面板

操作站上还包括设备经过一定起动次数后需要维护的指示灯，还有两个复位按钮用以关断维护显示灯，并将相应计数器清零。

8. 生成一个组态图

图 4-14 为油压装置自动操作的 S7-300PLC 组态图，指定了以下方面：①CPU 类型；②I/O 模板的类型及数量；③物理输入和输出的组态。

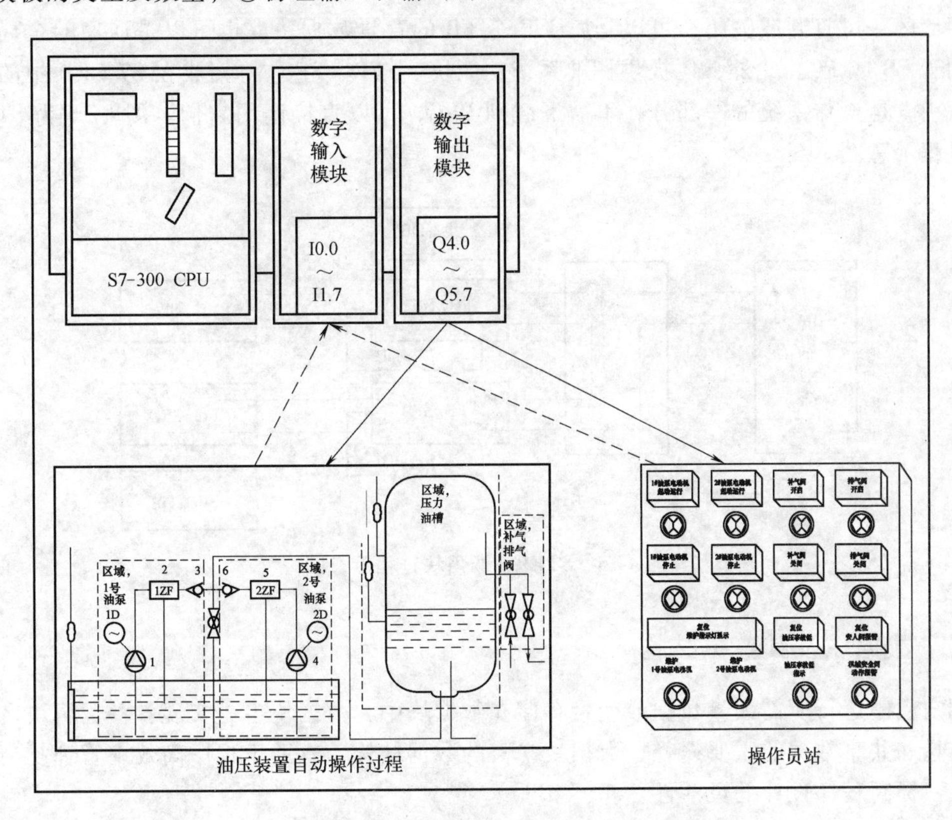

图 4-14　油压装置自动操作过程的 S7 组态

4.4 用户程序结构基础

如何把程序的各部分清晰地组织起来，即选择适合控制任务要求的程序结构很关键，STEP 7 有线性、分部式和结构化等三种编程方法可供选用。

线性编程将整个用户程序写在一个指令连续的块中，处理器线性或顺序地扫描每条指令，是 PLC 最初模拟的硬接线继电器梯形逻辑图模式，适合于比较简单的控制任务。

分部式编程将用户程序分成相对独立的指令块，每个块包含给定的部件组或作业组的控制逻辑，各分块的执行顺序由组织块指令决定。

结构化编程要求程序提供并反复调用一些通用指令块，以便控制相似或相同的部件，给通用块提供的参数明确了各部件的控制差异。此法先进，适合复杂控制，并支持多人协同编写大型程序。另外，程序结构层次清晰，部分程序通用化、标准化，易于修改和调试。

为支持结构化程序设计，STEP 7 将用户程序分类归为不同的逻辑块，选用组织块（Organizing Block，OB）、功能块（Function Block，FB）或功能（Function，FC）等三种类型，而数据块（Data Block 或 Data Instance Block，DB 或 DI）用于存储所需的数据。

OB1 是主程序循环块，任何情况下都是需要的。功能块（FB、FC）实际是子程序，分为带“记忆”的功能块 FB 和不带“记忆”的功能块 FC。FB 通过背景数据块（Instance Data Block）“记忆”；功能块 FC 没有背景数据块。数据块（DB）是用户定义的用于存取数据的存储区，可打开或关闭，可以是属于某个 FB 的背景数据块，也可以是通用的全局数据块，用于 FB 或 FC。此外，还提供标准系统功能块（SFB、SFC），集成在 S7 CPU 中的功能程序库中，是操作系统的一部分，不需下载到 PLC，可以直接调用它们。图 4-15 为 STEP 7 调用过程示意图。

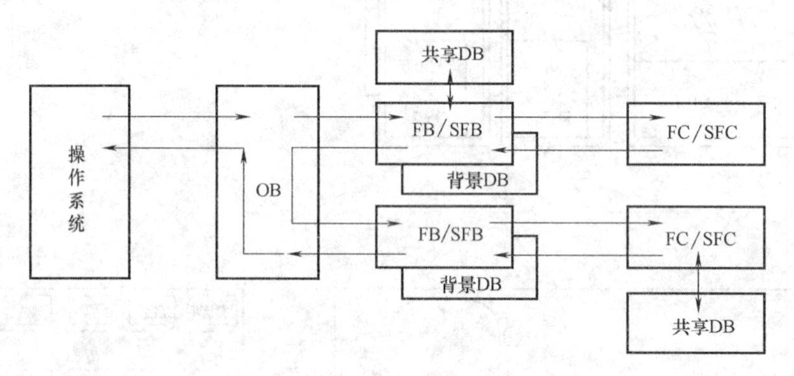

图 4-15　STEP 7 调用块过程示意图

4.4.1　数据块及其数据结构

用户程序运行所需大量数据或变量存储在数据块中，数据块也是实现各种逻辑块之间交换、传递和共享数据的重要途径，数据块丰富的数据结构，有助于程序高效率管理复杂的变量组合，提高程序设计的灵活性。

1. 数据块

数据块定义在 CPU 存储器中，可建立一个或多个数据块，但 CPU 对数据块数量及数据总量有限制，例如 CPU 314 用作数据块的存储器最多为 8KB（8192Byte），用户定义的数据总量不能超过这个限制。数据块须遵循先定义后使用的原则，否则将造成系统错误。

（1）定义数据块

编程阶段和运行阶段都能定义数据块，大多数在编程阶段用 SETP 7 定义，包括块号、块变量符号名、数据类型以及初始值等。定义块变量的顺序及类型，决定了数据块的数据结构，变量的数量决定块大小。数据块在使用前，必须作为程序的一部分下载到 CPU 中。

若确实需要，可用 SFC22 在程序运行中动态定义一个数据块，这时自动产生块号，块在存储器中的位置是动态分配的。由于要定义的数据块有可能大于 CPU 存储器（用于数据块的部分）的剩余空间，因此动态定义过程可能失败，使用 SFC22 定义数据块必须慎重。

（2）访问数据块

用户程序中可能定义了许多数据块，每个块中又有许多不同类型的数据，因此访问时需要明确块号和块数据类型与位置。根据明确块号的不同方法，有多种方法访问块数据。

1）直接访问。直接在访问指令中写明数据块号，例如：

```
L      DB6.DBW18
T      DB12.DBW36
L      Motor_1.velocity                    //符号地址
```

2）先打开后访问。访问某数据块中的数据前，先“打开”这个块，即将块号（块的起始地址）装入数据块寄存器。这样存放在块中的数据，就可利用块起始地址加偏移量的方法来访问，例如：

```
OPN    DB6
L      DBW18
OPN    DB12
T      DBW36
```

无专门的数据块关闭指令，在打开一个数据块时，先打开的自动关闭。由于有两个数据块（DB和DI）寄存器，所以最多同时打开两个数据块。一个是背景数据块，块起始地址存储在DI寄存器中；另一个是共享数据块，块起始地址存储在DB寄存器中。不用在FB程序中用OPN DIn指令打开数据块，调用FB时自动打开背景数据块，此时使用DI寄存器。

（3）背景数据块和共享数据块

S7系列PLC具有功能强大的数据块，是存放执行用户程序时所需变量的数据区，分为背景数据块（Instance Data Block，IDB）和共享数据块（Shared Data Block，SDB）。STEP 7按数据生成的顺序自动为数据块中的变量分配地址。IDB与FB相关联，仅用于指定FB访问，因此创建IDB时，需指定已存在的所属FB。调用FB时，也须指明IDB编号和符号。

背景数据块IDB中的数据信息为自动生成，是FB变量声明表中的内容（不包括临时变量TEMP）。功能块FB建好后，创建背景数据块的方法为：在Blocks目录下右侧空白区单击鼠标右键，弹出菜单中选择“Insert New Object”→“Data Block”，即插入一个DB，在弹出的对话框中填写DB名称、选择背景数据块（Instance DB）和已建立的功能块例如FB1，单击“OK”，就完成了背景数据块的插入和属性设置。

共享数据块存储的是全局数据，被所有OB、FB、FC读取或写入数据。SDB的数据不会被删除，即具有数据保护功能，数据容量与具体PLC有关。SDB的生成方法为：在Blocks目录下右侧空白区单击右键，弹出菜单中选择“Insert New Object”→“Data Block”插入一个DB，在弹出对话框“Name and type”中填入共享数据块名称、选择Shared Data Block，则FB选项框自动变灰不能选择。

一般每个FB都有一个对应的IDB，一个FB也可使用不同的IDB。若几个FB需要的背景数据完全相同，为节省存储器，则定义一个IDB供它们分别使用。通过多重背景数据，也可将几个FB需要的不同的背景数据定义在一个IDB中，以优化数据管理。

各数据块在CPU存储器中没有区别，只是由于打开方式不同，才有IDB和SDB之分。原则上，任何一个数据块都可当作IDB或SDB使用，实际上，一个数据块由FB当作IDB使用时，必须与FB的要求格式相符。

2. 数据结构

STEP 7数据块中的数据结构形式比较丰富，既可以是基本数据类型（包括BOOL、BYTE、WORD、D-WORD、INT、D-INT、FLOAT或REAL等），也可以是位数超过32或由其他数据类型构成的复式数据类型。表4-3为STEP 7允许4种复式数据类型。

表4-3 复式数据类型

名称	类 型	说 明
日期-时间	DATE_AND_TIME	长度8Byte(64位),按BCD码格式顺序存储以下信息:年(字节0),月(字节1),日(字节2),小时(字节3),分(字节4),秒(字节5),毫秒(字节6及字节7的高半字节),星期(字节7的低半字节)
字符串	STRING	字符串是一组ASCII码,一个串内可定义最多254个字符,占用256 Byte内存,串中每个字符占用1Byte,内存中头两个字节存储串的长度信息。第一个字节存放此串的定义长度(默认值254字符),第二个字节存放字符串的实际长度,例如String[7]定义长度为7的字符串,占用内存9Byte(2+7),若不定义长度则默认为254个字符
数组	ARRAY	由一种数据类型组成的数据集合,数据类型可以是基本数据类型或复式数据类型。通过下标访问数组中的数据,可定义到6维数组
构造	STRUCT	由多种数据类型组成的数据集合

另一种复式数据类型称为“用户数据类型(UDT)”,是利用STEP 7“程序编辑器”产生的可命名构造。日期-时间数据类型的名称,位数及格式由操作系统定义,用户不可改变,并且该类型在S7-300PLC中必须用标准功能块SFC才能访问。其他复式数据类型,则由用户在逻辑块变量声明表或数据块中定义。

4.4.2 数组

数组(ARRAY)是同一类型的数据组合而成的一个单元,生成数组时应指定名称,声明数组类型时要使用关键词ARRAY,用下标(Index)指定维数(最多为6)和大小。

1. 建立数组

在PLC储器中,一个数组将同种数据类型组合成整体,但不能建立数组的数组。图4-16描述了一个二维整数数组,符号名“Op_ temps”,用符号名加下标可访问数组中的数据,具体第一个整数是Op_ temps [1, 1],第二个整数是Op_ temps [1, 2],第三个为Op_ temps [1, 3],第四个为Op_ temps [2, 1],第五个整数是Op_ temps [2, 2],第六个为Op_ temps [2, 3]。

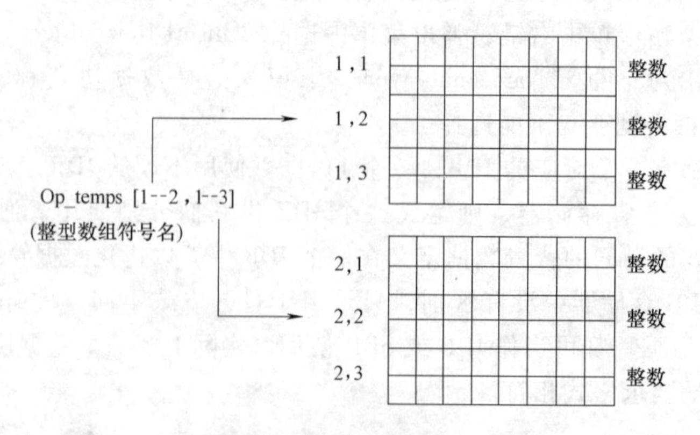

图4-16 数组的存储结构

数组可在数据块中定义,也可在逻辑块的变量声明表中定义。在SIMATIC管理器中用菜单命令“Insert（插入）”→“S7 Block”→“Data Block”生成一个数据块，单击该数据块的图标，在出现的窗口中用声明表显示方式来生成一个用户定义的数组。在新生成的数据块的声明表中的第一行和最后一行，标有STRUCT（结构）和END_ STRUCT（结构结束）。

申明数组先命名，接着使用关键字（ARRAY），然后在方括号给出数组的大小与维数。可定义6维的数组，并用下标来标识数组的大小，在方括号中放下标，各维之间用逗号隔开，每一维的首尾之间用双点 .. 隔开，一个下标可以为任何一个整数值（-32768～+32767）。

例如ARRAY [1..3，1..2，1..3，-2..3，30..32，1..4] 定义变量Op_ temps为6维数组，第一个整数为Op_ temps [1，1，1，-2，30，1]；最后一个整数为Op_ temps [3，2，3，3，32，4]。图4-17建立名字为Water_ 2x3的二维数组（与图4-16中相似），ARRAY下面一行的“INT”用来定义数组元素均为16位二进制整数，INT所在行的地址列中的“*2.0”表示一个数组元素占用2B，如该数组6个元素一共占用12B，地址列中的数字和加号等都是自动生成的。

Address	Symbol	Data Type	Initial Value	Comment
0.0		STRUCT		
+0.0	Water_ 2x3	ARRAY [1..2，1..3]	19，33，-45，462，3340，0	2×3数组
*2.0		INT		
=12.0		END_ STRUCT		

图4-17　建立数组

2. 赋初始值

在建立数组时，STEP 7允许以两种方式在ARRAY所在行的“Initial value”列中给数组的元素赋初始值，各元素的初值之间用英文逗号分隔，结束时不用标点符号。对图4-17中的数组，可为6个元素赋初始值：19，33，-45，462，3340，0；若初始值中有顺序相同的元素，写法可以简化。例如，使数组头两个元素设特定的数值，其余4个为13，则可简写为19，33，4（13），其中4为重复系数，13为需要重复的数值。

3. 访问数组

这里数组是数据块的一部分，利用数组中指定元素的下标可以访问数组数据，这时数据块、数组符号名及下标一起使用。如图4-2中声明的数组在DB20（符号名：MOTOR）的第一个字节处开始，用以下地址访问数组中的第二个元素：MOTOR.Water_ 2x3 [1，2]。

4. 利用数组传递参数

如果在块的变量声明表中声明形式参数的类型为ARRAY，可以将整个数组而不是某些元素作为参数来传递。在调用块时也可以将某个数组元素赋值给同一类型的参数。

将数组作为参数传递时，并不要求作为形式参数和实际参数的两个数组有相同的名称，但是要求形式参数和实际参数必须有同样的数据组织结构（例如都是由整数组成的2×3格式的数组）、相同的数据类型并按相同的顺序排列。

4.4.3　结构

结构（STRUCT）是将不同类型的数据组合成一个整体，又称构造，如图4-18所示。结构的元素可以是任何基本数据类型、复式数据类型（包括数组和结构）和用户定义数据类型（UDT）。一个结构由数组和结构组成，结构可以嵌套8层。

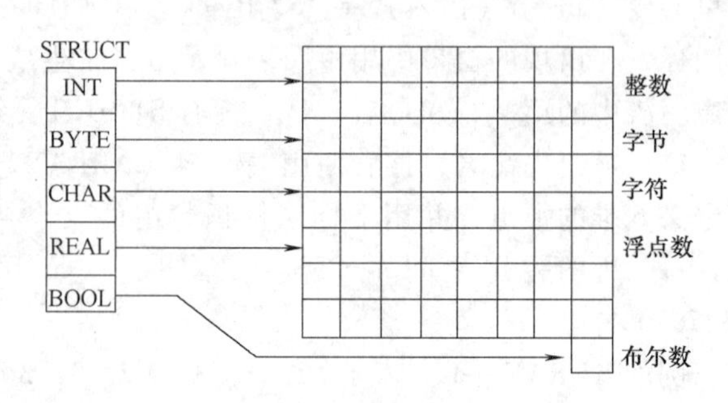

图 4-18 构造的存储结构

1. 建立结构

与数组一样，结构（Structure）可在数据块中定义，也可在逻辑块的变量声明表中定义。图 4-19 是一个由整数（存放数量）、字节（存放原始数据）、字符（存放控制码）、浮点数（存放温度）、布尔数（完成标志信号）组成的结构，名称为 Complex_ 1。

Address	Symbol	Data Type	Initial Value	Comment
0.0		STRUCT		
+0.0	Complex_ 1	STRUCT		
+0.0	Amount	INT	0	
+2.0	Original_ data	BYTE	B#16#0	
+3.0	Control_ code	CHAR	‘Z’	
+4.0	Temperature	REAL	98.6	
+8.0	End	BOOL	FALSE	
=10.0		END_ STRUCT		
=10.0		END_ STRUCT		

图 4-19 建立构造 Complex_ 1

为了生成一个结构，在 Complex_ 1 所在行的“Type”列输入“STRUCT”，在结构最后一个元素下面一列输入“END_ STRUCT”，分别表示用户定义结构 Complex_ 1 的开始和结束。在 STRUCT 和 END_ STRUCT 之间的各行输入结构的元素，其中的“Address”列的地址是自动生成的。各元素的地址列中的“+2.0”等表示元素的相对起始地址，“=10.0”表示该结构一共占用 8B。可以为各元素设置初值（Initial Value）和加上注释（Comment）。

2. 赋初始值

按每个元素的类型和名称给构造的每个元素赋初始值，并写入图 4-19 中的 Iinitial Value（初始值）栏的对应行中。

3. 利用结构传递参数

若在块变量声明表中，声明形参类型为 STRUCT，可将整个结构而不是某些元素作为参数来传递，调用块时也可将某个结构元素赋值给同一类型的参数。结构作为参数传递时，要求形参和实参具有相同的数据组织结构，即相同数据类型的结构元素按相同顺序排列。

4.4.4 用户数据类型

用户数据类型（UDT）必须首先单独建立，存放在特殊数据块中，如图 4-20 所示。在 SIMATIC 管理器中用菜单命令“Insert”→“S7 Block”→“Data Type”生成 UDT，默认的名称为 UDT1；也可鼠标右键单击 SIMATIC 管理器的块工作区，在弹出菜单中选择“Insert

New Object”→“Data Type” 命令，生成新的 UDT 并设置初值（Initial Value），并添加注释(Comment)。定义好后在符号表中指定一个符号名，使用 UDT 能节约录入数据的时间。

如图 4-20 所示用“程序编辑器”建立了一个 UDT，数据组织结构等与图 4-17 完全相同，但它们有着本质区别，结构是在数据块的声明中或在逻辑块的变量声明表中与别的变量一起定义的，但是 UDT 必须在名为 UDT 的特殊数据块内单独定义，并单独存放在一个数据块内，生成 UDT 后，在定义变量时将它作为一个数据类型来多次使用。

Address	Symbol	Data Type	Initial Value	Comment
0.0		STRUCT		
+0.0	Amount	INT	0	
+2.0	Original_ data	BYIE	B#16#0	
+3.0	Control_ code	CHAR	‘Z’	
+4.0	Temperature	REAL	98.6	
+8.0	End	BOOL	FALSE	
=10.0		END_ STRUCT		

图 4-20　建立用户数据类型（UDT200）

图 4-21 给出了一个使用 UDT 定义数据块（如 DB10）的例子，数据块 DB10 中定义了两个变量，一个为整型，另一个为用户数据类型（UDT200）。从图中可以看出，在数据块中 UDT 的用法，与基本数据类型的用法类似。

Address	Symbol	Data Type	Initial Value	Comment
0.0		STRUCT		
+0.0	Number	INT		
+2.0	Complex_ 2	UDT 200		
=12.0		END_ STRUCT		

图 4-21　使用 UDT

用符号地址或物理地址两种方式可以访问 UDT 中的变量。例如，在 DB10 中定义了图 4-21 所示格式的数据，DB10 的符号名为 Work，访问 Amount 变量可分别写为 DB10. DBW2 或 Work. Complex_ 2. Amount。

建立用户数据类型的目的是将 UDT 作为一种数据类型使用，便于定义多个结构相同的构造变量。图 4-21 建立的 Complex_ 2 与图 4-19 建立的 Complex_ 1 相比，不仅大小结构完全相同，而且对 Complex_ 1 和 Complex_ 2 中元素的访问方法也完全相同。建立 DB10 时，使用 UDT 而使数据块建立过程方便快捷，在多处使用同样的 UDT 时，这一优点更加突出。

4.5　功能块编程及调用

一个程序由许多部分（子程序）组成，STEP 7 将这些部分称为逻辑块，并允许块间相互调用。块调用指令中止当前块（调用块）的运行调用，然后执行被调用块的所有指令。一旦被调用块执行完成，调用块继续执行调用指令后的指令。图 4-22 给出了块的调用过程。

调用块可以是任何逻辑块，被调用块只能是功能块（除 OB 外的逻辑块）。

功能块由两个主要部分组成：一部分是每个功能块的变量声明表，变量声明表声明此块的局部数据；另一部分是逻辑指令组成的程序，程序要用到变量声明表中给出的局部数据。

调用功能块时，需提供块执行要用到的数据或变量，将外部数据传递给功能块称为参数传递。参数传递方式使得功能块具有通用性，能被其他块调用，以完成多个类似控制任务。

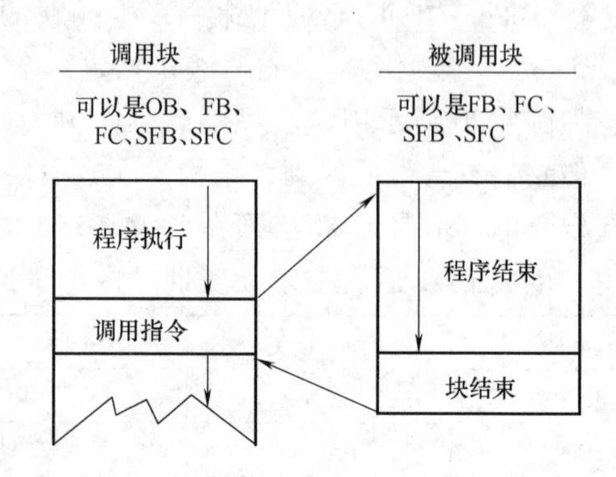

图 4-22 调用功能块

功能块 FB（Function Block）与功能 FC（Function）一样，都是用户编写的程序模块，能被其他程序块（OB、FB、FC）调用，这与 C 语言中的函数非常类似，也有自己的参数。在 FB 中以名称的方式给出的参数称作形参，调用 FB 时给形参赋的具体数值就是实参。

FB 与 FC 不同的是，FB 拥有自己的存储区，即背景数据块，而 FC 没有。调用任一个 FB 时，都须指定一个背景数据块。若调用 FB 时没有传递实参，则使用背景数据块中保存的值。

创建一个 FB 的方法为：在 Blocks 目录下的右侧空白区域单击右键，在弹出的快捷菜单中选择“Insert New Object”→“Function Block”，即插入了一个 FB，在弹出的对话框中填入 FB 的名称如 FB1、输入符号名和注释，并选择编程语言如 LAD，单击“OK”，就完成了功能块 FB1 的插入和属性设置。

创建一个 FC 的方法为：在管理器中打开 Block 文件夹，用鼠标右键点击右边的窗口，在弹出的菜单中选择“Insert New Object”→“Function”（插入一个功能）。

4.5.1 符号表与变量声明表（局域数据）

为了使程序易于理解，可给变量指定符号，符号表中定义的变量是全局变量，可供所有的逻辑块使用。

每个逻辑块前部都有一个变量声明表，在变量声明表中定义逻辑块用到的局域数据。局域数据分为参数和局域变量两大类，局域变量（只在它所在的一个块中有效）又包括静态变量和临时变量（暂态变量）两种。参数是在调用块和被调用块间传递的数据，静态变量和临时变量是供逻辑块本身使用的数据。

声明后在局域数据堆栈中为临时变量（TEMP）保存有效的存储空间。对于功能块，还要为配合使用的背景数据块的静态变量（STAT）保留空间。通过设置 IN（输入）、OUT（输出）和 IN_ OUT（输入/输出）类型变量，声明块调用时的软件接口（即形参）。用户在功能块中声明变量外，它们将自动出现在功能块对应的背景数据块中。

如果在块中只使用局域变量，不使用绝对地址或全局符号，可将块移植到别的项目。

块中的局域变量名必须以字母开始，只能由英语字母、数字和下划线组成，不能使用汉字，但是在符号表（定义的变量为全局变量）中定义的共享数据的符号名可以使用其他字符（包括汉字）。在程序中，操作系统在局域变量前面自动加上“#”号，共享变量名被自动加上双引号，共享变量可以在整个用户程序中使用。

表 4-4 给出了局域数据声明类型，表中内容的排列顺序，也是在变量声明表中声明变量的顺序和变量在内存中的存储顺序。在逻辑块中不需要使用的局域数据类型，可以不必在变量声明表中声明。

表 4-4　局域数据类型

变量名	类　型	说　　明
输入参数	In	由调用逻辑块的块提供数据，输入给逻辑块的指令
输出参数	Out	向调用逻辑块的块返回参数，即从逻辑块输出结果数据
I/O 参数	In_Out	参数的值由调用逻辑块的块提供，由逻辑块处理修改，然后返回
静态参数	Stat	静态变量存储在背景数据块中，块调用结束后，其内容被保留
临时参数	Temp	临时变量存储在 L 堆栈中，块执行结束变量的值因被其他内容覆盖而丢弃

对于功能块 FB，操作系统为参数及静态变量分配的存储空间是背景数据块，这样参数变量在背景数据块中留有运行结果备份。在调用 FB 时若没有提供实际参数，则功能块使用背景数据块中的数值，操作系统在 L 堆栈中给 FB 的临时变量分配存储空间。

对于功能 FC，操作系统在 L 堆栈中给 FC 的临时变量分配存储空间，由于没有背景数据块，因而 FC 不能使用静态变量，输入、输出、I/O 参数以指向实际参数的指针形式存储在操作系统为参数传递而保留的额外空间中。

对于组织块 OB 来说，调用是由操作系统管理的，用户不能参与，因此 OB 只有定义在 L 堆栈中的临时变量。

1. 形式参数与实际参数

为了保证功能块对一类设备控制的通用性，用户在编程时就不能使用具体设备对应的存储区地址参数（如不能使用 I2.0 等），而是使用这类设备的抽象地址参数，这些抽象地址参数称为形式参数，简称形参。通过调用功能块对具体设备控制时，将该设备的相应实际存储区地址参数（简称实参）传递给功能块，功能块在运行时以实际参数替代形式参数，从而实现对具体设备的控制，当对另一设备控制时，同样调用并将实际参数传递给功能块。

形式参数需在功能块的变量声明表中定义，实际参数在调用功能块时给出。在功能块的不同调用处，可为形式参数提供不同的实际参数，但实际参数的数据类型必须与形式参数一致。用户程序可定义功能块的输入值参数或输出值参数，也可定义一个参数作为输入输出值。参数传递可将调用块的信息传递给被调用块，也能把被调用块的运行结果返回给调用块。

一般地，函数的形参与实参具有以下特点：

1）形参变量只有在被调用时才分配内存单元，调用结束时即刻释放所分配的内存单元，因此形参在函数内部有效，函数调用结束返回主调用函数后则不能再使用该变量。

2）实参可以是常量、变量、表达式、函数等，无论实参是何种类型的量，在进行函数调用时，它们都必须有确定的值，以便把这些值传送给形参，因此应预先用赋值、输入等办法使参数获得确定值。

3）实参和形参在数量上、类型上、顺序上应严格一致，否则会发生类型不匹配的错误。

4）函数调用中发生的数据传送是单向的，即只能把实参传送给形参，而不能把形参的值反向地传送给实参，因此在函数调用过程中，形参值发生改变，而实参中的值不会变化。

2. 静态变量

静态变量在 PLC 运行期间始终被存储，S7 将静态变量定义在背景数据块中，当被调用块运行时，能读出或修改静态变量；被调用块运行结束后，静态变量保留在数据块中。由于只有功能块 FB 关联背景数据块，所以只能为 FB 定义静态变量，功能块 FC 不能有静态变量。

多重背景必须定义的静态变量，变量类型声明为“FB”。如图 4-23 所示，DB12、DB13 和 DB14 分别是 FB12、FB13 和 FB14 的背景数据块，其中 DB14 定义了多重背景。DB14 不仅提供了 FB14 的背景数据，也提供了 FB12 和 FB13 的背景数据。从图 4-23 中可以看出，在这种情况下，调用 FB12 或 FB13 的方法也有所不同。

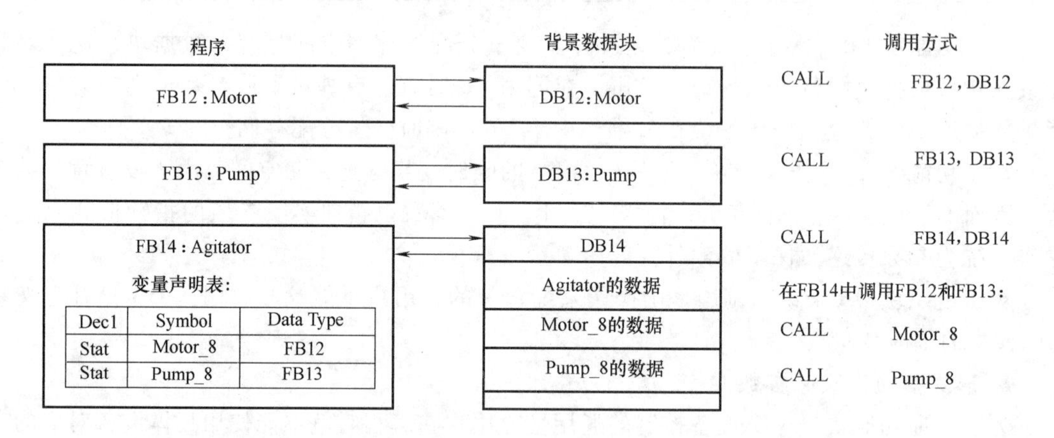

图 4-23 多重背景

3. 临时变量

临时变量仅在逻辑块运行时有效，逻辑块结束时存储临时变量的内存被操作系统另行分配，S7 将临时变量定义在局域数据堆栈（简称 L 堆栈）中，L 堆栈是为存储逻辑块的临时变量而专设的。当块程序运行时，在 L 堆栈中建立该块的临时变量，一旦块执行结束，堆栈重新分配，因而信息丢失。如图 4-24 所示为临时变量的窗口。

4. 程序库

程序库用来存放可以多次使用的程序部件，可以从已有的项目中将它们复制到程序库，也可以在程序库中直接生成程序部件。在管理器中用菜单命令“File”→“New”打开“New Project”对话框，在“Libraries”选项卡中可以生成新的程序库。用菜单命令“Option”→“Customize”打开“Customize”窗口，用“Ceneral”选项卡中的“Storage location for libraries”可以设置新库存放在计算机中的目录。用程序编辑器中的菜单命令“View”→“Overviews”可以显示或关闭梯形图编辑器右边的指令目录和程序库（Libraries）。

STEP 7 标准软件包提供下列的标准程序库：①系统功能块（SFB）、系统功能（SFC）和标准组织块（OB）；②S5-S7 转换块和 TI-S7 转换块：用于转换 STEP 5 程序或 TI 程序；③IEC 功能块：处理时间和日期信息、比较操作、字符串处理与选择最大值和最小值等；

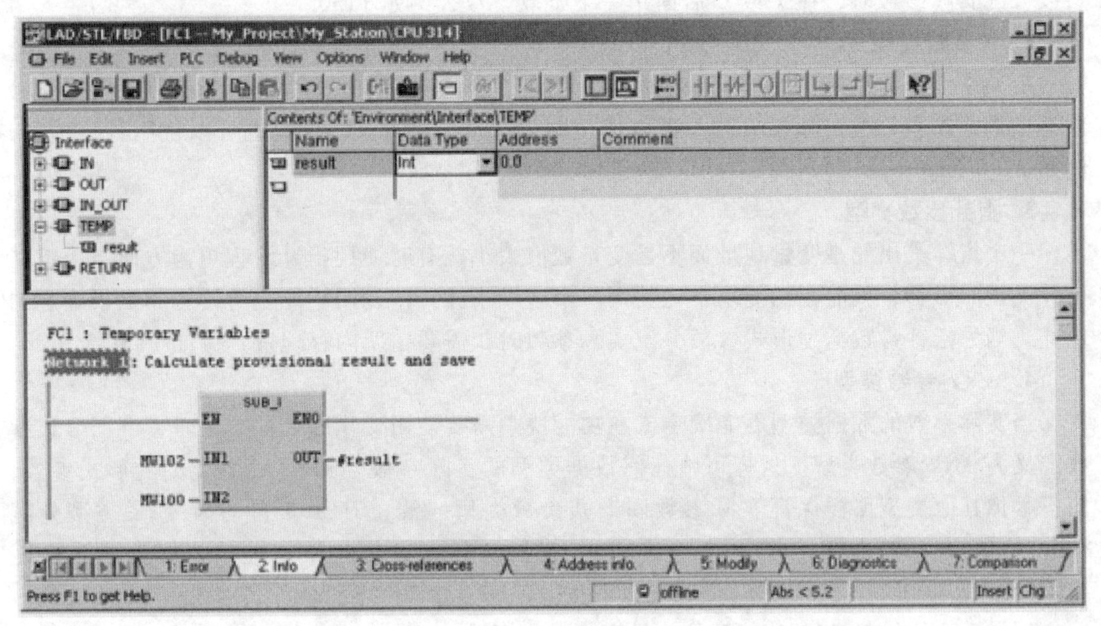

图 4-24　临时变量

④PID控制块与通信块：用于 PID 控制和通信处理器（CP）；⑤杂项功能块（Miscellaneous Blocks），例如用于时间标记和实时钟同步的块。

用户安装可选软件包后，还会增加其他的程序库。例如安装 S7 Graph 后会自动增加 S7 Graph 库。

4.5.2　逻辑块局部数据的类型

在变量声明表中，要明确局部数据的数据类型，这样操作系统才能给变量分配确定的存储空间。局部数据可以是基本数据类型或是复式数据类型，也可以是专门用于参数传递的所谓“参数类型”。参数类型包括：定时器、计数器、块的地址或指针等，见表 4-5。

表 4-5　参数类型变量

参数类型	大　小	说　明
定时器(Timer)	2Byte	在功能块中定义一个定时器形参,调用时赋予定时器实参
计数器(Counter)	2Byte	在功能块中定义一个计数器形参,调用时赋予计数器实参
块:Block_FB (或 FC 或 DB 或 SDB)	2Byte	在功能块中定义一个功能块或数据块形参变量,调用时给功能块类或数据块类形式参数赋予实际的功能块或数据块编号,如 FC110,DB64
指针(Pointer)	6Byte	在功能块中定义一个形参,说明的是内存的地址指针,例如调用时可给形参赋予实参:P#M75.0,以访问内存 M75.0
ANY	10Byte	当实参的数据类型未知时,使用该类型

1. 定时器或计数器参数类型

用在功能块中定义的一个定时器或计数器类型的形式参数，功能块就能使用一个定时器或计数器，而不需明确具体的定时器或计数器，等到调用该功能块时再确定定时器或计数器号，这使用户程序能灵活地分配和使用定时器或计数器。当给定时器或计数器参数类型形式参数分配实际参数时，在 T 或 C 后面跟一个有效整数，例如 T150。

2. 块参数类型

定义一个作为输入输出的块，参数声明决定了块的类型（FC、FB、DB 等）。当为块参数类型形式参数分配实际参数时，可以使用物理地址，例如 FB110；也可以使用符号地址，例如 Air_ compressor。

3. 指针参数类型

一个指针给出的是变量地址而不是变量数值大小，有时使用指针编程更为方便。用定义指针类型的形参，就能在功能块中先使用一个虚设指针，待调用功能块时再为其赋予确定的地址。当为指针参数类型形式参数分配实际参数时，需要指明内存地址，例如 P#M75.0。

4. ANY 参数类型

当实际参数的数据类型不能确定或在功能块中需要使用变化的数据类型时，可把形式参数定义为 ANY 参数类型。这样可将任何数据类型的实际参数分配给 ANY 类型的形式参数，而不必像其他类型那样保证实际参数同形式参数类型一致。STEP 7 自动为 ANY 类型分配 80bit（10Byte）的内存，STEP 7 用这 80bit 存储实际参数的起始地址、数据类型和长度编码。

例如，功能块 FC120 有三个参数（Stance_ 1、Stance_ 2、Stance_ 3）定义为 ANY 参数类型。当功能块 FB10 调用功能块 FC120 时，FB10 传递的可以是：一个整数（静态变量 Velocity）、一个字（MW110）和一个数据块 DB10 中的双字（DB10.DBD60）。而当 FB12 调用功能块 FC120 时，FB12 传递的可以是一个实数数组（临时变量 Current）、一个指针 P#M75.0 和一个计数器（C5）。FB10 和 FB12 分别调用 FC120 时，传递的实际参数类型完全不同。

5. 逻辑块局部数据的有效数据类型

STEP 7 对分配给块局部数据（在变量声明表中）的数据类型（基本、复式、参数）是有一定限制的，表 4-6 列出了各种逻辑块的限制情况。

表 4-6 逻辑块局部数据的有效数据类型

声明类型	基本类型	复式类型	参数类型				
			定时器	计数器	块	指针	ANY
OB 局部变量有效的数据类型							
临时(Temp)	可以	可以					可以
FB 局部变量有效的数据类型							
输入(In)	可以	可以	可以	可以	可以	可以	可以
输出(Out)	可以	可以					
I/O(In-Out)	可以	可以					
静态(Stat)	可以	可以					
临时(Temp)	可以	可以					可以
FC 局部变量有效的数据类型							
输入(In)	可以	可以	可以	可以	可以	可以	可以
输出(Out)	可以	可以				可以	可以
I/O(In-Out)	可以	可以				可以	可以
临时(Temp)	可以	可以					可以

由于用户不能调用组织块，不需为组织块传递参数，组织块也就没有参数类型；又因为组织块没有背景数据块，所以不能对 OB 声明静态变量；FC 也没有背景数据块，同样的也不能对 FC 声明静态变量。在三种类型的逻辑块中，对 FB 块的限制是最少的。

4.5.3 块调用过程及内存分配

CPU 提供块堆栈（即 B 堆栈）来存储与处理被中断块的有关信息，当发生块调用或有来自更高优先级的中断时，就有相关的块信息存储在 B 堆栈里，并影响部分内存和寄存器。图 4-25 显示了调用块时，B 堆栈与 L 堆栈的变化；图 4-26 提供了关于 STEP 7 块调用情况。

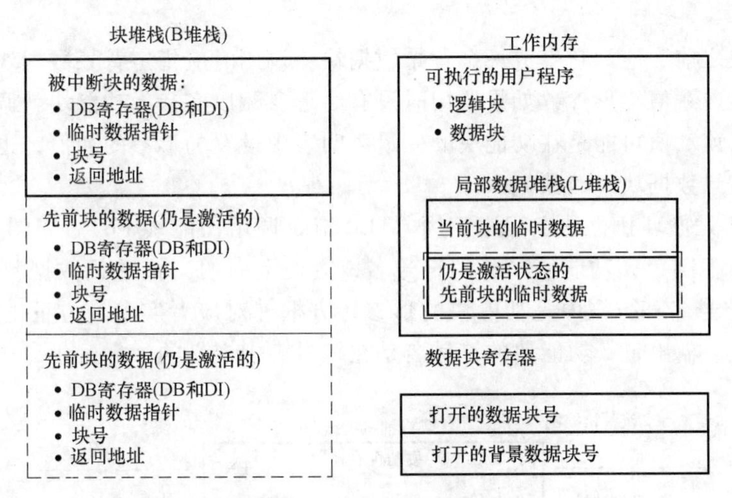

图 4-25 块堆栈与局部数据堆栈

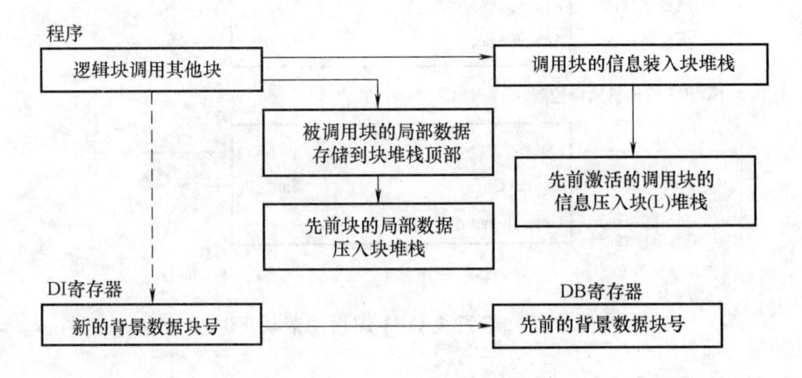

图 4-26 调用指令对 CPU 内存的影响

1. B 堆栈与 L 堆栈

B 堆栈是 CPU 系统内存的一部分，若一个块的处理因调用另一个块或被更高优先级的块中止，或者被错误的服务中止，CPU 将在块堆栈中存储以下信息：①被中断块的块号（编号）、类型（OB、FB、FC、SFB、SFC）、优先级、返回地址；②从块寄存器 DB、DI 中获得的块被中断时打开的共享数据块和背景数据块的编号；③临时变量的指针（被中断块的 L 堆栈地址）。

STEP 7 中可使用的 B 堆栈大小是有限制的，对于 S7-300 CPU 可在 B 堆栈中存储 8 个块的信息。因此，块调用嵌套深度也是有限制的，最多可同时激活 8 个块。

L 堆栈是 CPU 内存的一部分，在块被调用时重新分配。L 堆栈用来存储逻辑块中定义的临时变量，也分配给临时本地数据使用。梯形图的方块指令与标准功能块也可能使用 L 堆栈存储运算的中间结果。

2. 调用功能块 FB

块调用分为条件调用和无条件调用，用梯形图调用块时，块的 EN 输入端在能流流入时执行块，反之则不执行；条件调用时 EN 端受到触点电路的控制。块被正确执行时 ENO 为 1，反之为 0。

调用功能块之前，应为它生成一个背景数据块，调用时应指定背景数据块的名称；调用功能块时应将实参赋值给形参，如果调用时没有给形参赋以实参，功能块就调用背景数据块中形参的数值，该数值可能是在功能块的变量声明表中设置的形参的初值，也可能是上一次调用时储存在背景数据块中的数值。

组织块 OB1 是循环执行的主程序，用 CALL 指令调用功能块 FB1。如图 4-27 所示，方框内的“发动机控制”是功能块 FB1 的符号名，方框上面的“汽油机数据”是对应的背景数据块 DB1 的符号名；方框内是功能块的形参，方框外对应者实参；方框的左边是块的输入量，右边是块的输出量；功能块的符号名是在符号表中定义的。

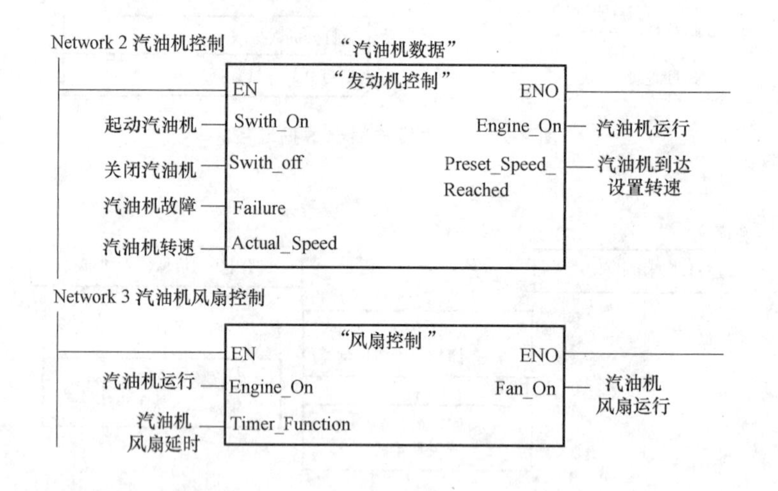

图 4-27 组织块 OB1 调用功能块 FB1

Network 2：汽油机控制

```
CALL                        “发动机控制”，“汽油机数据”
Switch_ On                  : = “起动汽油机”
Switch_ Off                 : = “关闭汽油机”
Failure                     : = “汽油机故障”
Actual_ Speed               : = “汽油机转速”
Engine_ On                  : = “汽油机运行”
Preset_ Speed_ Reached      : = “汽油机到达设置转速”
```

当调用功能块 FB 时会发生以下事件：①调用块的地址和返回位置存储在块堆栈，调用块的临时变量压入 L 堆栈；②数据块 DB 寄存器内容与 DI 寄存器内容交换；③新的数据块地址装入 DI 寄存器；④被调用块的实际参数装入 DB 和 L 堆栈上部；⑤当功能块 FB 结束时，先前块的现场信息从块堆栈中弹出，临时变量弹出 L 堆栈；⑥DB 和 DI 寄存器内容交换。

当调用功能块 FB 时，STEP 7 并不一定要求给 FB 形式参数赋予实际参数，除非参数是复式数据类型的 I/O 形参或参数类型形参。若没给 FB 形参赋予实参，功能块 FB 就调用背景数据块内的数值，该数值是在功能块的变量声明表内或背景数据块内设置的形参初始值。

3. 调用功能 FC

图 4-27 中方框"风扇控制"是控制风扇的功能 FC1，它用于发动机停机后风扇继续运行 4s 再停止运行。在符号表中定义调用 FC1 时使用的定时器、用于启动风扇的 FC1 的输入变量和输出变量的符号，并定义 FC1 的符号。

Network 3：汽油机风扇控制

```
CALL                    "风扇控制"
Engine_ On              : = "汽油机运行"
Timer_ Function         : = "汽油机风扇延时"
Fan_ On                 : = "汽油机风扇运行"
```

当调用功能 FC 时会发生以下事件：①功能块 FC 实参的指针存到调用块的 L 堆栈；②调用块的地址和返回位置存储在块堆栈，调用块的局域数据压入 L 堆栈；③功能块存储临时变量的 L 堆栈区被推入 L 堆栈上部；④当被调用功能 FV 结束时，先前块的信息存储在块堆栈中，临时变量弹出 L 堆栈。

功能 FC 没有背景数据块，不能给 FC 的局域变量分配初值，必须给功能分配实参。STEP 7 为 FC 提供一个特殊的返回值输出参数（RET_ VAL），调用 FC 时，指定一个地址作为实参来存储返回值。在文本文件中创建 FC 时，可在定义 FC 命令后输入数据类型（如 BOOL 或 INT）；对文本文件编译时，STEP 7 自动生成 RET_ VAL；当用 STEP 7 的程序编辑器（Program Editor）以增量模式创建 FC 时，可在 FC 变量声明表中声明一个输出参数 RET_ VAL，并指明数据类型。

4.5.4　参数传递的限制

1. 块间参数传递的限制

STEP 7 允许用物理地址（绝对地址）、符号地址或常数等三种形式作为实参给形参赋值，因为输入输出参数是变化的。对于复式数据类型参数的限制最多，此类型不能用物理地址和常数给形参赋值，表 4-7 显示了给形参赋值时的限制。

2. 功能块的形参传递给被调用功能块

用块局部符号进行参数传递，是指将调用块的形参传递给被调用块，这种情况在功能块调用另一个功能块（嵌套调用）时发生。功能块间调用有 4 种可能情况：FC 调用 FC、FC 调用 FB、FB 调用 FB、FB 调用 FC。

由于 FB 和 FC 形参的允许类型不完全一致，而且形参有输入输出的区别，因此在形参

表 4-7 块间参数传递的限制

声明类型	绝对地址	符号地址	块局域符号	常数
基本数据类型				
输入(In)	可以	可以	可以	可以
输出(Out)	可以	可以	可以	不可
I/O(In_Out)	可以	可以	可以	不可
复式数据类型				
输入(In)	不可	可以	可以	不可
输出(Out)	不可	可以	可以	不可
I/O(In_Out)	不可	可以	可以	不可

传递给被调用块时，有一定的限制，例如调用块的输入类形参不能传递给被调用块输出类形参。表 4-8 显示了调用功能块的形参传递给被调用功能块形参时，对形参数据类型的限制，表中也给出了允许的数据类型。

表 4-8 功能块的形参传递给被调用功能块形参允许的数据类型

声明类型(I 输入、Q 输出)	FC 调用 FC	FC 调用 FB	FB 调用 FB	FB 调用 FC
I→I	基本数据类型	基本和复式数据类型,参数类型中的定时器、计数器块	基本和复式数据类型,参数类型中的定时器、计数器块	基本数据类型复式数据类型
I→Q	不允许任何类型	不允许任何类型	不允许任何类型	不允许任何类型
I→I/Q	不允许任何类型	不允许任何类型	不允许任何类型	不允许任何类型
Q→I	不允许任何类型	不允许任何类型	不允许任何类型	不允许任何类型
Q→Q	基本数据类型	基本和复式两类	基本和复式两类	基本和复式两类
Q→I/Q	不允许任何类型	不允许任何类型	不允许任何类型	不允许任何据类型
I/Q→I	基本数据类型	基本数据类型	基本数据类型	基本数据类型
I/Q→Q	基本数据类型	基本数据类型	基本数据类型	基本数据类型
I/Q→I/Q	基本数据类型	基本数据类型	基本数据类型	基本数据类型

4.5.5 时间标记冲突与一致性检查

如果修改了块与块之间的软件接口（块内的输入/输出变量）或程序代码，可能会造成时间标记（Time Stamp）冲突，引起调用块和被调用块（基准块）之间的不一致，在打开调用块时，在块调用指令中被调用的有冲突的块将用红色示出。

块中包含一个代码（Code）时间标记和一个接口（Interface）时间标记，这些时间标记可在块属性对话框中查看。STEP 7 在进行时间标记比较时，如果发现下列问题，就会显示时间标记冲突：①被调用的块比调用它的块的时间标记更新；②用户定义数据类型（UDT）比使用它的块或使用它的用户数据的时间标记更新；③FB 比它的背景数据块的时间标记更新；④FB2 在 FB1 中被定义为多重背景，FB2 的时间标记比 FB1 的更新。

即使块与块之间的时间标记的关系是正确的，如果块的接口的定义与它被使用的区域中的定义不匹配（有接口冲突），也会出现不一致性。

如果用手工来消除块的不一致性，工作是很繁重的，可以使用下面的方法自动修改一致性错误：

1）在SIMATIC管理器的项目窗口中选择要检查的块文件夹，执行菜单命令“Edit”→“Cheek Block Consistency”。在出现的窗口中执行菜单命令“Program”→“Compile”，STEP 7自动地识别有关块的编程语言，并打开相应的编辑器去进行修改。时间标记冲突和块的不一致性被自动地尽可能地消除，同时对块进行编译。在视窗下面的输出窗口中将显示不能自动消除的时间冲突和不一致性。所有的块被自动地重复进行上述处理。如果是用可选的软件包生成的块，可选软件包必须有一致性检查功能，才能作一致性检查。

2）如果在编译过程中不能自动清除所有块的不一致性，在输出窗口中给出有错误的块的信息。用鼠标右键单击某一错误，调用弹出菜单中的错误显示，对应的错误被打开，程序将跳到被修改的位置。清除块中的不一致性后，保存并关闭块。对于所有标记为有错误的块，重复这一过程。

3）重新执行步骤1）和2），直至在信息窗口中不再显示错误信息。

4.5.6 功能块编程与调用举例

对功能块编程分两步进行：第一步定义局域变量（填写局域变量表）；第二步编写程序，可用梯形图或语句表两种形式编程，并在编程过程中使用定义了的局域变量（数据）。

定义局域变量的工作包括：①分别定义形参、静态变量和临时变量（FC块中不包括静态变量）；②确定各变量的声明类型（Decl.）、变量名（Name）和数据类型（Data Type），还为变量设置初始值（Initial Value），尽管对有些变量初始值不一定有意义；③如需要还可为变量注释（Comment），在增量值编程模式下，STEP 7将自动产生局域变量地址（Address）。

编写功能块程序时，可以用两种方式使用局域变量：①使用变量名称，并加前缀“#”，以区别于在符号表中定义的符号地址，增量值编程模式下前缀会自动产生；②直接使用局域变量的地址，这种方式只对背景数据块和L堆栈有效。

在调用功能块FB时，要说明其背景数据块。背景数据块应在调用前生成，其顺序格式与变量声明表必须保持一致。在增量值编程模式下，调用功能块FB时，STEP 7会自动提醒并生成背景数据块，此时也为背景数据块设置了初始值，该初始值与变量声明表中的相同，可以为背景数据块设置当前值（Current Value），当前值即存储在CPU中的数值。

1. 二分频器

可以把二分频器编写成功能块FC12，以便对不同的输入位进行二分频处理，下面给出FC12的变量声明表和语句表程序，程序中使用跳变沿检测指令。

（1）FC12的变量声明表（见表4-9）

表4-9 FC12的变量声明表

Address	Decl.	Symbol	Data Type	Initial Value	Comment
0.0	In	INP	BOOL	FALSE	脉冲输入信号
1.0	Out	OUTP	BOOL	FALSE	脉冲输出信号
2.0	In-Out	ETF	BOOL	FALSE	跳变沿标志

（2）语句表程序

```
Network 1
A        #INP            //对脉冲输入信号产生 RLO
FP       #ETF            //对前面的 RLO 进行跳变沿检测，若有正跳沿则 RLO=1；
                           否则 RLO=0。
NOT                      //对 RLO 取反
BEC                      //若 RLO=1（没有正跳沿），结束块；若 RLO=0（有正
                           跳沿），继续执行下一条指令
AN       #OUTP
=        #OUTP           //输出信号反转
BEU                      //无条件结束块
```

在功能块 FC12 中定义了 3 个形参，程序中以引用变量名方式使用了形参变量。也可以为 FC12 在符号表中定义一个符号名，例如 BIN_ FRE_ DIV，并选用以下两种方式之一调用功能块 FC12，调用时为形参分别赋予实参：I0.0、Q4.0、M10.0，以对输入位 I0.0 二分频产生输出脉冲 Q4.0。

调用方式 1：

```
CALL        FC12
INP:        =I0.0
OUTP:       =Q4.0
ETF:        =M10.0
```

调用方式 2：

```
CALL        BIN_ FRE_ DIV
INP:        =I0.0
OUTP:       =Q4.0
ETF:        =M10.0
```

2. 时钟脉冲发生器

时钟脉冲发生器用于指示灯闪烁控制信号系统，实现时钟脉冲发生器的方法很多，当需要产生一个周期性重复出现的信号时，就要用到时钟脉冲发生器。下面编写一个功能 FC24 作为时钟脉冲发生器，程序中要用到定时器，可产生频率为 2.0Hz、1.0Hz、0.5Hz、0.25Hz、0.125Hz、0.0625Hz、0.03125Hz、0.015625Hz（等比级数规律）Hz 的 8 种脉冲信号，占空比均为 1：1。

（1）FC24 的变量声明表（见表 4-10）

表 4-10　FC24 的变量声明表

Address	Decl.	Symbol	Data Type	Initial Value	Comment
0.0	In	TIME_No	TIMER	—	定时器形参
2.0	In-Out	PULSE_BYTE	BYTE	0	脉冲信号组

（2）语句表程序

```
Network 1
AN      #TIME_ No (T1)              //定时器 T1 停止后置 1
L       S5T#250ms                   //把 250ms 的定时值装入定时器 T1 并以扩展
                                      脉冲计时器方式启动定时器 T1
SE      T1
NOT                                 //反逻辑操作
BEC                                 //若定时器在运行（定时时间未到），则终
                                      止当前快。
L       #PULSE_ BYTE (MB100)        //若定时器不在计时（定时时间到），则装入
                                      存储区字节 MB100 的内容
INC     1                           //对脉冲信号组字节内容加 1
T       #PULSE_ BYTE (MB100)        //保存且把结果送回存储区字节 MB100 中
BEU                                 //无条件结束块
```

当 OB1 中功能 FC24 被调用并运行时，定时器按图 4-28 给出的时序工作，由于定时时间到后定时器又被自己立即重新启动，所以 AN 语句只在瞬间检测到定时器的信号状态为 1，经负逻辑操作后，则变为每 250ms BEC 指令前的 RLO 为 0 一次，这样就执行后面的语句，这些语句使字节变量 PULSE_ BYTE 的内容每隔 250ms 按如下规律变化一次：

0→1→2→3→4→5→……→250→251→252→253→254→255→0→1→2→3→4→……

PULSE_ BYTE 各位信号状态的变化详细过程见表 4-11，图 4-29 是 0 位的变化时序。

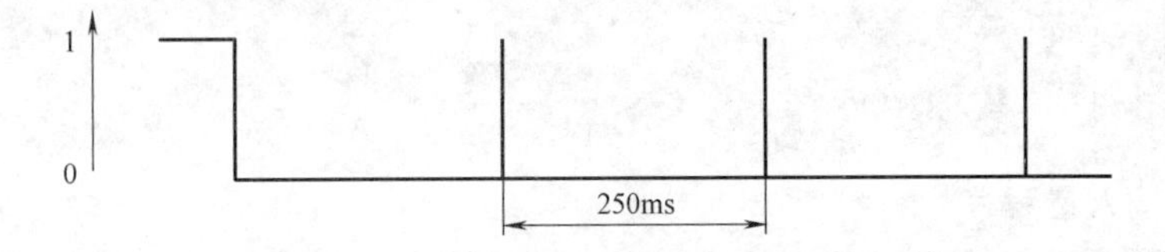

图 4-28　脉冲发生器中定时器信号状态时序

表 4-11　PULSE_ BYTE 各位的信号状态

第 N 次定时时间到	PULSE_BYTE 各位的信号状态								定时时间/ms
	7	6	5	4	3	2	1	0	
0	0	0	0	0	0	0	0	0	250
1	0	0	0	0	0	0	0	1	250
2	0	0	0	0	0	0	0	0	250
3	0	0	0	0	0	0	1	1	250
4	0	0	0	0	0	1	0	0	250
5	0	0	0	0	0	1	0	1	250
6	0	0	0	0	0	1	1	0	250

（续）

第 N 次定时时间到	PULSE_BYTE 各位的信号状态								定时时间 /ms
	7	6	5	4	3	2	1	0	
7	0	0	0	0	0	1	1	1	250
8	0	0	0	0	1	0	0	0	250
9	0	0	0	0	1	0	0	1	250
10	0	0	0	0	1	0	1	0	250
11	0	0	0	0	1	0	1	1	250
12	0	0	0	0	1	1	0	0	250

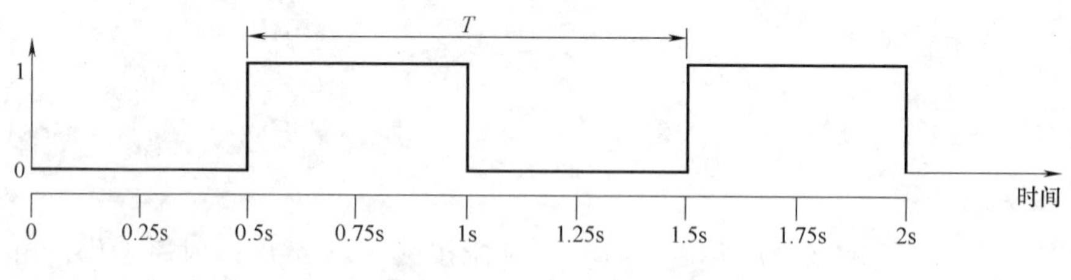

图 4-29　0 位的变化时序

在 FC24 中使用了定时器类型的形参，下面给出调用时钟脉冲发生器功能块 FC24 的语句表，程序中使用了定时器 T1，从而使存储字节 MB100 的 0~7 位共产生 8 种不同的时钟频率。

```
CALL   FC24
TIME_ No：=T1
PULSE_ BYTE：=MB100
```

3. 读模拟输入量程序

一些 S7-300 PLC 的应用系统中，使用 8 通道模拟量模块采集信号，当模块数量较多时，读模拟输入量就很繁琐，下面编写一个通用程序 FC120，利用它可以方便地把模拟量读回并顺序存入数据块。因为模拟量输入模块的起始地址、信道数、存储数据块号及数据在数据块中的存储起始位置均是可变的，所以可在调用 FC120 时灵活确定。

（1）FC120 的变量声明表（见表 4-12）

表 4-12　FC120 的变量声明表

Address	Decl.	Symbol	Data Type	Initial Value	Comment
0.0	In	PIW_Addr	INT	—	模入模块信道起始地址
2.0	In	CH_LEN	INT	—	要读入的通道数
4.0	In	DB_No	INT	—	存储数据块号
6.0	In	DBW_Addr	INT	—	存储在数据块中的字地址

（2）语句表程序

```
Network 1
L      #DB_ No
T      LW0
OPN    DB [LW0]               //打开存储数据块
L      #PIW_ Addr
SLD    3                      //形成模拟量输入模块地址指针
T      LD4                    //在临时本地数据双字 LD4 中存储模拟量输入模
                                块地址指针
SLD    3                      //形成数据块存储地址指针
T      LD8                    //在临时本地数据双字 LD8 中存入数据块存储地
                                址指针
L      #CH_ LEN               //以要读入的通道数为循环次数，装入累加器 1
NEXT：T  LW0                  //将累加器 1 的值，装入循环次数计数器 LW0
                                (临时本地数据字)
L      LD4
LAR1                          //将模拟量输入模块地址指针装入地址寄存器 1
L      PIW [AR1, P#0.0]       //读取模拟量输入模块装入累加器 1
T      LW2                    //将累加器 1 的内容暂存缓冲器 LW2
L      LD8
LAR1                          //将数据块存储地址指针装入地址寄存器 1
L      LW2                    //将数据缓冲器中的内容装入累加器 1
T      DBW [AR1, P#0.0]       //将累加器 1 的内容存入数据块中
L      LD4                    //AR1+P#2.0→AR1
+      L#16                   //ACC1+ (.._ 0001_ 0000)
T      LD4                    //调整模拟量输入模块地址指针，指向下一通道
                              ACC1+ (bb_ bbbb_ bxxx)
L      LD8
+      L#16
T      LD8                    //调整数据块存储地址指针，指向下一存储地址
L      LW0                    //将循环次数计数器 LW0 的值装入累加器 1
LOOP   NEXT                   //若累加器 1 的值不为 0，将累加器减 1 继续循环；
                                若累加器 1 的值为 0，则结束
```

在 FC120 中，寄存器间接寻址指令 OPN　DB [LW0] 使用了临时本地数据 LW0，变量表中定义的临时变量虽然也在 L 堆栈中，但不能用于存储器间接寻址，从这里也可看出临时本地数据与临时变量的区别，程序中 LW2、LD4 和 LD8 起的作用也可用临时变量替代。

下面就使用 FC120 进行说明。在某应用中，机架 0 的 4 号槽位安装了一个 8 模入模块（地址 256），欲将前 6 个模入模块信号读回，存入 DB60. DBW20 开始的 6 个字单元中，可按下列形式调用 FC120：

```
CALL   FC120
PIW_ Addr：=256
CH_ LEN：=6
DB_ No：=60
DBW_ Addr：=20
```

4. 限值监测程序

带滞后的限值监测是控制程序中的一种常用功能，把它编写成功能块后，可以方便应用程序在多处使用，例如水轮发电机组推力轴承油槽、上导轴承油槽、下导轴承油槽、稀油润滑的水导轴承油槽、集油槽、回油槽等的油位的监测。带滞后的限值监测程序可以防止由于被监测量上叠加的噪声而产生的报警信号颤动。

当测量值大于上限值或小于下限值时，分别置位上限或下限报警标志。复位上限报警标志的条件是：测量值小于上限值扣除死区后的数值；复位下限报警标志的条件是：测量值大于下限值加上死区后的数值。其原理如图 4-30 所示。

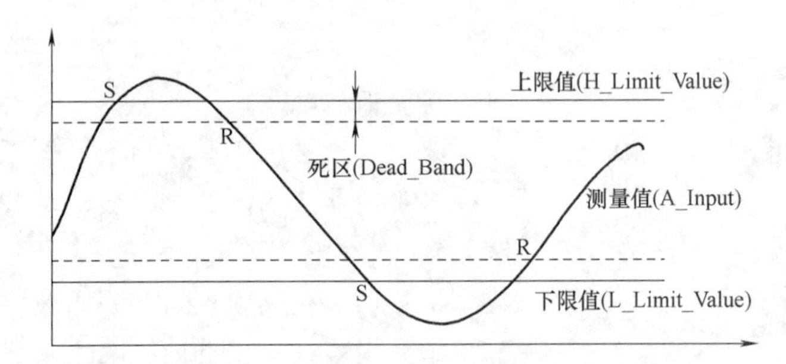

图 4-30　带滞后的限值监测

考虑到对于不同的测量信号需要设置不同的限值，并为了方便限值参数的整定，可将带滞后的限值监测程序编写成一个功能块（如 FB48）。我们可以把上、下限值和死区定义为静态变量，这样就可以通过修改相应背景数据块中数据的当前值，实现限值参数的整定。

（1）FB48 的变量声明表（见表 4-13）

表 4-13　FB48 的变量声明表

Address	Decl.	Symbol	Data Type	Initial Value	Comment
0.0	In	A_Input	INT	0	测量值
1.0	Stat	Alarm_Output	BOOL	FALSE	报警输出
2.0	Stat	H_Limit_Value	INT	2000	上限值
4.0	Stat	L_Limit_Value	INT	1000	下限值
6.0	Stat	Dead_Band	INT	100	死区
0.0	Temp	H_F	BOOL	—	超上限标志
0.1	Temp	L_F	BOOL	—	超下限标志

（2）语句表程序

```
Network 1：上限监测
L       #A_ Input           //测量值装入累加器 1
L       #H_ Limit_ Value    //累加器 1 的内容转入累加器 2，上限值装入累加器 1
>=I
S       #H_ F               //如果测量值≥上限值，置位超上限标志
L       #Dead_ Band         //死区装入累加器 1，上限值转入累加器 2
-I                          //上限值减去死区后存放于累加器 1 中
L       #A_ Input           //新的测量值装入累加器 1
>I                          //上限值-死区>测量值条件满足时 RLO 置 1
R       #H_ F               //RLO 为 1 时复位超上限标志
Network 2：下限监测
L       #A_ Input           //测量值装入累加器 1
L       #L_ Limit_ Value    //累加器 1 的内容转入累加器 2，下限值装入累加器 1
<=I
S       #H_ L               //如果测量值≤下限值，置位超下限标志
L       #Dead_ Band         //死区装入累加器 1，下限值转入累加器 2
+I                          //下限值加上死区后存放于累加器 1 中
L       #A_ Input           //新的测量值装入累加器 1
<I                          //下限值+死区<测量值条件满足时 RLO 置 1
R       #H_ L               //RLO 为 1 时复位超下限标志
Network 3：产生报警输出
O       #H_ F
O       #H_ L
=       #Alarm_ Output
```

以上语句表程序中使用的是变量名，如果直接使用变量地址也是可以的，不过在增量值编程模式下，变量地址会被自动转换成变量名。下面比较一下使用变量名编程与使用变量地址编程，见表 4-14。

表 4-14　使用变量名编程与使用变量地址编程的对比

使用变量名编程	←——→	使用变量地址编程
L　#A_Input		L　DIW0
L　#L_Limit_Value		L　DIW2
S　#H_F		S　L0.0
=　#Alarm_Output		=　DIX1.0

如果要对以存储在 MW108 中的测量值进行限值监测，并在超限时使输出位 Q5.0 的信号状态为 1，可使用功能块 FB48 并按如下格式编程（假定对应背景数据块为 DB48）：

```
CALL　FB48，DB48
A_ Input：=MW108
Alarm_ Output：=Q5.0
```

如果要对上下限值进行整定，可改变数据块 DB48 中当前值栏目的相应数据，修改后将 DB48 下载至 CPU，新值即生效。如表 4-15 所示，监测上限值由 2000 改变为 2500，其余未变。

表 4-15　数据块 DB48

Address	Decl.	Symbol	Data Type	Initial Value	Current Value	Comment
0.0	In	A_Input	INT	0	0	测量值
1.0	Stat	Alarm_Output	BOOL	FALSE	FALSE	报警输出
2.0	Stat	H_Limit_Value	INT	2000	2500	上限值
4.0	Stat	L_Limit_Value	INT	1000	1000	下限值
6.0	Stat	Dead_Band	INT	100	100	死区

4.6　组织块 OB 与中断优先级

组织块是操作系统与用户程序之间的接口。S7-300/400 PLC 提供各种不同的组织块(OB)，通过调用 FB 或 FC 允许用户创建在特定时间执行的程序和响应特定事件的程序。组织块分有优先级，允许较高优先级的组织块中断较低优先级的组织块，若被操作系统调用的 OB 多于一个，最高优先级的 OB 最先执行，其他 OB 在高优先级的 OB 执行完程序后，根据优先级依次执行。

4.6.1　中断过程

CPU 中断过程受操作系统管理控制，中断源可能来自模块硬件或 CPU 内部软件。当检测到一些中断请求，操作系统进行优先级比较，若优先级相同，则按请求顺序进行处理；若中断请求源对应 OB 比当前 OB 的优先级高，则当前指令结束，立即响应新中断，调用新 OB；保护中断现场也由操作系统完成，中断执行完成后，返回中断断点处继续执行原来的程序。

中断处理用来实现对特殊内部事件或外部事件的快速响应，若没有中断，CPU 循环执行组织块 OB1。除背景组织块 OB90 外，OB1 的中断优先级最低。

PLC 的中断源可能来自 I/O 模块的硬件中断，或是 CPU 模块内部的软件中断，例如日期时间中断、延时中断、循环中断和编程错误引起的中断。

一个能中断其他优先级而执行的 OB，可按需要调用 FB 或 FC。嵌套调用的最大数目由 CPU 的型号决定，例如 CPU314 的嵌套深度为 8，原因是块堆栈中对应每个优先级有 8 个入口。

保护中断现场是将被中断 OB 的局域数据压入局域数据（L）堆栈，断点处现场信息保存在中断（I）堆栈和块（B）堆栈中。在 I 堆栈中保存的内容有：①累加器 1 和 2 的内容；②地址寄存器 1 和 2 的内容；③数据块寄存器的内容；④指向局域数据的指针，L 堆栈地址；⑤状态字、MCR 寄存器和指向 B 堆栈中位置的指针。在 B 堆栈中保存的内容有：①DB 和 DI 寄存器；②指向临时数据的指针；③块号；④返回地址。当新 OB 结束执行时，操作系统重新调用中断堆栈信息，并从断点处恢复执行原程序。

L 堆栈供程序使用的空间是有限的，例如 CPU313~316 的 L 堆栈总容量为 1536Byte。整个 L 内存供程序中所有优先级划分使用，对于 CPU314，允许每个优先级使用 256Byte。因 L 堆栈用于存储临时变量，故嵌套调用中，所有激活块的临时变量所占空间总数不能超过 256Byte。操作系统已为 OB 声明了临时变量，每个 OB 的临时变量要求至少占 L 堆栈 20Byte，其他被调用块的所有临时变量必须小于 256Byte，如图 4-31 所示。

<table>
<tr><th colspan="2" rowspan="2">执行的程序</th><th colspan="2">对于S7-300L堆栈总容量为1.536Byte</th></tr>
<tr><th>优先级</th><th>局域堆栈的大小</th></tr>
<tr><td colspan="2">启动程序(只执行一次)</td><td>27</td><td rowspan="2">256 bytes</td></tr>
<tr><td colspan="2">循环扫描程序</td><td>1</td></tr>
<tr><td rowspan="3">时间中断</td><td>日时钟中断</td><td>2</td><td>256 bytes</td></tr>
<tr><td>延时处理中断</td><td>3</td><td>256 bytes</td></tr>
<tr><td>循环处理中断</td><td>12</td><td>256 bytes</td></tr>
<tr><td rowspan="3">事件驱动中断</td><td>硬件中断</td><td>16</td><td>256 bytes</td></tr>
<tr><td>启动过程中的错误处理中断</td><td>28</td><td rowspan="2">256 bytes</td></tr>
<tr><td>循环扫描中的错误处理中断</td><td>26</td></tr>
</table>

图 4-31 局域数据（L）堆栈的大小

当调用一个新块时，新块的临时变量在 L 堆栈中生成。在多层次嵌套调用时，若临时变量数量定义不当，L 堆栈就会溢出，S7-300 PLC 立即由 RUN 模式变到 STOP 模式。

中断程序不是由程序块调用，而是中断事件发生时由操作系统调用。因中断程序何时调用未知，不能改写其他程序中可能正在使用的存储器，应在其中使用局域变量。

编写中断程序时，应尽量短小，遵循“越短越好”的原则，以减少执行时间，减少对其他处理的延迟，否则可能引起主过程控制的设备操作异常。

4.6.2 组织块的分类

组织块只能由操作系统启动，它由变量声明表和用户编写的控制程序组成。组织块的分类如图 4-32 所示。

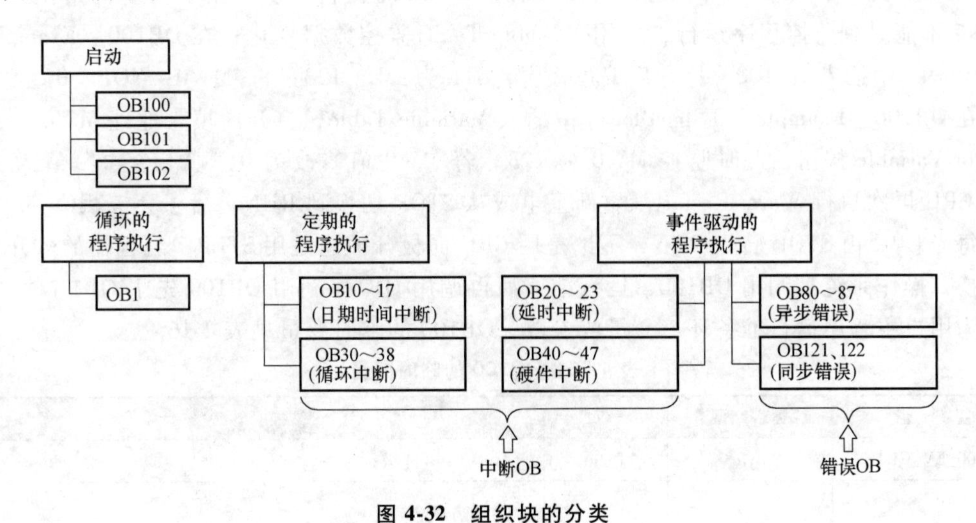

图 4-32 组织块的分类

1. 启动组织块

启动组织块用于系统初始化，CPU 上电或操作模式改为 RUN 时，根据起动的方式执行启动程序 OB100（暖启动）、OB101（热启动）、OB102（冷启动）中的一个。

S7-300 PLC 除 CPU318 外，是没有 OB101 和 OB102 的；暖启动 OB100 时，其间所有的过程映像区和非存储的存储位、计时器、计数器全复位，仅执行一次；S7-300 PLC 的 OB100 约近似为 S7-200 的 SM0.1。启动组织块的说明如图 4-33 所示。

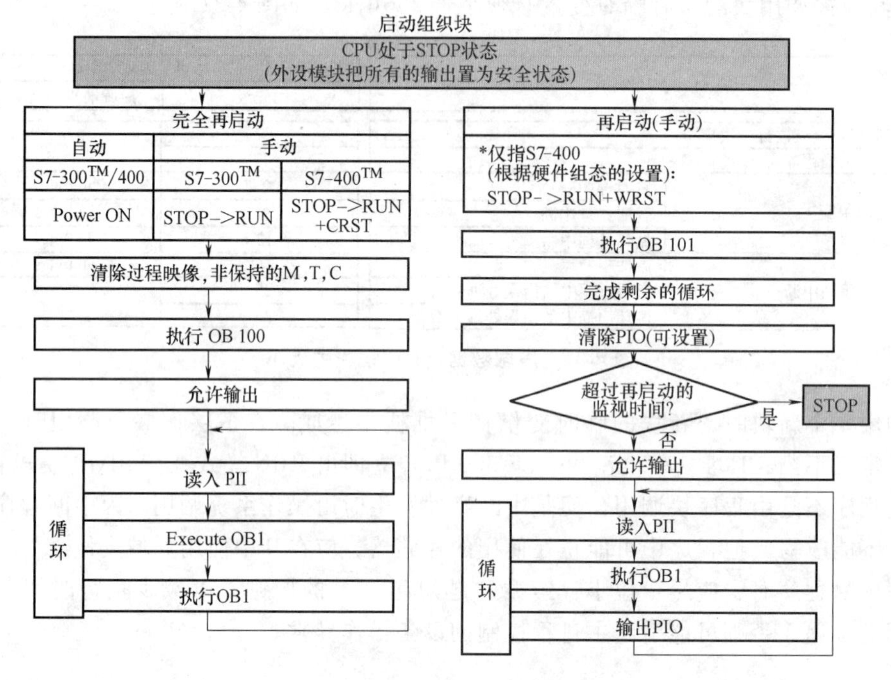

图 4-33　启动组织块的说明

OB100 硬件组态时在 OB_ Example 项目中插入 S7-300 站，命名为 OB100_ Example，然后插入 S7-300CPU。OB100 在 CPU 执行 Warm Restart 时执行一次，用于变量初始化，使用 STEP 7 不能时刻监控程序运行，可用 Variable Table 监控数据变化；在 OB100_ Example 程序的 Blocks 中插入 OB100，打开后编写程序，STL 为：L　123；T　MW0；NOP　0。

在 OB100_ Example 程序的 Blocks 中插入 Variable Table，打开后填入地址 MW0 并单击 Monitor Variable 按钮，此时监控 MW0 为 123。若 MW0 值修改为 0，则不会再赋值为 123，仅当 CPU 再次执行 Warm Restart（重新上电或从 STOP 切换到 RUN）后才会被赋值。

每当 CPU 由 STOP 转入 RUN，不论是用 CPU 面板开关还是用 STEP 7 编程器的软开关实现切换，操作系统都调用 OB100，运行结束后再调用 OB1。利用 OB100 先于 OB1 执行的特性，为用户主程序运行准备环境变量或参数，OB100 的临时变量见表 4-16。

表 4-16　OB100 的临时变量

变　量	类　型	声明	描　述
OB100_EV_CLASS	Byte	Temp	16#13 = 事件级别
OB100_STRTUP	Byte	Temp	启动方式： b#16#81 = 完全手动复位（由 CPU 上的开关或 S7 Information 初始化） b#16#82 = 自动完全复位（例如：上电）

（续）

变　量	类　型	声明	描　述
OB100_PRIORITY	Byte	Temp	优先级=27
OB100_OB_NUMBER	Byte	Temp	100=OB100
OB100_RESERVED_1	Byte	Temp	保留
OB100_RESERVED_2	Byte	Temp	保留
OB100_STOP	Word	Temp	引起 CPU 停止的事件号
OB100_STRT_INFO	Double Word	Temp	系统启动信息
OB100_DATE_TIME	Date_and_Time	Temp	OB100 开始的时间和日期

OB101 硬件组态时，在 OB_ Example 项目中插入 S7-400 站，取名 OB101_ Example，然后插入 S7-400 CPU，双击并设置启动方式，选择 Hot Restart，组态完成后保存编译。OB101 程序在 CPU 执行 Hot Restart 时执行，且只执行一次，可用于变量初始化；在 OB101_ Example 程序的 Blocks 中插入 OB101，打开后编写程序，STL 为：L　123；T　MW0；NOP　0。

OB102 硬件组态时，在 OB_ Example 项目中插入 S7-400 站，取名 OB102_ Example，然后插入 S7-400 CPU，设置启动方式，选择 Cold Restart，组态完成后保存编译。OB102 程序在 CPU 执行 Cold Restart 时执行，且只执行一次，可用于变量初始化；在 OB102_ Example 程序的 Blocks 中插入 OB102，打开后编写程序，STL 为：L　123；T　MW0；NOP　0。

将程序和硬件组态下载到 CPU，执行 Cold Restart；在 OB102_ Example 程序 Blocks 中插入 Variable Table，打开后填入地址 MW0 并单击 Monitor Variable 按钮，此时监控 MW0 为 123，如果修改 MW0 值为 0，则不会再赋值为 123，仅当 CPU 再次执行 Hot Restart 后才会被赋值。

2. 程序循环组织块

需要连续执行的程序存放在 OB1 中，S7-CPU 操作系统周期性地执行组织块 OB1 程序，执行完毕后又再次启动它开始新的循环，直到被其他 OB 中断，如图 4-34 所示。

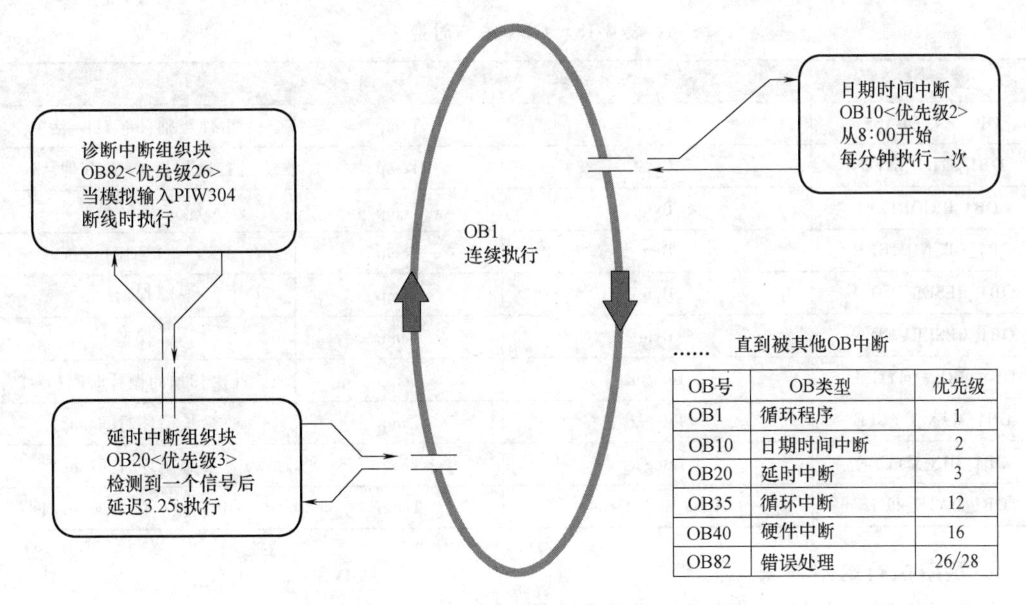

OB号	OB类型	优先级
OB1	循环程序	1
OB10	日期时间中断	2
OB20	延时中断	3
OB35	循环中断	12
OB40	硬件中断	16
OB82	错误处理	26/28

图 4-34　循环执行的组织块 OB1 与它的中断

循环控制组织模块 OB1 非常重要，总是被循环调用，当过程或时间中断发生时暂停执行。CPU 启动后，先调用 OB100 为主程序运行准备初始变量或参数，再调用 OB1 并不断循环，称为扫描循环。调用 OB1 的时间间隔称为扫描周期，长短主要取决于 OB1 中程序执行时间。

OB1 循环执行过程中，可调用其他功能块（FB、SFB）或功能（FC、SFC）。OB1 的优先级最低，循环时间被监控。以下事件导致调用 OB1：①CPU 启动完毕；②OB1 执行到上一个循环周期结束。OB1 执行完后，操作系统将过程映像输出寄存器写到外设输出模块，并发送全局数据（给网络中的其他 PLC）；在再次启动 OB1 之前，操作系统读取外设输入模块，刷新过程映像输入寄存器，并接收包含来自其他 PLC 的各种全局数据。

为防止程序陷入无效死循环，S7 设有看门狗定时器监视主程序循环的最长循环时间，默认值（缺省设置）为 150ms。在编程器上依靠 STEP 7 的 S7 CONFIGURATION 工具修改定时值，或用系统功能块 SFC43（RE_ TRIGR）重新启动看门狗，以满足扫描周期对主程序最大允许循环时间的要求。若扫描周期超过设定的 OB1 最长循环时间，操作系统调用 OB80（循环时间超时故障）；若 OB80 不存在（未编写程序），则 CPU 转入停机（STOP）状态。

除了监视最长循环时间，还可通过 STEP 7 软件设置保证最短循环时间，以便在多处理器操作（并非 S7-300 PLC 的特性）时，缓解 I/O 总线，还能将下一新循环时刻延迟。

在编程器上依靠 STEP 7 的 S7 CONFIGURATION 工具允许修改的 OB1 参数见表 4-17；操作系统为 OB1 声明的临时变量存放于优先级 1 的 L 堆栈的前 20Byte，见表 4-18。

表 4-17　允许修改的 OB1 参数

参　数	默 认 值	范　围
最长循环时间	150ms	1ms～6s
最短循环时间	未激活	1ms～6s
更新过程映像区	ON	ON/OFF

表 4-18　OB1 的临时变量

变　量	类　型	声　明	描　述
OB1_EV_CLASS	Byte	Temp	事件级别:b#6#11=活的
OB1_STRT_INFO	Byte	Temp	首次扫描=1 或其他=3
OB1_PRIORITY	Byte	Temp	优先级 1(最低)
OB1_OB_NUMBER	Byte	Temp	1=OB1
OB1_RESERVED_1	Byte	Temp	保留
OB1_RESERVED_2	Byte	Temp	保留
OB1_PREV_CYCLE	Integer	Temp	前次扫描的循环时间(ms)
OB1_MAX_CYCLE	Integer	Temp	最长循环时间(ms)
OB1_MIN_CYCLE	Integer	Temp	最短循环时间(ms)
OB1_DATE_TIME	Date_and_Time	Temp	OB 开始处的日期和时间

3. 定期执行的组织块

包括日期时间中断组织块 OB10～OB17 和循环中断组织块 OB30～OB38，可以根据设定的日期时间或时间间隔执行中断程序。

（1）日期时间中断组织块

STEP 7 提供 8 个日期时间中断组织块（OB10～OB17），可在特定日期（年-月-日）和时间（时-分-秒）运行一次；或从特定日期、时间开始，以一定频率（每分钟、每小时、每天、每周、每月、每年）周期性地运行，需要时可用 STEP 7 在 OB10 中编入相应程序。

OB10 的启动条件及运行特性，用编程器的 S7 CONFIGRATION 工具设置（修改日期时间中断组织块的参数）；或用 STEP 7 提供的 SFC 在程序运行中动态改变，如 SFC28（SET_ TINT）、SFC29（CAN_ TINT）、SFC30（ACT_ TINT）、SFC31（QRY_ TINT）分别设定、取消、激活、监控（查询）日期时间中断。图 4-35 为 CPU 属性中日期时间中断组织块 OB10 的窗口。

Properties - CPU 314 - (R0/S2)

General | Startup | Cycle/Clock Memory | Retentive Memory | Interrupts | Time-of-Day Interrupts | Cyclic Interrupt | Diagnostics/Clock | Protection | Communication

	Priority	Active	Execution	Start date	Time of day	Process image partition
OB10:	2	☑	Every day	30.01.03	12:00	OB1-PA
OB11:	2	☐	None	01.01.94	00:00	OB1-PA
OB12:	2	☐	None	01.01.94	00:00	OB1-PA
OB13:	2	☐	None	01.01.94	00:00	OB1-PA
OB14:	2	☐	None	01.01.94	00:00	OB1-PA
OB15:	2	☐	None	01.01.94	00:00	OB1-PA
OB16:	2	☐	None	01.01.94	00:00	OB1-PA
OB17:	2	☐	None	01.01.94	00:00	OB1-PA

OK　Cancel　Help

图 4-35　日期时间中断组织块 OB10 的窗口

在启动日期时间中断时，我们必须首先采用以下三种方式之一设置和激活中断：①自动启动日期时间中断，通过 STEP 7 设置并激活中断；②在 STEP 7 中设置日期时间中断，然后通过程序调用 SFC30（ACT-TINT）激活日期时间中断；③通过调用 SFC28（SET_ TINT）设置日期时间中断，通过调用 SFC30（ACT_ TINT）激活日期时间中断。

如果设定日期时间中断相应的 OB 是执行一次，那么日期时间（DATE_ AND_ TIME）不能是过去（与 CPU 的实时时钟相关）的；如果设定日期时间中断相应的 OB 是周期性地执行，日期时间（DATE_ AND_ TIME）是过去的，那么日期时间中断将按图 4-36 所示在下次执行；可以用 SFC39～SFC42 禁止、延迟和重新使能日期时间中断。

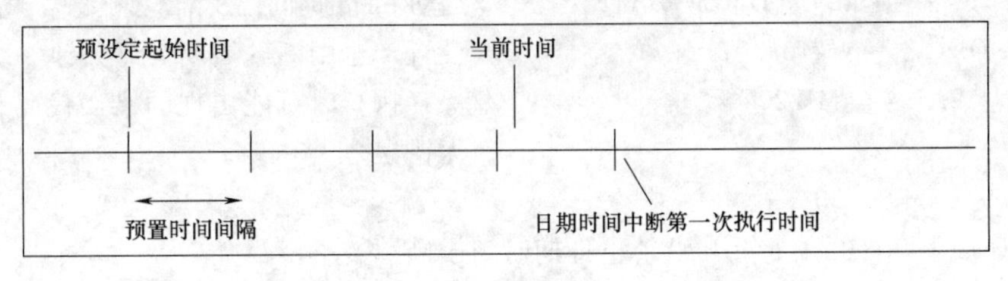

图 4-36　周期性日期时间中断时处理过时日期时间

【例 4-1】 I0.0 上升沿时启动日期时间中断 OB10，I0.1=1 时禁止日期时间中断，每次中断使 MW2 加 1。从 2008 年 12 月 1 日 10 时开始，每分钟中断一次，每次中断 MW12 被加 1。

在 STEP 7 中生成项目“OB10 例程”，为了便于调用，例程中对日期时间中断的操作都放在功能 FC12 中，在 OB1 中用指令 CALL FC12 调用它。下面是用 STL 编写的 FC12 的程序代码，它有一个临时局域变量“OUT_ TIME_ DATE”。

IEC 功能 D_ TOD_ TD（FC3）在程序编辑器左边的指令目录与程序库窗口的文件夹 \ Libraries \ Standard Library \ IEC Function Blocks 中。

```
Network 1：查询 OB10 的状态
CALL   SFC 31                          //查询日期时间中断 OB10 的状态
OB_ NR   ：=10                          //日期时间中断 OB 的编号
RET_ VAL  ：=MW208                      //保存执行时可能出现的错误代码，为 0 时
                                          无错误
STATUS   ：=MW16                        //保存日期时间中断的状态字，MB17 为低
                                          字节
Network 2：合并日期时间
CALL     FC3                           //调用 IEC 功能 D_ TOD_ TD
IN1       ：=D#2008-12-1                //设置启动中断的日期和时间
IN2       ：=TOD#10：0：0.0
RET_ VAL  ：=#OUT_ TIME_ DATE           //合并日期和时间
Network 2：在 I0.0 的上升沿设置和激活日期时间中断
A         I0.0
FP       M1.0                          //如果在 I0.0 的上升沿，M1.0 为 1
AN       M17.2                         //如果日期时间中断已被激活时，M17.2 的
                                          常闭触点闭合
A         M17.4                         //如果装载了日期时间中断 OB 时，M17.2
                                          的常开触点闭合
JNB       m008                          //没有同时满足以上 3 个条件则跳转
CALL     SFC28                         //同时满足则调用 SFC“SET_ TINI”，设置
                                          日期时间中断参数
OB_ NR   ：=10                          //日期时间中断 OB 编号
SDT      ：=#OUT_ TIME_ DATE            //启动中断的时间，秒和毫秒被省略（置为0）
PERIOD   ：=W#16#201                    //设置产生中断的周期为每分钟一次
RET_ VAL ：=MW204                       //保存执行时可能出现的错误代码，为 0 时
                                          无错误
M008：NOP     0
Network 4：在 I0.1 的上升沿禁止日期时间中断
```

```
A           I0.1
FP          M1.1              //检测 I0.1 的上升沿
JNB         m007              //不是 I0.1 上升沿则跳转
CALL        SFC 29            //调用 SFC“CAN_ TINT”，禁止日期时间中断
OB_ NR   : =10                //日期时间中断 OB 编号
RET_ VAL : =MW210             //保存执行时可能出现的错误代码，为 0 时无
                                错误
m007：NOP  0
```

用 STL 编写 OB10 中断程序，每分钟 MW12 加 1 一次：L MW12； + 1；T MW12。

（2）循环中断组织块

S7-300 PLC 提供了 9 个循环中断组织块（OB30～OB38），经过固定的时间间隔中断程序，OB35 硬件组态时在 OB_ Example 项目中插入 S7-300 站，取名 OB35_ Example，然后插入 CPU，双击并选择 Cyclic Interrupts 项，修改 OB35 的执行周期［Execution（ms），范围为 1～60000ms］，硬件组态完成后，保存编译。允许循环中断时，OB30～OB38 以固定的间隔循环运行，当 OB100 调用 OB1 时，即由启动状态转入运行状态，循环中断过程开始。时间一到，循环中断组织块第一次启动，以后循环运行。表 4-19 显示了循环中断 OB 默认的时间间隔和优先级。

表 4-19　循环中断组织块默认的时间间隔和优先级

OB 号	默认的时间间隔	默认的优先级
OB30	5s	7
OB31	2s	8
OB32	1s	9
OB33	500ms	10
OB34	200ms	11
OB35	100ms	12
OB36	50ms	13
OB37	20ms	14
OB38	10ms	15

循环中断组织块的等距时间间隔，由时间间隔和相位偏移量确定，用 STEP 7 软件修改参数设置。图 4-37 是 CPU 属性中循环中断组织块 OB35 的窗口，图 4-38 是它的运行示意图。

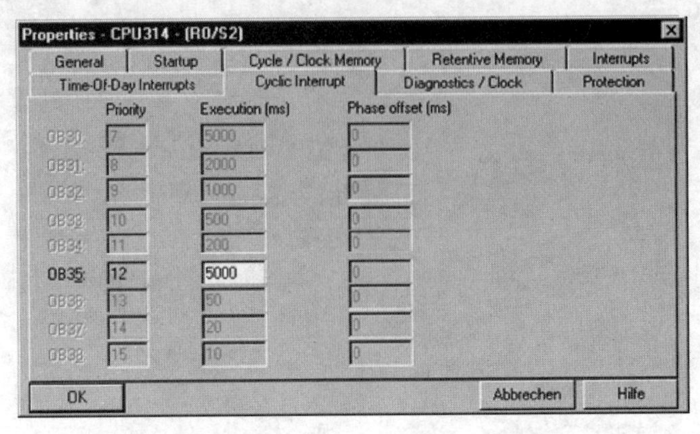

图 4-37　循环中断组织块 OB35 的窗口

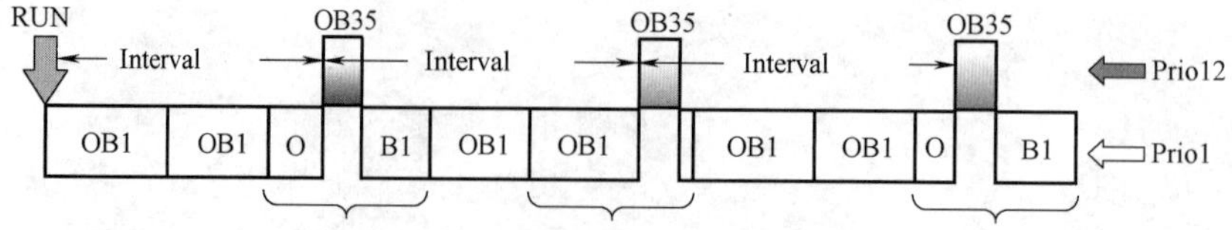

图 4-38 循环中断组织块 OB35 的运行示意图

表 4-20 描述循环中断组织块局域数据的临时变量（TEMP），名称是 OB35 的默认名称。

表 4-20 循环中断组织块的局域数据的临时变量（TEMP）

变　量	类型	描　述
OB35_EV_CLASS	BYTE	事件级别和识别码 B#16#11：中断激活
OB35_STRT_INF	BYTE	B#16#30：循环中断组织块的启动请求，只对于 H 型 CPU B#16#31：OB30 启动请求；B#16#36：OB35 启动请求；B#16#39：OB38 启动请求
OB35_PRIORITY	BYTE	分配的优先级：默认 7(OB30) 到 15(OB38)
OB35_OB_NUMBR	BYTE	OB 号(30 到 38)
OB35_RESERVED_1	BYTE	保留
OB35_RESERVED_2	BYTE	保留
OB35_PHASE_OFFSET	WORD	相位偏移量[毫秒]
OB35_RESERVED_3	INT	保留
OB35_EXC_FREQ	INT	时间间隔，以毫秒计
OB35_DATE_TIME	DATE_AND_TIME	OB 调用时的日期和时间

【例 4-2】 在 I0.0 的上升沿时起动 OB35 对应的循环中断，在 I0.1 的上升沿禁止 OB35 对应的循环中断，在 OB35 中使 MW8 加 1。

在 STEP 7 中生成名为“OB35 例程”的项目，选用 CPU 312C，在硬件组态工具中打开 CPU 属性的组态窗口，由“Cyclic Interrupts”选项卡可知只能使用 OB35，循环周期默认值为 100ms，修改为 1000ms，并下载到 CPU 中。下面是用 STL 编写的 OB1 的程序：

```
    Network 1：在 I0.0 的上升沿激活循环中断
    A       I0.0
    FP      M1.1
    JNB     m001                     //不是 I0.0 的上升沿时跳转
    CALL    SFC 40                   //激活 OB35 对应的循环中断
    MODE    : =B#16#2                //用 OB 编号指定中断
    OB_ NR  : =35                    //OB 编号
    RET_ VAL : =MW100                //保存执行时可能出现的错误代码，为 0 时无错误
m001: NOP   0
    Network 2：在 I0.1 的上升沿禁止循环中断
    A       I0.1
```

```
    FP      M1.2
    JNB     m002                    //不是 I0.1 的上升沿则跳转
    CALL  SFC39                     //禁止 OB35 对应的循环中断
    MODE    : =B#16#2               //用 OB 编号指定中断
    OB_ NR   : =35                  //OB 编号
    RET_ VAL : =MW104               //保存执行时可能出现的错误代码，为 0 时无
                                      错误
m002: NOP   0
```

用 STL 编写 OB35 中断程序，每经过 1s，MW2 加 1 一次：L　MW8；+　1；T　MW8。

可以用 PLCSIM 仿真软件模拟运行例程，将程序和硬件组态参数下载到仿真 PLC，进入 RUN 模式后，可以看到每秒钟 MW2 的值加 1。用鼠标模拟产生 I0.1 的脉冲，循环中断被禁止，MW8 停止加 1。用鼠标模拟 I0.0 的脉冲，循环中断被激活，MW8 又开始加 1。

4. 事件驱动的组织块

延时中断组织块 OB20～OB23 在过程事件出现后延时执行中断；硬件中断组织块OB40～OB47 当需要快速响应的过程事件出现时，立即中止循环、执行相应中断；异步错误中断组织块 OB80～OB87、同步错误中断组织块 OB121 和 OB122 决定出现错误时系统如何响应。

（1）延时中断组织块

S7 提供 4 个延时中断组织块 OB20～OB23，在调用 SFC32（SRT_ DINT）后启动，延时时间值和指定标识符在 SFC 的参数中设定。CPU 内部延时定时器以毫秒为时基，操作系统收到中断请求后调用相应的延时中断 OB。图 4-39 是 CPU 属性中延时中断组织块 OB20 的窗口。

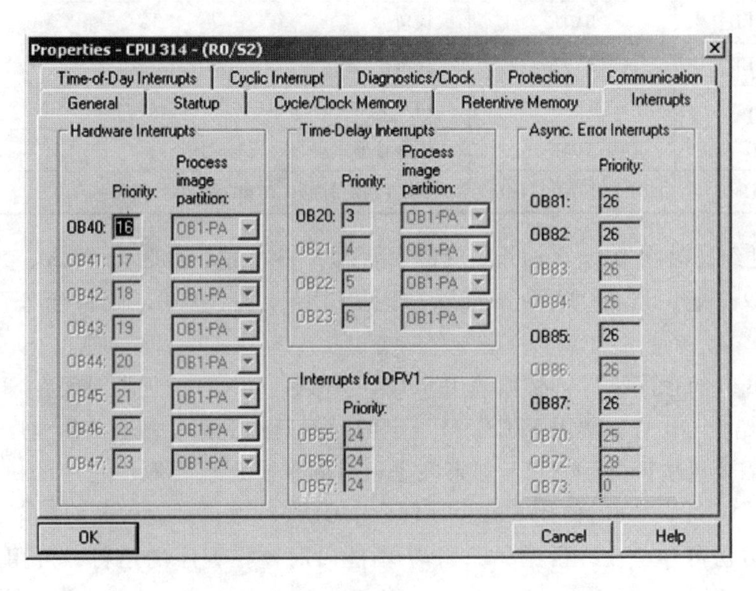

图 4-39　延时中断组织块 OB20 的窗口

图 4-40 是延时中断组织块 OB20 编程的例子。

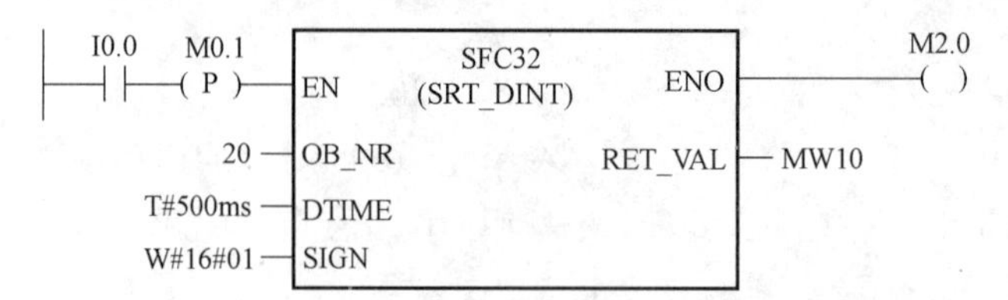

图 4-40　延时中断组织块 OB20 编程

运用延时中断 OB 仅当 CPU 运行时，必须：①调用 SFC32（SRT_ DINT）；②下载日期时间中断 OB 到 CPU 中。运行 OB100 将清除任何延时中断 OB 的启动事件，若延时中断还未启动，可用 SFC33（CAN_ DINT）去取消。若延时时间（分辨率 1ms）超出则立即再次启动延时，调用 SFC34（QRY_ DINT）可查询延时中断状态。若以下事件发生，操作系统调用一个异步 OB：①调用 SFC32（SRT_ DINT）时启动的是没有下载到 CPU 中的 OB；②一个延时中断 OB 执行未结束，下一个延时中断启动事件发生，可运用 SFC39 ~ SFC42 取消、延时和再使能延时中断。

下面表 4-21 描述了延时中断 OB 的局域数据的临时变量，变量名是 OB20 的默认名称。

表 4-21　延时中断组织块的局域数据的临时变量（TEMP）

变量	类型	描　　述
OB20_EV_CLASS	BYTE	事件级别和识别码：B#16#11：中断激活
OB20_STRT_INF	BYTE	B#16#21：OB20 启动请求（B#16#21：OB21 启动请求）（B#16#22：OB22 启动请求）（B#16#23：OB23 启动请求）
OB20_PRIORITY	BYTE	分配的优先级：默认值为 3（OB20）到 6（OB23）
OB20_OB_NUMBR	BYTE	OB 号（20 到 23）
OB20_RESERVED_1	BYTE	保留
OB20_RESERVED_2	BYTE	保留
OB20_SIGN	WORD	用户 ID：SFC32（SRT_DINT）的输入参数 SIGN
OB20_DTIME	TIME	以毫秒形式组态的延时时间
OB20_DATE_TIME	DATE_AND_TIME	OB 被调用时的日期和时间

OB20 硬件组态时在 OB_ Example 项目中插入 S7-300 站，命名为 OB20_ Example，然后插入 CPU 并双击它，选择“Interrupts”，可见 CPU 支持 OB20，硬件组态完成后，保存编译。

每一次 OB20 的程序执行，必须调用 SFC32（SRT_ DINT），延迟时间在 SFC 的输入参数中给定，同时给定 OB 号，调用 SFC32 且设定的时间延迟到后，执行 OB 程序。如果再次执行 OB 程序，需要再次调用 SFC32。如果在延迟时间未到之前要取消程序的执行，可以调用 SFC33（CAN_ DINT），同时使用 SFC 34（QRY_ DINT）取得延迟中断的状态，具体 SFC32/33/34 的调用方法可参考在线帮助，STEP 7 不能时时监控程序的运行，可用 Variable Table 监控实时数据变化。在 OB20_ Example 程序的 Blocks 中插入 OB20 组织块，然后打开 OB20 组织块编写程序，OB20 的 STL 程序（可转成梯形图）如下：

```
NetWork 1:
L     MW0
L     1
+I
T     MW0
NOP   0
```

打开 OB1 组织块编写程序，OB1 的 STL 程序（可转成梯形图）如下：

```
    NetWork 1:
    A       M20.0
    JNB _ 001
    CALL    "SRT_ DINT"
    OB_ NR      : =20
    DTIME       : =T#10S
    SIGN        : =MW10
    RET_ VAL    : =MW12
_ 001: A     BR
    R       M20.0
    NetWork 2:
    A       M20.1
    JNB _ 002
    CALL    "CAN_ DINT"
    OB_ NR   : =20
    RET_ VAL   : =MW14
_ 002: A      BR
    R       M20.1
    NetWork 3:
    CALL    "QRY_ DINT"
    OB_ NR   : =20
    RET_ VAL   : =MW16
    STATUS : =MW18
    NOP     0
```

将 OB1、OB20 和硬件组态下载到 CPU，在 OB20_ Example 程序 Blocks 中插入 Variable Table，打开后填入地址 MW0、M20.0、M20.1、MW18 并单击 Monitor Variable 按钮，此时可监控 MW0 的变化，将 M20.0 置为 true，10s 后延迟时间到，MW0 加 1，再将 M20.0 置为 true，10s 后延迟时间到，MW0 再加 1。如果当延迟时间未到，此时将 M20.1 置为 true，那么此次时间延迟中断被取消，MW0 不会加 1，每次执行的状态都可从 MW18 中读出，具体状态的含义请参阅 SFC34（QRY_ DINT）的在线帮助。

【例 4-3】 在主程序 OB1 中实现下列功能：

1）当 I0.0 上升沿时，以 SFC32 启动延时中断 OB20，12s 后 OB20 被调用，将 Q5.0 置位，并立即输出。

2）在延时过程中若 I0.1 由 0 变为 1，在 OB1 中以 SFC33 取消延时中断，不再调用 OB20。

3）当 I0.2 由 0 变为 1 时，将 Q5.0 复位。

SFC34 输出的状态字节 STATUS 见表 4-22。

表 4-22 SFC34 输出的状态字节 STATUS

位	取值	意义	位	取值	意义
0	0	延时中断已被允许	3	0	—
1	0	本拒绝新的延时中断	4	0	没有装载延时中断组织块
2	0	延时中断未被激活或已完成	5	0	日期时间中断组织块的执行没有激活的测试功能禁止

项目名称取“OB20 例程”，下面是用 STL 编写的 OB1 程序代码：

```
    Network 1：I0.0 的上升沿时启动延时中断
    A        I0.0
    FP       M1.0
    JNB      m001                    //不是 I0.0 的上升沿则跳转
    CALL     SFC32                   //启动延时中断 OB20
    OB_ NR    ：=20                  //组织块编号
    DTME      ：=T#12s               //延时时间为 12s
    SIGN      ：=MW12                //保存延时中断是否启动的标志
    RET_ VAL  ：=MW100               //保存执行时可能出现的错误代码，为 0 时无错误
m001：NOP     0
    Network 2：查询延时中断
    CALL   SFC34                     //查询延时中断 OB20 的状态
    OB_ NR    ：=20                  //组织块编号
    RET_ VAL  ：=MW102               //保存执行时可能出现的错误代码，为 0 时无错误
    STATUS    ：=MW4                 //保存延时中断的状态字，MB5 为低字节
    Network 3：I0.1 的上升沿时取消延时中断
    A        I0.1
    FP     M1.1                      //I0.1 的上升沿检测
    A        M5.2                    //延时中断未被激活或已完成（状态字第 2 位为 0）
                                       时跳转
    JNB      m002
    CALL   SFC33                     //取消延时中断 OB20
    OB_ NR    ：=20                  //组织块编号
```

```
    RET_ VAL   : = MW104              //保存执行时可能出现的错误代码，为 0 时无
                                        错误
m002: NOP   0
    A       I0.2
    R       Q5.0                      //I0.2 为"1"时复位 Q5.0
    下面是用 STL 编写的 OB20 的程序代码：
    Network 1:
    SET
    =       Q5.0                      //将 Q5.0 无条件置位
    Network 2:
    L       QW5                       //立即输出 Q5.0
    T       PQW5
```

用 PLCSIM 仿真软件模拟运行例程，运行时监视 M5.2 和 M5.4，将程序下载到仿真 PLC，进入 RUN 模式时，M5.4 马上变为 1 状态，表示 OB20 已下载到 CPU 中；用 I0.0 起动延时中断后，M5.2 变为 1 状态，延时到后 Q5.0 变为 1 状态，M5.2 变为 0 状态；在延时过程中用 I0.1 禁止 OB20 延时，M5.2 也会变为 0 状态。

（2）硬件中断组织块

STEP 提供了 8 个独立的硬件中断组织块 OB40 ~ OB47，以响应来自如 I/O 模块、CP 模块或 FM 模块等发出的过程警告或硬件中断请求信号，当其运行时，操作系统不再接受其他硬件中断请求。通过 STEP 7 对硬件中断组织块进行参数赋值，为了能够触发硬件中断的每一个信号模板应指定下列参数：①哪个通道在哪种条件下触发一个硬件中断；②一个硬件中断 OB 被分配到单独的通道组（作为默认，所有硬件中断被 OB40 处理）。运用 CP 和 FM 模板，我们可以用它们自己的软件设置这些参数，运用 STEP 7 为每一个硬件中断 OB 选择优先级。

在硬件中断被模板触发后，操作系统识别相应的槽和相应的 OB。若该 OB 比当前激活的 OB 优先级高，则启动该 OB，并发送通道确认。若处理硬件中断的同时，同一中断模板上有另一硬件中断，新中断的识别与确认过程如下：①若事件发生在以前触发硬件中断的通道，旧的硬件中断触发程序正在执行，则新中断丢失。图 4-41 是一个数字量输入模板的通道、触发信号是上升沿、硬件中断是 OB40。②若事件发生在同一模板的另一通道，则无硬件中断能触发。但该中断不丢失，在确认当前激活硬件之后被触发。若一个硬件中断触发并且它的 OB 正在由于另一模板的硬件中断而激活，则记录新的中断申请，在空闲后执行。

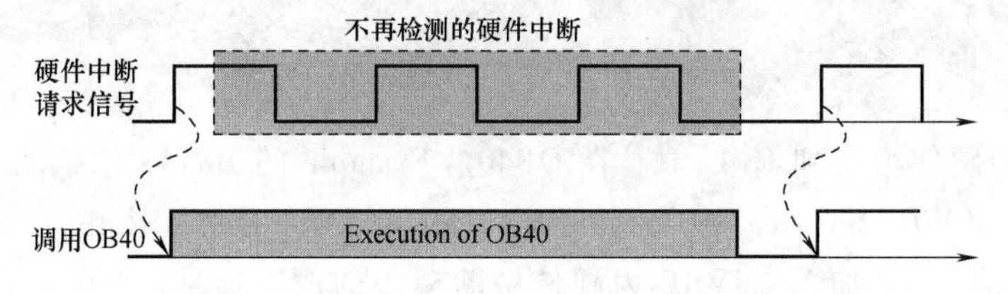

图 4-41 事件发生在以前触发硬件中断的通道

用 SFC39～SFC42 可以禁止、延时和再使能硬件中断，可以用 STEP 7 中的 SFC55～SFC57 为硬件中断模板分配参数。

OB40 硬件组态时在 OB_ Example 项目中插入一个 S7-300 站，命名为 OB40_ Example，然后插入 CPU 和一块具有中断功能的数字量输入模板，双击该模板，选择 "Inputs" 选项，同时选中 "Hardware Interrupt" 和 "Trigger for Hardware Interrupt" 选项，单击 "OK"，然后双击 CPU，选择 "Interrupts" 选项，可以看到 CPU 支持 OB40，硬件组态完成后，保存编译。

OB40 程序当在硬件组态中设定的硬件中断发生后执行，当 OB40 执行时可以通过它的临时变量 OB40_ MDL_ ADDR 读出产生硬件中断的模板的逻辑地址，通过 OB40_ POINT_ ADDR 可以读出产生硬件中断的通道，临时变量的具体含义请参阅在线帮助。STEP 7 不能实时监控程序的运行，用 Variable Table 可监控实时数据的变化，具体程序参见 OB_ Example/OB40_ Example。在 OB40_ Example 程序的 Blocks 中插入 OB40 组织块，打开后编写 STL 程序，即

```
    NetWork 1:
    L        MW0
    L        1
    +I
    T        MW0
    NOP      0
    NetWork 2:
    A (
    L        #OB40_ MDL_ ADDR
    T        MW10
    SET
    SAVE
    CLR
    A        BR
    )
    JNB _ 001
    L        #OB40_ POINT_ ADDR
    T        MD12
_ 001: NOP       0
```

下载 OB40 和硬件组态到 CPU 中。在 OB40_ Example 的 Blocks 中插入 Variable Table，打开后填入地址 MW0、MW10、MD12 并单击 "Monitor Variable" 按钮，监控 MW0 变化，每当 I0.1 上升沿时 MW0 加 1。MW10 为硬件中断模板的逻辑地址，MD12 为中断产生的通道号（16 进制）。

【例 4-4】　CPU313C-2DP 集成 16 点数字量输入 I124.0～125.7 可逐点设置中断特性，通过 OB40 对应的硬件中断，在 I124.0 上升沿将 CPU313C-2DP 集成的数字量输出 Q124.0 置位，在 I124.1 下降沿将 Q124.0 复位。此外，要求在 I0.2 上升沿时激活 OB40 对应的硬件中断，在 I0.3 下降沿禁止 OB40 对应的硬件中断。

在 STEP 7 中生成名为“OB40 例程”的项目，选用 CPU313C-2DP，在硬件组态工具中打开 CPU 属性的组态窗口，由“Interrupts”选项卡可知在硬件中断中，只能使用 OB40。双击机架中 CPU 313C-2DP 内的集成 I/O“DI16/DO16”所在行，在对话框“Input”选项卡中，设置在 I124.0 上升沿和 I124.1 下降沿产生中断，用 STL 编写 OB1 程序如下：

```
    Neteork 1：在 I0.2 的上升沿激活硬件中断
    A       I0.2
    FP      M1.2
    JNB     m001                  //不是 I0.2 的上升沿时则跳转
    CALL    SFC40                 //激活 OB40 对应的硬件中断
    MODE   ：=B#16#2              //用 OB 编号指定中断
    OB_ NR：=40                   //OB 编号
    RET_ VAL  ：=MW100            //保存执行时可能出现的错误代码，为 0 时无错误
m001：NOP     0
    Neteork 2：在 I0.3 的上升沿禁止硬件中断
    A       I0.3
    FP      M1.3
    JNB     m002                  //不是 I0.3 的上升沿时则跳转
    CALL    SFC 39                //禁止 OB39 对应的硬件中断
    MODE        ：=B#16#2         //用 OB 编号指定中断
    OB_ NR      ：=40             //OB 编号
    RET_ VAL    ：=MW104          //保存执行时可能出现的错误代码，为 0 时无错误
m002：NOP     0
```

用 STL 编写硬件中断组织块 OB40 的程序代码，通过比较指令“=”判断是哪一个模块和哪一点输入产生中断，在 I124.0 上升沿将 Q124.0 置位，在 I124.1 下降沿将 Q124.0 复位。

OB40_ POINT_ ADDR 是数字量输入模块内的位地址（第 0 位对应第一输入），或模拟量模块超限的通道对应的位域。对于 CO 和 FM 是模块的中断状态（与用户无关）。

```
    Network 1：
    L       #OB40_ MLD_ ADDR
    L       124
    =I
    =        M0.0                 //如果模块起始地址为 IB124，则 M0.0 为 1 状态
    Network 2：
```

```
L       #OB40_ POINT_ ADDR
L       0
==I
=       M0.1                //如果是第0位产生中断，则M0.1为1状态
Network 3:
L       #OB40_ POINT_ ADDR
L       1
==I
=       M0.2                //如果是第1位产生中断，则M0.2为1状态
Network 4:
A       M0.0
A       M0.1
S       Q124.0              //如果是I124.0产生的中断，将Q124.0置位
Network 5:
A       M0.0
A       M0.2
R       Q124.0              //如果是I124.1产生的中断，将Q124.0复位
```

如需在 PLCSIM 仿真软件中模拟硬件中断，可将仿真 PLC 切换到 RUN 模式，用鼠标模拟产生一个 I0.2 脉冲输入信号，激活 OB40 对应的硬件中断。用 PLCSIM 的菜单命令 “Execute”→“Trigger Error OB” → “Hardware Interrupt （OB40-OB47） …” 打开对话框，在文本框 “Module address” 内输入模块起始地址 124，在文本框 “Module status （POINT_ ADDR）” 内输入模块内位地址 0。单击 “Apply” 键触发指定硬件中断，执行一次 OB40，使 Q124.0 变为 1 状态，同时在 “Interrupt” 自动显示框内出现对应 OB 编号 40。将位地址改为 1，单击 “Apply” 使 Q124.0 变为 0 状态，单击 “OK” 将执行与 “Apply” 键同样的操作，同时退出对话框。

在 PLCSIM 中，用鼠标模拟 I0.3 输入脉冲信号，OB40 对应的硬件中断被禁止，再模拟硬件中断操作将不会起作用。

在仿真时指定的硬件模块必须是在硬件组态中存在的模块。

（3）异步错误中断组织块

异步错误是与 PLC 的硬件或操作系统密切相关的错误，与程序执行无关，但异步错误的后果一般比较严重；当 CPU 操作系统检测到异步错误时，立即中断当前 OB 并调用异步错误 OB。异步错误 OB 有最高优先级，不能被低优先级事件中断；若多个此类 OB 被调用，它们将被顺序处理；当异步错误 OB 启动，被中断块的累加器和寄存器内容存储在 I 堆栈顶部，异步错误 OB 不使用为被中断块存储的数据。图 4-42 归纳了异步错误中断组织块。

1）OB 执行时出现时间故障，调用 OB80，包括循环时间超出、执行 OB 时应答故障、向前移动时间以至于跃过了 OB 的启动时间、CiR 后恢复 RUN 方式。若 OB80 未编程或同一个扫描周期中被调用两次，CPU 变为 STOP 方式，后者通过调用 SFC43（RE_ TRIGR）来避免。可使用 SFC39~SFC42 封锁或延时和再使能时间故障 OB。

错误类型	OB	优先级	例子
时间错误	OB80	26	超出最大循环扫描时间
电源故障	OB81	26/28	后备电池失效
诊断中断	OB82		有诊断能力模块的输入断线
插入/移除中断	OB83		在运行时移除S7-400的信号模块
CPU硬件故障	OB84		MPI接口上出现错误的信号电平
程序执行错误	OB85		更新映像区错误(模块有缺陷)
机架错误	OB86		扩展设备或DP从站故障
通讯错误	OB87		读取信息格式错误

图4-42 异步错误中断组织块归纳

2）与电源（仅对S7-40 PLC）或后备电池（到来和离去事件）有关的故障事件发生时，调用电源故障组织块OB81；S7-400 PLC中，若电池测试功能已通过BATT. INDIC开关激活，仅在电池故障事件发生时调用OB81。若OB81未编程，CPU并不转换为STOP方式。可用SFC39~SFC42来禁用、延时或再使能电源故障OB。

3）若模块具有诊断能力又使能诊断中断，当检测到故障，输出一个诊断中断请求给CPU（到来和离去事件），调用诊断中断OB82，局域变量中含有故障模板4个BYTE的诊断数据。若OB82未编程，CPU变为STOP方式。可用SFC39~SFC42来禁止或延时并再使能诊断中断OB。

4）下列情况下调用模板插/拔中断组织块OB83：①组态的模板插入/拔出之后；②在STEP 7下修改了模板参数并在RUN状态下装所作修改到CPU之后。可用SFC39~SFC42禁止、延时、使能插入/拔出中断OB。

5）CPU检测到MPI网络接口故障、通信总线接口故障或分布式I/O网卡接口故障时，调用CPU硬件故障组织块OB84。故障消除时也调用该OB块，即事件到来和离去时都调用。

6）以下事件时调用优先级故障组织块OB85：①尚未装载的OB启动事件（OB81除外）；②访问模板时故障；③刷新过程映像期间I/O访问故障（如果OB85调用没有在组态中禁止）。

7）当扩展机架（不是CPU318）、DP主站系统或分布式I/O中从站故障时（到来和离去事件时），CPU的操作系统调用机架故障组织块OB86。

8）当导致通信故障的事件发生时，CPU的操作系统调用通信故障组织块OB87。

表4-23为OB81的变量声明表，用来评估发生的错误类型。

表4-23 OB81变量声明表

变量名	数据类型	声明	描　述
OB81_EV_CLASS	Byte	Temp	39=事件级别39xx
OB81_FLT_ID	Byte	Temp	错误鉴别码： b#16#21=至少在主机架上有一个电源有故障 b#16#22=至少在主机架上有一个电源有故障 b#16#23=至少在主机架上有一个电源有故障 b#16#31=至少在主机架上有一个电源有故障 b#16#32=至少在主机架上有一个电源有故障 b#16#33=至少在主机架上有一个电源有故障

（续）

变量名	数据类型	声明	描　述
OB81_PRIORITY	Byte	Temp	优先级=26、28
OB81_OB_NUMBER	Byte	Temp	81=OB81
OB81_RESERVED_1	Byte	Temp	保留
OB81_RESERVED_2	Byte	Temp	保留
OB81_MDL_ADDR	Integer	Temp	模块地址：检测电源与电池相关的机架数
OB81_RESERVED_3	Byte	Temp	保留
OB81_RESERVED_4	Byte	Temp	保留
OB81_RESERVED_5	Byte	Temp	保留
OB81_RESERVED_6	Byte	Temp	保留
OB81_DATE_TIME	Date_and_Time	Temp	OB81 启动时间和日期
Integer	Int	Temp	梯形图编程时用的临时变量
Integer	Int	Temp	梯形图编程时用的临时变量

【例 4-5】 在“中央机架后备电压消失故障”刚出现时将 Q4.2 置为 1，该故障刚消失时将 Q4.2 置为 0。下面是实现上述要求的 OB81 程序。

Network 1：后备电池电压消失事件处理

```
L      B#16#22              //“中央机架后备电压消失故障”代码
L      #OB81_ FLT_ ID       //与 OB81 的错误代码比较
==I                          //如果相同
=      M10.1                //M10.1 为 1 状态
L      #OB81_ EV_ CLASS
L      B#16#39
==I                          //如果相同
=      M10.2                //M10.2 为 1 状态
A      M10.1
A      M10.2                //“中央机架后备电压消失故障”刚出现
S      Q4.2                 //置输出“中央机架后备电压消失故障”为 1
Network 2：后备电池电压恢复正常的处理
L      #OB81_ EV_ CLASS
L      B#16#38              //故障消失（Outgoing Event）的代码
==I                          //如果相同
=      M10.3                //M10.3 为 1 状态
A      M10.1
A      M10.3                //“中央机架后备电压消失故障”刚消失
R      Q4.2                 //复位输出“中央机架后备电压故障”
```

利用系统功能（SFC）用户可以屏蔽、延迟或禁止各种 OB 的起动事件。如果用户希望忽略中断，更有效的方法不是禁止它们，而是下载一个只有块结束指令 BEU 的空 OB。

(4) 同步错误中断组织块

同步错误是与执行用户程序有关的错误，程序中如果有不正确的地址区、错误的编号或错误的地址，都会出现同步错误，操作系统将创建一个I堆栈入口，并调用同步错误OB。图4-43归纳了同步错误中断组织块。

错误类型	OB	优先级	例子
编程错误	OB121	与被中断的错误OB优先级相同	在程序中调用一个CPU中并不存在的块
访问错误	OB122		程序中访问一个有故障或不存在的模块(例如直接访问一个不存在的I/O模块)

图4-43 同步错误中断组织块归纳

由于同步错误OB总是保持与被中断OB的优先级相同，因此同步错误OB可使用为被中断块存储的数据，例如累加器和寄存器的内容在响应中断时不变、在返回中断时也不变。用这些数据来响应错误状态，对错误进行适当处理，然后将结果返回给被中断的OB。

1）当有关程序处理的故障事件发生时，CPU的操作系统调用编程故障组织块OB121。

2）当对模板数据访问出现故障时，包括读、写错误，CPU操作系统调用I/O访问故障组织块OB122。例如，若CPU对I/O模板数据访问时检测到读故障，操作系统调用OB122。

对于某些同步错误类型，用户可使用OB调用SFC创建一个程序用新的数值替代错误值，以便程序能继续执行下去，如图4-44所示。能检测到错误的区域有：CPU、总线(BUS)以及I/O模块，在CPU或BUS上检测到错误需用SFC产生替代值，若错误发生在输入模块上，可在用户程序直接替代，若是输出模块错误，输出模块将自动用组态时定义的值替代。

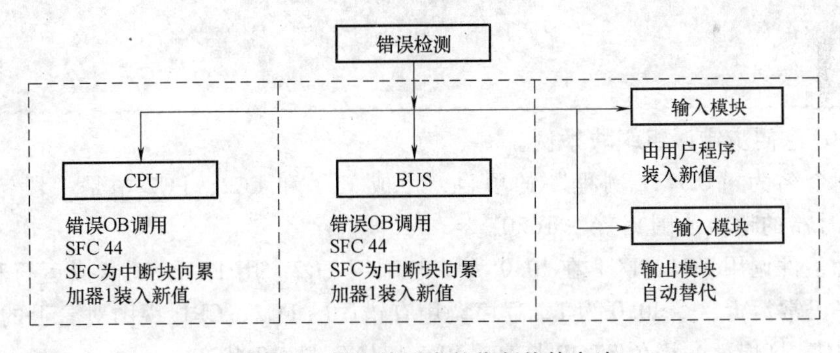

图4-44 错误检测中替代新值的方法

图4-45显示了若CPU发现输入模块没有响应，OB122将如何被调用，并通过调用SFC44在累加器1中产生一个替代值，以保证程序运行下去，替代值虽然不一定能真实反映过程信号，但可避免程序终止及使PLC转入停止态。

若执行L PIW0时产生一个同步错误，操作系统就执行OB122，先使用临时变量错误特征码（OB122_SW_FLT）中的数值对引起的错误原

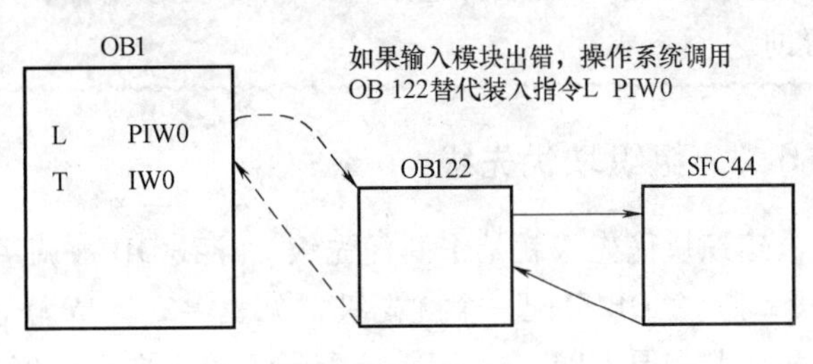

图4-45 用SFC来解决错误

因进行鉴别。若错误严重（如模块不存在），则调用 SFC46 停止 CPU；若错误不严重（如偶然读超时），则调用 SFC44 在累加器 1 中产生一个替代值，然后结束 OB122 返回 OB1；若 SFC44 执行中有错误，CPU 也转入停止状态。

OB122 中的具体语句表程序如下：

```
L        B#16#42
L        #OB122_SW_Fault
=I                              //以 OB122 中的事件码与读外部 I/O 超时事件码比较
JC     Aerr                     //如果相同(是读超时),跳转到 Aerr
L        B#16#43                //装入寻址错误(例如模块不存在)事件码 B#16#43
<>I                             //如果 OB122 中的事件码与寻址错误事件码相同,继续执
                                  行程序
JC     Stop                     //如果不同,跳转到 Stop
Aerr:CALL  "REPL_VAL"           //调用 SFC44(REPL_VAL)
VAL   :=DW#16#12                //将 DW#16#12 装入累加器 1(替代引起 OB122 调用的值)
RET_VAL   :=#Error              //在#Error 中存储 SFC 错误码
L        #Error
L        0
=I
BEC                             //如果#Error 为 0,则 SFC44 无错误执行,块结束;
                                  若不为 0,执行下面的程序
Stop:CALL  "STP"                //调用 SFC46(STP)使 CPU 转入停止状态。
```

【例 4-6】 同步错误组织块举例。

建立一个名为“OB121 例程”的项目，生成 FC1 和 FC2，FC2 中是一段错误的指令（超出了定时器的地址范围）：A T620； = M2.0。

OB1 无条件调用 FC1，FC1 在 I0.0 为 1 时调用 FC2。用 PLCSIM 模拟运行程序，I0.0 为 0 时程序正常运行，令 I0.0 为 1，程序调用有错误的 FC2，CPU 视图对象上的红色 SF 灯亮，绿色 RUN 灯熄灭，橙色 STOP 灯亮，PLC 切换到 STOP 状态。

在管理器中执行菜单命令“PLC”→“Diagnostics/Settings”→“Module Information”，打开模块信息对话框，选中诊断缓冲区选项卡，可见红色错误标志，单击“Help”可得帮助。

4.6.3 组织块优先级

组织块优先级就是中断优先级，导致 OB 被调用的事件就是中断，按照“紧急优先”原则，每一个 OB 分配一个优先级，见表 4-24。高优先级 OB 能中断低优先级 OB，因为所有用户程序都需要 OB1，故 OB1 分配最低的优先级；模块故障或 CPU 异常最紧急，因此分配的 OB 优先级最高。

表 4-24　组织块的优先级

组织块号	启动事件	默认的优先级	解释
OB1	启动结束或 OB1 执行结束	1	自由循环
OB10	日期时间中断 0	2	没有指定默认时间
OB11	日期时间中断 1		
OB12	日期时间中断 2		
OB13	日期时间中断 3		
OB14	日期时间中断 4		
OB15	日期时间中断 5		
OB16	日期时间中断 6		
OB17	日期时间中断 7		
OB20	延时中断 0	3	没有指定默认时间
OB21	延时中断 1	4	
OB22	延时中断 2	5	
OB23	延时中断 3	6	
OB30	循环中断 0(缺省时间间隔:5s)	7	循环中断
OB31	循环中断 1(缺省时间间隔:2s)	8	
OB32	循环中断 2(默认时间间隔:1s)	9	
OB33	循环中断 3(默认时间间隔:500ms)	10	
OB34	循环中断 4(默认时间间隔:200ms)	11	
OB35	循环中断 5(默认时间间隔:100ms)	12	
OB36	循环中断 6(默认时间间隔:50ms)	13	
OB37	循环中断 7(默认时间间隔:20ms)	14	
OB38	循环中断 8(默认时间间隔:10ms)	15	
OB40	硬件中断 0	16	硬件中断
OB41	硬件中断 1	17	
OB42	硬件中断 2	18	
OB43	硬件中断 3	19	
OB44	硬件中断 4	20	
OB45	硬件中断 5	21	
OB46	硬件中断 6	22	
OB47	硬件中断 7	23	
OB55	状态中断	2	DPV1 中断
OB56	刷新中断	2	
OB57	制造厂商用特殊中断	2	
OB60	SFC 35“MP_ALM”调用	25	多处理器中断
OB61	周期同步中断 1	25	同步循环中断
OB62	周期同步中断 2		

（续）

组织块号	启动事件	默认的优先级	解释
OB63	周期同步中断 3	25	同步循环中断
OB64	周期同步中断 4		
OB70	I/O 冗余故障(只对于 H CPU)	25	冗余故障中断
OB72	CPU 冗余故障(只对于 H CPU)	28	
OB73	通信冗余故障(只对于 H CPU)	25	
OB80	时间故障	26,28①	同步故障中断
OB81	电源故障	25,28①	
OB82	诊断中断	25,28①	
OB83	模板插/拔中断	25,28①	
OB84	CPU 硬件故障	25,28①	
OB85	程序故障	25,28①	
OB86	扩展机架、DP 主站系统或分布式 I/O 从站故障	25,28①	
OB87	通讯故障	25,28①	
OB88	过程中断	28	
OB90	暖或冷启动或删除一个正在 OB90 中执行的块或装载一个 OB90 到 CPU 或中止 OB90	29②	背景循环
OB100	暖启动	27①	启动
OB101	热启动		
OB102	冷启动		
OB121	编程故障	引起故障的 OB 的优先级	同步故障中断
OB122	I/O 访问故障		

① 优先级 27 和 28 在优先级启动模式中是有效的。
② 优先级 29 对应于优先级 0.29，这意味着背景循环比自由循环具有更低的优先级。

优先级的顺序（后面的比前面的优先）：背景循环、主程序扫描循环、日期时间中断、时间延时中断、循环中断、硬件中断、多处理器中断、I/O 冗余错误、异步故障（OB8087）启动和 CPU 冗余，背景循环的优先级最低。

S7-300 CPU（除 CPU318）中组织块优先级是固定的，可用 STEP 7 修改 S7-400 CPU 和 CPU318 下述组织块的优先级：OB10~OB47（优先级 2~23），OB70~OB72（优先级 25 或 28，只适用于 H 系列），以及在 RUN 模式下的 OB81~OB87（优先级 26 或 28）。

同一个优先级可分配给几个 OB，具有相同优先级的 OB 按启动先后顺序处理。被同步错误启动的故障 OB 的优先级与错误出现时正在执行的 OB 的优先级相同。

生成逻辑块 OB、FB 和 FC 时，同时生成临时局域变量数据，CPU 的局域数据区按优先级划分。每个组织块的局域数据区都有 20B 启动信息，是只在执行块时使用的临时变量（TEMP），这些信息在 OB 启动时由操作系统提供，包括启动条件、启动日期与时间，错误及诊断事件。将优先级赋值为 0 或分配小于 20B 的局域数据给某一个优先级，可取消相应的中断 OB。

4.6.4 中断控制

所谓“中断控制（Interrupt Control）”，就是允许外部设备用“中断”信号中止 CPU 正在执行的程序并临时执行另外一段程序。用户程序能够对一个中断发生后是否真正产生中断调用进行控制，即在程序运行中适时地屏蔽或允许中断调用，对中断控制功能用 STEP 7 提供的 SFC 完成。日期时间中断和延时中断有专用的允许中断（或称激活、使能中断），和禁止中断的系统功能（SFC）。

利用 SFC28（SET_ TINT：设置日期时间中断），可以设置日期时间中断 OB 的启动日期和时间，在设定启动时间时，秒和毫秒是被忽略的，且用 0 代替。

利用 SFC29（CAN_ TINT：取消日期时间中断），可以取消日期时间中断组织块。

利用 SFC30（ACT_ TINT：启动日期时间中断），可以启动日期时间中断组织块。

利用 SFC31（QRY_ TINT：查询日期时间中断），可以通过输出参数 STATUS 查看日期时间中断组织块的状态。

通过 SFC32（SRT_ DINT：启动延时中断），可以启动一个延时中断，一旦延时时间到（参数 DTIME），调用延时中断组织块。参数 SIGN 可以确认延时中断是否启动。

通过 SFC33（CAN_ DINT：取消延时中断），可以取消一个已启动的延时中断，这样延时中断 OB 就不被调用了。

通过 SFC34（QRY_ DINT：查询延时中断），可以查询延时中断 OB 的状态。

通过 SFC36（MSK_ FLT：屏蔽同步故障），可以控制 CPU 对同步故障的响应，通过此 SFC 可以用故障过滤器屏蔽同步故障，调用 SFC36 的同时就在当前优先级中屏蔽掉了同步故障。如果把同步故障过滤中输入参数中的个别位设为 1，其他先前设定为 1 的位仍保持，那么就得到一个新的故障过滤器，并且可以通过输出参数读出，屏蔽掉的同步故障发生时不调用 OB，只写入故障寄存器，可以通过 SFC38（READ_ ERR）读故障寄存器。

通过 SFC37（DMSK_ FLK：解除同步故障屏蔽），可以对 SFC36（MSK_ FLK）屏蔽的同步故障解除屏蔽，通过调用 SFC37 可以在当前的优先级中解除相应同步故障的屏蔽，同时，故障寄存器清除记录，可以由输出参数读出新的故障过滤器。

通过 SFC38（READ_ ERR：读故障寄存器），可读取故障寄存器中的信息，故障寄存器的结构同程序和访问故障过滤器相对应，故障过滤器可作为输入参数通过 SFC36 和 SFC37 编程。在输入参数中，输入一个欲从故障寄存器读出的同步故障，调用 SFC38，就可在故障寄存器中读取所要求的记录，同时清除记录。从故障寄存器中还可看出哪些被屏蔽的同步故障在当前优先级中至少发生了一次，如果一个位为 1，表示相应被屏蔽的故障至少发生了一次。

通过 SFC39（DIS_ IRT：禁止中断），可禁止随后所有 CPU 循环过程中的中断和异步故障，意味着若一个中断出现，CPU 操作系统做出如下响应：①既不调用中断 OB 也不调用异步故障 OB；②没有编制中断 OB 和异步故障 OB 的程序不会引发通常的响应。若禁止了中断和异步故障，会影响所有优先级，禁止的消除只能通过调用 SFC40（EN_ IRT）或者暖、冷启动。

通过 SFC40（EN_ IRT：激活中断），可激活先前由 SFC39（DIS_ IRT）禁止的新中断和异步故障，意味着若一个中断事件发生，CPU 的操作系统会以下面的方式响应：①调用中断 OB 或者异步故障 OB；②若中断 OB 和异步故障 OB 未被编程，则触发标准的响应。

通过 SFC41（DIS_ AIRT：去活报警中断），可延迟比当前 OB 优先级高的中断 OB 和异步故障 OB 的执行。可在 OB 中多次调用 SFC41，操作系统记录 SFC41 的调用次数，一次调用会一直生效直到被 SFC42（EN_ AIRT）再次取消或者当前 OB 执行完毕。一旦中断和异步故障被 SFC42（EN_ AIRT）重新激活，在 SFC41 起作用时被推迟的中断和异步故障会马上被处理，或者当前的 OB 一被执行就得到处理。

通过 SFC42（EN_ AIRT：激活报警中断），可激活先前被 SFC41（DIS_ AIRT）禁止的具有高优先级的中断和异步故障的处理，这样做的好处在于：被中断的数量依 CPU 的类型而定，若中断和异步故障已被延迟，这个延迟不能用标准 FC 取消，只能用标准 FC 激活。每次调用 SFC41 都必须通过调用 SFC42 才能取消。

4.6.5 其他组织块

1. DPV1 中断组织块 OB55～OB57

若 PROFIBUS-DP V1（简称 DPV1）从站的模块或机架改变了操作模式，例如由 RUN 切换为 STOP，CPU 的操作系统可能调用状态中断组织块 OB55。

如果用户通过本地或远程访问更改了 DPV1 从站插槽的参数，CPU 的操作系统可能调用更新中断组织块 OB56。OB57 是 DPV1 从站的插槽触发的制造商特定的中断的组织块。

2. 多处理中断组织块 OB60

S7-400PLC 的一个机架最多可以插入 4 个 CPU，协同完成同一个复杂任务。OB60 用来确保在多 CPU 过程中 CPU 的反应与事件同步。多处理器中断只能由 CPU 输出。

3. 同步循环中断组织块 OB61～OB64

DP 从站从采集输入信号到输出逻辑运算结果需要经过 7 个不同的循环，同步循环中断用于实现各 DP 从站数据处理的同步。

4. 技术功能同步中断组织块 OB65

技术功能同步中断组织块 OB65 用于技术功能 CPU 的程序启动和技术功能块更新的同步。

5. 背景组织块 OB90

S7-400 PLC 的 CPU 可保证设置的最小扫描循环时间，若比实际扫描循环时间长，在循环程序结束后 CPU 处于空闲的时间内可执行背景组织块（OB90）。若没有对 OB90 编程，CPU 要等到定义的最小扫描循环时间到达为止，再开始下一次循环的操作。用户可将对运行时间要求不高的操作放在 OB90 中去执行，以避免出现等待时间。

OB90 的优先级为 29（最低），不能通过参数设置进行修改。OB90 可被其他的系统功能和任务中断。由于 OB90 的运行时间不受 CPU 操作系统的监视，用户可在 OB90 中编写长度不受限制的程序。实际编程中很少使用 OB90。

4.7 PLC 控制系统的可靠性设计

虽然 PLC 具有很高的可靠性，并且有很强的抗干扰能力，但在过于恶劣的环境或安装使用不当等情况下，都可能引起 PLC 内部信息的破坏而导致控制混乱，甚至造成内部元器件损坏。本节分析影响 PLC 控制系统可靠性主要因素，从硬件安装、配置和软件编程方面介绍提高 PLC 系统可靠性的有效措施。

4.7.1 影响PLC控制系统可靠性的因素

影响PLC控制系统的干扰源与一般影响工业控制设备的干扰源一样，大都产生在电流或电压剧烈变化的部位，这些电荷剧烈移动的部位就是噪声源，即干扰源。

干扰类型通常按干扰产生的原因、噪声干扰模式和噪声的波形性质的不同划分。其中，按噪声产生的原因不同，分为放电噪声、浪涌噪声、高频振荡噪声等；按噪声的波形、性质不同，分为持续噪声、偶发噪声等；按噪声干扰模式不同，分为共模干扰和差模干扰。

1. 来自空间的辐射干扰

空间的辐射电磁场（EMI）主要由电力网络、电气设备的暂态过程、雷电、无线电广播、电视、雷达、高频感应加热设备等产生，通常称为辐射干扰，分布极为复杂。

若PLC系统置于射频场内，会受到辐射干扰，影响主要通过两条路径：①直接对PLC内部辐射，由电路感应产生干扰；②对PLC通信网络辐射，由通信线路的感应引入干扰。

辐射干扰与现场设备布置及设备所产生的电磁场大小，特别是频率有关，一般通过设置屏蔽电缆和PLC局部屏蔽及高压泄放组件进行保护。

2. 来自电源的干扰

因电源引入的干扰造成PLC控制系统故障的情况很多，更换为隔离性能好的PLC电源才能解决问题。PLC系统的正常供电电源均由电网供电，电网覆盖范围广带来电磁干扰。PLC电源通常采用隔离电源，但因其结构及制造工艺因素使其隔离性并不理想。实际上，由于分布参数特别是分布电容的存在，绝对隔离是不可能的。

3. 信号线引入的干扰

与PLC控制系统连接各类信号传输线除了传输有效信息外，总会有外部干扰信号侵入，主要有两种途径：①通过变送器供电电源或共享信号仪表的供电电源串入的电网干扰；②信号线受空间电磁辐射感应的干扰，即信号线上的外部感应干扰。

由信号引入干扰会引起I/O信号工作异常，大大降低测量精度，严重时将引起元器件损伤。对于隔离性能差的系统，还导致信号间互相干扰，引起共地系统总线回流，造成逻辑数据变化、误动和死机。PLC控制系统因信号引入干扰造成I/O模件损坏相当严重，由此引起系统故障的情况也很多。

4. 来自接地系统混乱的干扰

正确的接地是提高电子设备电磁兼容性（EMC）的有效手段之一，既能抑制电磁干扰的影响，又能抑制设备向外发出干扰；错误的接地，反而会引入严重的干扰信号。

PLC控制系统的地线包括系统地、屏蔽地、交流地和保护地等，接地系统混乱对PLC系统的干扰主要是各个接地点电位分布不均，不同接地点间存在地电位差，引起地环路电流，影响系统正常工作。例如电缆屏蔽层必须一点接地，如果电缆屏蔽层两端A、B都接地，就存在地电位差，有电流流过屏蔽层，当有异常状态（如雷击）时，地线电流将更大。

此外，屏蔽层、接地线和大地可能构成闭合环路，在变化磁场的作用下，屏蔽层内出现感应电流，通过屏蔽层与芯线之间的耦合，干扰信号回路。若系统地与其他接地处理混乱，产生的地环流可能在地线上产生不等电位分布，影响PLC内逻辑电路和模拟电路的正常工作。PLC工作的逻辑电压干扰容限较低，逻辑地电位的分布干扰容易影响PLC的逻辑运算和数据存贮，造成数据混乱、程序跑飞或死机。模拟地电位的分布将导致测量精度下降，引起对信号测控的严重失真和误动作。

来自电源的、信号线引入的、来自接地系统混乱的干扰主要通过电源和信号线引入，总称为传导干扰，在我国工业现场较严重。

5. 来自 PLC 系统内部的干扰

这主要由系统内部元器件及电路间的电磁辐射产生，如逻辑电路相互辐射及其对模拟电路的影响，模拟地与逻辑地的相互影响及元器件间的相互不匹配使用等。这些都属于 PLC 制造厂商对系统内部进行电磁兼容设计的内容，作为应用部门无法改变，可不必过多考虑。

4.7.2 PLC 控制系统工程应用的抗干扰设计

为了保证系统在工业电磁环境中免受或减少内外电磁干扰，必须从设计阶段开始便采取三个方面抑制措施：抑制干扰源；切断或衰减电磁干扰的传播途径；提高装置和系统的抗干扰能力。

PLC 控制系统的抗干扰是一个系统工程，事关生产制造水平，有赖于使用者在工程设计、安装施工和运行维护中的全面考虑。进行具体工程的抗干扰设计时，应主要考虑以下两个方面：

1. 设备选型

选择设备时主要考虑电磁兼容性（EMC），尤其是抗外部干扰能力，如采用浮地技术、隔离性能好的 PLC 系统；其次应了解生产厂给出的抗干扰指标，如共模拟制比、差模拟制比，耐压能力、允许在多大电场强度和多高频率的磁场强度环境中工作；另外考查在类似工作中的实绩。选择国外进口产品时应注意，我国采用 220V 高内阻电网制式，而欧美地区是 110V 低内阻电网。我国电网内阻大，零点电位漂移大，地电位变化大，工业企业现场的电磁干扰至少比欧美地区高 4 倍以上，在国外能正常工作的 PLC 到国内工业现场就不一定能可靠运行，这就要在采用国外产品时，按我国标准（GB/T 13926）合理选择。

2. 综合抗干扰设计

主要内容包括：对 PLC 系统及外引线进行屏蔽以防空间辐射电磁干扰；对外引线进行隔离、滤波，特别是原理动力电缆，分层布置，以防通过外引线引入传导电磁干扰；正确设计接地点和接地装置，完善接地系统。另外，还必须利用软件手段，进一步提高系统的安全可靠性。

4.7.3 提高 PLC 控制系统可靠性的硬件措施

干扰的形成有三个要素，即干扰源、耦合通道和对干扰敏感的受扰体。因此抗干扰的原则是抑制干扰源、破坏干扰通道和提高受扰体的抗干扰能力。硬件抗干扰技术是系统设计时的首选措施，它能有效抑制干扰源，阻断干扰传输通道。

1. 适合的工作环境

（1）环境温度适宜

各厂商对 PLC 的工作环境温度都有一定规定，即在 0~55℃。安装时不要把发热量大的元件放在 PLC 下方；四周有足够的通风散热空间；避免阳光直射或远离暖气、加热器、大功率电源等发热器件；控制柜最好有通风的百叶窗，必要时柜内应安装风扇强迫通风。

（2）环境湿度适宜

PLC 工作环境的空气相对湿度一般要求小于 85%，以保证 PLC 的绝缘性能。湿度太大也会影响模拟量输入/输出装置的精度，不要将 PLC 安装在结露、雨淋的场所。

（3）环境应无污染

不宜把 PLC 安装在有大量污染物（如灰尘、油烟、铁粉等）、腐蚀性气体和可燃性气体的场所，尤其有腐蚀性气体的地方，易造成元件及印制线路板的腐蚀。若迫不得已，在温度允许时应将 PLC 封闭或增设密闭控制室，并安装空气净化装置。

（4）远离振动和冲击源

安装 PLC 的控制柜应当远离有强烈振动和冲击场所，尤其是连续、频繁的振动。必要时应有相应措施来减轻振动和冲击，以免造成接线或插件的松动。

（5）远离强干扰源

PLC 应远离强干扰源，如大功率晶闸管装置、高频设备和大型动力设备等，同时 PLC 还应该远离强电磁场和强放射源，以及易产生强静电的地方。

（6）远离高压

PLC 不能在高压电器和高压电源线附近安装，更不能与高压电器安装在同一控制柜内。

2. 电源的选择

电网干扰串入 PLC 系统主要通过供电电源（如 CPU 电源、I/O 电源等）、变送器供电电源和与 PLC 系统具有直接电气连接的仪表供电电源等耦合而来。

因 I/O 电路的滤波、隔离功能，故 PLC 对外部电源的要求不高。内部电源是 PLC 内部电路的工作电源，有较高的要求，一般采用开关式稳压电源或原边带低通滤波器的稳压电源。

在干扰较强或可靠性要求较高的场合，应采用带屏蔽层的隔离变压器，对 PLC 系统供电。还可在隔离变压器二次侧串接 LC 滤波电路。同时，考虑以下问题：①隔离变压器与 PLC 及 I/O 电源间最好用双绞线连接，以抑制串模干扰；②系统动力线应足够粗，以降低大容量设备起动时引起的线路电压降；③PLC 输入电路外接直流电源时，最好采用稳压电源。

因隔离变压器分布参数大，抑制干扰能力也差，经电源耦合而串入共模干扰、差模干扰。故对于变送器和共享信号仪表供电应选择分布电容小、抑制带大（如采用多次隔离和屏蔽及漏感技术）的配电器，以减少 PLC 系统的干扰。

此外，为保证电网馈点不中断，应采用在线式不间断供电电源（UPS），提高供电安全可靠性。并且 UPS 还具有较强的干扰隔离性能，是一种 PLC 控制系统的理想电源。

3. 合理的布线

① I/O 线、动力线及其他控制线应分开走线，尽量不要在同一线槽中布线；②交流线与直流线、输入线与输出线最好分开走线；③开关量与模拟量的 I/O 线最好分开走线，对于传送模拟量信号的 I/O 线最好选用屏蔽线，且屏蔽层应有一端接地；④基本单元与扩展单元之间电缆传送的信号小、频率高，容易受干扰，不能与其他连线敷埋在同一线槽内；⑤I/O 回路配线，须使用压接端子或单股线，不宜多股绞合线，否则容易出现火花。

4. 输入输出保护

输入通道中检测信号较弱，传输距离可能较长，而现场干扰严重和电路构成模数混杂。在输出通道中，功率驱动部分和驱动对象也可能产生较严重的电气噪声，并耦合进入系统。

1）采用数字传感器。采用频率敏感器件或由敏感参量 R、L、C 构成的振荡器等方法使传统的模拟传感器数字化，多数情况下输出 ITL 电平的脉冲量，抗干扰能力强。

2）对输入输出通道进行电气隔离。用于隔离的主要器件有隔离放大器、隔离变压器、纵向扼流圈和应用最多的光耦合器等。利用光耦合把输入输出两个电路的地环隔开，各自拥有地电位基准，相互独立而不会造成干扰。

3）模拟量的输入输出可采用 V/F、F/V 转换器。V/F（电压/频率）转换过程是对输入信号的时间积分，因而能对噪声或变化的输入信号进行平滑，所以抗干扰能力强。

5. 完善接地系统

任何包含电子线路的设备，接地是抑制噪声和防止干扰的重要方法。接地设计一是要消除各电路电流流经一个公共地线阻抗所产生的噪声电压，二要避免形成地环路。

为抑制干扰，PLC 一般最好单独接地，与其他设备分别使用各自的接地装置，如图 4-46a所示；也可采用公共接地，如图 4-46b 所示；但禁止使用图 4-46c 所示的串联接地方式，因为会产生 PLC 与设备之间的电位差。

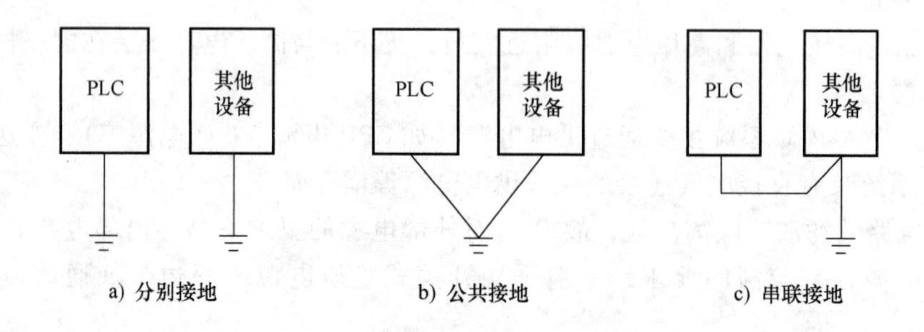

图 4-46 PLC 的接地

1）地线系统合理布置。PLC 的地线划分为数字电路的逻辑地线、模拟电路的模拟地线、继电器和电动机等大功率电气设备的噪声地线以及仪器机壳等的屏蔽地线等几种。这些地线应该分开布置，并在一点上与电源地相连。

2）单点接地与多点接地选择。在低频电路中，信号频率低于 1MHz 时它的布线和元器件间的电感影响较小，而接地电路形成环流所产生的干扰影响较大，因而单元电路间宜采用单点接地。当信号频率大于 10MHz 时，地线阻抗变得很大，宜采用多点接地法。当信号频率在 1~10MHz 之间时，若用单点接地，地线长度不超过波长的 1/20，否则宜采用多点接地法。

3）接地线尽量短、尽量粗，截面积应大于 $2mm^2$，以减小接地阻抗，使小于 100Ω。

6. PLC 自身的改进

（1）PLC 线路板的抗干扰措施

① 选用脉动小，稳定性好的直流电源，连接导线用铜导线，以减小电压降；②选用性能好的芯片，如满足抗冲击、振动、温度变化等特殊要求；③对不使用的集成电路端子应妥善处理，通常接地或接高电平使其处于某种稳定状态；④在设计线路板时，尽量避免平行走线，在有互感的线路中间要置一根地线，起隔离作用；⑤每块印制电路板的入口处安装一个几十微法的小体积大容量的钽电容作滤波器；⑥印制电路板的电源地线最好设计成网状结构，以减少芯片所在支路的地线瞬时干扰；⑦电源正负极的走线应尽量靠近。

（2）整机的抗干扰措施

在生产现场安装的 PLC 应用金属盒屏蔽安装，并妥善接地。置于操作台上的 PLC 要固定在铜板上，并用绝缘层与操作台隔离，铜板应可靠接地。

7. 采用冗余系统或热备用系统

化工、造纸、冶金、核电站等的控制系统要求有极高的可靠性，仅仅提高 PLC 系统自身可靠性是不够的，常常采用冗余系统或热备用系统来有效地解决这一问题。

（1）冗余系统

所谓冗余系统是指控制系统中的重要部分（如 CPU、I/O）由两套以上相同的硬件组成，当某一套出现故障立即由另一套来控制，而使系统继续正常运行。

如图 4-47 a 所示，两套 CPU 模块使用相同的程序并行工作，系统正常运行时，备用 CPU 模块禁止输出，由主 CPU 模块来控制系统的工作。同时，主 CPU 模块还不断通过冗余处理单元（RPU）同步地对备用 CPU 模块的 I/O 映像寄存器和其他寄存器进行刷新。当主 CPU 或 I/O 模块故障时，RPU 在 1~3 个扫描周期内就切换到备用 CPU 或 I/O 模块。

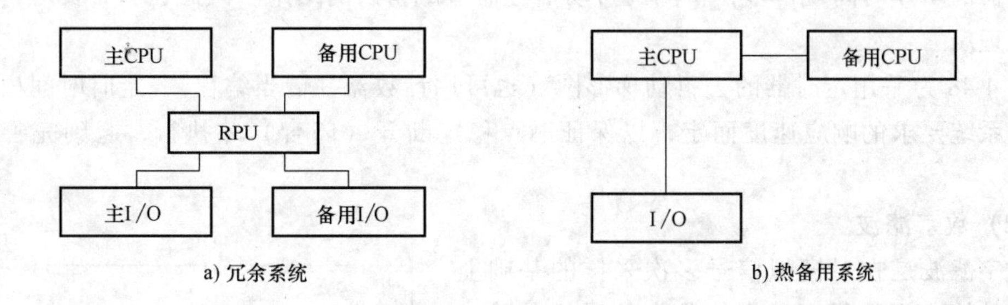

图 4-47　冗余系统与热备用系统

（2）热备用系统

图 4-47 b 所示的热备用系统较冗余系统简单，虽然也有两个 CPU 模块在同时运行一个程序，但没有冗余处理单元 RPU。系统故障时两个 CPU 模块的切换，是由主 CPU 模块通过通信口与备用 CPU 模块进行通信来完成的。

8. PLC 控制系统的维护

PLC 可靠性虽高，但环境影响及内部元器件老化等因素，也会造成 PLC 失常工作。若报警或故障发生后再检查、修理，总归被动。若能经常定期做好维护、检修，就能把最佳常态化。一般每 6 个月至 1 年检修一次，当外部环境条件较差时，可视具体情况缩短检修间隔时间。

PLC 日常维护检修的一般内容见表 4-25。

表 4-25　PLC 日常维护检修项目、内容

序号	检修项目	检修内容
1	供电电源	在电源端子处测电压变化是否在标准范围内
2	外部环境	环境温度(控制柜外)是否在规定范围 环境温度(控制柜内)是否在规定范围 积尘情况(一般不能积尘)

（续）

序号	检修项目	检 修 内 容
3	输入输出电源	在输入输出端子处测电压变化是否在标准范围内
4	安装状态	各单元是否可靠固定、有无松动 连接电缆的连接器是否完全插入旋紧 外部配件的螺钉是否松动
5	寿命元件	锂电池寿命等

4.7.4 提高 PLC 控制系统可靠性的软件措施

1. 提高输入输出信号的可靠性

（1）开关型传感器信号的“去抖动”措施

当按钮作为输入信号时，则不可避免地会产生时通时断的抖动。这种现象在继电器系统中由于电磁惯性一般不会造成什么影响，但在 PLC 系统中由于扫描速度快，扫描周期比实际继电器的动作时间短得多，检测到抖动信号而造成错误的结果。因此，有必要对抖动信号进行处理。

图 4-48 为采用定时器的去抖动梯形图（也可用计数器并恰当编程），定时时间根据抖动情况和系统要求的响应速度而定，以保证触点稳定断开（闭合）才执行，起到完善的保护作用。

（2）数字滤波

数字滤波是在对模拟信号多次采样的基础上通过软件算法提取最逼近真值数据的过程。数字滤波的算法很多，如算术平均值法、比较舍取法、中值法、一阶递推数字滤波法等。

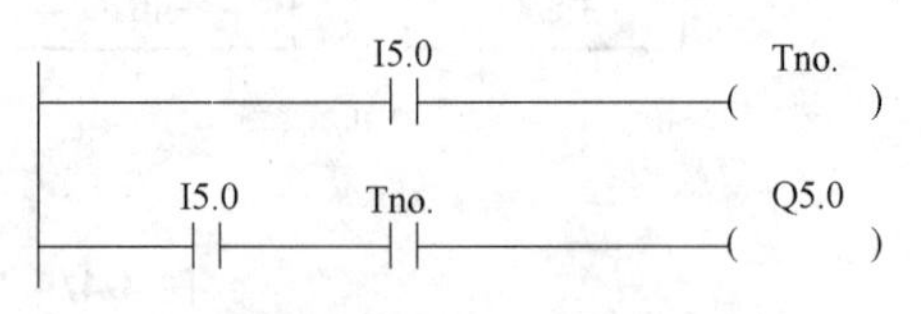

图 4-48 去抖动梯形图

（3）指令冗余

在尽可能短的周期内将数据重复输出，受干扰影响的设备在还没有来得及响应时正确的信息又来到了，这样就可以及时防止误动作的产生。

2. 信息的保护和恢复

出现偶发性故障不破坏 PLC 内部信息，一旦故障条件消失就可恢复正常，继续原来的工作。故 PLC 检测到故障条件时，立即把现状态存入存储器，并软件配合对其封闭，以防信息冲掉。当外界环境正常后，便恢复到故障前的状态，继续原来的程序工作。

3. 设置互锁功能

在系统菜单上，有时并不出现对互锁功能的具体描述，但为了系统安全，在硬件设计和编程中必须加以考虑，并互相配合。因为单纯在 PLC 内部逻辑上互锁，往往在外电路故障时失去作用。例如对电动机正、反转接触器互锁，仅在梯形图中用软件实现是不够的，因有时会出现接触器主触点“烧死”而在线圈断电后主电路仍不断开的故障。这时 PLC 输出继电器为断电状态，动断触点闭合，如给出反转控制命令则反转接触器通电而造成三相电源短路事故，解决这一问题的办法是将两接触器的动断辅助触点互相串联在对方线圈控制回路中。

4. 故障检测程序设计

工程实践表明，PLC 外部输入、输出设备故障率远远高于 PLC 本身故障率，此时 PLC 难以觉察，故障可能扩大，直至强电保护动作后才停机，甚至造成设备和人身事故。为及时发现、查找故障，在软件中增加故障检测程序设计，用 PLC 程序实现故障的自诊断和自处理。

（1）时间故障检测法

无“看门狗”指令的 PLC 可设计“超节拍保护”程序。机械设备等的控制系统工作循环中各工步时间几乎不变，故以这些时间为参数，在待检测工步动作开始时启动一个定时器，设定时间为比正常工步时间长 20%~25%。当某工步超常，达到对应定时器预置时间还未转入下一工步时，定时器接通动合触点，停止正常工作循环程序、启动报警及故障显示程序，便于值班人员及时采取排除故障的措施。例如，水轮发电机组开停机过程的监视就可以这样。

在图 4-49 中，I6.0 为工步动作启动信号，I6.1 为动作完成信号，Q0.0 为报警或停机信号。当 I6.0=1 时，工步动作启动，定时器 Tno. 开始计时，如在规定时间内监控对象未发出动作完成信号，则判断为故障，接通 Q0.0 发出报警信号；若在规定时间内完成动作，则 I6.1 切断 M0.0，将定时器清零，为下一次循环做好准备。

（2）逻辑错误检测法

PLC 系统正常时，各输入、输出信号和中间记忆信号之间存在着逻辑关系，一旦出现异常逻辑，必定是控制系统故障。因此，事先编好一些常见故障的异常逻辑程序加入用户程序中，当这种逻辑状态为“1”时，必然是相应设备故障。将异常逻辑状态输出作为故障信号，用来实现报警、停机等控制。

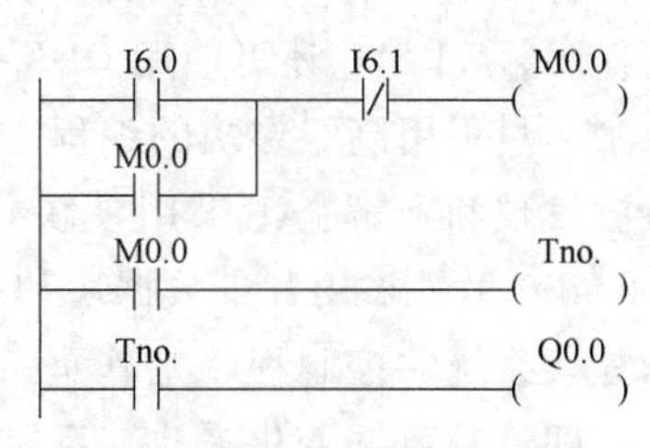

图 4-49 超节拍保护程序

例如，某机械运动过程中先后有两个限位开关动作，它们不会同时为“1”状态，若是这样，说明至少有一个限位开关被卡死，应停机进行处理。

5. 消除预知干扰

某些干扰可以预知，如 PLC 输出命令使执行机构（如大功率电动机、电磁铁）动作，常产生火花、电弧等干扰信号，又反过来使 PLC 接收错误信息。所以，在容易产生这些干扰的时间内，需用软件封锁 PLC 的某些输入信号，在干扰易发期过去后，再解除封锁。

6. 数据和程序的保护

大部分 PLC 控制系统采用锂电池支持的 RAM 来存储用户程序。这种电池不可充电，寿命一般 5 年左右，用完后应用程序将全部丢失。因此，较可靠的办法是把调试成功的程序用 ROM 写入器固化到 EPROM/EEPROM 中去。

实际工作中，往往遇到一些系统间需要交换数据的问题，如 PLC 与 PLC 间、PLC 与驱动器间、PLC 与仪表间，无论是西门子产品之间还是西门子产品与第三方产品之间，建议使用通信的方案来代替模拟量或开关量之间的信号互连方案。

PLC 与驱动器通信，除了控制字/状态字、设定值/反馈值及过程变量的数据通信，驱动器工作参数最好也能由 PLC 通过软件下载。西门子工程软件 DRIVE ES BASIC/SIAMTIC 能为广大用户实现此类功能提供了一个强大工具；使用西门子 PLC 却使用第三方驱动器的用户，也可自行开发针对性的参数读写程序，一般支持 PROFIBUS-DP 的驱动器都可以实现。

有时控制系统由多个子系统构成，由此形成多 CPU 加人机界面的网络，S7-200 常见于 PPI 网络，S7-300/400 PLC 常见于 MPI 网络，通常是人机界面与 CPU 间的数据交换，也可在 CPU 用户程序中添加一些无须组态的 S7 基本通信功能（S7-200 用 NETR/NETW 指令、S7-300/400 用 X_ PUT/X_ GET 指令），定时或不定时地在 CPU 间进行少量数据交换，通过这些数据实现子系统控制逻辑的互锁。这样的系统，仿制者要分析某一子系统程序也不是件十分容易事情。

尽量在自动化系统中使用面板类型的人机界面来代替单一按钮指示灯，但面板型人机界面能够实现程序上载并实现反编译的产品还不多见，开发者在面板画面上加上明显的厂家标识和联系方式等信息。这样迫使仿制者必须重新编写操作面板程序甚至于 PLC 程序，而开发者利用面板和 PLC 数据接口的一些特殊功能区（如西门子公司产品面板的区域指针，或 VB 脚本）来控制 PLC 程序执行，这样在没有 HMI 源程序时只能靠猜测和在线监视来获取 PLC 内部变量的变化逻辑，费时费力，极大地增加了仿制抄袭的难度。

采用 S7-300/400 PLC 或 WINAC 产品的控制设备，除使用 STEP 7 提供的 LAD、STL、FBD 标准语言来开发控制程序，还可使用 SCL、S7-GRAPH 等高级语言来开发一些重要的工艺程序，WINAC 还可使用 ODK 软件包开发出专有的程序块。

尽量采用高级层次的编程方式，这样编出来的程序中嵌入系统的保护加密程序，才不容易被发现和破解：①采用模块化程序结构，采用符号名、参数化来编写子程序块；②S7-300/400 尽量采用背景数据块和多重背景的数据传递方式；③多采用间接寻址的编程方式；④复杂系统的控制程序尤其是一些带有顺序控制或配方控制的程序，考虑采用数据编程方式，即通过数据变化来改变系统控制逻辑或控制顺序。

7. 软件容错技术

（1）软件容错技术概述

软件系统可靠性的核心问题是软件容错。为提高系统运行的可靠性，使 PLC 在信号出错情况下能及时发现错误，并能排除错误的影响继续工作，在程序编制中采用软件容错技术。软件容错已成为系统容错领域的重要分支之一，软件容错策略分为故障避免策略、故障屏蔽策略和故障恢复策略三大类。

容错计算的研究与发展以 1971 年召开第一届国际容错计算会议（FTCS-1）为起点，是指“容许错”，更确切地说是指“容许故障”。从 1975 年开始，商业化容错机推向市场；到 1990 年，提出软件容错，进而发展到网络容错。1995 年 FTCS-15 上，IEEE Fellow，A. Avizienis 教授等又提出可信计算（Dependable Computing）的概念。

1）在现场设备信号不完全可靠时，对不严重影响设备运行的故障，采取不同时间的判断，以防止输入接点的抖动而产生“伪报警”。若延时后信号仍不消失，再执行相应动作。

2）在充分利用信号间的组合逻辑关系构成条件判断，即使个别信号出现错误，系统也不会因错误判断而影响其正常的逻辑功能。

软件容错的主要目的是提供足够的冗余信息和算法程序，使系统在实际运行时能够及时发现程序设计错误，采取补救措施，以提高软件可靠性，保证整个计算机系统的正常运行。

（2）软件容错技术的方法

软件容错技术主要有恢复块方法和 N 版本程序设计，另外还有防卫式程序设计等。

1）恢复块方法。故障恢复策略有两种，即前向恢复和后向恢复。所谓前向恢复是指使当前计算继续下去，把系统恢复成连贯的正确状态，弥补当前状态的不连贯情况，这需有错误的详细说明。所谓后向恢复是指系统恢复到前一个正确状态，继续执行。这种方法显然不适合实时处理场合。

1975 年 B. Randell 提出的恢复块方法是一种动态屏蔽技术，采用后向恢复策略，如图 4-50所示。它提供具有相同功能的主块和几个后备块，一个块就是一个执行完整的程序段，主块首先投入运行，结束后进行验收测试，如果没有通过验收测试，系统经现场恢复后由一后备块运行。这一过程可重复到耗尽所有后备块，或者某个程序故障行为超出了预料，从而导致不可恢复的后果。设计时应保证实现主块和后备块之间的独立性，避免相关错误的产生，使主块和后备块之间的共性错误降到最低限度。验收测试程序完成故障检测功能，它本身的故障对恢复块方法而言是共性的，因此必须保证它的正确性。

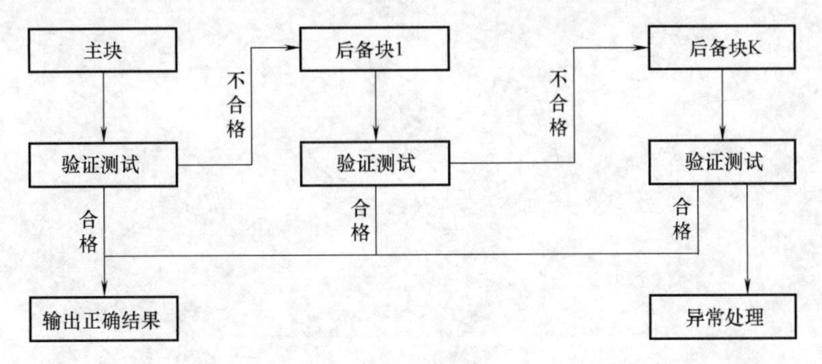

图 4-50 恢复块方法

2）N 版本程序设计。1977 年出现的 N 版本程序设计，是一种静态故障屏蔽技术，采用前向恢复策略，如图 4-51 所示。设计思想是用 N 个具有相同功能的程序同时执行一项计算，结果通过多数表决来选择。其中 N 份程序必须由不同的人独立设计，使用不同的方法，不同的设计语言，不同的开发环境和工具来实现。目的是减少 N 版本软件在表决点上相关错误的概率。另外，由于各种不同版本并行执行，有时甚至在不同的计算机中执行，必须解决彼此之间的同步问题。

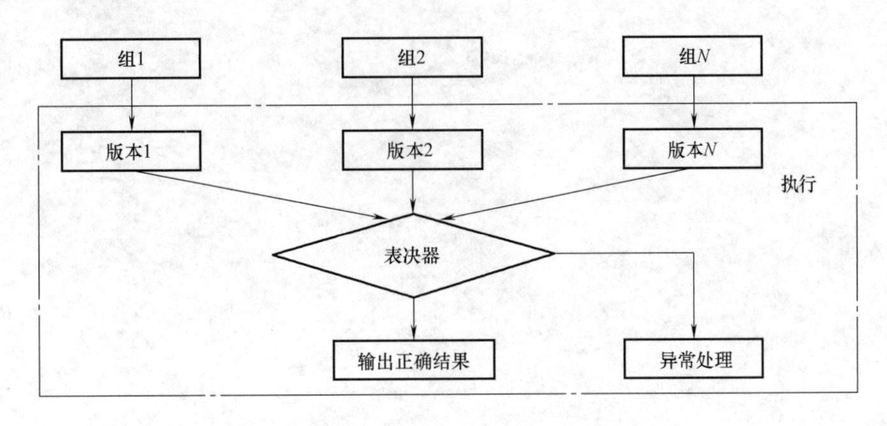

图 4-51 N 版本程序设计

3）防卫式程序设计。防卫式程序设计是一种软件容错的方法，不采用任何传统容错技术。其基本思想是在程序中包含错误检查代码和错误恢复代码，使一旦错误发生，能撤销错误状态，恢复到已知的正确状态中去，解决错误和不一致性。实现策略包括错误检测、破坏估计和错误恢复三个方面。

除上述三种方法外，提高软件容错能力可从计算机平台环境、软件工程和构造异常处理模块等不同方面达到。此外，利用高级程序设计语言本身的容错能力，采取相应的策略，也是可行的办法。如 C++语言中的 Try_ except 处理法、Try_ finally 中止法等。

PLC 控制系统中的干扰十分复杂，可靠性不仅取决于硬件本身质量，而且与周边设备质量、硬件安装方式、软件编制等有很大关系，因此在抗干扰设计中应综合考虑各方面的因素。如何在硬件配置上提高系统对外界环境的抗干扰能力，以及提高软件对不同的工艺、设备情况做出准确、合理判断的能力，是提高系统可靠性的重要手段。合理有效地抑制抗干扰，对有些干扰情况还需做具体分析，采取对症下药的方法，才能够使 PLC 控制系统正常、稳定的工作。

第5章

S7-300/400 PLC的通信网络

5.1 现场总线与 S7-300/400 PLC 集成通信网络

5.1.1 现场总线

现场总线（Fieldbus）是 20 个世纪 80 年代末、90 年代初国际上发展形成的，用于过程、制造、楼宇等自动化领域的现场智能设备互联通信网络。作为工厂数字通信网络的基础，建立了生产过程现场及控制设备之间及与更高控制管理层次之间的联系，不仅是一个基层网络，而且还是一种开放式、新型全分布控制系统。

这项以智能传感、控制、计算机、数字通信等为主的综合技术，导致自动化系统结构与设备的深刻变革。国际电工委员会 IEC 61158 定义现场总线是：“安装在制造和过程区域的现场装置与控制室内的自动化控制装置之间的数字式、串行、多点通信的数据总线”。

现场总线系统被称为第五代控制系统，也称现场总线控制系统（FCS）。人们把 20 世纪 50 年代前的气动信号控制系统（PCS）称作第一代；把 4~20mA 等电动模拟信号控制系统称为第二代；把数字计算机集中式控制系统称为第三代；把 20 世纪 70 年代中期以来的集散式分布控制系统 DCS 称作第四代。FCS 一方面突破了 DCS 系统采用通信专用网络的局限，采用了基于公开化、标准化的解决方案，克服了封闭系统所造成的缺陷；另一方面把 DCS 的集中与分散相结合的集散系统结构，变成了新型全分布式结构，把控制功能彻底下放到现场。可以说，开放性、分散性与数字通信是现场总线系统最显著的特征。

1. 基金会现场总线

基金会现场总线（Foudation Fieldbus，FF），是在过程自动化领域得到广泛支持和具有良好发展前景的技术，前身以美国 Fisher-Rousemount 公司为首，联合 Foxboro、横河、ABB、西门子等 80 家公司制订了 ISP 协议；以 Honeywell 公司为首，联合欧洲等地的 150 家公司制订了 WordFIP 协议。受于用户压力，两大集团于 1994 年 9 月合并，成立了现场总线基金会，致力于开发出国际上统一的现场总线协议。它以 ISO/OSI 开放系统互联模型为基础，取其物理层、数据链路层、应用层为 FF 通信模型的相应层次，并在应用层上增加了用户层。典型的 Foundation Fieldbus 构成的 FCS 体系结构如图 5-1 所示。

基金会现场总线按通信速率分为低速 H1 和高速 H2，每段节点数均可达 32 个，使用中继器达 240 个。用耦合器连接 H1 和 H2，同时对现场仪表供电和本质安全隔离。H1 的传输速率为 31.25kbit/s，传输距离有 200m、450m、1200m、1900m 四种，可连接 2~32 台非总线供电的非本质安全、2~12 台总线供电的非本质安全或 2~6 台总线供电的本质安全现场仪

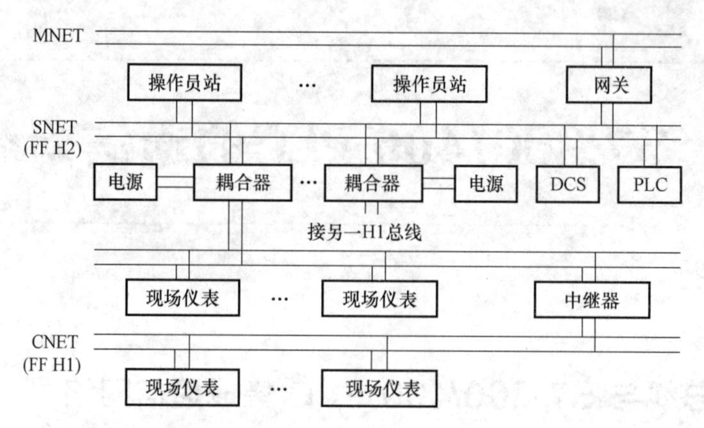

图 5-1　典型的用 Foundation Fieldbus 构成的 FCS 体系结构

表，一条 H1 现场总线上最多可加 4 个中继器使通信距离可达 7.2km，连接的现场智能仪表最多达 126 台。H2 的传输速率有 1Mbit/s 和 2.5Mbit/s 两种，通信距离分别为 750m 和 500m。物理传输介质可支持双绞线、光缆和无线发射，协议符合 IEC 1158-2 标准。物理媒介的传输信号采用曼彻斯特编码，每位发送数据的中心位置或是正跳变（0），或是负跳变（1），从而使串行数据位流中具有足够的定位信息。

2. LonWorks

LonWorks 也是具有强劲实力的现场总线，由美国 Ecelon 公司推出并与摩托罗拉、东芝公司共同倡导，于 1990 年正式公布而形成。采用 ISO/OSI 模型的全部七层通信协议，及面向对象的设计方法，通过网络变量把网络通信设计简化为参数设置，通信速率从 300bit/s~15Mbit/s 不等，直接通信距离可达 2700m（双绞线/78kbit/s），支持双绞线、同轴电缆、光纤、射频、红外线、电源线等多种通信介质，并开发相应的本安防爆产品，被誉为通用控制网络。

LonWorks 技术所用 LonTalk 协议封装在称为 Neuron 的芯片中并得以实现，集成芯片中有 3 个 8 位 CPU。一个完成开放互联模型中第 1~2 层功能，称为媒体访问控制处理器，实现介质访问的控制与处理；第二个完成第 3~6 层的功能，称为网络处理器，进行网络变量处理的寻址、处理、背景诊断、函数路径选择、软件计量时、网络管理，并负责网络通信控制、收发数据包等；第三个是应用处理器，执行操作系统服务与用户代码。芯片中还具有存储信息缓冲区，以实现 CPU 间的信息传递，并作为网络缓冲区和应用缓冲区。如摩托罗拉公司生产的神经元集成芯片 MC143120E2 就包含了 2kB RAM 和 2kB EEPROM。

LonWorks 技术不断推广促成了神经元芯片的低成本（每片价格为 5~9 美元），而芯片的低成本又反过来促进了 LonWorks 技术的推广应用，形成了良好循环，据 Ecelon 公司的有关资料，到 1996 年 7 月，已生产出 500 万片神经元芯片。

LonWorks 公司鼓励 OEM 开发商运用 LonWorks 技术和神经元芯片，开发自己的应用产品。其广泛应用在楼宇自动化、家庭自动化、保安系统、办公设备、运输设备、工业过程控制等行业。为了支持 LonWorks 与其他协议和网络之间的互联与互操作，公司开发各种网关，将 LonWorks 与以太网、FF、Modbus、DeviceNet、PROFIBUS、Serplex 等互联为系统。

另外，在开发智能通信接口、智能传感器方面，LonWorks 神经元芯片也具有独特优势。

LonWorks 技术已被美国暖通工程师协会（ASRE）定为建筑自动化协议 BACnet 的一个标准，被美国消费电子制造商协会（CEA）作为基础制定 EIA-709 标准。

3. PROFIBUS

PROFIBUS 是德国标准 DIN 19245 和欧洲标准 prEN 50170 的现场总线，由 PROFIBUS-DP、PROFIBUS-FMS、PROFIBUS-PA 组成 PROFIBUS 系列。DP 型用于分散外设间的高速传输，适于加工自动化领域；FMS 意为现场信息规范，适于纺织、楼宇自动化、可编程控制器、低压开关等一般自动化；PA 型则是过程自动化的总线，遵从 IEC 1158-2 标准。PROFIBUS 采用 OSI 模型的物理层、数据链路层，形成标准第一部分的子集，DP 型隐去了 3~7 层，而增加直接数据连接拟合作为用户接口；FMS 型隐去了第 3~6 层，采用应用层，作为标准第二部分；PA 型标准还在制定过程中，传输技术遵从 IEC 1158-2（1）标准，实现总线供电与本质安全防爆。

PROFIBUS 支持主-从、纯主站、多主多从混合系统等几种传输方式，主站具有总线控制权，可主动发送信息。对多主站系统来说，主站间采用令牌方式传递信息，得到令牌的站点可在一个事先规定的时间内拥有总线控制权。按 PROFIBUS 的通信规范，令牌在主站间按地址编号顺序，沿上行方向传递。主站得到控制权时，按主-从方式，向从站发送或索取信息，实现点对点通信。主站可对所有站点广播（不要求应答），或有选择地向一组站点广播。

PROFIBUS 的传输速率为 96~12kbit/s，最大传输距离 12kbit/s 时 1000m、15Mbit/s 时 400m，用中继器延长至 10km。传输介质可以是双绞线，也可以是光缆，最多挂接 127 个站点。

4. CAN

CAN 是控制局域网络（Control Area Network）的缩写，始于德国 BOSCH 公司，用于汽车内部测量与执行部件间的数据通信。该总线规范现被国际标准组织（ISO）制订为国际标准，得到摩托罗拉、英特尔、菲利浦、西门子、NEC 等公司的支持，广泛应用在离散控制领域。

CAN 协议也建立在 ISO 开放系统互联模型基础上，不过只有 3 层，即 OSI 底层的物理层、数据链路层和顶上的应用层，信号传输介质为双绞线，通信速率最高可达 1Mbit/s/40m，直接传输距离最远 10km/kbit/s，可挂接设备最多 110 个。

CAN 的信号传输采用短帧结构，每一帧有效字节数为 8 个，因而传输时间短，受干扰的概率低。当节点严重错误时，自动关闭功能切断与总线的联系，使其他节点及通信不受影响，具有较强的抗干扰能力。

CAN 支持多主方式工作，任何节点均在任意时刻主动向其他节点发送信息，支持点对点、点对多点和全局广播方式接收/发送数据。采用总线仲裁技术，当几个节点同时传输信息时，优先级高的节点继续传输，而优先级低的则主动停止发送，从而避免总线冲突。

5. HART

HART 是 Highway Addressable Remote Transduer 的缩写，由 Rosemout 公司开发并得到 80 多家著名仪表公司的支持，1993 年成立 HART 通信基金会。这种可寻址远程传感高速通道的开放通信协议，在模拟信号传输线上实现数字通信，为模拟向数字系统转变的过渡性产品。

HART 通信模型由 3 层组成，即物理层、数据链路层和应用层。物理层采用 FSK（Frequency Shift Keying）技术在 4~20mA 模拟信号上叠加一个采用 Bell202 国标的频率信号，传输速率为 1200bit/s，逻辑“0”的信号传输频率为 2200Hz，逻辑“1”的信号频率为 1200Hz。

数据链路层用于按 HART 通信协议规则建立 HART 信息格式，信息构成包括开头码、显示终端与现场设备地址、字节数、现场设备状态与通信状态、数据、奇偶校验等，数据字节结构为 1 个起始位、8 个数据位、1 个奇偶校验位、1 个终止位。应用层有 3 类命令：通用命令、一般行为命令、特殊设备命令，在一个现场设备中可同时存在。HART 支持点对点主从应答方式和多点广播方式，应答时数据更新速率 2~3 次/s、广播方时 3~4 次/s，支持两个通信主设备。总线可挂现场设备数最多 15 个，每个有 256 个变量，每个信息最大包含 4 个变量，最大传输距离为 3000m，采用统一的设备描述语言 DDL。

6. RS-485

尽管 RS-485 不能称为现场总线，但视作它的鼻祖，许多设备还沿用这种通信协议，具有设备简单、低成本等优势，以 RS-485 为基础的 OPTO-22 命令集等得到了广泛应用。

5.1.2 S7-300/400 PLC 的集成通信网络

1. 工厂自动化系统的典型结构

典型的工厂自动化系统由现场设备层、车间监控层、工厂管理层三级网络构成。

（1）现场设备层

该层主要功能是连接分布式 I/O、传感器/驱动器、执行机构和开关等现场设备，完成设备及连锁的控制。主站（PLC、PC 或其他控制器）负责总线通信管理及与从站通信，总线上所有设备生产工艺控制程序存储在主站中，并由主站执行。西门子网络系统（SIMATIC NET）如图 5-2 所示，将执行器/传感器单独分为一层，主要使用 AS-I（执行器/传感器接口）网络。

（2）车间监控层

车间监控层又称单元层，完成车间主生产设备间的连接，实现车间级设备监控，包括生产设备状态在线监控、设备故障报警及维护等，还具有生产统计、生产调度等车间级生产管理功能。通常设立的车间监控室，有操作员工作站及打印设备。车间级监控网络可采用多主网络 PROFIBUS-FMS 或工业以太网，数据传输速度并不最重要，但应能传送大容量的信息。

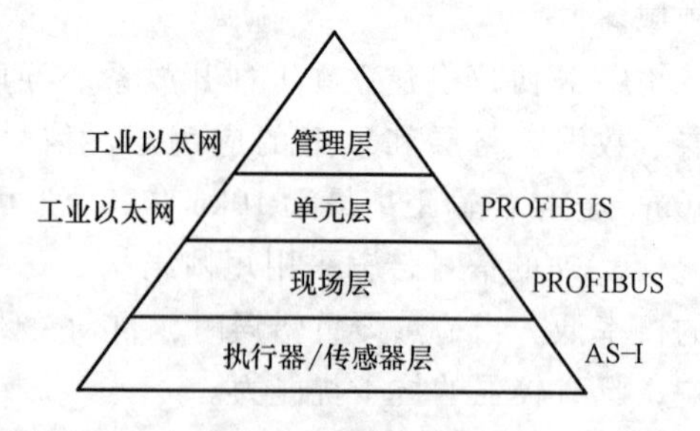

图 5-2　西门子网络系统（SIMATIC NET）

（3）工厂管理层

车间操作员工作站可以通过集线器与车间办公管理网连接，将车间生产数据送到车间管理层。车间管理网作为工厂主网的一个子网，通过交换机、网桥或路由器等连接到厂区骨干网，将车间数据集成到工厂管理层，常采用符合 IEC802.3 标准的以太网，即 TCP/IP 通信协议标准。厂区骨干网可以根据工厂实际情况，采用 FDDI 或 ATM 等网络。

很多 S7-300/400 PLC 的 CPU 中集成有 MPI 和 DP 通信接口，还有 PROFIBUS-DP 和工业以太网的通信模块，以及点对点通信模块。通过 PROFIBUS-DP 或 AS-I 现场总线，CPU 与分布式 I/O 模块之间周期性地自动交换过程映像数据，或基于事件驱动（由用户程序块调用）。在自动化系统之间，PLC 与计算机和 HMI（人机接口）站之间，均可交换数据。

S7 通信对象的通信服务通过集成在系统中的功能块来进行，提供的通信服务有：①使用 MPI 的标准 S7 通信；②使用 MPI、K 总线、PROFIBUS-DP 和工业以太网的 S7 通信（S7-300 仅作服务器）；③与 S5 通信对象和第三方设备的通信，可用非常驻内存块来建立。这些服务包括通过 PROFIBUS-DP 和工业以太网的 S5 兼容通信和标准通信。

2. 通过多点接口（MPI）协议的数据通信

MPI 是多点接口（MultiPoint Interface）的简称，S7-300/400 CPU 都集成了 MPI 通信协议，MPI 的物理层是 RS-485，最大传输速率为 12Mbit/s。PLC 通过 MPI 能同时连接运行 STEP 7 的编程器、计算机、人机界面（HMI）及其他 SIMATIC S7、M7 和 C7，STEP 7 的用户界面提供了通信组态功能，使通信组态简单容易。

联网 CPU 通过 MPI 接口实现全局数据（GD）服务，周期性交换数据，每个 CPU 可连接 MPI 总数为 6~64 个，具体数量与 CPU 型号有关。S7-300/400 PLC 的通信网络如图 5-3 所示。

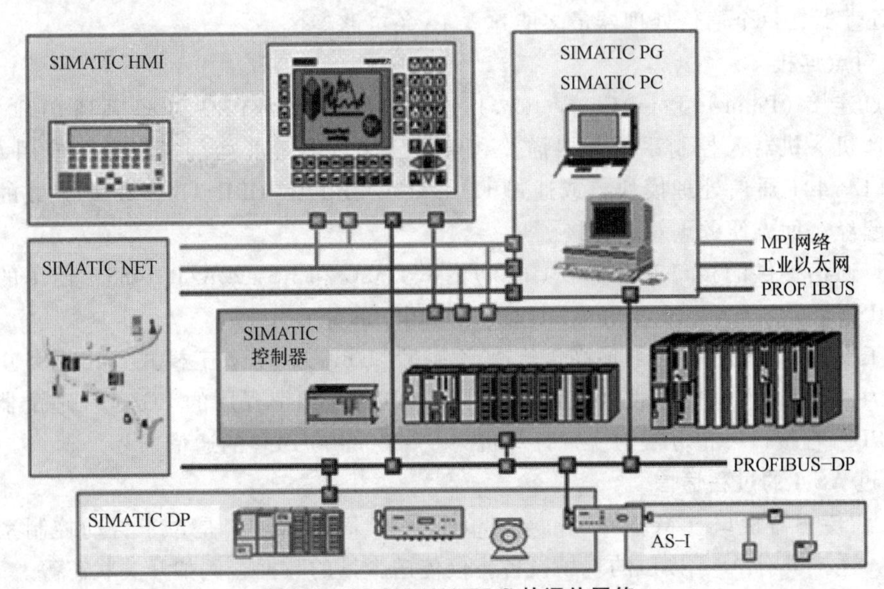

图 5-3　S7-300/400 PLC 的通信网络

3. PROFIBUS

工业现场总线 PROFIBUS 是用于车间级监控和现场层的通信系统，符合 IEC 61158-3 标准，具有开放性，各厂家的设备都可接入同一网络。S7-300/400 PLC 通过通信处理器或集成在 CPU 上的 PROFIBUS-DP 主站/从站接口连接到 PROFIBUS-DP 网络上，图 5-3 为高速且方便的分布式 I/O 控制，对于用户来说，系统组态和编程方法与处理集中式 I/O 完全相同。

PROFIBUS 的物理层是 RS-485，最大传输速率为 12Mbit/s，最多与 127 个网络节点交换数据。网络中最多串接 10 个中继器来延长通信距离，使用光纤作为通信介质，通信距离可达 90km。

如果 PROFIBUS 网络采用 FMS 协议，工业以太网采用 TCP/IP 或 ISO 协议，S7-300 PLC 可与其他公司的设备交换数据。

通过 CP 342/343 通信处理器可将 S7-300 PLC 与 PROFIBUS-DP 或工业以太网总线系统相连，可连设备包括 S7-300/400、S5-115U/H、编程器、个人计算机、人机界面（HMI）、数控系统、机械手控制系统、工业 PC、变频器和非西门子装置。

S7 中可用作主站的有：①带有 PROFIBUS-DP 接口的 S7-300/400 CPU；②CP 443-5IM467、CP 342-5 或 CP 343-5；③编程器 PG；④操作员面板 OP。S7 中可作从站的有：①分布式 I/O 设备；②ET200B/L/M/S/X；③通过通信处理器 CP342 的 S7-300；④带 DP 接口的 S7-300 CPU；⑤S7-400（只能通过 CP 443-5）；⑥带 EM 277 通信模块的 S7-200。

4. 工业以太网

工业以太网（Industrial Ethernet）是用于工厂管理和单元层的通信系统，符合 IEEE 802.3 国际标准，用于对时间要求不太严格、需要传送大量数据的通信场合，可通过网关来连接远程网络，支持广域的开放型网络模型，可以采用多种传输媒体。西门子工业以太网传输速率为 10Mbit/s/100Mbit/s，最多 1024 个网络节点，网络最大范围为 150km。

西门子的 S7 和 S5 这两代 PLC 通过 PROFIBUS（FDL 协议）或工业以太网 ISO 协议，利用通信服务交换数据。CP 通信处理器不会加重 CPU 的通信服务负担，S7-300 PLC 最多使用 8 个通信处理器，每个通信处理器最多能建立 16 条链路。

5. 点对点连接

点对点连接（Point-to-Point Connections）连接两台 S7 系列 PLC 和 S5 系列 PLC，以及计算机、打印机、机器人控制系统、扫描仪和条形码阅读器等非西门子设备。使用 CP 340、CP 341 和 CP 441 通信处理模块，或通过 CPU 313C-2PtP 和 CPU 314C-2PtP 集成的通信接口，建立起经济而方便的点对点连接。

点对点通信提供的接口有 20mA（TTY）、RS-232C 和 RS-422A/RS-485，使用的通信协议有 ASCII 驱动器、3964（R）和 RK512（只适用于部分 CPU）。

全双工模式（RS-232C）的最高传输速率为 19.2kbit/s，半双工模式（RS-485）的最高传输速率为 38.4kbit/s。使用西门子通信软件 PRODAVE 和编程用的 PC/MPI 适配器，通过 PLC 的 MPI 编程接口，很方便地实现计算机与 S7-300/400 PLC 的通信。

6. 通过 AS-I 的过程通信

执行器/传感器接口（Actuator Sensor-Interface），简称 AS-I，是位于自动控制系统最底层的网络，连接具有 AS-I 接口的现场设备，仅传送少量的数据，例如开关状态等。

CP342-2 通信处理器用于 S7-300 PLC 和分布式 I/O ET200M 的 AS-I 主站，最多连接 62 个数字量或 31 个模拟量 AS-I 从站。通过 AS-I 接口，每个 CP 最多访问 248 个数字量输入和 186 个数字量输出。通过内部集成的模拟量处理程序，像处理数字量值那样容易地处理模拟量值。

7. 通信的分类

通信可以分为全局数据通信、基本通信及扩展通信 3 类。

（1）全局数据通信

全局数据（GD）通信通过 MPI 接口在 CPU 间循环交换数据，用全局数据表来设置各 CPU 之间需要交换数据的存放地址区和通信速率，通信自动实现，不需要用户编程。当过程映像刷新时，再循环扫描检测点交换数据。S7-400 PLC 的全局数据通信用 SFC 来起动，全局数据可以是输入、输出、标志位（M）、定时器、计数器和数据区。

S7-300 CPU 每次最多交换 4 个包含 22B 的数据包，最多有 16 个 CPU 参与数据交换。S7-400 CPU 可以同时建立最多 64 个站的连接，MPI 网络最多有 32 个节点。任意两个 MPI 节点之间可以串联 10 个中继器，以增加通信距离。每次程序循环最多 64B，最多 16 个 GD 数据包。在 CR2 机架中，两个 CPU 可通过 K 总线用 GD 数据包进行通信。

通过全局数据通信，一个 CPU 可访问另一个 CPU 的数据块、存储器位和过程映像等。全局通信用 STEP 7 中的 GD 表进行组态。对 S7、M7 和 C7 的通信服务可用系统功能块来建立。

(2) 基本通信（非配置的连接）

这种通信用于所有 S7-300/400 CPU，通过 MPI 或站内 K 总线（通信总线）来传送最多 76B 的数据。在用户程序中，用系统功能（SFC）来传送数据。在调用 SFC 时，通信连接被动态地建立，CPU 需要一个自由连接。

(3) 扩展通信（配置的通信）

这种通信用于所有 S7-300/400 CPU，通过 MPI、PROFIBUS 和工业以太网最多传送 64KB 的数据。通信通过系统功能块（SFB）来实现，支持有应答的通信。在 S7-300 PLC 中，可用 SFB15 "PUT" 和 SFB14 "GET" 来读出或写入远端 CPU 的数据。

扩展的通信功能还能执行控制功能，如控制通信对象的起动和停机。这种通信方式需要用连接表配置连接，被配置的连接在站起动时建立并一直保持。

5.2 MPI 网络与全局数据通信

5.2.1 MPI 网络

MPI 是多点接口（MultiPoint Interface）的简称，每个 S7-300/400 CPU 都集成了 MPI 通信协议，MPI 的物理层是 RS-485。通过 MPI，PLC 可以同时与多个设备建立通信连接，同时连接的通信对象的个数与 CPU 的型号有关，例如 CPU 312 为 6 个，CPU 418 为 64 个等。

在计算机上应插入一块 MPI 卡或使用 PC/MPI 适配器，便可以访问 PLC 所有的智能模块。联网的 CPU 通过 MPI 接口实现全局数据（GD）服务，周期性相互交换少量的数据，最多与在一个项目中的 15 个 CPU 之间建立全局数据通信。每个 MPI 节点都有自己的 MPI 地址（0~126），编程设备、人机接口和 CPU 的默认地址分别为 0，1，2。

在 S7-300 PLC 中，MPI 总线在 PLC 中与 K 总线（通信总线）连接在一起，S7-300 PLC 机架上 K 总线的每一个节点（功能模块 FM 和通信处理器 CP）也是 MPI 的一个节点，有自己的 MPI 地址。在 S7-400PLC 中，MPI（187.5kbit/s）通信模式被转换为内部 K 总线（10.5Mbit/s）。S7-400 PLC 只有 CPU 有 MPI 地址，其他智能模块没有独立的 MPI 地址。

通过全局数据通信，一个 CPU 可以访问另一个 CPU 的位存储器、I/O 映像区、定时器、计数器和数据块中的数据。对 S7、M7、C7 的通信服务可以用系统功能块来建立。MPI 默认的传输速率为 187.5kbit/s 或 1.5Mbit/s，与 S7-200 通信时只能指定为 19.2kbit/s。两个相邻节点间的最大传送距离为 50m，加中继器后为 1000m，使用光纤和星形连接时为 23.8km。

通过 MPI 接口，CPU 可以自动广播其总线参数组态（如波特率），然后 CPU 自动检索正确的参数，并连接至一个 MPI 子网。MPI 是一种适用于小范围、少数站点间通信的网络。

在网络结构中属于单元级和现场级，通过 PROFIBUS 电缆和接头，将控制器 CPU 的 MPI 编程口相互连接以及与上位机网卡的编程口（MPI/DP 口）连接即可实现。

1. MPI 网络硬件及连接规则

MPI 网络是一种总线型网络，仅用 MPI 接口构成的网络称为 MPI 分支网络。两个或多个 MPI 分支网由路由器或网间连接器连接，构成较复杂的网络结构，实现更大范围的网络互联。

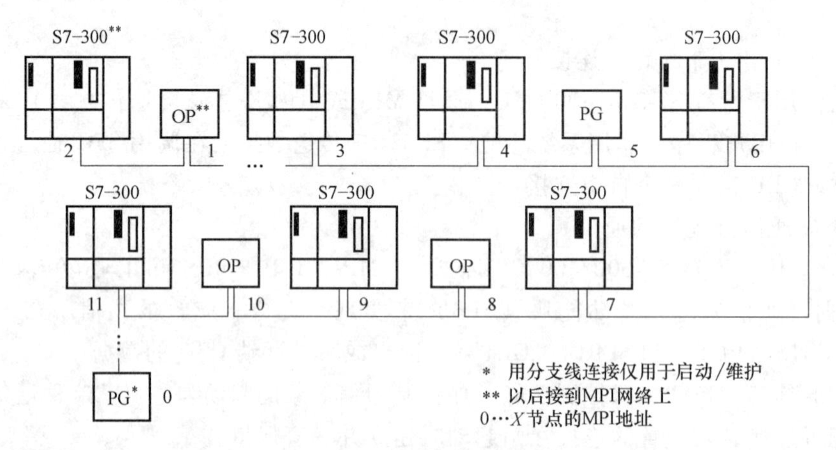

图 5-4　MPI 网络连接示例

图 5-4 为 MPI 网络的连接示例，构建时应遵守下述规则：①凡接入 MPI 网络的设备均称为 MPI 网络的节点，可接入设备有：编程装置（PG/PC）、操作员界面（OP）、PLC；②为保证通信质量，网络第一个和最后一个节点处应接通终端电阻（浪涌匹配电阻）；③该网络最多 32 个站；④通信利用 PLC 站 S7 系列和上位机（PG/PC）插卡 CP 5411、CP 5511、CP 5611、CP 5613 的 MPI 口（RS-485）进行数据交换。如果总线电缆不直接连接到 MPI 接口，而必须采用分支线电缆时，分支线长度与分支线的数量有关，一根分支线时、最大长度是 10m，分支线最多 6 根、每根限定 5m；⑤只有在起动或维护时需要用的那些编程装置 PG/OP，用分支线把它们接到 MPI 网络上；⑥将新节点接入 MPI 网络前，必须关掉电源。

MPI 网络的两种连接部件是网络插头（LAN 插头）和网络中继器（RS-485），也用在 PROFIBUS 现场总线中。

2. MPI 网络参数及编址

MPI 网络符合 RS-485 标准，具有多点通信性质，波特率固定为 187.5kbit/s（连 S7-300/400 时），或 19.2kbit/s（连 S7-200 时）。每个 MPI 分支网（节点）都有一个网络地址（网络号），称为 MPI 地址，以区别不同的 MPI 分支网。

MPI 地址的编制规则如下：①MPI 分支网络号默认设置为 0，在一个分支网络中，各节点要设置相同的分支网络号；②必须为 MPI 网络上每一节点分配一个 MPI 地址和最高 MPI 地址，同一 MPI 分支网络上各节点地址号必须是不同的，但各节点最高地址号均是相同的；③节点 MPI 地址号不能大于给出的最高 MPI 地址号（126），为提高 MPI 网络节点的通信速度，最高 MPI 地址应设置得较小；④若机架安装有功能模板（FM）和通信模板，则它们的 MPI 地址由 CPU 的 MPI 地址顺序加 1 构成，如图 5-5 所示；⑤PG、OP、CPU 出厂时默认的 MPI 地址分别为 0、1、2，默认的最高 MPI 地址都是 15。

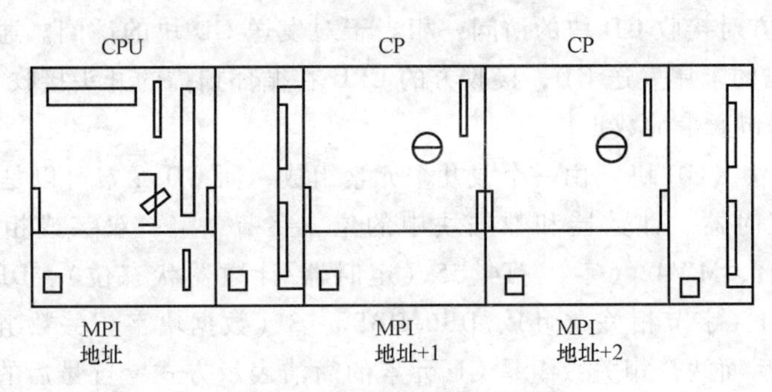

图 5-5　自动分配 MPI 地址

按上述规则组建的 MPI 网络，可用 STEP 7 软件包中的 Configuration 功能为每个网络节点分配一个 MPI 地址和最高地址，地址一般标在该节点外壳上。分配地址时，可对 PG、OP、CPU、CP、FM 等进行地址排序。网络中可以为一台维修用的 PG 预留 MPI 地址 0，为一台维护用的 OP 预留 MPI 地址 1，PG 和 OP 地址应该是不同的。图 5-4 中分支虚线表示只在起动或维护时才接到 MPI 的 PG 或 OP，需要它们时可以很方便地接入网中。

5. 2. 2　MPI 的通信及组态

PLC 之间通过 MPI 口通信可分为三种：全局数据包（GD）通信方式，不需要组态连接的通信方式，需要组态连接的通信方式，见表 5-1。

表 5-1　MPI 通信方式

MPI 通信		功能块
GD(全局数据包)		无
不需组态连接	双向通信	SFC65/SFC66
	单向通信	SFC67/SFC68
需要组态连接		SFB14/SFB15

1. 全局数据包通信方式

全局数据包（GD）通信方式以 MPI 分支网为基础，仅限于同一个分支网络内的几个 S7 系列 PLC 的 CPU 之间。MPI 分支网络能够包括连接不同区段的中继器，但不包括使用网间连接器或路由器而连接的通信节点。以这种通信方式实现 PLC 之间的数据交换时，只需关心数据的发送区和接收区，在配置 PLC 硬件的过程中，组态 PLC 站间的发送区和接收区即可，不需要任何程序处理。这种通信方式只适合 S7-300/400 PLC 之间相互通信，S7-300 PLC 最大通信数据包长度为 22 字节，S7-400 PLC 最大为 64 字节。

全局数据包通信网络简单，在一个 MPI 分支网络中最多只能有 5 个 CPU 能通过 GD 通信交换数据。采用循环传送少量数据方法，使分支网上的几个 CPU 实现全局数据共享，这几个 CPU 中，至少有一个是数据的发送方，有一个或多个是数据的接收方。发送和接收的数据称为全局数据，或称为全局数据块。

MPI 通信通过全局数据块实现的具体方法是：在发送方和接收方 CPU 的存储器中定义全局数据块，定义在发送方 CPU 存储器中的称为发送 GD 块，接收方中的称为接收 GD 块。依靠 GD 块，为发送方和接收方的存储器建立映射关系。发送 GD 块中的信号状态自动影响接收 GD 块，接收方对接收 GD 块的访问，相当于对发送 GD 块的访问。通信系统中发送方的 CPU 在循环扫描的末尾发送 GD，接收方的 CPU 在循环扫描的开头接收 GD。

（1）全局数据包通信的数据格式

一个全局数据块（GD 块）由一个或几个元素组成，而 GD 元素可以是 PLC 的输入、输出、位存储器、定时器、计数器和数据块中的位、字节、字、双字或相关数组。如 I3.0（位）、QB6（字节）、MW42（字）、T4/C5（定时器/计数器状态位）、DB8. DBD10（数据块双字）、MB28：4（字节相关数组）、DB6. DBB0：3（数据块字相关数组）等，这些都是合法的 GD 元素。后面两个相关数组是 GD 元素的简洁表示方式，冒号后的数字表示该元素的个数，如 MB28：4 表示该元素由 MB28、MB29、MB30、MB31 连续 4 个存储字节组成；DB6. DBB0：3 表示元素由 DB6. DBB0、DB6. DBB1、DB6. DBB2 连续 3 个数据字节组成。

一个全局数据块，虽然可由几个 GD 元素组成，但最多不能超过 24Byte。在 GD 块里，相关数组、双字、字节、位等元素占用的字节数见表 5-2。

表 5-2　GD 元素的字节数

数据类型	所占用的字节数	一个 GD 块里最多允许数据量
一个相关数组	字节数+2 个字节（头部信息）	一个相关的 22 个字节数组
一个单独的双字	6Byte	4 个单独的双字
一个单独的字	4Byte	6 个单独的字
一个单独的字节	3Byte	8 个单独的字节
一个单独的位	3Byte	8 个单独的位

如一个 GD 块里定义了如下 GD 元素：一个 3 个字长的数组（占 8BYTE），一个单独的位（占 3BYTE），这便是一个 22 字节长的 GD 数据块，字长小于 24 字节，为合法数据块。

（2）全局数据包通信的实现

实现全局数据包通信之前，首先应设计好各 CPU 参与 GD 通信的 GD 块及全局数据 GD 环，然后用建立全局数表的办法来配置全局数据通信。

所谓全局数据环（GD 环）是全局数据块 GD 的一个确切的分布回路，CPU 能向同一环中其他 CPU 发送数据或者从其他 CPU 接收数据。典型的全局数据环有两种：①两个以上 CPU 组成的全局数据环，一个 CPU 定义为 GD 块发送方，其他 CPU 定义为 GD 块接收方（相当于 1∶N 广播通信）；②当只由两个 CPU 构成一个全局数据环时，一个 CPU 既能向另一个 CPU 发送 GD 块，又能接收从另一个 CPU 发来的 GD 块（相当于全双工点对点通信）。

MPI 网络的 GD 通信最多在 5 个 CPU 之间，可建立多个全局数据环，但每个 S7-300 CPU 最多能参与 4 个不同的 GD 块。图 5-6 所示建立了 6 个 GD 环。

CPU1 参与了 4 个 GD 环通信，做 2 个发送方、3 个接收方，由于参与了 4 个环的通信，故不能再参与其他环的通信；CPU2 参与了 3 个 GD 环通信，作为 2 个发送方、2 个接收方，还可参与 1 个 GD 环通信，如第 5 个或第 6 个环；CPU3 参与了 4 个 GD 环通信，做了 3 个发送方、3 个接收方，不能再参与其他环的通信；CPU4 参与了 3 个 GD 环通信，作为 1 个发送方、2 个接收方，还能参与一个环的通信，如第 4 个环；CPU5 参与了 4 个 GD 环通信，作为 4 个接收方，不能再参与其他环通信。

实现 GD 通信就要在 CPU 中定义全局数据块，生成全局数据表，或者说要进行全局数

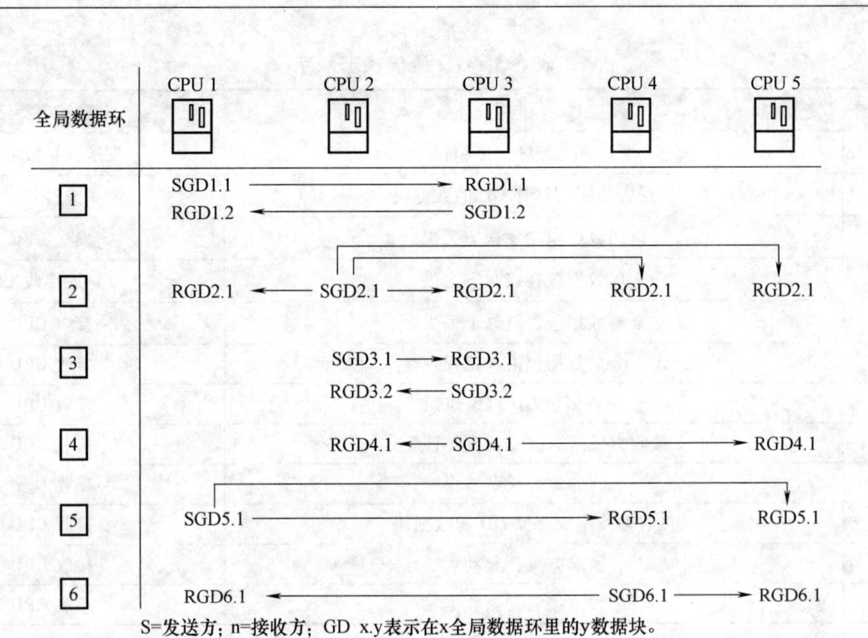

图 5-6　使用 GD 环通信

据通信组态，在进行组态前，需要先定义项目和 CPU 程序名，用 PG 配置项目中的每个 CPU，确定分支网络号、MPI 地址和最大 MPI 地址等参数。

下面介绍用 STEP 7 进行 GD 通信组态，在系统菜单 Option 中的 Define Global Data 下出现了 GD 空表，填入相关内容进行 GD 组态。具体步骤为：①在 GD 空表中输入参与 GD 通信的 CPU 代号；②在各 CPU 名下定义并输入全局数据，每行指定 1 个发送 GD，最多 4 个接收 GD；发送 GD 前加》符号；输入单元（I）不能用作接收 GD；③完成设定后，第一次存储并编译全局数据表，检查输入数据类型是否正确，是否一致；④设定扫描速率（SR），定义 GD 通信状态双字（全局状态行 GST，状态行 GDS）；⑤第二次存储并编译全局数据表。

编译后的 GD 表形成系统数据块，随后装入 CPU 程序文件中，完成后即可通信。第一次编译形成的组态数据对于 GD 通信是足够的，可从 PG 下载至各 CPU。若确定需要输入与 GD 通信状态或扫描速率有关的附加信息，才进行第二次编译。

下面介绍扫描速率和 GD 通信状态双字。扫描速率决定了 CPU 用几个扫描周期发送或接收一次 GD，发送或接收的扫描速率不一定一致。扫描速率值应满足两个条件：①发送间隔时间大于等于 60ms；②接收间隔时间小于发送间隔时间，否则可能导致全局数据信息丢失，扫描速率的发送设置范围为 4~255，接收设置范围 1~255，它们的默认设置值都是 8。GD 通信为每一个被传送的 GD 数据块提供 GD 通信状态双字，该双字被映射在 CPU 的存储器中，使用户程序及时了解通信状态，对 GD 块的有效性与实时性做出判断。GD 状态通信双字也大大增强了系统的故障诊断能力。GD 通信状态双字的各位含义见表 5-3，表中没有说明的位，无确定含义，它们的状态为 0。

2. 不需要组态连接的通信方式

这种方式通过调用系统功能（SFC65~SFC68）来实现 MPI 通信，适于 S7-300/400/200 PLC 间的通信，而且不需要组态连接。通过调用 SFC 来实现 MPI 通信又分两种，即双向和单向。调用系统功能通信时和全局数据通信不能混合使用，下面给出两种通信示例。

表 5-3　GD 通信状态双字

位号	说　明	状态位设定者
0	发送方地址区长度错误	发送或接收 CPU
1	发送方找不到储存 GD 的数据块	发送或接收 CPU
3	全局数据包在发送方丢失	发送 CPU
	全局数据包在接收方丢失	发送或接收 CPU
	全局数据包在链路上丢失	接收 CPU
4	全局数据包语法错误	接收 CPU
5	全局数据包 GD 对象遗漏	接收 CPU
6	接收方发送方数据长度不匹配	接收 CPU
7	接收方地址长度错误	接收 CPU
8	接收方找不到存储 GD 的数据块	接收 CPU
11	发送方重新起动	接收 CPU
31	接收方接收到新数据	接收 CPU

（1）双向通信

双向通信适用于 S7-300/400 PLC，双方都需调用通信块，一方调用发送块 SFC65（X_ SEND），另一方当调用接收块 SFC66（X_ RCV）以接收数据。建议在 OB35 中调用发送块，每隔 100ms 执行一次，发送程序如下：

```
CALL  "X_SEND"
REQ  :=M0.0                      (M0.0=1 激活发送请求)
CONT  :=M0.1                     (M0.1=1 保持数据连续性)
DEST_ID  :=W#16#4                (对方站 MPI 地址)
REQ_ID  :=DW#16#1                (数据包标识符)
SD  :=P#DB1.DBX0.0 BYTE 76       (发送数据区最大 76 字节)
RET_VAL  :=MW10                  (错误检测)
BUSY  :=M0.5                     (M0.5=0,发送完成)
```

接收程序如下：

```
CALL  "X_RCV"
EN_DT  :=M0.0                    (M0.0=1 复制数据到 RD 区)
RET_VAL  :=MW10                  (错误检测)
REQ_ID  :=MD12                   (检测数据包标志)
NDA  :=M0.1                      (M0.1=0,无接收;M0.1=1,接收中)
RD  :=P#DB2.DBX0.0 BYTE 76       (接收数据存储区)
```

（2）单向通信

单向通信类似于客户机服务器模式，即只在客户机一方编写程序，读出或写入服务器端数据通信程序。适于 S7-300/400/200 PLC 间通信，S7-300/400 PLC 的 CPU 同时作为客户机和服务器，而 S7-200 PLC 仅作为服务器。SFC67（X_ GET）用来读取服务器指定数据区数据，并存放到本地数据区中；SFC68（X_ PUT）用来写入本地数据区数据到服务器中指定数据区。

```
Call      SFC67 "X-GET"
CALL   "X_GET"
REQ  := M0.0                              (M0.0=1,激活接收请求)
CONT  := M0.1                             (M0.1=1,保持数据连续性)
DEST_ID  := W#16#2                        (对方站 MPI 地址)
VAR_ADDR  := P#DB1.DBX0.0 BYTE 76         (数据源地址,对方数据区)
RET_VAL  := MW20                          (错误检测)
BUSY  := M0.5                             (M0.5=0,取得数据)
RD  := P#M100.0 BYTE 76                   (数据目的地址,本地数据接收区)
Call      SFC68"X_PUT"
CALL   "X_PUT"
REQ  := M0.0                              (M0.0=1,激活发送请求)
CONT  := M0.1                             (M0.1=1,保持数据连续)
DEST_ID  := W#16#4                        (对方站 MPI 地址)
VAR_ADDR  := P#M100.0 BYTE 76             (接收数据目的地址,对方数据接收区)
SD  := P#DB2.DBX0.0 BYTE 76               (数据源地址,本地数据发送区)
RET_VAL  := MW22                          (错误检测)
BUSY  := M0.2                             (M0.2=0,发送数据成功)
```

当 S7-300/400 PLC 与 S7-200 PLC 通信时，S7-200 PLC 中不能调用 SFC 通信块，只能在 S7-300/400 PLC 中调用 SFC67（X_ GET）和 SFC（X_ PUT），故只有 S7-300/400 PLC 可作客户机，S7-200 PLC 只能作服务器。在 S7-200 PLC 侧打开编程软件 STEP 7 Micro/WIN32，在“SYSTEM BLOCK”中设定 S7-200 PLC 的站号和通信速率，如图 5-7 所示。

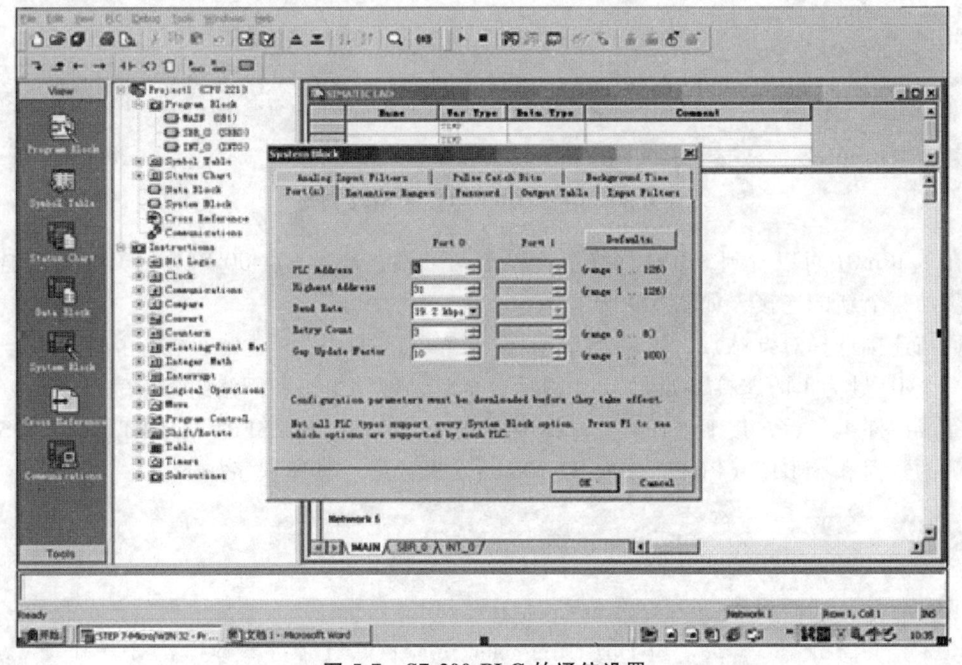

图 5-7 S7-200 PLC 的通信设置

把组态数据下载至 S7-200 CPU 中，硬件组态就完成了。接着编写 S7-300 PLC 的通信程序。

3. 需要组态连接的通信方式

需要组态连接的通信方式适于 S7-400 PLC 间及 S7-400 PLC 与 S7-300 PLC 间的 MPI 通信，若 S7-400 PLC 与 S7-300 PLC 通信，S7-300 PLC 仅作为服务器端、S7-400 PLC 作为客户端，通信双方需要组态一个连接。如图 5-8 所示在 STEP 7 的硬件组态中设置通信双方的 MPI 地址，然后新建一个名为 MPI（1）的网络，并将通信双方都连接到该网络上，然后通过工具栏按钮打开“NetPro”来组态网络。

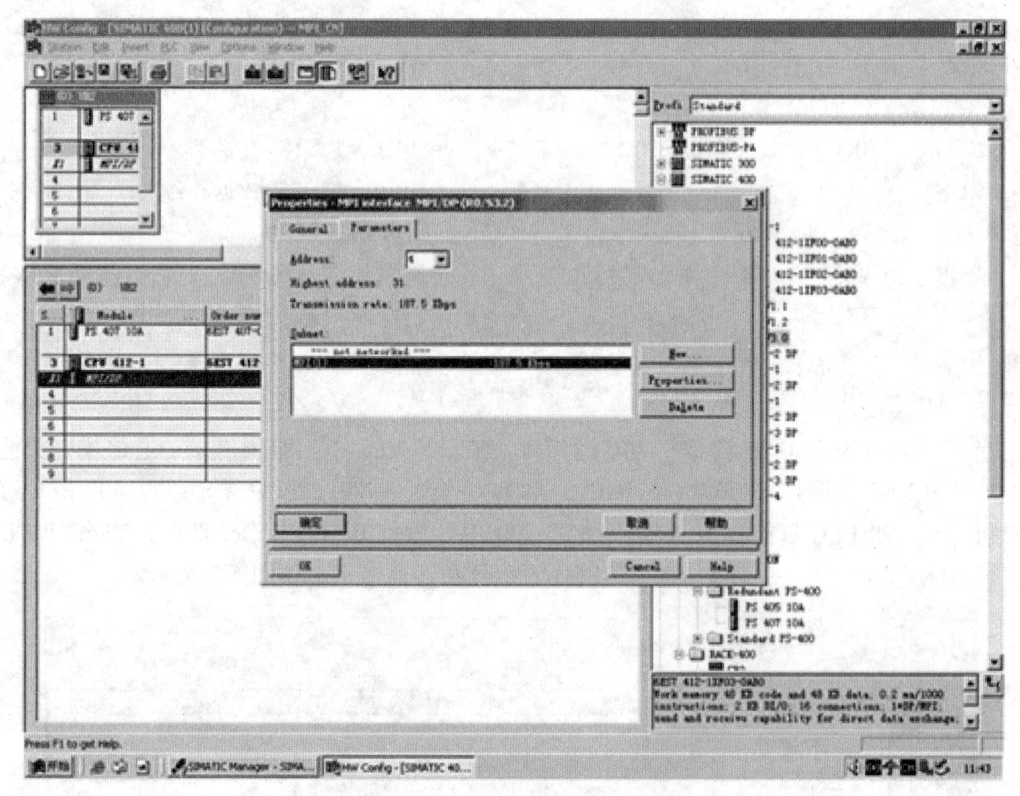

图 5-8　在 STEP 7 中设置 MPI 网络

在 NetPro 中可以看到，MPI 网络上连接了两个站，选择 S7-400 PLC 的 CPU，在连接列表里添加一个新的连接，如图 5-9 所示。

通信连接选择对方站点，连接类型选择“S7 Connection”，这时，在连接列表里，就建立了一个 ID 号为 1 的连接，如图 5-10 所示。至此，硬件组态和网络组态就完成了。

完成硬件组态后，接下来在客户端 S7-400 PLC 侧编程调用 SFB14（GET），读取 S7-300 PLC 侧的数据和 SFB15（PUT）来向 S7-300 站发送数据。具体程序如下：

```
Call     SFB14“GET”
CALL   “GET”,DB14
REQ  :=M0.0              (M0.0=1 Active job at rising edge 上升沿触发接收请求)
ID  :=W#16#1             (This ID is come from LOCAL ID. 本地连接 ID 号)
```

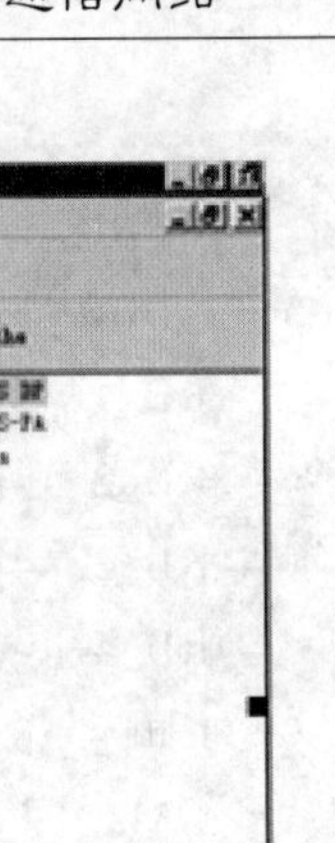

图 5-9　在 NetPro 中新建一个网络连接

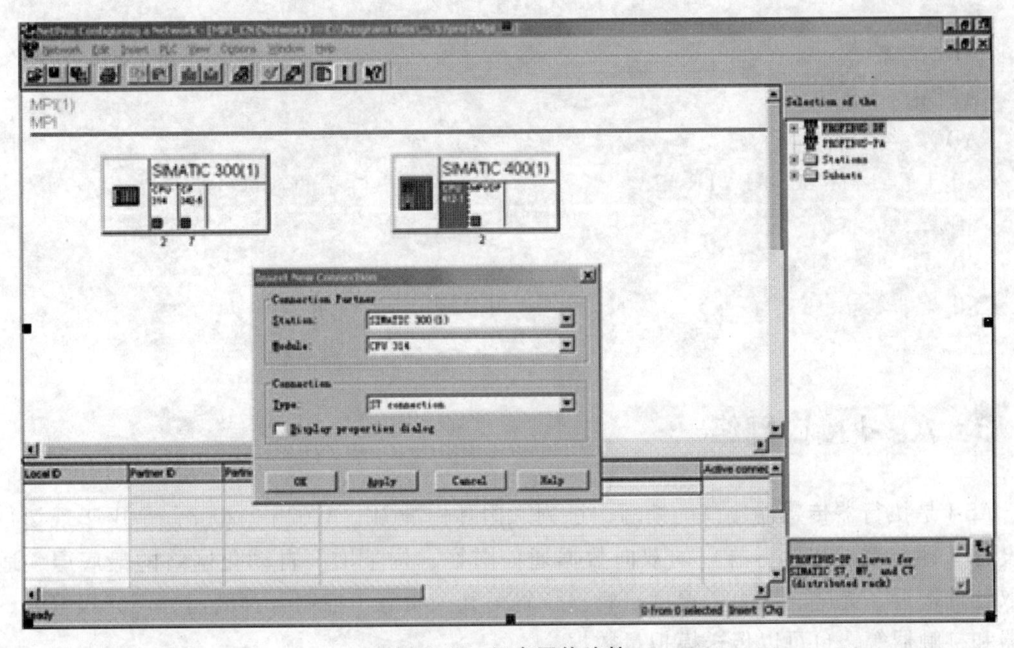

图 5-10　组态网络连接

```
NDR    :=M0.1                        (0:Job not started or still active 任务没有开
                                     始或进行中;1:Job successfully 任务成功)
ERROR  :=M0.2                        (Check error 错误检测)
STATUS :=MW2                         (显示错误)
ADDR_1 :=P#DB1.DBX0.0 BYTE 122       服务器端的(源数据区 1,最大为 122 字节)
ADDR_2 :=                            (可以从 4 个数据区取数据)
```

```
ADDR_3 :=
ADDR_4 :=
RD_1 :=P#M100.0 BYTE 122                    (客户机端的数据存放区 1)
RD_2 :=                                     (对应 4 个数据存放区)
RD_3 :=
RD_4 :=
Call     SFB15 "PUT"
CALL   "PUT",DB15
REQ :=M10.0                                 (M10.0=1,上升沿触发数据发送请求)
ID :=W#16#1                                 (本地连接 ID 号)
DONE :=M10.1                                (0:任务没有开始或进行中;1:任务成功)
ERROR :=M10.2                               (错误检测)
STATUS :=MW12                               (显示错误)
ADDR_1 :=P#DB1.DBX200.0 BYTE 122            (服务器端的数据接收区 1,最大为 122
                                            字节)
ADDR_2 :=                                   (可以向 4 个数据区发送数据)
ADDR_3 :=
ADDR_4 :=
SD_1 :=P#M400.0 BYTE 122                    (客户机端的数据存放区 1)
SD_2 :=                                     (可以有 4 个源数据存放区)
SD_3 :=
SD_4 :=
```

5.3 AS-I 接口网络

AS-I 是执行器传感器接口的缩写，已列入国际标准 IEC 62026-2-2008，是用于现场自动化设备（即传感器和执行器）的双向数据通信网络，位于工厂自动化网络的最底层，适于读取各种接近、光电、压力、温度、物料位置等开关状态，控制各种阀门、声光报警器、继电器和接触器等，也可以传送模拟量数据。

5.3.1 AS-I 的网络结构及技术指标

1. 网络结构

AS-I 属于主从式网络，如图 5-11 所示。每个网段只有一个主站，是网络通信的中心，负责网络的初始化，以及设置从站地址和参数等，具有错误校验功能，发现传输错误时将重发报文，传输的数据很短，一般只有 4 位。

AS-I 主机是整个网络系统的中心，安装在控制器如工业 PC、PLC 及数字调节器 DC 内部，使用专门插卡插入到 PC 或 PLC 总线槽内，把 AS-I 和控制器 CPU 连接起来。主机和控

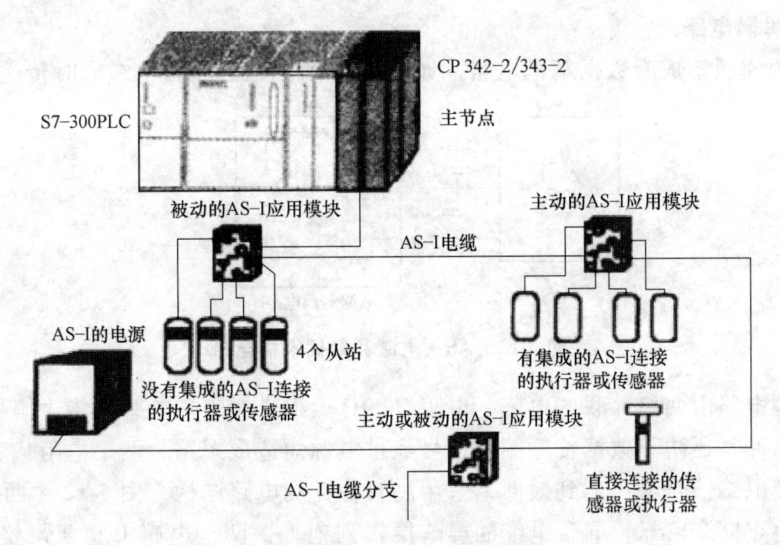

图 5-11 AS-I 网络示意图

制器总称为系统的主站（Master）。从站（Slave）分为两种：一种是带有 AS-I 通信接口的智能传感器/执行器，内部装有 AS-I 从机专用芯片 ASIC，构成一体化从站；另一种是分离型结构，由专门设计的接口模板和普通传感器/执行器构成。在接口模板中，带有从机专用芯片及外围电路，除通信接口，还有I/O 接口，和普通传感器/执行器连接，共同构成分离型从站。

AS-I 从站是 AS-I 系统的输入通道和输出通道，仅在 AS-I 主站访问时激活，接到命令时，它们触发动作或者将现场信息传送给主站。

2. AS-I 的连接

AS-I 的电源模块的额定电压为 DC 24V，最大输出电流为 2A，分支电路最大总长度为 100m，可用中继器延长。传输介质为屏蔽或非屏蔽的两芯圆柱形或扁平电缆，支持总线供电，即两根电缆同时作信号线和电源线。网络树形结构允许电缆中的任意点作为新的分支起点。

AS-I 总线电缆型号推荐 CENELEC 或 DN VDE0281［CENE-90］，并标明 H05VV-F2×1.5，为两芯、截面积 1.5mm^2 的柔性电源线或专用扁平电缆。较大干扰时需选择屏蔽电缆，注意屏蔽层只能与电源端的地连接，而不能与 AS-I（+）（棕色）和 AS-I（-）（蓝色）端连接。

扁平电缆有黄色和黑色两种，安装技术相同。黄色扁平电缆向传感器同时传送数据和提供 DC 30V 辅助电源；黑色扁平电缆为执行器提供 DC 24V 辅助电源。

在一个系统中，当 AS-I 电源为 DC 24V 时，能供给 31 个从站的最大电流为 2A，因此每个从站平均消耗的电流约为 64.5mA。如从站为传感器，消耗电流一般小于 64.5mA，不需 24V 辅助电源；当从站为执行器时，普遍功率较大，所需电流大于64.5mA，必须外接 24V 辅助电源。允许电缆最大电压降为 3V，电缆截面积不小于 1.5mm^2，以保证从站得到规定电压值。

模板化技术是 AS-I 技术的典型技术，从站由底部安装盘和上部模板本体两部分构成，电缆压接其间，采用的绝缘穿刺技术使在任何一个位置上安全容易地连接到从站接口装置上。

3. 数据解耦电路

AS-I 电源模板集成有数据解耦电路，如图 5-12 所示通过一根电缆同时传送数据和电源。

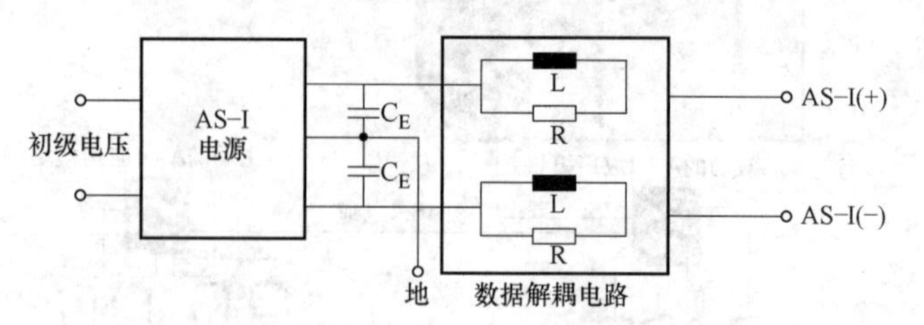

图 5-12 AS-I 电源和数据解耦电路

数据解耦电路由两组并联的电感、电阻（39Ω）组成。通过电感将传输信号的电流脉冲转变为电压脉冲，还防止数据传输频率信号经过电源而造成短路；两个电阻代表了网络的边界终端。为使电路信号噪声达到最低，采用高对称性的电路结构。图 5-12 中两个电容 C_E 完全相等，接地点完全可靠，屏蔽电缆的屏蔽层接到地上，两个电感 L 也要严格相等。若 2A 电流不能满足从站要求，则采用带有辅助功率电源的从站模板或带有附加电源的中继器。

4. AS-I 总线的拓扑结构

AS-I 总线的拓扑结构可以自由选择，使系统配置十分灵活方便。如图 5-13 所示，可以是点对点形、线形、树形和环形结构。图 5-13a 为 80m 的线形拓扑结构，末端连接了 31 个从站；图 5-13 b 为 31 个从站以相同或不同的长度点对点连接到主站上；图 5-13c 为 31 个从站均匀或不均匀地连接到一根电缆上，构成树形结构。

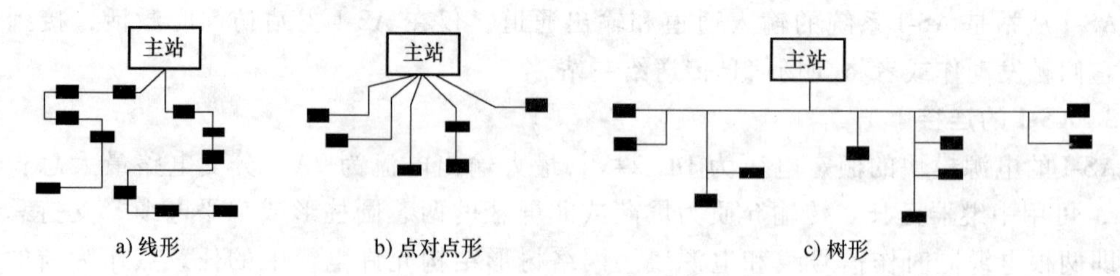

a) 线形　　b) 点对点形　　c) 树形

图 5-13 AS-I 总线系统典型的拓扑结构图

网络结构可以多样，唯一规则是：一个 AS-I 总线系统的电缆（含分支）总长度不超过 100m。若要延长 AS-I 总线长度，可加入中继器（Repeaters）或扩展器（Extenders），每个可延长总线长度 100m，一个控制系统中最多加入两个中继器或扩展器，故一个总线的电缆总长度不能超过 300m。中继器两边都需要 AS-I 电源，而扩展器和主站之间不需要 AS-I 电源。中继器和主站之间可设置从站，而扩展器和主站之间不能有任何从站。

5. 技术指标

PROFIBUS 总线可通过 DP/AS-Interface 形成多个 AS-I 总线系统，而机架上只能挂接一个 AS-I 总线系统，每个 AS-I 总线系统只有一个主站，最多带 31 个从站。从站地址为 5 位，可有 32 个地址，但“0”留在“地址自动分配”中作为特殊用途。每个从站最多带 4 个输入和 4 个输出，故 1 个总线网络最多连接 124 个输入（传感器）和 124 个输出（执行器）。新一代主站（如 CP 343-2、DP/AS-Interface Link 20E）可带 62 个新一代从站，每个从站最多带 4 个输入和 3 个输出，使 1 个总线网络的输入/输出点数扩展为 248/186。在通信过程中，主站周期地呼叫各个从站地址，并接收从站应答，访问 31 个从站的周期时间为 5ms。

主站也执行非周期的通信功能，如“参数设置”“模拟量从站的访问”“地址自动分配”等，通信软件已由制造商写好，用户只与控制器（PC和PLC）打交道，而无须知道通信的过程。综上所述，AS-I总线系统的基本技术指标如下：

1）网络结构：总线形、树形和环形。

2）传输介质：非屏蔽、非绞接的两芯电缆提供数据和电源，当使用扁平电缆时，可使用特殊的分离穿透技术进行连接。

3）电缆长度：不大于100m，可使用中继器或扩展器增加长度。

4）从站长度：每个网络最多可有31个从站（支持B模式的为62个从站）。

5）从站可接的元件数：每个从站最多可接4个传感器/执行器，整个网络最多可接124个传感器/124个执行器（支持B模式的为248个传感器/186个执行器）

6）地址分配：通过主站或手持编址器可以给每一个从站下载一个永久的独立地址。

7）通信信息：包括来自主站的寻址呼叫信息和来自从站的应答返回信息。

8）数据位数：每条应答信息的数据位为4位。

9）周期时间：访问31个从站的周期时间为5ms，若从站数量减少，则周期缩短。

10）错误检测：数据校验，出现错误会重发信息。

11）设备接口：每个从站有4个可配置的数据输入/输出口，每个主站有4个参数输出口，2个控制器输入口。

12）主站任务：对所有从站进行周期性访问，与控制器（PC、PLC）进行数据交换。

13）主站的管理功能：网络初始化、从站地址识别、非周期的参数设置和控制器的数据交换。对从站进行诊断和地址自动分配，向控制器报告出现的错误故障等。

5.3.2　AS-I的主站模块

AS-I的工作过程如图5-14所示，起动阶段结束后，切换到正常循环的工作模式。

1. CP 243-2

CP 243-2是S7-200 CPU22X的AS-I主站，通过连接AS-I可以显著增加S7-200 PLC的数字量输入和输出点数，每个CP的AS-I上最多连接124个开关量输入和124个开关量输出，S7-200 PLC同时处理最多2个CP 243-2。CP 243-2与S7-200的连接方法与其他扩展模块相同，它有2个端子直接连接AS-I接口电缆。

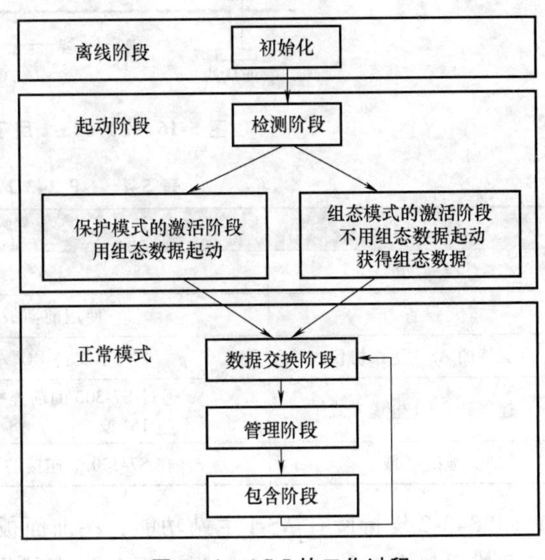

图5-14　AS-I的工作过程

前面板上的LED用来显示模块的状态、所有连接的从站模块的状态，以及监控AS-I网络的通信电压等，两个按钮用来切换运行状态。

在S7-200 PLC的映像区中，CP 243-2占用1个数字量输入字节作为状态字节，1个数字量输出字节作为控制字节。8个模拟量输入字和8个模拟量输出字用于存

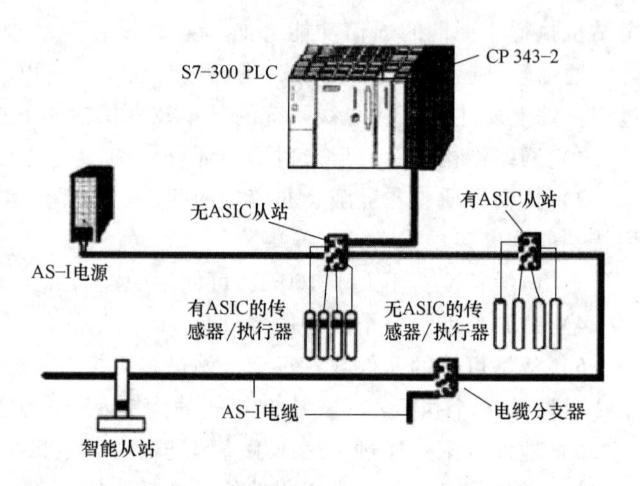

图 5-15 CP 343-2 用于 S7-300 PLC

放 AS-I 从站的数字量/模拟量输入/输出数据、AS-I 的诊断信息、AS-I 命令与响应数据等。

用户程序用状态字节和控制字节设置 CP 243-2 的工作模式，不同模式下 CP 243-2 在 S7-200 PLC 模拟地址区既可存储 AS-I 从站的 I/O 数据或诊断值，也可供主站调用。通过按钮，可以设置连接的所有 AS-I 从站。

CP 243-2 支持扩展 AS-I 特性的所有特殊功能，通过双重地址（A-B）赋值，最多处理 62 个 AS-I 从站，由于集成了模拟量值处理系统，CP 243-2也可以访问模拟量。

2. CP 343-2

CP 343-2 通信处理器是用于 S7-300 PLC 和分布式 I/O ET 200M 的 AS-I 主站，连接如图 5-15 和图 5-16 所示，技术指标见表 5-4。

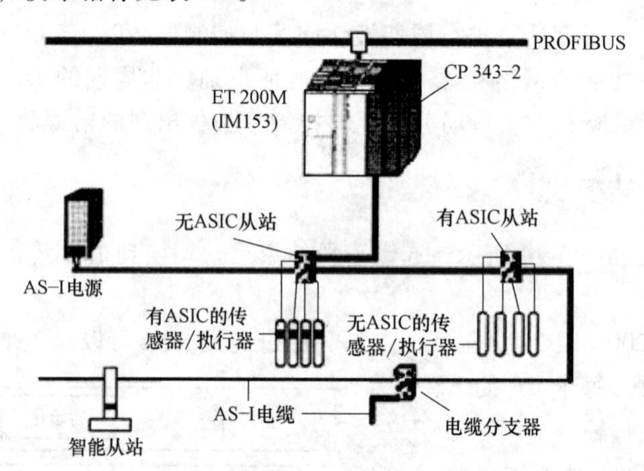

图 5-16 CP 343-2 用于 ET 200M 系统

表 5-4 CP 343-2 的技术指标

特　　性	技　术　指　标
总线周期时间	31 个从站 5ms;62 个从站(支持 B 从站)10ms
设置	使用前面板的 SET 按钮或用 PC“ASI-343-2”功能块
支持的 AS-I 主站协议	不支持 PC“ASI-3422”,M0e;支持 PC“ASI-3422”,M1e
连接到 AS-I 电缆方式	通过 S7-300 的前连接器(20-pin)的 17(或 19)与 AS-I(+)电缆连接,18(或 20)与 AS-I(-)电缆连接,能提供的最大电流负载为 4A
地址区域	在 S7-300 中连接的 16 个输入(I)字节和 16 个输出(Q)字节数据区

CP 343-2 支持所有 AS-I 主站功能，在前面板上用 LED 显示从站的运行状态、运行准备信息和错误信息，例如 AS-I 电压错误和组态错误。通过 AS-I 接口，每个 CP 最多访问 248

个数字量输入和 186 个数字量输出，可以对模拟量值进行处理。

在 CP 343-2 上，还可以检测到 AS-I 电缆上各有效从站地址，如图 5-17 所示 CP 342-2 处于设置模式，用 LED 显示出所有检测到的 AS-I 从站地址；如果处于保护模式，所有激活的 AS-I 从站地址，通过 LED 常亮显示，有故障的从站地址，对应的 LED 闪烁。

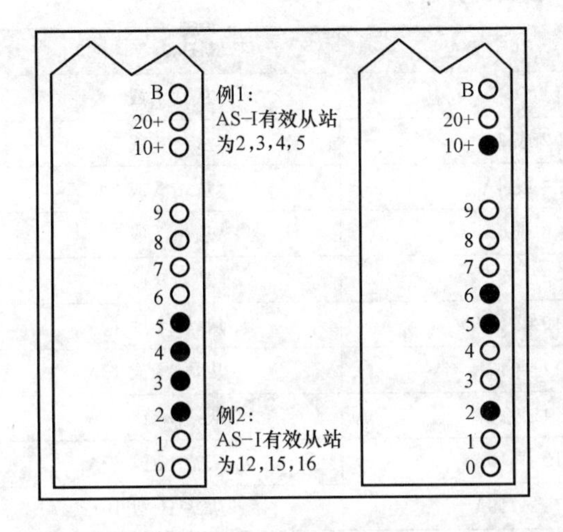

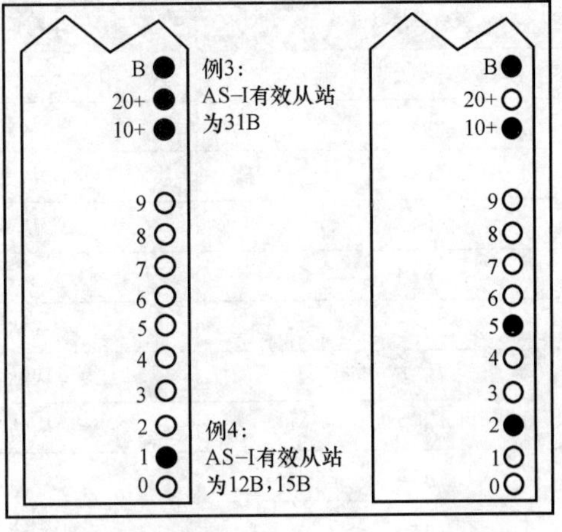

图 5-17　CP 343-2 模块上有效从站地址显示

(1) CP 343-2 的编址与组态

在 S7 系列 PLC 中为 AS-I 从站提供连续 16 个输入字节（IB）和 16 个输出字节（QB）的数据存储区，基址由 CP 343-2 所处的机架号和槽号决定，编址方法与模拟量的编址方法相同。

在 PC 上用 STEP 7 编程软件进行组态，假若某系统的硬件配置如图 5-18 所示，主机架上的模块依次为电源模块 PS 307、CPU 315-2 DP、数字量输入模块 SM 321、数字量输出模块 SM 322、模拟量输入/输出模块 SM 334、CP 343-2。编译并下载后，机架上的 CPU 模块运行（RUN）指示灯亮。

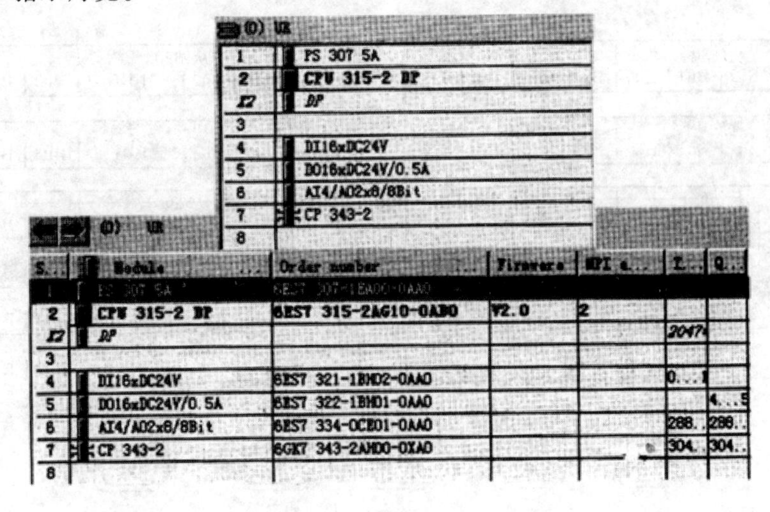

(0) UR

S...	Module	Order number	Firmware	MPI a...	I...	Q...
1	PS 307 5A	6ES7 307-1EA00-0AA0				
2	CPU 315-2 DP	6ES7 315-2AG10-0AB0	V2.0	2		
X2	DP				2047*	
3						
4	DI16xDC24V	6ES7 321-1BH02-0AA0			0...1	
5	DO16xDC24V/0.5A	6ES7 322-1BH01-0AA0				4...5
6	AI4/AO2x8/8Bit	6ES7 334-0CE01-0AA0			288...	288...
7	CP 343-2	6GK7 343-2AH00-0XA0			304...	304...
8						

图 5-18　CP 343-2 的硬件组态

每个 AS-I 系统有一个固定的基址 n。根据图 5-18，CP 343-2 处于主机架的 7 号槽，则基址为 304（自动分配），可以访问数据的地址范围为 I/O 304~319，即 16 个字节输入和 16 个字节输出，每个从站地址对应 4 位（半字节），编址方法见表 5-5。

表 5-5　AS-I 的编址方法

I/O 字节数	Bit7 | Bit6 | Bit5 | Bit4	Bit3 | Bit2 | Bit1 | Bit0
n+0	保留	从站 1 或 1A
n+1	从站 2 或 2A	从站 3 或 3A
n+2	从站 4 或 4A	从站 5 或 5A
n+3	从站 6 或 6A	从站 7 或 7A
n+4	从站 8 或 8A	从站 9 或 9A
n+5	从站 10 或 10A	从站 11 或 11A
n+6	从站 12 或 12A	从站 13 或 13A
n+7	从站 14 或 14A	从站 15 或 15A
n+8	从站 16 或 16A	从站 17 或 17A
n+9	从站 18 或 18A	从站 19 或 19A
n+10	从站 20 或 20A	从站 21 或 21A
n+11	从站 22 或 22A	从站 23 或 23A
n+12	从站 24 或 24A	从站 25 或 25A
n+13	从站 26 或 26A	从站 27 或 27A
n+14	从站 28 或 28A	从站 29 或 29A
n+15	从站 30 或 30A	从站 31 或 31A

如果基址 n=304，AS-I 从站地址分别为 2，3，4，5，12，15，16。其中 2，3，4，5，12 号从站为数字量信号，在 PLC 中的映射如图 5-19 所示。

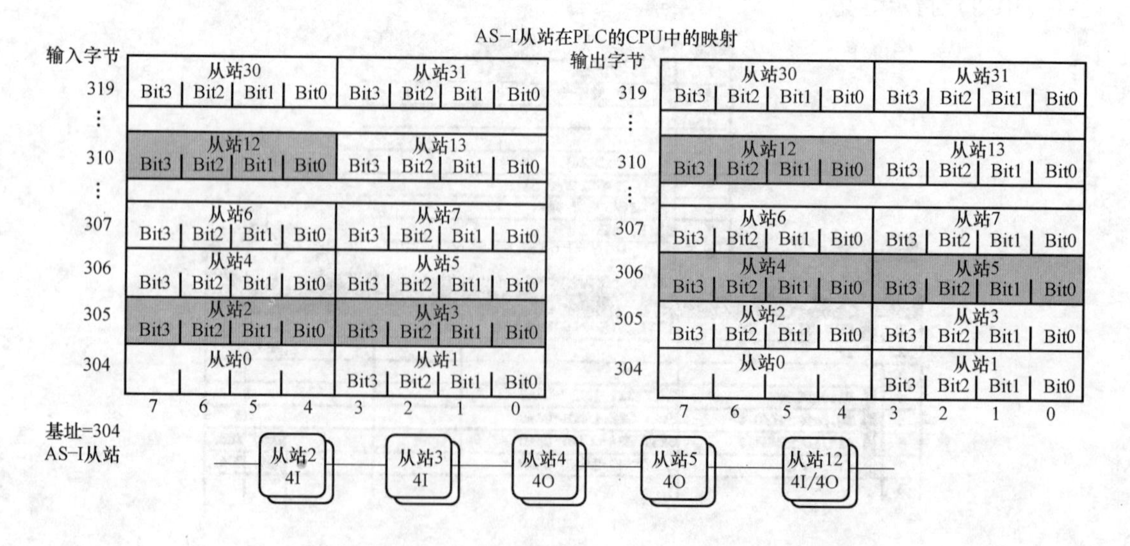

图 5-19　AS-I 数字量从站在 PLC 中的映射

（2）标准（或A）从站的数字量访问

用户程序采用STEP 7中相应的I/O指令来访问数字量的AS-I标准（或A）从站，通过CP 343-2建立CPU中用户程序与从站的连接，如图5-20所示。

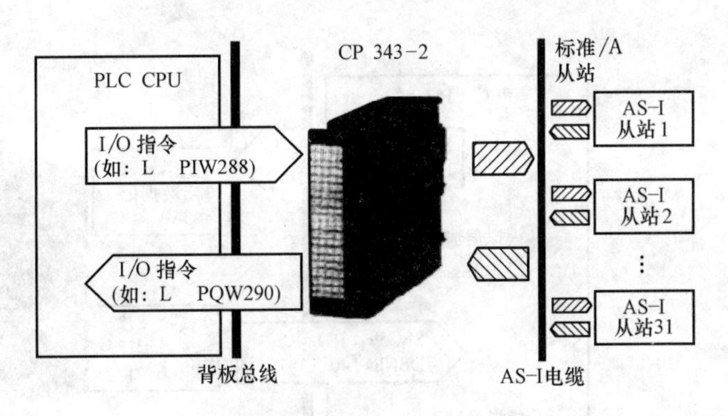

图5-20　A从站数字量的访问

由于输入/输出映像表（I/Q）是外设输入/输出存储区首128B的映像，对于I/O地址小于128B的外设，I/O数据存储与输入/输出映像表可以以位、字节、字和双字格式访问；对于I/O地址大于128B的外设，只能通过外设存储区进行访问（PI/PQ），可以以字节、字和双字格式访问，但不能以位格式访问。

在图5-20中，用从站2的4个输入控制从站4的4个输出，用从站3的4个输入控制从站5的4个输出，用从站12的4个输入控制本从站的4个输出，对应程序如下：

```
L   PIB305;T   PQB306;L   PIB310;T   PQB310。
```

（3）B从站的数字量访问

用户程序可以通过系统功能块SFC58/SFC59访问B从站数字量，在此过程中，使用数据记录号150，数据交换过程如图5-21所示。

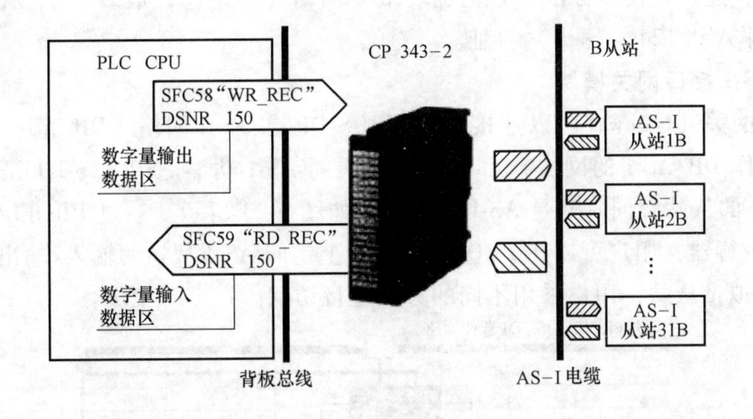

图5-21　B从站的数字量的访问

在访问过程中，CP 343-2负责分配B从站两个16个字节区域（一个区域给输入数据，一个给输出数据），B从站的地址结构和A从站的地址结构相同（见表5-5），但需要将从站用编程器定义为B地址模式。

（4）模拟量从站的访问

在AS-I系统中，最多可以有31个模拟量从站，每个从站最多可接入4路模拟量输入或4路模拟量输出。用户通过系统功能块SFC58/SFC59访问AS-I从站模拟量，在这个过程中，将使用数据记录号140~147，其数据交换过程如图5-22所示。

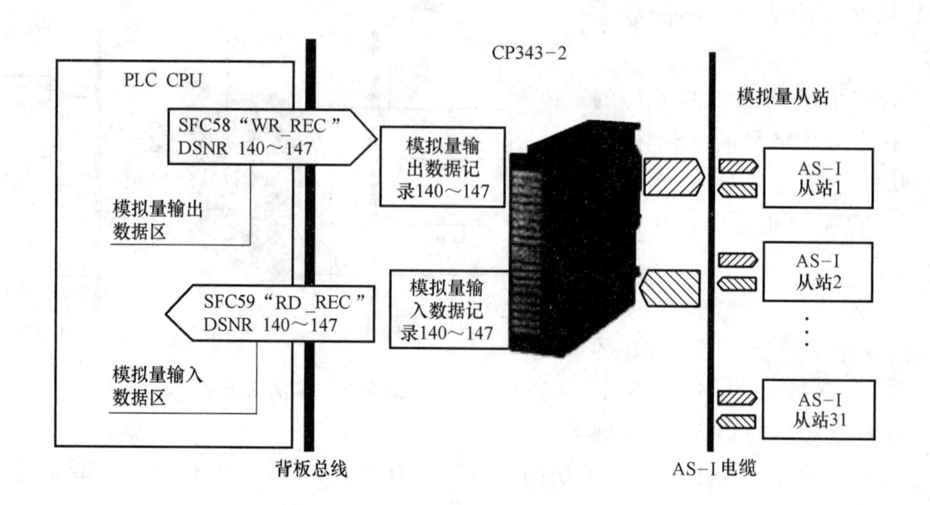

图 5-22 AS-I 模拟量数据的交换

每个模拟量从站最多有 4 路模拟量，并对应 8B 的数据区。在数据记录中定义的字节长度，是指所选数据记录（DS140～DS147）的起点到所用模拟量从站地址所对应的结束字节数。

3. CP 142-2

AS-I 主站 CP 142-2 用于 ET 200X 分布式 I/O 系统。CP 142-2 通信处理器通过连接器与 ET 200X 模块相连，并使用标准 I/O 范围。AS-I 网络无须组态，最多 31 个从站由 CP 142-2（最多 124 点输入和 124 点输出）寻址。

4. DP/AS-I 接口网关模块

DP/AS-I 网关（Gateway）以连接 PROFIBUS-DP 和 AS-I 网络，DP/AS-I Link20 和 DP/AS-I Link20E 作 DP/AS-i 的网关，后者具有扩展的 AS-I 功能。DP/AS-I Link20E 模块既是 PROFIBUS-DP 的从站，同时又是 AS-I 的主站，如图 5-23 所示。通过 PROFIBUS-DP 连接现场的传感器/执行器，用户可以在 PROFIBUS-DP 上访问 AS-I 从站的输入/输出数据，针对数字量从站和模拟量从站，用户采用不同的方式进行访问。

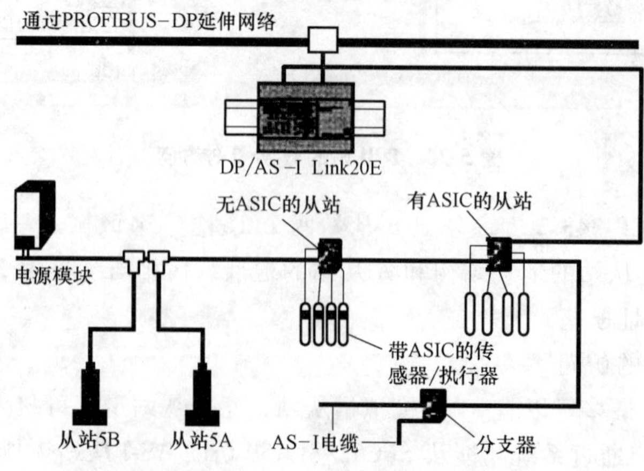

图 5-23 DP/AS-I Link20E 的应用

DP/AS-I Link20E 的技术性能见表 5-6。

表 5-6　DP/AS-I Link20E 的技术性能

特　　性	技术指标
总线周期时间	31 个从站 5ms；62 个从站（支持 B 从站）10ms
设置	使用前控制面板或用 STEP 7
支持的 AS-I 主站协议	M1e
连接到 AS-I 电缆方式	通过 7 针连接器，允许最大电流负载为 3A（1、3 针或 2、4 针间）
连接到 PROFIBUS 的方式	通过一个 9 针（9-pin）D 形插头
PROFIBUS 的地址设定	地址范围：1～126；用 Link 控制面板的 SET 和 DISPLAY 按钮设定
消耗 5V 直流的 PROFIBUS 的负载	最大 90mA
在 PROFIBUS 上支持的传输速率	9. 6kbit/s、19. 2kbit/s、45. 45kbit/s、93. 75kbit/s、187. 5kbit/s、500kbit/s、1. 5Mbit/s、3Mbit/s、6Mbit/s、12Mbit/s
AS-I 电缆所供电源/电流/功率	由 AS-I 规格而定/最大 200mA/3. 7W

（1）DP/AS-I Link20E 的硬件组态

进行 DP 主站的组态时，双击槽号 2 中的 DP，出现 DP 属性对话框，单击“General”标签中“Properties”，单击“New”，在文本框中出现“PROFIBUS（1）1. 5Mbps”，单击“OK”，则出现一条 PROFIBUS 总线。将 DP/AS-I Link20E 模块挂到 PROFIBUS 总线上，DP/AS-I 地址与 DP/AS-I Link20E 模块上设置的地址相同，如图 5-24 所示。

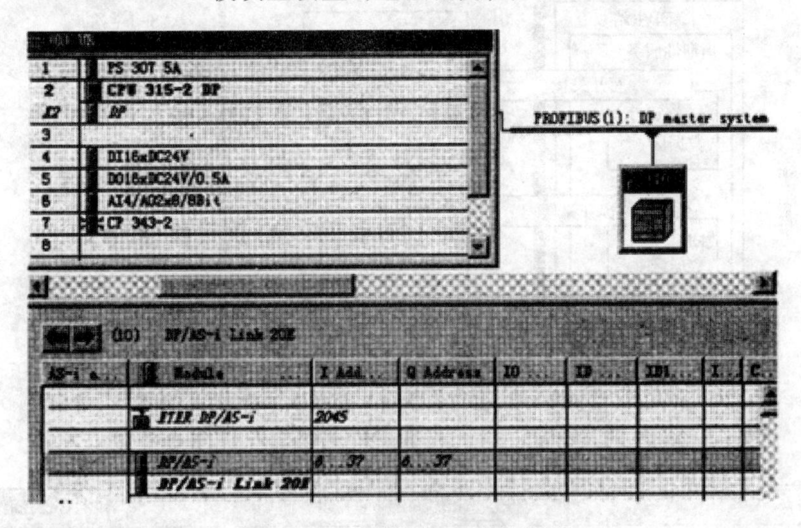

图 5-24　DP 主站上 AS-I 的组态

单击 PROFIBUS 总线上 DP/AS-I 模块，则出现 DP/AS-I Link20E 的信息，其中输入/输出地址范围是可编辑的。双击 DP/AS-I，在出现的属性对话框中，即可修改 AS-I 输入/输出的寻址范围，并可将接入 AS-I 网络的有效从站信息上传到 DP/AS-I Link20E 中，并显示出来。

通过 DP/AS-I Link20E 模块实现 DP 主站与 AS-I 从站的数据交换过程如图 5-25 所示。在从站数据访问过程中，DP/AS-I Link20E 模块必须使用两种接口：①与 DP 主站的接口 PROFIBUS-DP；②与 AS-I 从站的接口 AS-Interface。根据从站类型的不同（数字量、模拟量），DP 主站访问从站的方式也不同。

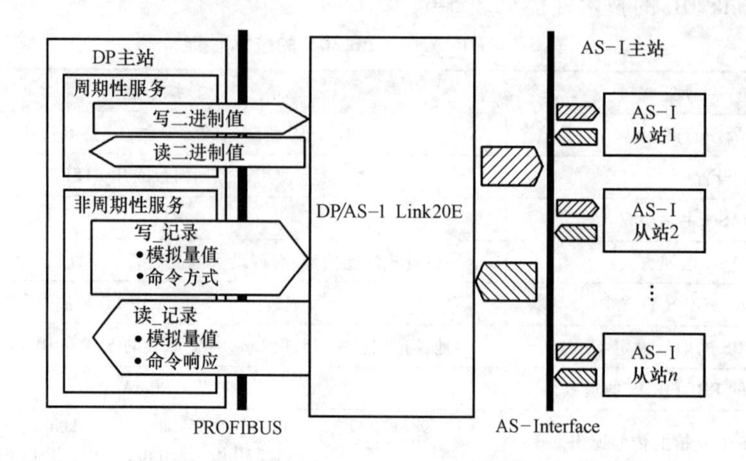

图 5-25　DP 主站与 AS-I 从站的数据交换

（2）数字量从站的访问

通过 DP/AS-I Link20E 模块，DP 主站周期性地访问 AS-I 的数字量从站，从站的输入/输出数据被存储在连续的 I/O 区，如图 5-26 所示。AS-I 系统最多有 62 个从站，系统为每个数字量从站分配了 4 位（半字节）的 I/O 区，各从站的访问地址见表 5-7。

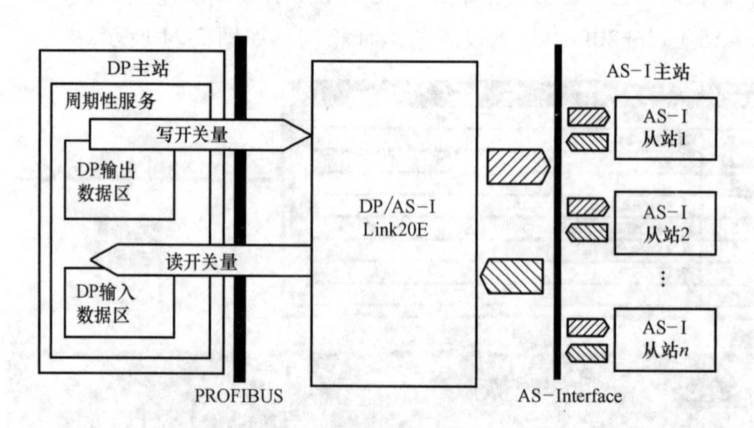

图 5-26　AS-I 数字量从站的访问过程

表 5-7　AS-I 数字量从站的访问地址

字节号	Bit3 | Bit2 | Bit1 | Bit0	Bit3 | Bit2 | Bit1 | Bit0
m+0	保留	从站 1 或 1A
m+1	从站 2 或 2A	从站 3 或 3A
…	…	…
m+	从站 30 或 30A	从站 31 或 31A
m+	保留	从站 1B
m+	从站 2B	从站 3B
…	…	…
m+	从站 30B	从站 31B

注：表中 m 表示 DP 主站输入/输出的起始地址。

如果2，3，4，5和12均为数字量I/O模块，则DP主站中，用户可寻址的AS-I从站的I/O区如图5-27所示。

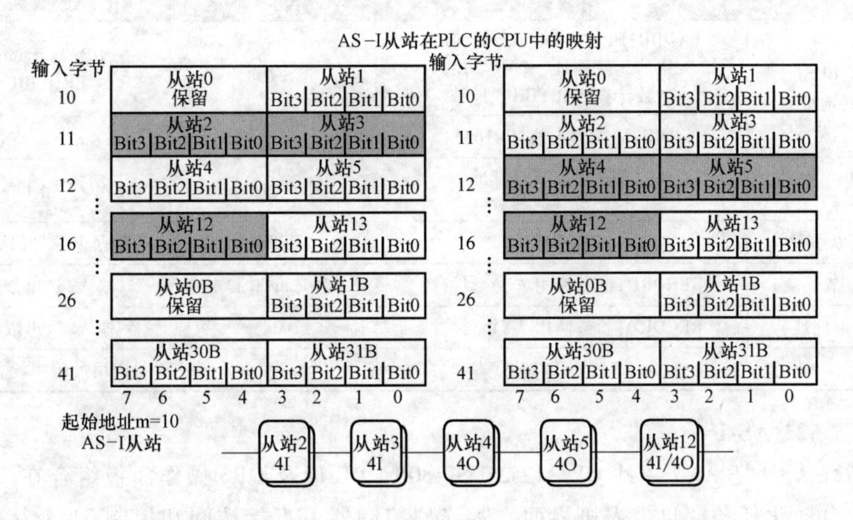

图5-27 AS-I从站的I/O区

（3）模拟量从站的访问

DP主站通过DP/AS-I Link20E模块访问模拟量模块，包括读/写模拟量值及其命令方式，过程如图5-28所示。

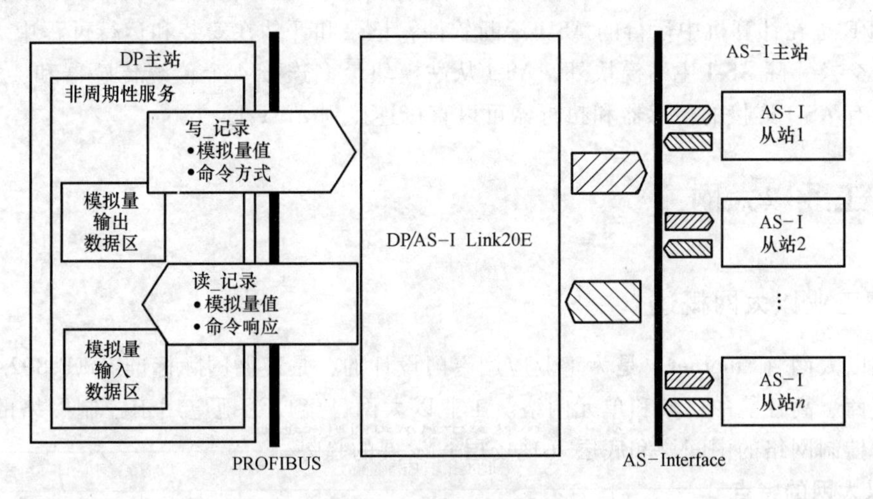

图5-28 AS-I模拟量从站的访问

在DP主站中，用户通过调用（CALL）系统功能指令SFC59和SFC58来完成模拟量信号的读/写，但应注意，SFC58/SFC59只支持遵守7.3/7.4协议的AS-I从站，对于遵守7.1/7.2协议的从站模拟量传输，必须由用户自己编写程序。

在模拟量访问过程中，不同界面所要使用的相关参数及意义见表5-12，用户在S7的编程环境中，通过调用SFC59/SFC58，并给相关参数正确赋值，就能访问模拟量模块。

除DP/AS-I Link20E模块外，CP 242-8也是标准的AS-I主站，可作为DP从站连接到PROFIBUS-DP。

表 5-8　模拟量访问参数表

DP-V1 主站	SIMATIC S7(SFC58/59)中参数	对于 PC:DP 编程界面	意　义
PROFIBUS Address(地址)	LADDR;DP/AS-I Link 20E 访问数据的起始地址,S7 CPU 用该参数计算 PROFIBUS 地址	C_Ref	DP/AS-I Link20E 的 PROFIBUS 地址
	IOID;输入固定值:B#16#54		固定值
Slot_number(槽号)	由 LADDR 计算出来的,不是 SFC 的参数	Slot_number	用 DP/AS-I Link20E 任意值
Index(索引)	RECNUM	Index	数据记录号(DS140~147)
Length(字节长度)	RECORD;参考使用 ANY 型指针	Length_s	输入/输出数据区长度
Data(数据地址)	RECORD;参考使用 ANY 型指针	Data_s	输入/输出数据区地址
	RET_VAL;BUSY		调用过程中检查的返回值

5. C7 621 AS-I

C7 621 AS-I 把 AS-I 主站 CP 342-2、S7-300 CPU 以及 OP3 操作面板组合在一个外壳内，适于高速自动化任务，自带人机界面。紧凑型控制器可直接访问和控制 31 个从站 124 点数字量输入和 124 点数字量输出，无须在控制器内集成输入和输出，减小了控制器体积。

6. 用于个人计算机的 AS-I 通信卡 CP 2413

CP 2413 是用于 PC 的标准 AS-I 主站，一台计算机可安装 4 块 CP 2413。因 PC 中还可运行以太网和 PROFIBUS 总线接口卡，AS-I 从站提供的数据也可被其他网络中其他的站使用。

SCOPE 是在计算机中运行的 AS-I 诊断软件，记录和评估在安装和运行过程中 AS-I 网络中的数据交换。除 AS-I 主站模块外，AS-I 从站模块最多连接 4 个传统传感器和 4 个传统执行器，带有 AS-I 连接的传感器和执行器可以直接连接到 AS-I 上。

5.4　工业以太网

5.4.1　工业以太网概述

工业以太网（Ethernet）是为工业应用专门设计的，是遵循国际标准 IEEE 802.3 的开放式、多厂商、高性能的区域和单元网络。工业以太网已经广泛地应用于控制网络的最高层，并且有向控制网络的中间层和底层（现场层）发展的趋势。

1. 以太网的特点

企业内部互联网（Intranet）、外部互联网（Extranet）以及国际互联网（Internet）不但进入了办公自动化领域，而且广泛地应用于现代化生产和工业过程自动化。继 10Mbit/s 之后，具有交换功能、全双工和自适应的 100Mbit/s 高速以太网（Fast Ethernet/IEEE 802.3u）也已经成功运行多年。SIMATIC NET 将控制网络无缝集成到管理网络和互联网。

以太网的市场占有率达 80%，是局域网（LAN）领域中首屈一指的网络，其优点有：①采用冗余的网络拓扑结构，可靠性高；②通过交换技术提供实际上没有限制的通信性能；③灵活性好，现有设备可不受影响地扩展；④在不断发展的过程中具有良好的向下兼容性，保证了投资安全；⑤易于实现管理控制网络的一体化；⑥以太网可接入广域网（WAN），例如综合服务数字网（ISDN）或互联网，可在整个公司范围内通信或实现公司之间的通信。

SIMATIC NET 供应的节点已超过 400000 个，可以用于恶劣的工业环境，包括有强烈电磁干扰的区域。

2. 工业以太网的构成

典型的工业以太网络由以下 4 类网络器件组成。

1）连接部件：包括 FC 快速连接插座、电气链接模块（ELS）、电气交换模块（ESM）、光纤交换模块（OSM）和光纤电气转换模块（MC TP11）。

2）通信介质：普通双绞线、工业屏蔽双绞线和光纤。

3）PLC 的工业以太网通信处理器：用于将 PLC 连接到工业以太网。

4）PG/PC 的工业以太网通信处理器：用于将 PG/PC 连接到工业以太网。

工业以太网的网络访问机制是 CSMA/CD（载波监听多路访问/冲突检测），即在发送数据之前，每个站都要检测网络上是否有其他站正在传输数据，若无则可马上发送数据，否则停止发送数据，等待网络空闲时再发。

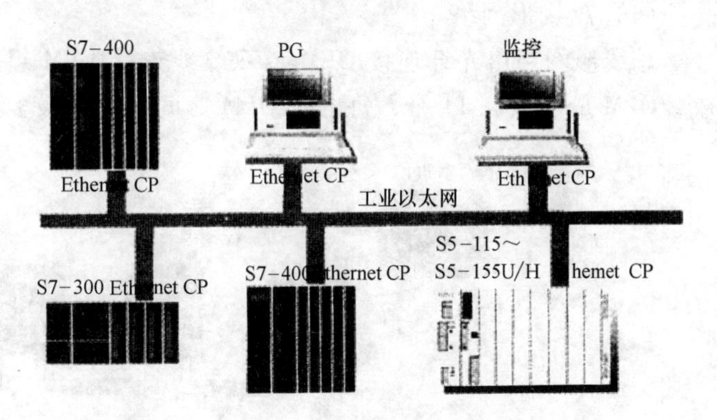

图 5-29 工业以太网的拓扑结构

图 5-29 为工业以太网拓扑结构，使用 ISO 和 TCP/IP 协议，S7/M7/C7 站和 PC 站通过 S7 服务进行通信，SIMATIC OP（操作面板）、OS（操作员站）和 PC 站通过 PG/OP 服务进行通信。

工业以太网的通信特性见表 5-9。

表 5-9 工业以太网的通信特性

项 目	特 性		项 目	特 性	
标 准	IEEE 802.3		最大长度	电气网络	1.5km
通信站的数量	多余 1000			光纤网络	4.5km
网络访问方式	CSMA/CD		网络拓扑	总线形、树形、环形和星形	
传输速率	100Mbit/s		通信服务	PD/OP；S7 通信；S5 兼容通信：ISO Transport、ISO-on-TCP 和 UDP；标准通信；MMS 服务，MAP3.0	
传输介质	电气	2 芯屏蔽同轴电缆 ITP			
	光纤	光缆			

5.4.2 工业以太网的连接

工业以太网中，PLC 站必须通过 Industrial Ethernet CP（CP343-1、CP443-1）模块连接到以太网，PC 通过网卡 CP1613 连接至以太网。ITP（屏蔽双绞线）电缆的标称通信距离可达 100m，用来连接具有 SUB-D 接口的设备比较牢固，图 5-30 为 ITP 接头，通用连接器 RJ45 接头的标称通信距离为 10m。

光纤比电缆的传输距离更远，多模光纤一般可达3km，单模光纤一般可达15km，SIMATIC NET光纤产品主要包括各种波长为62. 5/125nm的玻璃光纤，最大长度可达3500m。

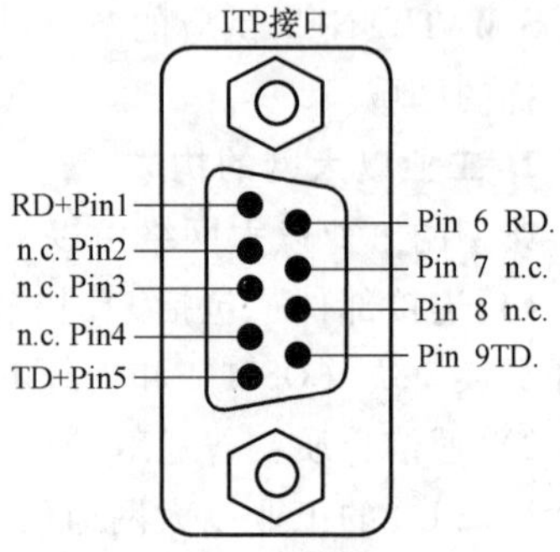

ITP接口

RD+Pin1　Pin 6 RD.
n.c. Pin2　Pin 7 n.c.
n.c. Pin3　Pin 8 n.c.
n.c. Pin4　Pin 9TD.
TD+Pin5

图 5-30　ITP 接头

工业以太网的连接包括电气网络连接和光纤网络连接，也可混连一起。电气连接使用ELM（电气链路模块）、ESM（电气交换机模块）；光纤连接使用OLM（光纤链路模块）、OSM（光路交换机模块）。若连成冗余环网，则其中一个ESM或OSM须设置成RM（冗余管理）模式。

（1）总线形网络

总线形网络由光纤连接OLM或双绞线连接ELM组成，OLM最多级联11个，每两个OLM之间的距离最多达3100m，结构如图5-31所示。

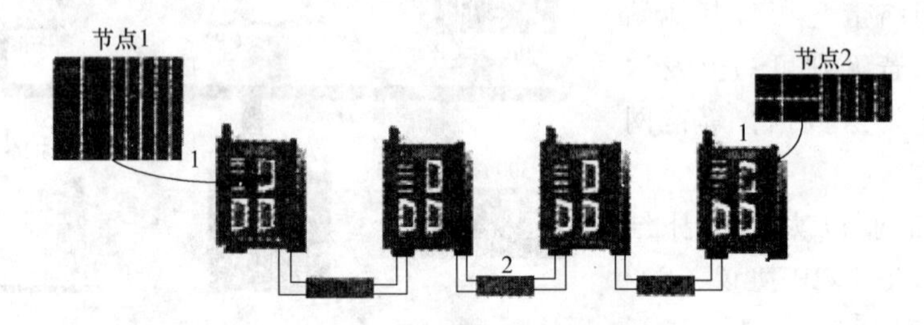

图 5-31　OLM 连接的总线形网络

1—ITP 标准电缆 9/15　2—光纤

ELM最多可以级联13个，通过ITP电缆最远可达100m，如图5-32所示。

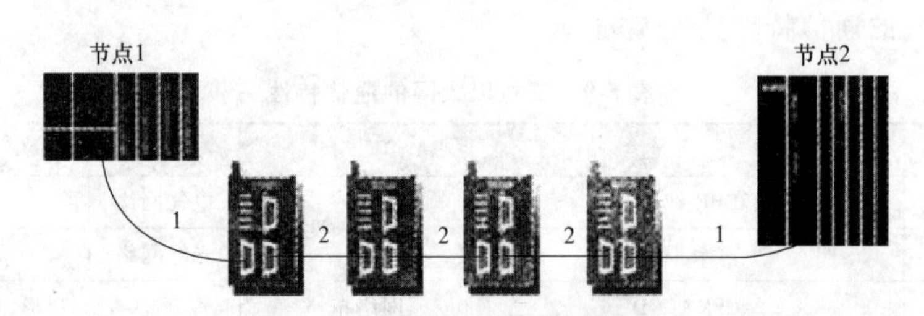

图 5-32　ELM 连接的总线形网络

1—ITP 标准电缆 9/15　2—ITP XP 标准电缆 9/9

总线形网络的优点是可达到较远的通信距离，但如果中间某一个连接模块出现故障，则整个系统的通信中断。

（2）冗余网络连接

1）OLM的冗余网络结构。这种网络拓扑结构是一种特殊的总线拓扑，它将总线网络的首尾通过光纤连接起来，构成一个闭合的环网，例如将其中某一个OLM的5号口设置成冗余模式，则连接该5号口的一段网线即为冗余连接，如图5-33所示。

与总线型网络相比，环网提高了网络的实时性，当其中一个OLM发生故障或网线不

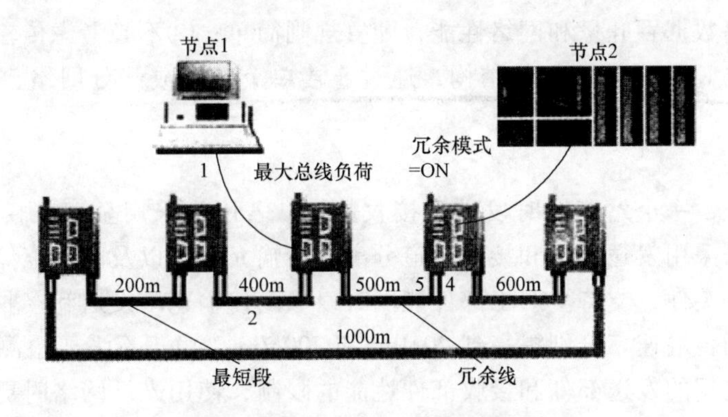

图 5-33 OLM 冗余网络结构

1—ITP 标准电缆 9/15 2—ITP XP 标准电缆 9/9

通时，系统仍然可以保持数据交换，只是该 OLM 连接的设备受到故障影响而无法收发数据。

2）交换网络结构。交换网络的主要特点是每个数据包的连接途径以数据目的地址为基础来划分，某时刻不同数据包通过不同连接途径进行传输，数据包只通过能够达到目的地址的途径进行传输，从而保证每一个通信途径的速率都相同。西门子公司用于交换网络的产品包括 OSM、ESM 等。

将 OSM 用光纤连接成闭合环网，将其中一个 OSM 设置为冗余管理（RM）模式，则整个环网构成一个冗余光纤环网。在该环网上，最多有 50 个 OSM，每个 OSM 上每个端口的通信速率都是 100Mbit/s，每两个 OSM 之间最远可达 3000m。当网络发生故障时，整个网络的重构时间小于 300ms，通过设置后备（Standby）模式，可将多个冗余环网互相冗余地连接在一起。

3）无线以太网。西门子的无线以太网产品有：RLM（Radio Link Module）无线网接入设备，用于将无线设备连接到以太网；CP1515（PC card）无线网卡，安装在 PC 和移动操作面板的 PCMCIA 插槽，例如 Field PG 和 MOBIC。

此外，西门子还有 SINAUT 系列产品用于无线通信系统，无线以太网最多传输 1500 字节，最大通信速率可达 11Mbit/s。

5.4.3 工业以太网交换技术

1. 交换技术

在共享局域网（LAN）中，所有站点共享网络性能和数据传输带宽，所有数据包都经过所有网段，在同一时间只能传送一个报文。

在交换式局域网中，每个网段都能达到网络的整体性能和数据传输速率，在多个网段中能同时传输多个报文。本地数据通信在本网段进行，只有指定的数据包可超出本地网段范围。

交换模块是从网桥发展而来的设备，利用终端的以太网 MAC 地址，交换模块能对数据进行过滤，局部子网的数据仍然是局部的，交换模块只传送发送到其他子网络终端的数据。与一般以太网相比扩大了可连接的终端数，以限制子网内错误在整个网络上传输。

交换技术虽然较复杂，但比中继技术优点在于：①可选用来构建部分网络或网段，通过数据交换结构提高数据吞吐量和网络性能，配置规则简单；②不必考虑传输延时，方便地实现有 50 个 OSM 或 ESM 的网络拓扑结构，通过连接单个区域或部分网络，实现网络规模无限扩展。

2. 全双工模式

在全双工模式，一个站能同时发送和接收数据，若网络采用全双工模式，不会发生冲突。全双工模式需采用发送通道和接收通道分离的传输介质，以及能够存储数据包的部件。

全双工的非冲突性，支持全双工部件能同时以额定传输速率发送和接收数据，因此以太网和高速以太网的传输速率分别提高到 20Mbit 和 200Mbit。由于不需要检测冲突，全双工网络的距离仅受它使用的发送部件和接收部件性能的限制，使用光纤网络时更是如此。

5.4.4 工业以太网的网卡与通信处理器

1. 用于 PC 的工业以太网网卡

1）CP1612 型 PCI 以太网卡和 CP1512 型 PCMCIA 以太网卡提供 RJ-45 接口，与配套的软件包一起支持以下通信服务：传输协议 ISO 和 TCP/IP、PG/OP 通信、S7 通信、S5 兼容通信（SEND/RECEIVE），支持 OPC 通信。

2）CP1515 是符合 IEEE 802. llb 的无线通信网卡，应用于无线链路模块 RLM 和可移动计算机。

3）CP1613 是带微处理器的 PCI 以太网卡，使用 AUI/ITP 接口或 RJ-45 接口，将 PG/PC 连接到以太网网络，用 CPl613 实现时钟的网络同步。与有关软件一起，CP1613 支持 ISO 和 TCP/IP 通信协议、PG/OP 通信、S7 通信、S5 兼容通信和 TF 协议，支持 OPC 通信。

集成了微处理器的 CP1613 有恒定的数据吞吐量，支持“即插即用”和自适应（10Mbit/s 或 100Mbit/s）功能，可用于冗余通信，支持配置大型网络、支持 OPC 通信。

2. S7-300/400 PLC 的工业以太网通信处理器

S7-300/400 PLC 工业以太网通信处理器有下列特点：①通过 UDP 连接或群播功能向多用户发送数据；②CP443-1 和 CP443-1IT 用网络时间协议（NTP）提供时钟同步；③可选 KeepAlive 功能；④使用 TCP/IP 的 WAP 功能，通过电话网络（例如 ISDN），CP 实现远距离编程和对设备进行远程调试；⑤实现 OP 通信的多路转换，最多连接 16 个 OP；⑥使用集成在 STEP 7 中的 NCM S7 选件包，诊断项包括通信处理器状态、连接诊断、LAN 控制器统计及诊断缓冲区等。

（1）CP343-1/CP443-1 通信处理器

CP343-1/CP443-1 是分别用于 S7-300 PLC 和 S7-400 PLC 的全双工以太网通信处理器，通信速率为 10Mbit/s 或 100Mbit/s。CP343-1 的 15 针 D 形插座用于连接工业以太网，允许 AUI 和双绞线接口间的自动转换。RJ-45 插座用于工业以太网快速连接，使用电话线通过 ISDN 连接互联网。CP443-1 有 ITP、RJ-45 和 AUI 接口。

CP343-1/CP443-1 自带处理器在工业以太网上独立处理数据通信，S7-300/400 PLC 通过该通信模块与编程器、计算机、人机界面装置和其他 S7 和 S5 PLC 进行通信。

通信服务包括用 ISO 和 TCP/IP 传输协议建立多种协议格式、PG/OP 通信、S7 通信、S5 兼容通信和对网络上所有的 S7 站进行远程编程。通过 S7 路由，可以在多个网络间进行 PG/OP 通信，通过 ISO 传输连接的简单而优化的数据通信接口，最多传输 8KB 的数据。

使用ISO传输，带（CP1430）或不带RFC1006的TCP传输，UDP作为模块传输协议。S5兼容通信用于S7和S5，S7-300/400PLC与计算机之间；S7通信用于与S7-300（只限服务器）、S7-400（服务器和客户机）、HMI和PC机（SOFTNET S7或S7-1613）之间。

可用嵌入STEP 7的NCM S7工业以太网软件对CP进行配置而后在CPU中存放数据，CPU起动时自动将配置参数传送CP模块，连接在网络上的S7系列PLC通过网络进行远程配置和编程。

（2）CP343-1IT/CP443-1IT通信处理器

CP343-1IT/CP443-1IT通信处理器分别用于S7-300 PLC和S7-400 PLC，具有CP343-1/CP443-1的特性和功能外，还可实现高优先级生产通信和IT通信，具有以下IT功能：①Web服务器：下载HTML网页，并用标准浏览器访问过程信息（有口令保护）。②标准的Web网页：用于监视S7-300/400，这些网页可以用HTML工具和标准编辑器来生成，并用标准PC工具FTP传送到模块中。③E-mail：通过FC调用和IT通信路径，在用户程序中用E-mail在本地和世界范围内发送事件驱动信息。

（3）CP444通信处理器

CP444将S7-400 PLC连接到工业以太网，根据制造自动化协议MAP3.0通信标准提供制造业信息规范MMS服务，包括环境管理（起动、停止和紧急退出）、设备监控VMD和变量访问，以减轻CPU的通信负担，实现深层连接。

5.4.5　工业以太网的通信

以太网通信包括PLC站与站间的通信以及PLC与上位机监控站间的通信，PLC站与站间的通信通过STEP 7及NCM IE等软件来完成，与上位机的通信则使用SIMATIC Net软件。

1. PLC站之间的通信

PLC站之间可以组态成各种连接方式，例如S7、ISO-on-TCP以及TCP连接等。首先在STEP 7中组态两个S7-300站，然后如图5-34所示将两个站的CP343-1连接在同一个以太网上。

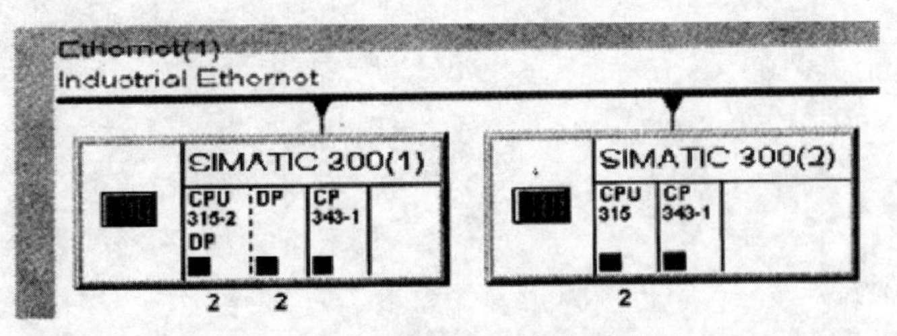

图5-34　在STEP 7中组态以太网

选择一个CPU，在连接列表中添加一个新连接，选择连接类型为TCP，如图5-35所示。

选择“Apply”按钮，可以设置网络连接参数，如图5-36所示。

必须注意，若选择其中一个站为主站，即选择了“Active connection establish”选项，则另外一个站不能再激活此项功能。ID号和LADDR两个参数是建立的该连接的参数，也是编程时所需要的。

建立连接后，在PLC站，需要调用FC5“AG_ SEND”来发送数据，调用FC6“AG_ RECV”来接收数据。具体程序如下：

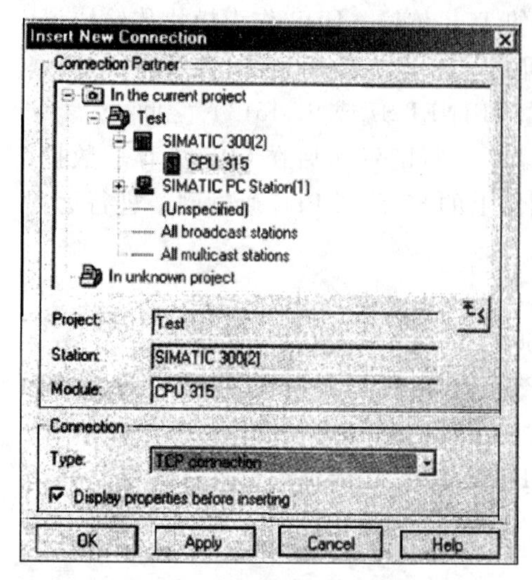

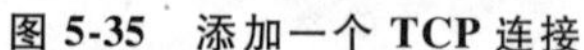
图 5-35 添加一个 TCP 连接

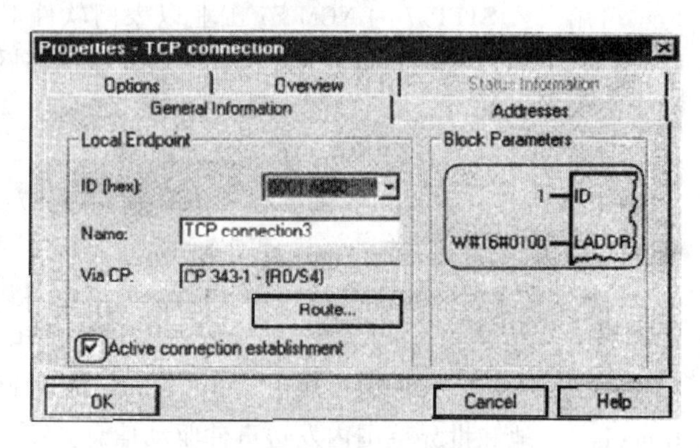

图 5-36 设置网络连接参数

```
Call      FC5                           (触发发送)
ACT   :=M10.0
ID  :=1                                 (连接号,该参数即硬件组态中的连接号)
LADDR  :=W#16#0100                      (模块的硬件组态地址,十六进制表示)
SEND  :=P#db99.dbx10.0byte240           (发送数据区)
LEN  :=MW14                             (发送数据长度)
DONE  :=M10.1                           (执行代码)
ERROR  :=M10.2                          (错误代码)
STATUS  :=MW16                          (状态字)
Call      FC6
ID  :=1                                 (连接号,该参数即硬件组态中的连接号)
LADDR  :=W#16#0100                      (模块的硬件组态地址,十六进制表示)
RECV  :=P#M20.0BYTE100                  (接收数据区)
NDR  :=M10.3                            (接收数据确认位)
ERROR  :=M10.4                          (错误代码)
STATUS  :=MW12                          (状态字)
LEN  :=MW18                             (接收数据长度)
```

FC5 “AG_ SEND” 和 FC6 “AG_ RECV” 最多可发送 240 个字节的数据包，若要发送的数据超过这个长度，可调用 FC50 AG_ LSEND 和 FC60 AG_ LRECV。

2. 连接计算机

与计算机（如 WinCC）连接，需要安装 SIMATIC Net 软件。随着工业控制技术的不断发展，越来越多的用户需要将不同厂商生产的 PLC 设备连接在一起，使数据交换更加快捷，其中较常用的一种解决方法是通过计算机的 OPC 服务器来完成。OPC 标准是开放的、统一的，各个厂商都要遵守，所以用户只需要客户端软件就可以连接不同厂商的 OPC Server，从而得到各个 PLC 的数据，而不需要自己做协议或转换数据格式。

下面给出西门子 PC 站 OPC Server 的组态方法。首先对网卡进行设置，在安装了 SIMATIC Net 软件后，找到 Configuration Console 配置工具，如图 5-37 所示。

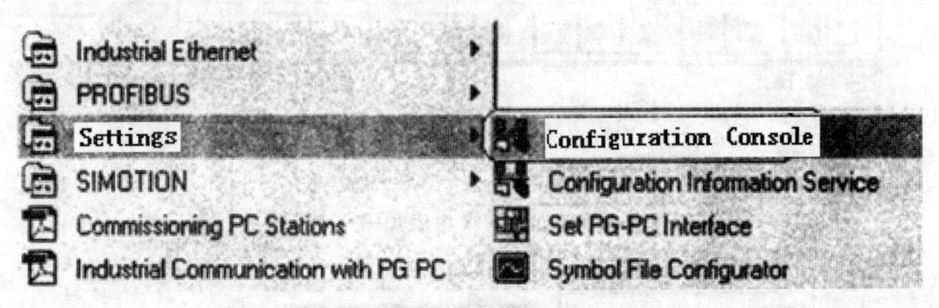

图 5-37 启动配置工具

设置网卡如 CP1613 的属性：操作模式为“Configured mode”，选择索引号，例如选“3”，如图 5-38 所示。

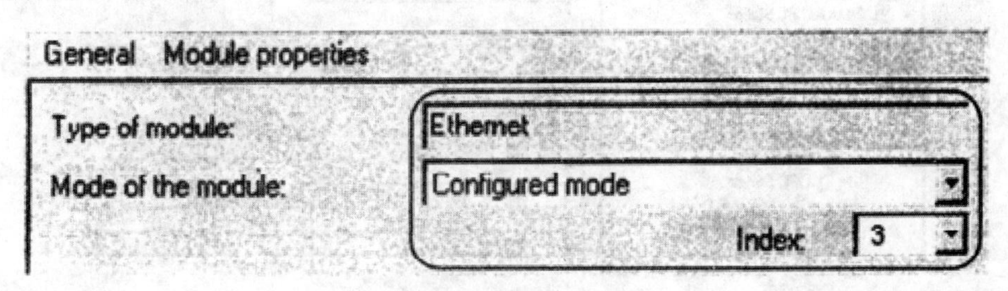

图 5-38 设置网卡属性

将访问点“Access points”设置为“S7ONLINE PC internal (local)”，如图 5-39 所示。

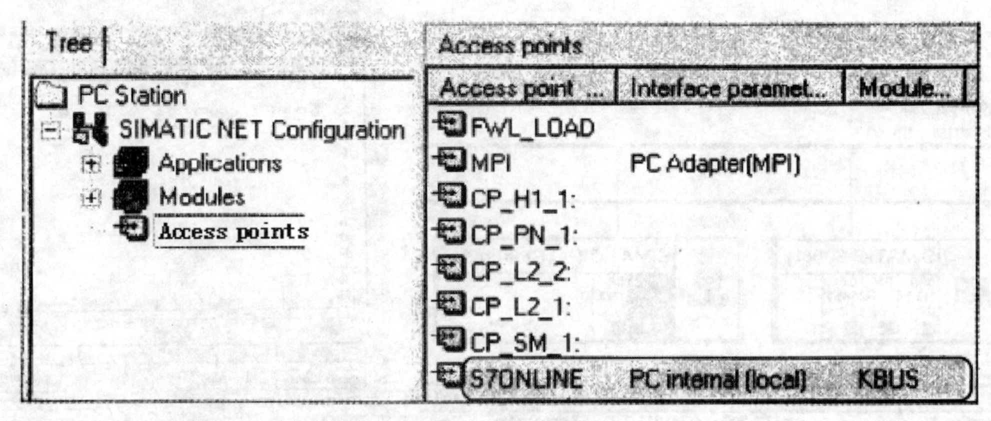

图 5-39 设置访问点

这时开始组态 PC 站，打开 STEP 7 组态软件，新建一个项目，添加一个 PC 站，名称为“SIMATIC PC Station (1)”，如图 5-40 所示。

硬件组态里，添加“OPC Server”，在第 3 槽添加“CP1613”，槽号与前面设置的网卡索引号应一致，如图 5-41 所示。

在 NetPro 下组态网络连接，例如建立一个 S7 的连接，如图 5-42 所示。

将 PC 站的组态下载到 PC，可通过 OPC Server 来访问 PLC 站的数据，如图 5-43 所示。

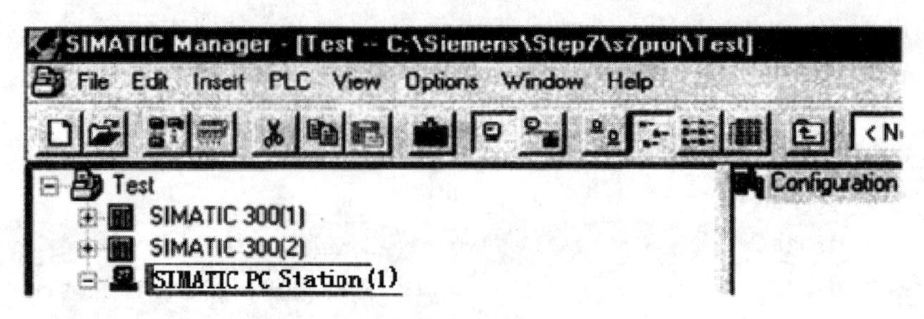

图 5-40 在 STEP 7 中添加一个 PC 站

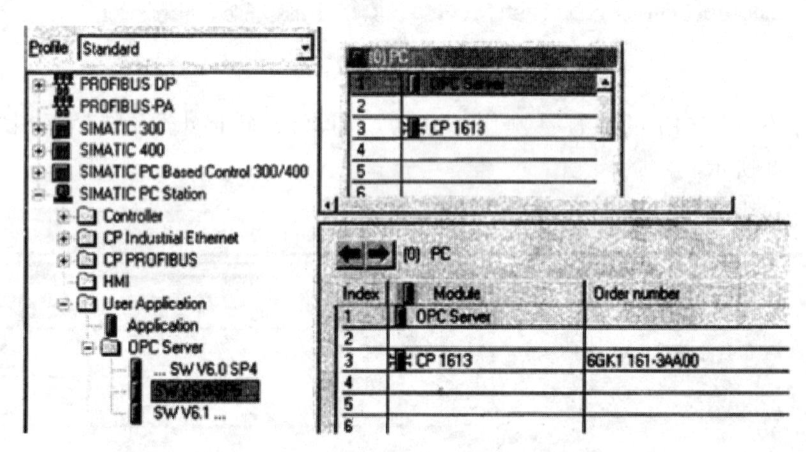

图 5-41 在硬件组态中添加 OPC Server

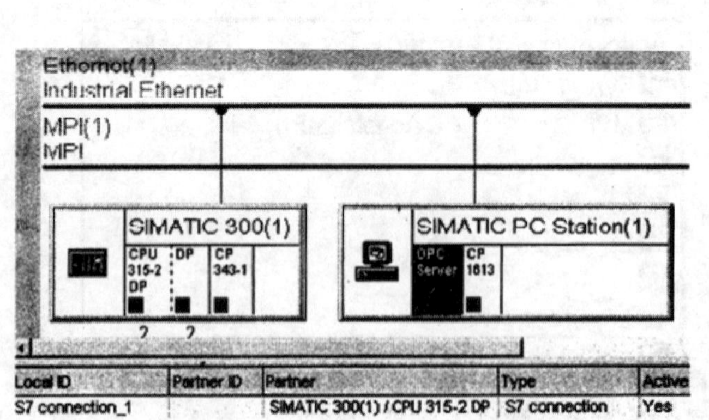

图 5-42 在 NetPro 中建立网络连接

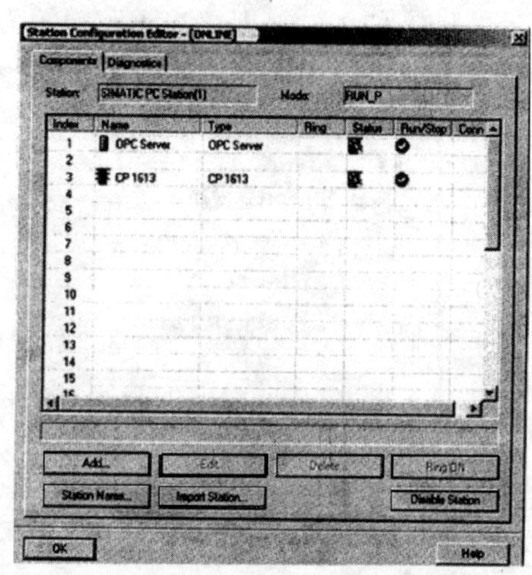

图 5-43 PC 站的组态信息

西门子公司提供功能强大的工业以太网络，主要是针对大数据量交换以及实时性要求较高的控制系统，IT 技术的应用体现了以太网发展的趋势，同时也为工业以太网的发展提供了更为广阔的空间。

第6章

S7-300/400 PLC控制系统案例解析

6.1 S7-300 PLC与S7-200 PLC实现自由口无线通信

6.1.1 自由口无线通信项目简介

某污水处理厂采用德国BIOLAK污水处理工艺，日处理水规模为10万m^3。项目使用四套S7-300 PLC和两套S7-200 PLC建成分布式控制系统，完成整个污水处理的控制、数据采集功能，本节仅介绍项目中的一部分，即S7-300 PLC和S7-200 PLC实现自由口无线通信。

在S7-200 PLC与S7-300 PLC或WinCC通信时，通常需要安装EM 277或CP 243-1模块，使成本升高。自由口通信是S7-200 PLC的突出特点之一，经济灵活的通信方法，可行性、可靠性在该工程中得到验证。

6.1.2 监控系统的硬件及网络结构

在污水处理厂自动化监控系统中，两个刮泥桥上各有一台S7-200 PLC，每台PLC控制8台吸泥泵及刮泥桥的正反向运动。S7-200 PLC的控制柜子安装在刮泥桥上，处于不停地来回运动中，不适合进行有线通信，需采用无线数传电台方式。

S7-200 PLC通信口基于RS-485，通过RS-485/232转换器连接到数传电台；脱水机房的S7-300 PLC上挂一个串行接口通信模块CP 340，并连接到数传电台，通过编程便实现S7-300 PLC与S7-200 PLC间的通信；监控室的计算机以MPI总线方式与S7-300 PLC通信，从而间接监控S7-200 PLC。系统网络结构如图6-1所示。

6.1.3 通信功能的实现

通信程序要实现S7-300 PLC向一个S7-200 PLC站发送7个字节的数据，然后接收并存储S7-200 PLC返回的6个字节数据。在S7-300 PLC发送的7个字节中，第1个字节是地址信息，第2、3、4字节是吸泥泵及刮泥桥控制数据信息，第5、6字节是1、2字节和3、4字节异或值，作为校验判断信息，第7位字节数据信息无意义，仅仅是为了触发一次S7-200 PLC字符接收中断程序；S7-200 PLC向S7-300 PLC发送的6个字节中，第1个字节是S7-200 PLC站地址信息，第2、3、4字节是吸泥泵及刮泥桥状态的数据信息，第5、6字节为校验信息。

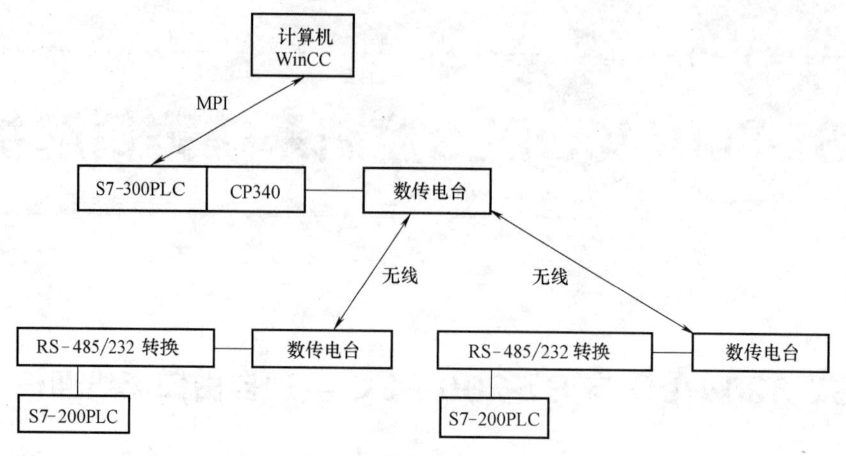

图 6-1　系统通信网络结构图

1. S7-300 PLC 端通信程序

在自由口模式下，无论 S7-200 PLC 还是 S7-300 PLC，通信协议完全由程序控制。CP 340 通过调用接收功能块 FB2 P_ RCV 来接收数据，调用发送功能块 FB3 P_ SEND 来发送数据。FB3 P_ SEND 的参数 REQ 上升沿初始化发送请求，参数 DB_ NO 指定发送数据块编号，参数 DBB_ NO 是发送数据在参数 DB_ NO 指定数据块中起始字节，LEN 指定传输数据的字节长度；FB2 P_ RCV 参数 EN_ R 允许读数据，参数 DB_ NO 指定接收数据块编号，参数 DBB_ NO 是接收数据在参数 DB_ NO 指定数据块中起始字节。

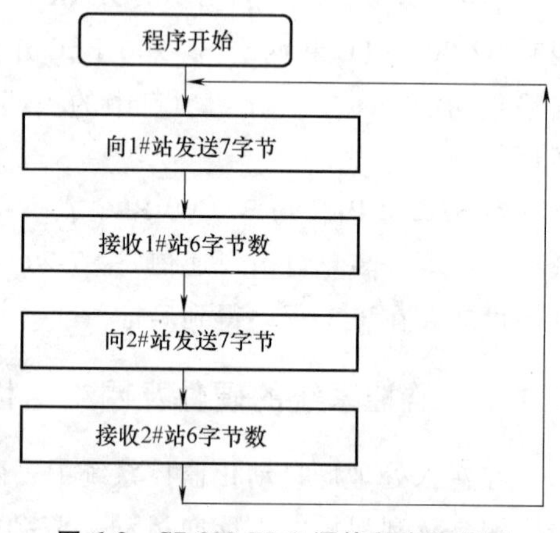

图 6-2　S7-300 PLC 通信程序流程图

S7-300 PLC 与两台 S7-200 PLC 轮循通信，即第一秒内向 1 号站发送数据，然后接收 1 号站返回数据；第二秒内向 2 号站发送数据，再接收 2 号站返回数据，不停地循环通信。S7-300 PLC 通信程序流程如图 6-2 所示。

S7-300 PLC 的通信程序如下：

```
AN      M30.0
L       S5T#2S
SD      T1                        //接通延时定时器
A       M30.0
R       T1                        //定时器复位,T1 的动合触点断开,时间值被清零
L       T1
T       MW40
NOP     0
A       T1
```

```
    =        M30.0              //设置一个 2s 定时器,定时时间到自动进行下一次
                                  定时,当前值存入 MW40
    A(
    L        MW40
    L        102
    >I
    )
    A(
    L        MW40
    L        200
    <I
    )
    =        M30.1              //定时器第一秒内,即 102<MW40<200,M30.1 为 1
    A(
    L        MW40
    L        2
    >I
    )
    A(
    L        MW40
    L        100
    <I
    )
    =        M30.2              //定时器第二秒内 M30.2 为 1
    A(
    A        M30.1
    JNB      _001
    L        0
    T        MW34
    SET
    SAVE
    CLR
_001: A      BR
    )
    JNB      _002
    L        0
    T        MW36
_002: NOP    0                  //M30.1 为 1 时,即定时器第一秒内,使 MW34=0、
                                  MW36=0,作为起始字节值
```

```
      A(
      A       M30.2
      JNB     _003
      L       8
      T       MW34
      SET
      SAVE
      CLR
_003: A       BR
      )
      JNB     _004
      L       8
      T       MW36
_004: NOP     0                         //M30.2 为 1 时,即定时器第二秒内,使 MW34=8、
                                          MW36=8,作为起始字节值
      O       M30.1
      O       M30.2
      =       M33.0
      A       M33.0
      =       L20.0
      BLD     103
      CALL    "P_SEND", DB19
      REQ     :=L20.0
      R       :=
      LADDR   :=320
      DB_NO   :=2
      DBB_NO  :=MW34
      LEN     :=7
      DONE    :=M50.1
      ERROR   :=M50.2
      STATUS  :=MW52
      NOP     0                         //调用发送指令,当 M30.1 为 1 时(其上升沿初始化
                                          发送请求),即定时器第一秒内发送 DB2.DBB0 起
                                          始的 7 个字节,第一个字节为 1 站地址;当 M30.2
                                          为 1 时(其上升沿初始化发送请求),即定时器第
                                          二秒内发送 DB2.DBB8 起始的 7 个字节,第一个
                                          字节为 2 站地址
      A       M33.0
```

```
=          L20.0
BLD        103
CALL       "P_RCV", DB20
EN_R       :=L20.0
R          :=
LADDR      :=320
DB_NO      :=22
DBB_NO     :=MW36
NDR        :=M60.1
ERROR      :=M60.2
LEN        :=MW62
STATUS     :=MW64
NOP        0                    //调用接收指令,当M30.1为1时(允许读数据),即定时器第一秒内接收1号S7-200站回传的6字节数据,存入DB22数据块中,起始字节为DB22.DBB0;当M30.2为1时,即定时器第二秒内接收2号S7-200站回传的6字节数据,存入DB22数据块中,起始字节为DB22.DBB8
```

2. S7-200 PLC 端通信程序

S7-200 PLC 程序分为主程序、子程序和中断程序，主程序用于控制和子程序调用，子程序用于通信口初始化，中断程序用于数据接收和发送。发送数据用指令 XMT，接收数据用逐字节接收方法，通信接口接收每个字节暂存到特殊存储器 SMB2 中，且产生中断，利用中断程序控制数据接收。由于 S7-200 PLC 通信建立在 RS-485 半双工硬件基础上，所以接收和发送不能同时进行。通信中断程序要做到接收指令不结束，就不能执行发送指令。

反映 S7-200 PLC 工作方式的模式开关当前位置的特殊存储器位为 SM0.7，控制进入自由口模式。模式开关 TERM 位置时，SM0.7 为 0；模式开关 RUN 位置时，SM0.7 为 1。SMB30 是自由口模式控制字节，用来设定校验方式、通信协议、波特率等通信参数，中断事件号 8 为端口 0 接收字符中断，中断事件号 9 为端口 0 发送完成中断。

当 SM0.7 为 1 时，调用子程序 SBR_ 0 设置 SMB30，允许自由口通信；SM0.7 为 0 时，调用子程序 SBR_ 1 重新设置 SMB30，停止自由口通信，恢复 PPI 通信，便于用 Micro/WIN 软件对 CPU 运行状态进行监视。S7-200 PLC 通信程序流程如图 6-3 所示。

1 号站 S7-200 PLC 通信程序如下：

（1）与通信有关的主程序

```
LD         SM0.1
MOVB       1, VB1                 //设置站地址
LD         SM0.7
EU
```

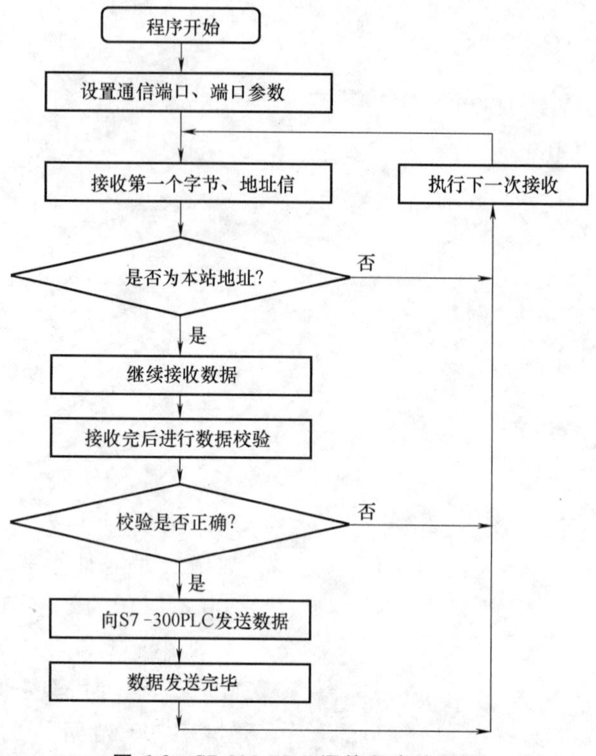

图 6-3　S7-200 PLC 通信程序流程图

```
O       SM0.1
CALL    SBR_0          //首次运行或模式开关从 TERM 打到 ON 时定义通信口为自
                         由口
LD      SM0.7
ED
CALL    SBR_1                  //模式开关从 ON 拨到 TERM 时定义通信口为 PPI 从站
```

(2)子程序 SBR_0

```
LD      SM0.0
MOVB     16#09, SMB30
ENI
ATCH     INT_11, 8             //定义通信口 0 为自由口模式,9.6kbit/s 波特率,
                                 无校验,8 位数据位,连接接收字符中断为中断
                                 程序 INT_11
```

(3)子程序 SBR_1

```
LD      SM0.0
MOVB     16#C0, SMB30
DTCH     8
DTCH     9                     //恢复普通 PPI 通信设置
```

(4)中断程序 INT_11

```
LD      SM0.0
AB=     SMB2, VB1
MOVW    +5, VW200
MOVD    &VB640, VD688
ATCH    INT_12, 8       //若站地址正确,连接接收字符中断到中断程序
                          INT_12,并使 VW200=5 来计数,在 INT_12 中
                          连续接收 5 个字节;若站地址错误,则继续由
                          INT_11 接收字节数据,要在 S7-300 PLC 的程序
                          中将其余 6 个字节的高位进行处理,避免出现
                          为内容 1 或 2 地址信息的字节,即使传输过程
                          中因外界干扰,其余 6 个字节出现为 1 或 2 的
                          假地址情况,程序也会在接下来 1~2 个接收过
                          程中,因 INT_13 中断程序中的校验指令作用,
                          得到错误校验值,而恢复到正常接收状态
```

(5)中断程序 INT_12

```
LD      SM0.0
MOVB    SMB2, *VD688
INCD    VD688
DECW    VW200           //接收 5 个字节
LD      SM1.0
MOVB    1, VB639
MOVW    VW639, VW700
XORW    VW641, VW700
ATCH    INT_13, 8       //通过异或指令进行数据校验,连接接收字符中断到中
                          断程序 INT_13,即由第 7 个字节触发中断程序 INT_13
```

(6)中断程序 INT_13

```
LD      SM0.0
DTCH    8               //中断分离
LDW=    VW700, VW643
MOVD    VD640, VD400    //校验正确,将控制信息数据存到 VB400~VB402
MOVB    6, VB600
MOVB    VB1, VB601
BMB     VB100, VB602, 5
ATCH    INT_14, 9
XMT     VB600, 0        //校验正确,使能发送,发送 6 字节数据 VB601~
                          VB606,连接发送指令结束到中断程序 INT_14
```

```
    LDW<>     VW700, VW643
ATCH          INT_11, 8                //校验不正确,连接接收字符中断到中断
                                         程序 INT_11,进行新一次接收中断程序
                                         INT_14
LD            SM0.0
DTCH          9
ATCH          INT_11, 8                //发送结束则连接接收字符中断到中断
                                         程序 INT_11,进行新一次接收
```

6.1.4 数传电台选型和故障判断

数传电台采用FC-201/B型，通过电台软件PFC5对电台进行参数设置，在S7-200 PLC两个站处将电台参数设置为：发射频率453.00Hz，接收频率465.00Hz，空中速率1200bit/s，透明工作模式，串口波特率9600bit/s，串口校验和设为无；在S7-300 PLC站处将电台的参数中发射频率设为465.00Hz，接收频率设为453.00Hz，与S7-200 PLC站处电台收发频率对应，其余参数一致。

FC-201/B型数传电台有一个发送和接收指示灯，当发送数据时为红色，接收数据时为绿色，根据此灯可以方便地判断通信是否正常。在正常情况下，S7-300 PLC以轮循方式与两S7-200 PLC通信，即第一秒内向1号站发送数据，然后接收1号站返回的数据（S7-200 PLC在接收到S7-300 PLC发送的数据后会立刻向S7-300 PLC发送数据）；第二秒内向2号站发送数据，然后接收2号站返回的数据，不停地循环通信。S7-300 PLC站处电台通信指示灯红色闪一下，接着绿色闪一下，处在不停地红-绿-红-绿循环状态。而S7-200 PLC站在接收S7-300 PLC发送的数据时，要经过地址数据字节判断，确认地址为本站，并且对接收数据进行校验，确定接收数据无误才回传S7-300 PLC数据，但是只要S7-300 PLC发送数据，S7-200 PLC就接收数据，即使是发送给另一个S7-200 PLC站的数据。所以在无外界干扰，数据发送没有校验错误的情况下，S7-200 PLC站处的电台通信灯是绿色闪两下，红色闪一下，处在不停地绿-绿-红循环状态，即接收两次数据，发送一次数据。如果通信出现故障，根据通信灯的闪烁状态，便可很容易查出通信故障所在。

6.1.5 小结

WinCC软件通过访问S7-300 PLC的数据块DB2和DB22，就可以实现对两个S7-200 PLC站的监控。该系统运行稳定可靠，通信方案经济、灵活，程序可移植性强，对于类似项目具有一定的借鉴意义。

6.2 S7-300 PLC在变电站中的应用

某油田有150多座变电站，承担着油田整个油区、社区及生活区部分居民的用电，油田电网的安全运行对于保证原油产量持续上升和居民安居乐业起着至关重要的作用。

油田变电站中的AEUD-WIII全自动智能免维护直流屏采用模块化设计、数字化控制，智能化程度高。该直流电源具有先进的系统监控功能，着重电池在线管理、接地选线、“四

遥”通信、告警显示和事故追忆等功能进行开发，使得系统安全性、可靠性更高。

该系列全自动智能免维护直流屏采用 SEIMENS 公司生产的 OP170B 型人机界面，该监控模块具有结构紧凑、显示分辨率高、可靠性高、寿命长等优点。通过人机界面可以完成整流模块启动，充电状态显示，查看报警信息，手动电池巡检，绝缘监察、接地选线、报警试验、报警复位等直流屏的所有操作，并能显示直流屏的原理图及各个运行参数和各种故障信息。控制模块采用 S7-300 系列模块，进行数字和模拟信号的采集及输出。

6.2.1　硬件系统构成

1. PLC 配置

变电站直流监控系统的 PLC 采用西门子公司的 S7-300 PLC。根据系统要求，PLC 总体配置如下：①中央处理模块（CPU）：选用 CPU 314。②数字量输入模块（DI）：选用 SM321，共 1 块（16 点/块），处理 4 点输入信号。③数字量输出模块（DO）：选用 SM322，共 4 块（16 点/块），处理 56 点输入信号。④模拟量输入模块（AI）：选用 SM331，共 1 块（8 点/块），处理 8 点输入信号。⑤模拟量输入、出模块（AI）：选用 SM334，共 1 块（4 点入和 2 点出/块），处理 2 点输入和 2 点输出信号。

2. 操作屏配置

操作屏采用两个 OP170B；一个安装在控制柜；一个安装在监控中心。

6.2.2　监控系统软件

变电站直流监控系统的软件主要有两部分，即显示单元和软件单元。

1. 显示单元

操作屏采用工业级人机界面，主要完成直流系统运行监控、故障报警、记录和排除提示、参数设置、模拟键盘操作、数据记录处理、累计运行时间控制等任务。

显示单元包括主画面、电池巡检画面、电池组电压记录画面、绝缘监察、当前报警画面、历史报警画面、累计运行画面等。

2. 控制软件单元（只给出部分功能软件）

软件单元由系统时钟读取、整流器控制、电池巡检、绝缘监察、接地选线、限流电阻控制、累计运行时间、当前报警处理、历史报警信息处理、报警试验等程序构成。

1）整流器控制。

```
    给定延时。
    A       “F1_k1”
    AN      “F1_k2”
    =       “DO_k1”
    主充电机给定。
    A       “DI_k1”
    JNB     _001
    CALL    FB21,DB21
_001: NOP   0
```

```
    主充电机给定复位。
    AN      "DI_k1"
    AN      "DI_k2"
    =       L0.0
    A       L0.0
    BLD     102
    S       "float_charge"
    A       L0.0
    JNB     _004
    L       0
    T       "ug_hm0"
_004: NOP   0
    A       L0.0
    JNB     _005
    L       0
    T       "ug_hm1"
_005: NOP   0
    A       L0.0
    JNB     _006
    L       0
    T       DB66.DBD580
_006: NOP   0
    主浮充转换。
    A(
    O       "DI_k1"
    O       "DI_k2"
    )
    JNB     _003
    CALL    FB20,DB20
_003: NOP   0
```

2)巡检:能够自动(每天定时)和手动进行电池巡检(部分程序)。

```
每天10点进行自动电池巡检。
    A(
    L       MW22
    L       10
    ==I
    )
    FP      M15.2
```

```
    AN      "scan_end"
    S       "scan_start"
    按下面板电池巡检键,手动进行电池巡检。
    A(
    A       "F3_bat_scan"
    FP      M15.3
    O(
    A       "F3_bat_scan"
    FN      M15.4
    )
    )
    AN      "scan_end"
    S       "scan_start"
    电池巡检开始。
    A       "scan_start"
    JNB     _001
    CALL    FB23,DB23
_001: NOP   0
    电池巡检开始,画面转到电池巡检画面。
    A       "scan_start"
    FP      M17.4
    JNB     _002
    L       2
    T       MW102
_002: NOP   0
    电池巡检结束,复位电池组序号。
    L       MW186
    L       18
    ==I
    =       L0.0
    A       L0.0
    JNB     _003
    L       0
    T       MW116
_003: NOP   0
    A       L0.0
    JNB     _004
    L       DB65.DBW100
```

```
      T      MW118
_004: NOP    0
      A      L0.0
      BLD    102
      L      S5T#2S
      SD     T51
      电池巡检结束,置位电池巡检标志位。
      A      T51
      =      L0.0
      A      L0.0
      JNB    _005
      L      0
      T      MW186
_005: NOP    0
      A      L0.0
      BLD    102
      S      "scan_end"
      电池巡检结束后,进行过、欠电压判断。
      A      "scan_end"
      JNB    _006
      CALL   FB24,DB24
_006: NOP    0
```

3）绝缘监察及接地选线：能够自动（每天定时）和手动进行绝缘监察及接地选线（部分程序）。

```
      判断系统时钟是否为 9 点,若是,则启动自动执行绝缘监察功能。
      A(
      L      MW22
      L      9
      ==I
      )
      FP     M15.5
      S      "auto_gnd_chk"
      根据绝缘监察霍尔电压采样值与设定值的大小,判断是否出现不平衡接地,若出现,则
启动。
      AN     "gnd_chk"
      =      L2.0
      A      L2.0
      A(
```

```
L        MW148
L        MW122
>I
)
FP       M15.6
S        "en_unbalance"
A        L2.0
A(
L        MW148
L        MW122
<=I
)
FP       M15.7
R        "en_unbalance"
```

使绝缘监察启动的三种条件,有任何一个满足要求,则开始绝缘监察。

```
A(
O        "auto_gnd_chk"
O(
A        "en_unbalance"
FP       M16.1
)
O(
A        "en_unbalance"
FN       M16.2
)
O(
A        "F4_gnd_chk"
FP       M16.3
)
O(
A        "F4_gnd_chk"
FN       M16.4
))
AN       "gnd_chk"
S        "en_chk"
```

进行绝缘监察时,进入绝缘监察画面。

```
A        "en_chk"
FP       M17.5
```

```
    JNB     _001
    L       4
    T       MW102
_001: NOP   0
    监察完毕,进行监察使能复位。
    A       M17.0
    R       "en_chk"
    R       "gnd_chk"
    监察完毕,进行对地电阻值,电压值记录及进行报警。
    A       M17.0
    JNB     _009
    CALL    FB25,DB25
_009: NOP   0
```

4）当前报警及历史报警信息处理（程序略）。

故障分类为二级：分为一般故障和致命故障。

一般故障包括：当发生此类故障时，仅有声光预警，不中断当前操作。根据系统中产生的各种故障实施相关的故障声光报警和记录，此刻显示屏进入故障报警画面，显示故障内容、性质、时刻、按 ACK 解除声音报警，但故障显示仍然存在，直至解除故障。

致命故障包括：当发生此类故障，将禁止所有的控制输出，声光报警，在显示屏上显示故障类型、内容、时刻。只有在排除故障，按人工复位键后，系统才恢复正常工作。

```
    普通故障指示(K8)。
    L       MW84
    L       1
    ==I
    =       M8.4
    致命故障指示(K9)。
    L       MW84
    L       2
    ==I
    =       M8.7
    5)显示画面及 LED 指示。
    主充电机运行指示灯(F1)
    A       "DI_k1"
    =       M6.0
    =       M6.1
    主充电机直流输出故障闪烁报警控制(故障)。
    A(
```

```
    O(
    L        DB65.DBW202
    L        1
    ==I
    )
    O(
    L        DB65.DBW204
    L        1
    ==I
    )
    )
    JNB      _00f
    L        1
    T        MW52
_00f: NOP    0
    蓄电池充电状态显示控制(主充)。
    A        "DI_bat"
    AN       "float_charge"
    JNB      _019
    L        1
    T        MW68
_019: NOP    0
    蓄电池充电状态显示控制(浮充)。
    A        "DI_bat"
    A        "float_charge"
    JNB      _01a
    L        2
    T        MW68
    _01a: NOP
```

6.2.3 小结

油田变电站直流监控系统自 2001 年由 S7-200 PLC 系统改进为 S7-300 PLC 系统以来，正常运行证明：整个系统设计先进、合理，操作简单，可靠性高，符合用户预期的要求，成为推广项目。

6.3 S7-300 PLC 在断路器极限电流测试系统中的应用

断路器极限电流测试系统通过工业 PC 串行接口实现与 S7-300 PLC 的 CP 340（RS-

232C）模块通信，从而实现对系统的实时监控。

6.3.1 极限电流测试系统介绍

断路器是一种能接通和分断正常负荷电流、过负荷电流、短路电流的开关电器。为标定断路器极限电流这一指标使其满足出厂要求，每个产品须经过极限电流测试系统的测定，以下是电器设备制造企业应用 IPC 结合 S7-300 PLC 实现的测试系统。

1. 测试系统的框架

断路器极限电流测试系统的框架如图 6-4 所示。

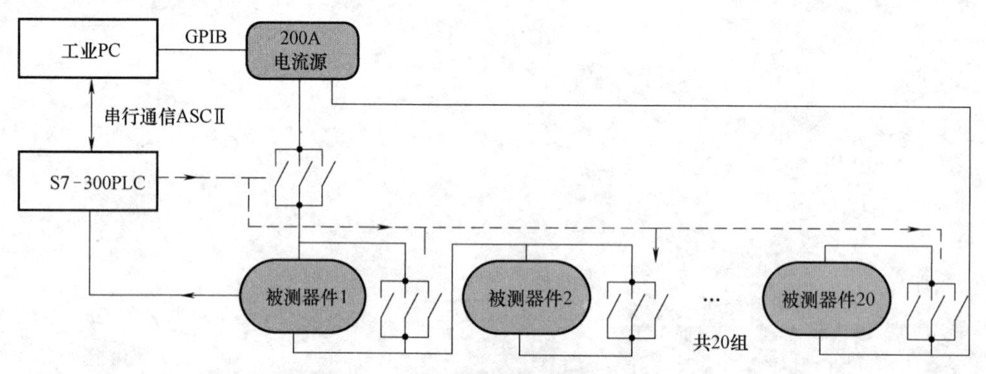

图 6-4 断路器极限电流测试系统的框架

系统的主控由 IPC 承担，其负责测试的参数设定、产品的型号选择、测试信息的记录分析，S7-300 PLC 通过与 IPC 进行 ASCⅡ方式的通信，接收 IPC 的指令，操控系统的接触器，固态继电器等执行设备，同时将测试的信息返回给 IPC。为了给断路器测试提供工作环境，系统中采用电流源供电方式。考虑提高测试的效率，系统设计时为提供 20 路测试环境，20 组被测试设备串联，一旦其中的某一组或某几组在测试时跳闸，其旁路接触器和旁路固态继电器（图中未画出）立即接通，保证串联电路中其他测试单元能正常供电。此处选择固态继电器和接触器并联，主要考虑回路在某组跳闸断开时及时保护电流源，防止电流源开路使用。20 个单元也可通过 IPC 设定其中的前几组进行测试，在未设定范围工位处的接触器与固态继电器在测试开始时接通旁路以便前面工位的测试，在串联回路中接触器的三路动合触点并联使用，考虑增加回路的电流容量。

2. 系统自动化器件配置

断路器极限电流测试系统的自动化器件有 CPU315-2DP 一台、AISM321（32 输入）一块、DOSM322（32 输出，24V）两块、DOSM322（16 输出，230V）两块、CP340 一块。

选型中考虑了以下的因素：

1）考虑与 IPC 进行 ASCII 通信，选用性价比较高的 CP 340（RS-232C）。

2）考虑驱动接触器和固态继电器，所以输出模块选择两种方式，24V 晶体管输出驱动固态继电器，其工作速度比继电器要快得多，比较适合对固态的控制。

IPC 采用 LABWINDOWS 的开发环境，提供友好的信息交换画面和管理系统。

6.3.2 串行通信的实现

断路器极限电流测试系统中，IPC 和 PLC 的信息交换至关重要，其好坏直接影响测试的性能和稳定性。此处 CP 340 选用西门子公司提供的 RS-232C 模块，采用 ASCII 的协议，通信的设置为 9600、8、1、EVEN。PLC 与 PC 间采用异步串行方式进行通信，采用主从问答式。PC 始终具有初始传送优先权，所有的通信均由 IPC 来启动。PLC 调用 FB2、FB3 功能块，实现接收和发送功能，协议的格式主要分为以下两类：

1. 写命令（共 9 个字节）：

PC："#"(Head 1字节)+"W"(类型1字节)+起始地址(2字节)+数据(4字节)+校验核(累加和)。

PLC：收到命令且校验核正确，原封不动返回接收到的全部 9 个字节。

命令 1：PC："#W" 0x1FFF 0xFFFF+0x000F+Check_ sum；表示 0~19 号接触器全存在。

命令 2：PC："#W" 0x10FF 0xFFFF+0xFFFF+Check_ sum；开始测试。

命令 3：PC："#W" 0x10F5 0x0000+0x0000+Check_ sum；停止测试。

……

2. 读命令（共 9 个字节）：

PC："#"(Head 1 字节)+"R"(类型1字节)+起始地址(2字节)+ 0x00000000(4字节)+ 校验核(累加和)。

PLC：收到命令且校验正确，返回 0~19 号接触器的状态，"1"：闭、"0"：开。

命令 1：PC："#R" 0x2FFF 0x0000 +0x0000+Check_ sum；表示读取 0~19 号接触器的状态；

PLC 返回："#R" 0x20FF 0xFFFF+0x000F+Check_ sum；表示 0~19 号接触器全部闭合。

PLC 返回："#R" 0xFFFF 0x0000+0x1000+Check_ sum；表示 PC 命令错误。

在协议中作了以下规定：①以"#"作为起始字符，占用一个字符。②通信类型由"W"和"R"区分。③整个命令采用和校验的方式，每次将校验和放在最后一个字节。④测试时，不一定 20 个测试断路器全部存在，如不存在，必须将旁路接触器（固态继电器）接通，否则不能正常工作。在命令 1 中可以设定 0~19 号接触器的存在情况，"0xFFFF+0x000F"表示 0~19 号被测断路器全部存在，这样的表示方法给 PLC 处理带来了较大的方便。在程序中，将 4 个字节存入 MW 中，命令中的 5 个 16 进制"F"（对应二进制 20 个"1"）可以分配到每一位。"1"表示被测试器存在，"0"表示不存在。

6.3.3　控制系统完成的功能

测试系统每路测试单元的结构相同，如图 6-5 所示。左边为每路的指示灯，正常工作为绿色，跳闸则为红色，（Q8.0~Q12.7）未选中则都不显示。右边分别为被测断路器，旁路接触器（Q16.0~Q18.3），旁路固态继电器（Q13.0~Q15.3）。辅助触点是被测断路器用来检测当前断路器的闭合还是断开（I4.0~I6.3），灯、接触器、继电器、辅助输入的地址依次增加。

程序中我们考虑用循环加上间接寻址的方法来实现，具体如下：

```
L      +20
T      MB0                                 //循环次数
L      2#0000_0000_0010_0000 (I4.0)        //辅助输入起始地址
```

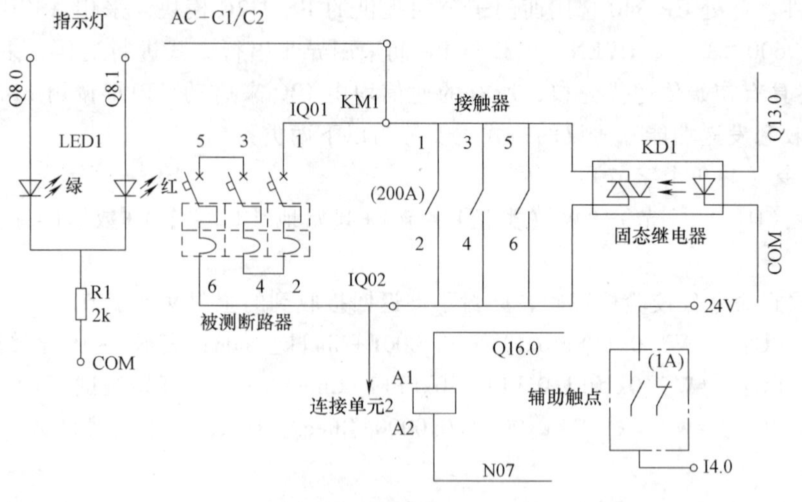

图 6-5　每路测试单元的结构

```
T       MD2
L       2#0000_0000_0100_0000 (Q8.0)          //输出绿灯起始地址
T       MD6
L       2#0000_0000_0100_0001 (Q8.1)          //输出红灯起始地址
T       MD10
L       2#0000_0000_0010_0000 (Q13.0)         //输出接触器起始地址
T       MD14
L       2#0000_0000_0010_0000 (Q16.0)         //输出固态继电器起始地址
T       MD18
NEXT:
L       MD2
INC     1
T       MD2                                   //辅助输入地址加 1
L       MD6
INC     2
T       MD6                                   //绿色指示灯输出地址加 2
L       MD10
INC     2
T       MD10                                  //红色指示灯输出地址加 2
L       MD14
INC     1
T       MD14                                  //控制接触器输出地址加 1
L       MD18
INC     1
```

```
T        MD18                    //控制固态继电器输出地址加 1
L        MB0
LOOP   NEXT                      //20 组做完吗?
…
```

应用了此结构使得程序变得非常简洁，调试非常方便，一旦某一功能发生改变，修改方便，如果用实际地址的话每组相应的地方都得修改。

6.3.4 小结

CP 340 的应用使得西门子产品与其他设备沟通方便，STEP 7 间接地址编程方法非常有效，断路器极限电流测试系统统在 2005 年完成后实际运行效果良好。

6.4 S7-300 PLC 与 DCS 串行通信

随着 PLC 和 DCS（分布式控制系统）生产厂商在通信软件上的日趋完善及电力工程在设备招投标力度上的加强，成套设备厂商大力推荐使用串行通信作为 PLC 和 DCS 之间的信号连接。本节以 DH 电站一期 2×600MW 机组项目中锅炉等离子点火系统使用的西门子 S7-300 PLC（CP 341 通信卡件）与西门子 DCS 控制系统 TELEPERM XP（CM 104 通信模件）间的通信为例，介绍实施 MODIBUS RS-232C/RS-485 通信的具体步骤，并对系统的硬件配置、连接、软件组态进行描述。

6.4.1 系统连接

TELEPERM XP 配置的模件通信处理器 CM104 作为“主站”(MASTER)，支持 MODBUS 协议，并提供 6 个 9 针的 RS-232C 串行接口（Serial 3～Serial 8)，如图 6-6 所示。由于通信距离超过 15m，在 S7-300 PLC 的配置中与 DCS 的通信卡选用 CP 341-RS422/485 卡件作为“从站”（SLAVE)，该卡件提供一个 1 个 15 针的串行接口，同样支持 MODBUS 协议，设计中使用 PHOENIX 公司的 PSM-EG-RS-232C/RS-485-P/ZD 模块作为 RS-232C 转为 RS-485 接口的适配器。

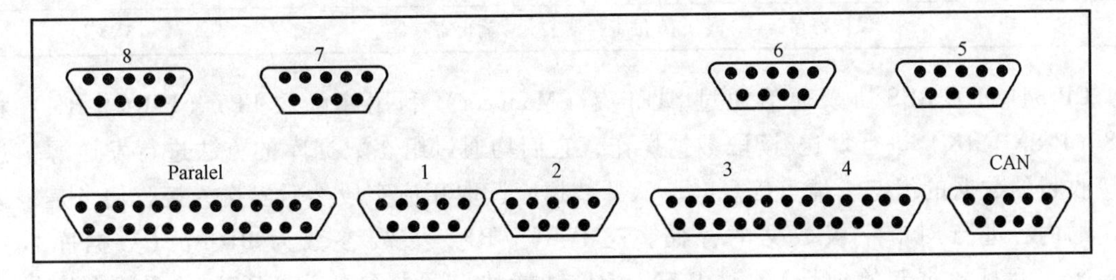

图 6-6 CM104 结构及各端口定义

适配器内部跳线设置：RS-485 BUS-END 为 ON，DTE/DCE 选择为 DCE 即数据电路终接设备方。CM104 与适配器间使用标准 9 针串口线连接，CP 341 与适配器进行 RS-485 通信时，选用 2 芯屏蔽电缆，接线如图 6-7 所示。

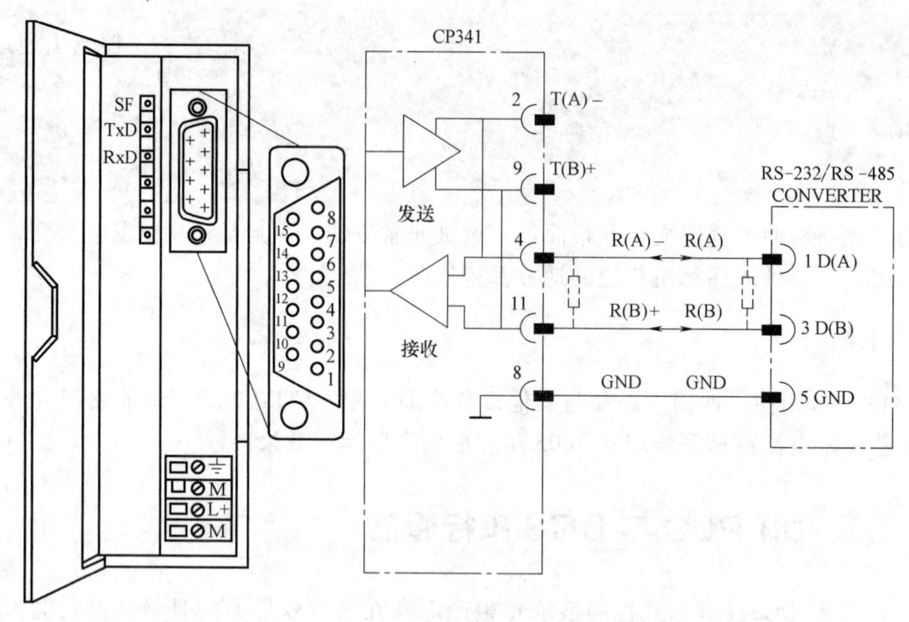

图 6-7　CP 341 通过接口适配器进行 RS-485 通信的接线图

6.4.2　CP 341 模块应用简述

CP 341 是 S7-300 PLC 点到点通信模块，硬件接口采用 RS-232、TTY、RS-422/RS485（X27）方式；软件协议有 MODBUS，3964（R）、R512K 和 ASCⅡ；本工程应用 MODBUS SLAVE 协议。

MODBUS 是一种工业现场总线通信协议，为主/从模式，主站发出请求后，从站应答请求数据，数据应答内容依据功能码进行响应，表 6-1 是 CP 341 应用的功能码所对应数据类型。

表 6-1　CP 341 应用的功能码所对应数据类型

功能码	数据	数据类型		存取	地址
01,05,15	线圈(输出)状态	位	输出	读/写	0XXXX
02	输出状态	位	输入	只读	1XXXX
03,06,16	保持寄存器	16 位寄存器	输出寄存器	读/写	3XXXX

CP 341 MODBUS 协议通信通过 STEP 7（Manager）利用库函数 FB7（P-RCV-RK）和 FB8（P-SND-RK）进行发送/读取数据操作，它们均通过组态数据库的方法进行发送源信息和接收目的数据的组态。请求信息时，从源数据库读取相应字段然后发送，接收信息是根据发送的内容进行对应字段数据的存储。对 P-RCV-RK，主要参数为 BD-No（数据库号），Dbb-No（目标数据起始地址）。对 P-SND-RK 功能块，主要参数为 BD-No（源数据库号），Dbb-No（源数据起始地址），LEN（发送数据字节长）。值得注意的是，在 P-RCV-RK 出现的数据字段中并未包含从站地址，功能码字节，而仅仅是数据内容，因此程序中不能依据从站地址，功能码值去判定响应数据的种类。然而，CP 341 却规定在给定的时间内仅允许一个 P-SND-RK 和一个 P-RCV-RK 能在用户程序里被访问，这就意味着它们在程序中已经形成

一一对应的关系。

6.4.3 软件组态

1. PLC 软件编程

(1) CP 341 的编程

首先应保证 STEP 7 编程工具运行正常，在 STEP 7 的 SIMATIC 管理器下，通过 File→Open→Project 进入 Project，然后再双击“CP 341 Protocol 3964”以打开 S7 编程器，在编程器中双击“Blocks”库，然后把所有的“Blocks”复制到 SIMATIC 300→STATION→CPU300/400→S7 PROGRAM→BLOCKS 中。各“Blocks”定义如下：

```
FC21            FC 和发送一致
FC22            FC 和接收一致
DB21,DB22       用于标准功能块(FB)的背景数据块(DB)
DB40,DB41       为标准功能块服务的工作数据块
DB42            用于发送的源数据块
DB43            接收数据的目标 DB
OB1             循环 OB
OB100           重新启动(热启动)OB
VAT1            变量表
FB7,FB8         用于接收、发送的标准功能块
SFC58,59        用于标准功能块的 SFC
```

对在“Blocks”编程后，将 CPU 置于“RUN”位置，CP 341 即可以进行串口的通信。

(2) 通信参数的编程

```
Modbus Slave Address: 1
Port: RS485
Baud rate: 19200
Date Bits: 8
Parity: None
```

2. CM 104 软件组态

对 CM 104 的控制组态包括硬件组态及各类输入输出组态，在此不作介绍。通信参数的组态主要是通过其编程接口 Serial 1 写入 CM. INI 文件，共涉及 14 个组态项目，有些是常规的组态项目，可以是系统的默认值。例如使用了以下必须要完成的组态项目：

```
Modbus Master on (Serial 5)
[ModbusMaster_3]
PortAdr=0x380
Irq=5
Baudrate=19200
Parity=NONE
```

```
StopBits=1
DataBits=8
RCS-Offset=-1; Modifier for addresses related to function code 1 (read coil status)
RIS-Offset=-1; Modifier for addresses related to function code 2 (read input status)
RHR-Offset=-1; Modifier for addresses related to function code 3 (read holding register)
RIR-Offset=-1; Modifier for addresses related to function code 4 (read input register)
FSC-Offset=-1; Modifier for addresses related to function code 5 (force single coil)
PSR-Offset=-1; Modifier for addresses related to function code 6 (preset single register)
RtsCts=1
Delay=200
Timeout=1000
Dummys=5
```

6.4.4 实施过程中的注意事项

当连接和组态工作完成后，PLC 和 DCS 会进入正常的数据通信状态。这可以从卡件的状态灯上反映出来。

CP 341 上有三个状态指示灯，分别是 SF（RED）表示错误状态；TxD（GREEN）表示数据在传送；RxD（GREEN）表示数据在接收。通信正常时为 TxD 和 RxD 状态灯交替闪烁。

CM104 上的状态指示灯分别为 POWER（ORANGE）表示 CM104 已经供电；RESETR（RED）表示复位；HDD（GREEN）表示启动时对内部存储器的读写；SCSI（GREEN）表示外接 SCSI 设备后的状态；LAN（GREEN）表示与 TXP 总线的连接状态，正常时为绿色闪烁；LAN100（GREEN）表示连接速率；USER1（GREEN）表示与 TXP 通信的状态，正常时为无显示；USER2（GREEN）表示与第三方设备通信的状态，正常时为无显示。

PHOENIX 接口适配器上有两个指示灯，分别是：CTS（ORANGE）表示数据在传送；RTS（GREEN）表示数据在接收。通信正常时为 CTS 和 RTS 状态灯交替闪烁。

当通信不正常时，卡件的状态指示灯立即显示错误状态。此时应先检查硬件错误再检查软件错误。如通过软件组态功能块的诊断信息来查找故障原因。在软件编程方面，要注意以下两点：①要确保 PLC 和 DCS 的通信速率一致，建议使用 9600bit/s 或 19200bit/s 的速率，而且最好不要增加奇偶校验；②要保证通信数据地址的有效性，地址的偏置可以在 CM 104 中设置。

在硬件方面，要确保使用屏蔽的 ITP 电缆，并注意在接线时一定要正端连接正端，不要接反。

6.4.5 小结

通信实施后，在传输信号的质量上以及维护上都有了比较明显的改善，但系统还有其他协议转换装置时，在实时性方面略显不足。该方案中 S7-300 PLC 上所有监视、控制都可以在 DCS 上进行，同时工程费用同硬接线相比显著降低。

6.5 S7-300/400 PLC 在永久船闸系统中的应用

6.5.1 船闸控制系统的组成与运行

该永久船闸为南、北两线五级连续船闸，根据上、下游水位变化，需采用三、四、五级运行方式；根据闸室水位，为确保通航最低值，又分为不补水运行和补水运行。同时，由于分期施工的原因，船闸运行的初期，第一闸首人字门不能投入使用，只能由桥机操作事故门代替船闸第一闸首人字门闸门。由于 SX 船闸水头高、人字门运行淹没水深大、人字门关闭后易出现门体漂移等难点，为实现上述控制方式的自动化运行，采用了自动化程度高的 S7-400 PLC 配以先进传感器以实现自动控制。

两线船闸在正常情况下采用单向连续过闸的运行方式，即一线上行，一线下行。若一线船闸检修或事故停航，则另一线采用单向成批连续过闸、定时换向的运行方式。每线船闸自上游至下游依次布置有第一闸首事故检修闸门与叠梁门及桥式起闭机、集中控制系统、第一至第六闸首人字闸门及液压起闭机、输水廊道工作阀门及液压起闭机、第六闸首辅助泄水廊道工作阀门及液压起闭机，第二、第三闸首还布置有人字闸门防撞警戒装置。

1. 船闸控制系统组成

船闸每线船闸电气控制系统主要由一个集中控制系统、12 个现地子站控制系统、14 套排水控制系统、一台桥式起重机和 4 个防撞警戒装置组成。

每线船闸的自动监控装置均由 1 套集中控制主站、12 套现地控制子站及通航信号装置、广播指挥设备、船舶探测及工业电视监控管理装置和其他外围设备组成。集中控制主站由两套冗余 S7-400 PLC 等组成，现地控制子站由 12 套冗余 S7-400 PLC 组成。排水控制系统、桥式起重机、防撞警戒装置由 S7-300 PLC 等组成。

系统主要功能负责完成每线船闸连续过闸作业的实时过程数据采集、集中控制、操作等功能，以及集中控制系统与现地控制系统的通信控制。子站的主要工作为控制操作本闸首的液压泵站、人字工作闸门、输水工作阀门、防撞装置和通航信号指挥等设备。为确保系统安全运行、及时采集各种信息，集中控制系统与现地控制系统通过冗余双环光纤工业 TCP/IP 以太网络及光纤切换模块（OSM）和光纤冗余管理模块（ORM）连接，系统框图如图 6-8 所示。

2. 永久船闸运行控制方式

永久船闸运行分为集中、现地和检修三种控制方式。正常情况下以集中控制方式为主，此时现地控制系统接收集控自动或集控手动指令，控制双边人字门、阀门及锁定装置的运行。当集控操作员发出运行指令时，船闸设备根据过闸工艺按预先设计好的程序自动进行集控联动运行。当集控自动控制程序出现故障时，集控操作员在集控室仍可以通过集中手动对其现地子站进行集中手动控制。船闸运行控制方式遵循现地优先的原则，当系统出现紧急情况或在网络通信中断的情况下，无法进行集中控制时，可采用现地控制方式，当某一子站处于现地控制状态时，集控室的自动控制状态自动安全取消，但集控室仍可以通过集中手动对其他处于集控状态的现地子站进行集中手动控制。现地优先的原则保证在紧急状态下在现地子站进行操作控制，但不利于系统集控的运行管理。检修控制方式，当子站处于现地检修控

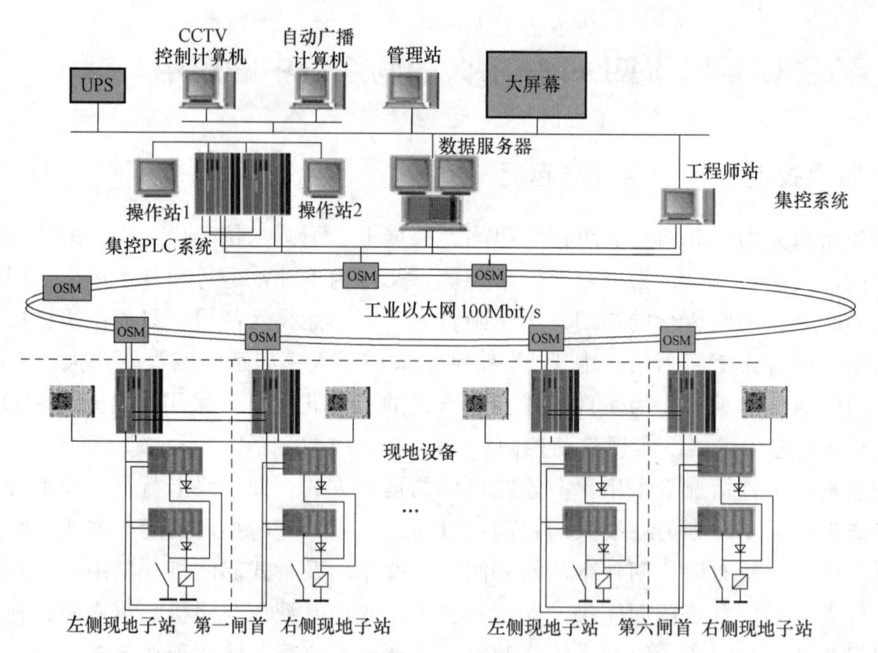

图 6-8　永久船闸控制系统框架

制状态，操作人员通过人机控制界面的彩色图形操作面板（TP37），在不影响系统安全、符合船闸检修工艺的前提下，控制系统分步运行或者控制某些器件、设备单独得电或运行，从而达到对局部线路、设备检修的目的。

3. 船闸过闸工艺及闸阀门运行的条件

为节省船只过闸时间，船队过闸过程是连续的，工艺为：当先行船队 A 自第四级闸室进入第五级闸室时，后续船队 B 可由第二级闸室进入第三级闸室，第三批船队 C 可由上游进入第一级闸室。为了确保永久船闸安全运行，人字门、阀门开启关闭必须满足以下条件：

闸门开启条件：相邻闸门、阀门关终、本闸首有水平信号、阀门锁定装置非运行状态、本闸首子站无 B 类故障。

闸门关闭条件：阀门、锁定装置处于非运行状态，本闸首子站无 B 类故障。

阀门开启条件：相邻闸阀门关终、闸门锁定装置为非运行状态、本闸首子站无 B 类故障。

阀门关闭条件：闸门锁定装置非运行状态、本闸首子站无 B 类故障。

6.5.2　船闸控制系统的基本配置

每个集控控制站由 4 个电源模块、2 个中央处理器（CPU-417H）、4 个通信模块（CP443-1）、2 个 ET200 远程站、8 个数字量输入模块（DI）、六个数字量输出模块（DO）、2 个操作员面板 PC670 等组成。每个现地控制子站由一个电源模块、一个中央处理器（CPU-417H）、2 个通信模块（CP443-1）、4 个 ET200 远程站、2 个模拟量输入模块（AI）、2 个模拟量输出模块（AO）、15 个数字量输入模块（DI）、8 个数字量输出模块（DO）、2 个 SM338 模块、操作员面板 TP37 等组成。

为确保系统稳定性利用 S7-417H 的冗余、容错特点，集控控制站 2 个相互冗余。现地控制子站同一个闸首的两侧两个 PLC 通过两条光缆实现同步。位于两个 CPU 上的分布式处理 DP 接口分别与一条 PROFIBUS 现场总线相连，实现 CPU 与现场 I/O 的冗余通信；采用 TCP/IP 通信协议的冗余工业高速以太网以太光纤网相连，实现 PLC 之间与计算机监控系统的通信。现地子站控制系统 PLC 配置图如图 6-9 所示。

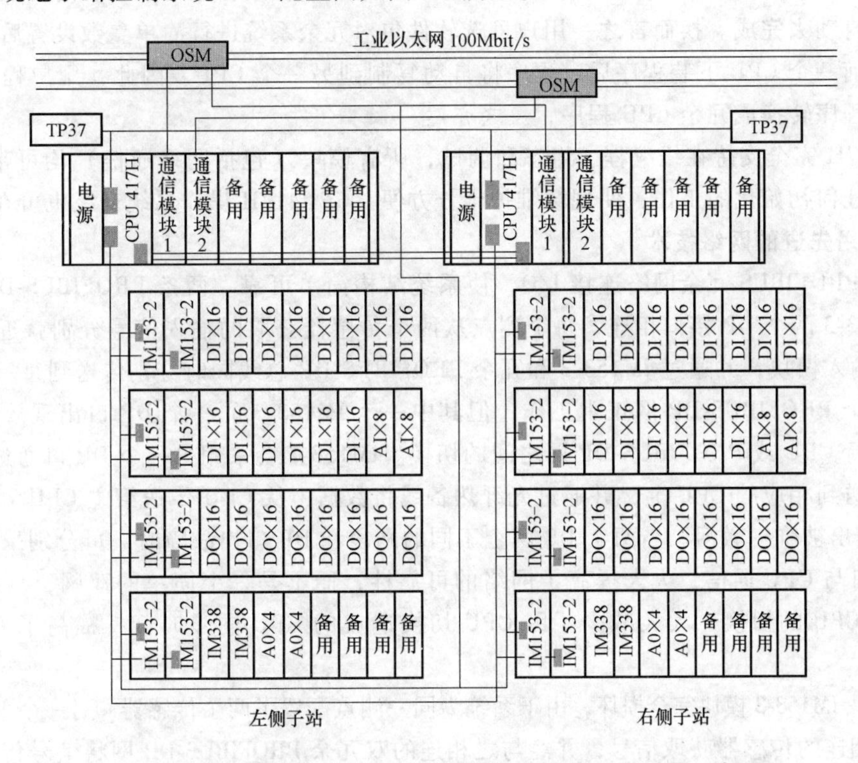

图 6-9 永久船闸现地子站控制系统 SIEMENS PLC 配置示意图

每个子站作为一线船闸整体运行自动监控系统的一个基本控制单元，除具有现地操作控制的基本功能外，还应能接收集控站的程序控制指令，自动地对人字工作闸门、输水廊道工作阀门、防撞警戒装置、通航指挥信号装置等现地设备进行操作和控制；采集液压站系统信息、现场闸阀门开度、位置信息、水位检测数据以及相邻闸首保证安全运行的闭锁信息，经预处理后输出操作执行指令。并向集控站反送现场信息，集控站依据这些信息，作出控制决策，自动完成船闸整体运行的监控任务，使船只（队）高效、安全顺利通过。

6.5.3 西门子 PLC 在船闸系统中的控制特点

1. 左右闸首 PLC 实现硬件热备及事件同步

左右闸首两个 PLC 站实现无条件的全自动无扰动切换。当互为热备的两个 PLC 站中的一个站作为主站工作时，同时控制闸门两边的人字门。在两个 PLC 站上的光联同步模块同步作用下，安装在对岸作为从站 CPU 的所有数据和工作状态均与主站 CPU 完全相同，但从站输出被禁止。当主站不能正常工作时（如电源无、CPU 损坏、DP 口损坏、同步模块损坏），由于采用事件同步机理，从站将由系统无条件地自动切换为主站，切换时间为 ≤10ms。

PLC 站上所有模块均可带电拔插，原来主站修复后作为从站工作，当前主站 CPU 程序及过程数据将自动灌装给修复后的从站 CPU，使从站 CPU 数据和工作状态与主站一致。

2. PLC 的编程、维护十分简便

由于 S7-417H 的 CPU 是专为冗余系统设计的，其 CPU 硬件系统和固化在 CPU 内部的操作系统保证了系统用户好像面对一个非冗余的单机系统一样编程。冗余系统的管理工作完全交给系统自动去完成。换而言之，用户可选软件包对冗余系统进行简单参数设置后，对互为热备的任何一个 CPU 下装程序后，程序将自动复制到另一个 CPU。因此，用户程序可方便地由单机程序转换成冗余 CPU 程序，反之亦然。

S7-417H 完全支持在线编程、组态和调试，所有模块（包括网络通信）均可带电拔插，并不需作任何初始化的工作，使现场维护十分方便。CPU417H 操作系统升级也可在线进行。

3. 采用先进的网络技术

通过 PROFIBUS 冗余网络连接 I/O，使系统结构简单可靠。两条 PROFIBUS-DP 总线同时与 IM153-3 两个 DP 接口相连，每个测点从两个传感器获取的输入信号分别就近送入 ET-200 站的输入模块，并通过 IM153-3 和冗余 PROFIBUS-DP 总线同时分别传送到每一个 CPU。

在两个 PROFIBUS-DP 网正常工作，但其中一个 IM153-3 的一个 DP 口出现故障时，系统并不执行 CPU 或 PROFIBUS-DP 网之间的切换。IM153-3 会采用另一个 DP 口通过一条 DP 网将数据送到相应的 CPU 上，并通过光纤热备线将数据由从 CPU 传送给主 CPU。同时，该 DP 口的输出被唯一激活。当两个 DP 网上不同的网段和 DP 口出故障时，可分别采用另一网段或 DP 口与 CPU 通信，大大提高了网络的可靠性，而不是一个简单的双网，从而最大程度减少了 CPU 的切换，大大减少了因 CPU 切换造成的 CPU 同步时间，提高了 CPU 运行效率。

当某一 IM153-3 模块完全损坏，由于系统为同一测点配置了两个传感器，另一个 IM153-3 模板从与之相连的传感器获取信号，并经与之相连的双冗余 PROFIBUS-DP 网将信号传送给两个 CPU。IM153-3 模板可在线更换，IM153-3 的两个 DP 接口也可在线更换，易于修复系统。

4. PLC 输入输出单元的通信

位于两个 CPU 上的分布式处理 DP 接口分别与 1 条 PROFIBUS 现场总线相连，实现 CPU 与现场 I/O 的冗余通信。两条 PROFIBUS-DP 网线同时与 ET-200M 站上冗余配置的 IM153-2 模块相连，这样输入输出信号通过冗余的 IM153-2 及 PROFIBUS-DP 总线同时与两个互为热备的 CPU 通信；当与主 CPU 通信的 IM153-2 模块出现故障时，系统并不执行 CPU 或 PROFIBUS-DP 网之间的切换，而是自动通过另一条 DP 网将数据送到相应的 CPU 上，并通过光纤热备线将数据由从 CPU 传送给主 CPU。IM153-2 模板可在线更换，PROFIBUS 网也可以在线更换，易于修复系统。现地子站通信网络图如图 6-10 所示。

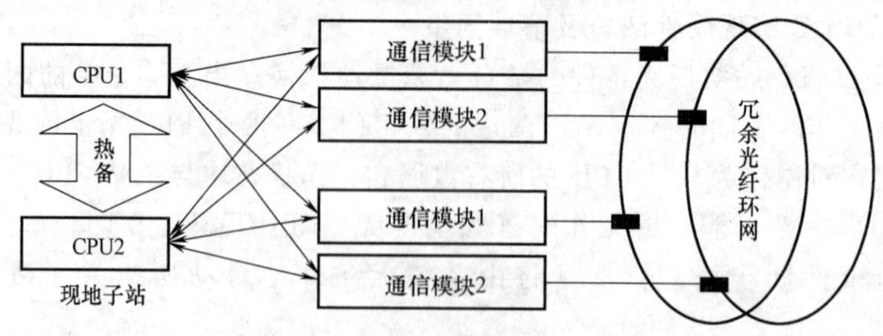

图 6-10　现地子站通信网络图

5. 高效开放的光纤环网通信

本系统采用工业以太双网双 CP 的拓扑方式，即每个 CPU 机架有两个 CP 板，并分别接入两个光纤维 100MB 环网，这样做到了通信介质、通信网卡及链接全冗余，通信模板配置方式均由系统自动识别，编程人员只须进行简单的参数设置。为增强通信可靠性，可在冗余PLC 每侧插入两块 CP，在主机 CPU 侧组成双重主动连接，在从 CPU 组成双重后备连接。主-从 CPU 可在程序中切换，在正常状态下，主 CPU 的两块 CP 在工作，两个 CP 同时把要发送的数据发送到对方，也同时接收对方发来的数据。某一 CP 方式故障后，会发出报警信号，并不会影响另一 CP 工作，所有工作正常。只有在 CPU 主-从切换后，后备的连接变为主动连接接替原通信任务，CP 切换时间是由 CPU 主-从切换时间（10ms）而定的。在网络介质上，采用西门子公司最新的光纤传输技术，采取的 100Mbit/s 以太光纤回环网，符合快速以太网 IEEE802. 3u 的国际标准。网络器件采用西门子优秀网络产品光纤切换模块 OSM 及光纤冗余管理模块 ORM，其中 OSM 采用全双工 FDX 方式将 100Mbit/s 以太网的速率升为200Mbit/s，ORM 对单个环网进行冗余管理，避免因网线局部损坏影响正常通信。从而保证了数据通信的高可靠性及高速性。由于选择的是 TCP/IP 模板，支持 TCP/IP 协议，保证了网络的开放性。

6. 人字门开门及关门同步

由于人字门的结构特点和永久船闸的特殊运行条件，为防止人字门在关门时因不能顺利进入导卡发生顶门或叠门，所以在双边正常开关门（从开关终位启动）时，对人字门的运行速度进行控制，使两侧门保持运行同步，保证液压起闭机经过同步控制后运行误差小于15mm。对此采用 PID 调节控制方式，对电动机-比例泵组的比例泵电压给定值进行闭环动态调节。控制原理图如图 6-11 所示。

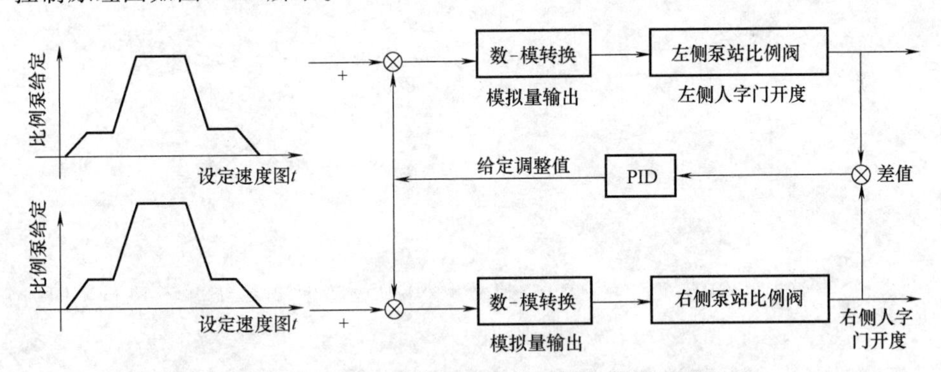

图 6-11　人字门开关门同步处理模块控制原理图

程序运行时，对两侧人字门开度差进行检测，根据开度差，经 PID 运算后给定比例泵电压调整值，改变人字门运行速度。同时限定调整值的变化范围和幅度，防止人字门运行过快和抖动。当人字门开度差超过设定范围 20mm 时引发 A 类报警。

7. 电源掉电自动保护

电动机运行和电源切换之间设硬件及软件上互锁，以禁止电动机运行过程中，带负载切换电源，PLC 检测驱动电源信号，当检测到正在运行状态驱动回路电源故障时，产生 B 类故障报警信号，程序控制电动机和油泵急停，提示运行人员到现场检修。如果备用电源正常并已自动切换，需要操作人员到现场确认后消除故障，当检测到备用驱动电源故障时，产生

A 类报警信号，提示运行人员检修，但不影响原来电动机和油泵的运行状态。

8. 具有防超灌、超泄功能

由于船闸单级水位差高（最大 45.20m）、闸室大（长 2.80m×宽 34m×门龛 5m）、充水泄水速度快，有可能出现较大超灌或超泄现象，对人字门产生过大的反向推力，损伤人字门机械结构和影响人字门及液压系统正常运行，因此，应对阀门开度和开关阀时间进行特殊控制，实现在一定水位差时动水关阀。动水关阀时的水位差或动水关阀前充水时间、动水关阀停机开度或动水关阀时间、动水关阀投入/切除等在现地操作面板或计算机设置，由动水关阀及反向水头紧急开门由集控系统发布指令，现地控制系统执行。

9. 防撞装置

为了防止下行过闸船舶碰撞人字门，永久船闸每线船闸的第二、第三闸首应设置防撞警戒装置。防撞装置的控制方式可分为集中控制、子站控制或现场控制。

10. 船舶探测技术

船舶探测装置是实现多级船闸连续运行自动化的关键装置，主要用于：判断上、下游航道有无船只行驶；判断闸室内是否有船只停留；防止人字门夹船事故。

6.5.4 小结

该永久船闸 2004 年 6 月通航验收后正式运行。通航以来由于采用 S7-300/400 PLC，没有因为设备原因出现停航，受到了广泛好评。

附　录

S7-300/400 PLC指令一览表

英语助记符	德语助记符	程序元素	描　述
+	+	整型数学运算指令	加整型常数(16、32位)
=	=	位逻辑指令	赋值
)	)	位逻辑指令	嵌套结束
+AR1	+AR1	累加器	AR1将ACCU1加到地址寄存器1
+AR2	+AR2	累加器	AR2将ACCU1加到地址寄存器2
+D	+D	整型数学运算指令	将ACCU1和ACCU2作为长整型(32位)数相加
-D	-D	整型数学运算指令	以长整型(32位)数的形式从ACCU2中减去ACCU1
* D	* D	整型数学运算指令	将ACCU1和ACCU2作为长整型(32位)数相乘
/D	/D	整型数学运算指令	以长整型(32位)数的形式用ACCU1除ACCU2
? D	? D	比较	比较长整型数(32位)= =、<>、>、<、>=、<=
+I	+I	整型数学运算指令	将ACCU1和ACCU2作为整型(16位)数相加
-I	-I	整型数学运算指令	以整型(16位)数的形式从ACCU2中减去ACCU1
* I	* I	整型数学运算指令	将ACCU1和ACCU2作为整型(16位)数相乘
/I	/I	整型数学运算指令	以整型(16位)数的形式用ACCU1除ACCU2
? I	? I	比较	比较整型数(16位)= =、<>、>、<、>=、<=
+R	+R	浮点型指令	将ACCU1和ACCU2作为浮点数(32位IEEE-FP)相加
-R	-R	浮点型指令	以浮点数(32位)的形式从ACCU2中减去ACCU1
* R	* R	浮点型指令	将ACCU1和ACCU2作为浮点数(32位IEEE-FP)相乘
/R	/R	浮点型指令	以浮点数(32位)的形式用ACCU1中减去ACCU2
? R	? R	比较	比较浮点数(32位)= =、<>、>、<、>=、<=
A	U	位逻辑指令	与运算
A(	U(	位逻辑指令	与运算嵌套开始
ABS	ABS	浮点型指令	浮点数(32位IEEE-FP)的绝对值
ACOS	ACOS	浮点型指令	生成浮点数(32位)的反余弦
AD	UD	字逻辑指令	双字与运算(32位)
AN	UN	位逻辑指令	与非运算
AN(	UN(	位逻辑指令	与非运算嵌套开始
ASIN	ASIN	浮点型指令	生成浮点数(32位)的反正弦
ATAN	ATAN	浮点型指令	生成浮点数(32位)的反正切

（续）

英语助记符	德语助记符	程序元素	描　述
AW	UW	字逻辑指令	单字与运算（16 位）
BE	BE	程序控制	块结束
BEC	BEB	程序控制	有条件的块结束
BEU	BEA	程序控制	无条件的块结束
BLD	BLD	程序控制	程序显示指令（空）
BTD	BTD	转换	BCD 码转换为双整数（32 位）
BTI	BTI	转换	BCD 码转换为整数（16 位）
CAD	TAD	转换	改变 ACCU（32 位）中的字节顺序
CALL	CALL	程序控制	块调用
CALL	CALL	程序控制	调用多重实例
CALL	CALL	程序控制	从库中调用块
CAR	TAR	装载/传送	将地址寄存器 1 与地址寄存器 2 进行交换
CAW	TAW	转换	改变 ACCU1-L（16 位）中的字节顺序
CC	CC	程序控制	有条件调用
CD	ZR	计数器	向下计数器
CDB	TDB	转换	交换共享 DB 和实例 DB
CLR	CLR	位逻辑指令	清除 RLO（=0）
COS	COS	浮点型指令	以浮点数（32 位）形式生成角的余弦
CU	ZV	计数器	向上计数器
DEC	DEC	累加器	ACCU1 最低字节减去 8 位常数[减量 ACCU1-LL]
DTB	DTB	转换	长整型（32 位）转换为 BCD 码
DTR	DTR	转换	长整型（32 位）转换为浮点型（32 位 IEE-FP）
ENT	ENT	累加器	进入 ACCU 堆栈
EXP	EXP	浮点型指令	生成浮点数（32 位）的指数值
FN	FN	位逻辑指令	下降沿
FP	FP	位逻辑指令	上升沿
FR	FR	计数器	启用计数器（自由）[允许计数器再启动]
FR	FR	定时器	启用定时器（自由）[允许定时器再启动]
INC	INC	累加器	ACCU1 最低字节加上 8 位常数[增量 ACCU1-LL]
INVD	INVD	转换	对长整型数求反码（32 位）
INVI	INVI	转换	对整型数求反码（16 位）
ITB	ITB	转换	整型（16 位）转换为 BCD 码
ITD	ITD	转换	整型（16 位）转换为长整型（32 位）
JBI	SPBI	跳转	如果 BR=1，则跳转
JC	SPB	跳转	如果 RLO=0，则跳转
JCB	SPBB	跳转	如果具有 BR 的 RLO=1，则跳转

（续）

英语助记符	德语助记符	程序元素	描　　述
JCN	SPBN	跳转	如果 RLO=0,则跳转
JL	SPL	跳转	跳转到标签
JM	SPM	跳转	如果为负,则跳转
JMZ	SPMZ	跳转	如果为负或零,则跳转
JN	SPN	跳转	如果非零,则跳转
JNB	SPBNB	跳转	如果具有 BR 的 RLO=0,则跳转
JNBI	SPBIN	跳转	如果 BR=0,则跳转
JO	SPO	跳转	如果 OV=1,则跳转
JOS	SPS	跳转	如果 OS=1,则跳转
JP	SPP	跳转	如果为正,则跳转
JPZ	SPPZ	跳转	如果为正或零,则跳转
JU	SPA	跳转	无条件跳转
JUO	SPU	跳转	如果无序,则跳转
JZ	SPZ	跳转	如果为零,则跳转
L	L	装载/传送	装载
L DBLG	L DBLG	装载/传送	在 ACCU1 中装载共享 DB 的长度
L DBNO	L DBNO	装载/传送	在 ACCU1 中装载共享 DB 的编号
L DILG	L DILG	装载/传送	在 ACCU1 中装载 DB 的长度
L DINO	L DINO	装载/传送	在 ACCU1 中装载 DB 的编号
L STW	L STW	装载/传送	将状态字装载到 ACCU1 中
L	L	定时器	将当前定时器 Tn 的值(0~255)作为整数装入 ACCU1
L	L	计数器	将当前计数器 Cn 的值(0~255)作为整数装入 ACCU1
LAR1	LAR1	装载/传送	从 ACCU1 中装载地址寄存器
LAR1<D>	LAR1<D>	装载/传送	用长整型(32 位指针)装载地址寄存器 1
LAR1 AR2	LAR1 AR2	装载/传送	从地址寄存器 2 装载地址寄存器 1
LAR2	LAR2	装载/传送	从 ACCU1 中装载地址寄存器 2
LAR2<D>	LAR2<D>	装载/传送	用长整型(32 位指针)装载地址寄存器 2
LC	LC	计数器	将当前计数器 Cn 值(0~255)以 BCD 码装入 ACCU1
LC	LC	定时器	将当前定时器 Tn 值(0~255)以 BCD 码装入 ACCU1
LEAVE	LEAVE	累加器	离开 ACCU 堆栈
LN	LN	浮点型指令	生成浮点数(32 位)的自然对数
LOOP	LOOP	跳转	回路
MCR(	MCR(	程序控制	将 RLO 保存在 MCR 堆栈中,开始 MCR
)MCR	)MCR	程序控制	结束 MCR
MCRA	MCRA	程序控制	激活 MCR 区域
MCRD	MCRD	程序控制	取消激活 MCR 区域

（续）

英语助记符	德语助记符	程序元素	描　述
MOD	MOD	整型数学运算指令	除法余数为长整型(32 位)
NEGD	NEGD	转换	对长整数求补码(32 位)
NEGI	NEGI	转换	对整数求补码(16 位)
NEGR	NEGR	转换	浮点数(32 位 IEEE-FP)取反
NOP 0	NOP 0	累加器	空指令
NOP 1	NOP 1	累加器	空指令
NOT	NOT	位逻辑指令	取反 RLO
O	O	位逻辑指令	或
O(	O(	位逻辑指令	或运算嵌套开始
OD	OD	字逻辑指令	双字或运算(32 位)
ON	ON	位逻辑指令	或非运算
ON(	ON(	位逻辑指令	或非运算嵌套开始
OPN	AUF	DB 调用	打开数据块
OW	OW	字逻辑指令	单字或运算(16 位)
POP	POP	累加器	POP
POP	POP	累加器	具有两个 ACCU 的 CPU
POP	POP	累加器	具有四个 ACCU 的 CPU
PUSH	PUSH	累加器	具有两个 ACCU 的 CPU
PUSH	PUSH	累加器	具有四个 ACCU 的 CPU
R	R	位逻辑指令	复位
R	R	计数器	复位计数器 Cn(0~255)
R	R	定时器	复位定时器 Tn(0~255)
RLD	RLD	移位/循环	双字循环左移(32 位)
RLDA	RLDA	移位/循环	通过 CC1(32 位)左循环 ACCU1
RND	RND	转换	取整
RND-	RND-	转换	向下取整长整型
RND+	RND+	转换	向上取整长整型
RRD	RRD	移位/循环	双字循环右移(32 位)
RRDA	RRDA	移位/循环	经过 CC1(32 位)右循环 ACCU1
S	S	位逻辑指令	置位
S	S	计数器	设置当前计数器 Cn(0~255)预置值
SAVE	SAVE	位逻辑指令	将 RLO 保存在 BR 寄存器中
SD	SE	定时器	接通延时定时器
SE	SV	定时器	扩展脉冲定时器
SET	SET	位逻辑指令	置位
SF	SA	定时器	断开延时定时器

（续）

英语助记符	德语助记符	程序元素	描　　述
SIN	SIN	浮点型指令	以浮点数(32位)形式生成角的正弦
SLD	SLD	移位/循环	双字左移(32位)
SLW	SLW	移位/循环	字左移(16位)
SP	SI	定时器	脉冲定时器
SQR	SQR	浮点型指令	生成浮点数(32位)的平方
SQRT	SQRT	浮点型指令	生成浮点数(32位)的平方根
SRD	SRD	移位/循环	双字右移(32位)
SRW	SRW	移位/循环	单字右移(16位)
SS	SS	定时器	带保持的接通延时定时器
SSD	SSD	移位/循环	移位有符号长整数(32位)
SSI	SSI	移位/循环	移位有符号整型数(16位)
T<地址>	T<地址>	装载/传送	将 ACCU1 的内容写入目的存储区,ACCU1 内容不变
T STW	T STW	装载/传送	将 ACCU1 传送到状态字
TAK	TAK	累加器	切换 ACCU1 与 ACCU2
TAN	TAN	浮点数指令	以浮点数(32位)形式生成角的正切
TAR1	TAR1	装载/传送	将地址寄存器1传送到 ACCU1
TAR1	TAR1	装载/传送	将地址寄存器1传送到目标地址(32位指针)
TAR1	TAR1	装载/传送	将地址寄存器1传送到地址寄存器2
TAR2	TAR2	装载/传送	将地址寄存器2传送到地址寄存器1
TAR2	TAR2	装载/传送	将地址寄存器2传送到目标地址(32位指针)
TRUNC	TRUNC	转换	截尾
UC	UC	程序控制	无条件的调用
X	X	位逻辑指令	异或运算
X(	X(	位逻辑指令	异或运算嵌套开始
XN	XN	位逻辑指令	同或运算
XN(	XN(	位逻辑指令	同或运算嵌套开始
XOD	XOD	字逻辑指令	双字异或运算(32位)
XOW	XOW	字逻辑指令	单字异或运算(16位)

参考文献

[1] 郑晟，巩建平，张学. 现代可编程序控制器原理与应用［M］. 北京：科学出版社，1999.
[2] 廖常初. S7-300/400 PLC应用技术［M］. 北京：机械工业出版社，2008.
[3] 西门子公司. Automation 西门子工厂自动化产品系列. 2005.
[4] 廖常初. S7-300/400 PLC应用教程［M］. 北京：机械工业出版社，2011.
[5] 朱文杰. S7-300/400 PLC编程设计与案例分析［M］. 北京：机械工业出版社，2010.